Linux技术与应用丛书

Linux
用户态C语言
编程原理与实践

肖威轩——编著

C PROGRAMMING
IN LINUX USER MODE

机械工业出版社
CHINA MACHINE PRESS

Linux 操作系统上的用户态编程是通过系统调用提供的接口，将原本需要在 Linux 内核中或者对 Linux 内核进行多次系统调用才能实现的功能，放到内核之外来实现，从而保证内核的稳定性，获得更强的可拓展性，并且可以将 Linux 内核的传染性开源协议隔离。

全书共分 9 章，第 1、2 章从用户态与内核态的基本概念入手，简要介绍 C 语言标准库编程以及各种 C 语言标准库。第 3 章深入介绍系统调用的概念和计算机架构、特权级与硬件资源访问限制的关系，以及内核中系统调用的处理方式。第 4 章涵盖了系统调用与 C 语言标准库的关系，介绍如何基于 Linux 系统调用实现 C 语言标准库。第 5 章深入介绍了 Linux 系统用户态驱动 API 的使用和分析，包括 Userspace I/O（UIO）接口的使用和 VFIO 等用户态驱动接口的使用。第 6~9 章涵盖了高性能网卡 Linux 用户态驱动分析、用户态文件系统 FUSE 分析、用户态线程——协程和基于 Android HAL 硬件抽象层的用户态驱动，介绍了操作系统中各个关键组件在用户态中的实现方法。

本书主要适合中高级应用程序开发者、内核开发者、Linux 云服务器开发者阅读，有助于读者深入了解 Linux 操作系统及其编程的内部机制和实践技巧。本书提供了全面的指导和实用的知识，也可作为初学者的自学参考书。

图书在版编目（CIP）数据

Linux 用户态 C 语言编程原理与实践/肖威轩编著.—北京：机械工业出版社，2024.7

（Linux 技术与应用丛书）

ISBN 978-7-111-75485-5

Ⅰ. ①L… Ⅱ. ①肖… Ⅲ. ①Linux 操作系统–程序设计②C 语言–程序设计 Ⅳ. ①TP316.89②TP312.8

中国国家版本馆 CIP 数据核字（2024）第 066164 号

机械工业出版社（北京市百万庄大街 22 号 邮政编码 100037）
策划编辑：李晓波 责任编辑：李晓波
责任校对：王荣庆 李小宝 责任印制：刘 媛
北京中科印刷有限公司印刷
2024 年 7 月第 1 版第 1 次印刷
184mm×260mm·24.75 印张·615 千字
标准书号：ISBN 978-7-111-75485-5
定价：149.00 元

电话服务 网络服务
客服电话：010-88361066 机 工 官 网：www.cmpbook.com
010-88379833 机 工 官 博：weibo.com/cmp1952
010-68326294 金 书 网：www.golden-book.com
封底无防伪标均为盗版 机工教育服务网：www.cmpedu.com

感谢您购买《Linux 用户态 C 语言编程原理与实践》，在本书中，我们将探索 Linux 操作系统下用户态的 C 语言编程，并从用户态技术在内核态中的实现过程里，深入了解其原理和实践技巧。在 Linux 操作系统问世三十多年之际，开源的服务器操作系统也被越来越多的人所接受，而世界上各科技公司对开源的 Linux 操作系统也更为广泛地接受。比如微软的态度，从鲍尔默任 CEO 时期的"Linux 是癌症"，变为了纳德拉时期的拥抱移动和云，在微软的 Azure 云平台上也可以看到大量开箱即用的 Linux 发行版镜像。因此，Linux 用户态编程已经变成了服务器、云平台、AI 开发者必备的技能之一。通过本书，我们将为您提供全面的指导和实用的知识，帮助您在 Linux 平台上进行高效的 C 语言编程。

笔者作为开源软件的拥趸，从初中就开始尝试接触和使用桌面版 Linux 发行版，此后通过参与各种开源项目成为 KDE 桌面开源软件社区的长期贡献者、开发者和维护者。笔者在高中开始自学 C 语言，由于其是一门偏向底层的、与硬件联系紧密的语言，在教学与应用之间存在着巨大的鸿沟，往往与理工科专业的就业需求脱节。在与他人交流 C 语言学习过程的感受时，笔者得到最多的评价就是"C 语言无法写出有用的程序"，这是因为 C 语言的教学过程中往往只能教授 C 语言的语法，于是在此过程中只能编译出"黑漆漆"的控制台程序，无法为写代码的人带来成就感的正反馈。笔者在当时的学习期间也有类似的感受。在越来越多地接触到嵌入式 C 语言开发、各开源社区使用 C 语言编写的软件后，笔者认识到 C 语言其实是一个极其方便的底层操作工具，可以和操作系统无缝衔接。基本上所有操作系统都有一套 C 语言编程接口，例如微软 Windows 操作系统的 WIN32 接口、Linux 和 UNIX 家族操作系统的 POSIX C 接口和 macOS 的 Cocoa 接口，因此非常适合编写系统软件。而 C 语言教学与应用之间的鸿沟其实来自对 C 语言之外的概念的了解，如操作系统中的概念、文件系统和硬件驱动等。

恰逢笔者正在攻读博士、大量产出文本期间，因此笔者决定结合自身经历和经验，调研并尝试编写本书，对现今已存在的 Linux 用户态编程的一些极具代表性的应用及其原理，以及在 Linux 内核中的实现进行讲解。代表性的应用包括用户态网卡硬件驱动、用户态文件系统、用户态线程（或称协程）和在移动设备上运行的 Android Linux 中的用户态实现的硬件抽象层等。本书的开始部分会先回顾 Linux 和 C 语言的一些基础知识，然后介绍 Linux 中的用户态和内核态之间的桥梁——系统调用，以及基于系统调用实现的 C 标准库。紧接着对 Linux 内核中的硬件驱动部分进行简要介绍，进而从用户态网卡硬件驱动开启应用部分的讲解。经过用户态文件系统和用户态线程部分对 Linux 内核中的接口的实现以及用户态中对接口使用的讲解，最后以 Android 操作系统的硬件抽象层作为结束。

本书的创作源于机械工业出版社李晓波老师的邀请，首先在这里对李老师表达笔者诚挚的谢意。在本书创作过程中，家人、朋友和同事的支持也是必不可少的，在本书编写和修改期间发生了各种各样的事情，遇到了形形色色的人，在此感谢陪我一路走来的妻子黄茜，以及父母肖战军和刘艳枝，谨以此书献给因病不幸去世的妹妹刘嘉涵，感谢在日本交换期间和最困难的时候陪伴了笔者的 Arts Yang 博士。

通过阅读本书，您将深入了解 Linux 操作系统和获得用户态 C 语言编程的宝贵知识和实践技巧。无论是初学者还是有经验的开发者，相信本书都将成为您在 Linux 平台上进行"有用"的开发与编程的指南和良师益友。

最后，感谢您的阅读和支持。衷心希望本书能够满足您的学习需求，启发您的思考，并成为您在 Linux 用户态甚至内核态编程领域的伙伴和引路人。祝愿您阅读愉快，愿本书能够帮助您在 Linux 用户态 C 语言编程的旅程中取得成功。

肖威轩

目录 CONTENTS

V

第1章

Linux操作系统概述

自 1991 年 8 月 25 日林纳斯·托瓦兹（Linus Torvalds）在 Minix 的新闻组发布了后来被命名为 Linux 的第一版操作系统以来，Linux 已经走过了它的三十多个年头。最初这个操作系统只支持 Intel 的 386（486）处理器和非常有限的硬件外设，而如今它已经成为世界上应用最广、几乎可以在任何地方运行（run anywhere）的操作系统。包括最通用的 Intel x86 兼容 PC 和服务器、类似树莓派（Raspberry Pi）这种 ARM 嵌入式单片机、市场份额最大的 Android 智能手机、智能电视等，所有这些设备都在运行 Linux 内核。因此，了解 Linux 系统和掌握在 Linux 上编程会变为越来越重要的技能。

1.1 用户态与内核态

操作系统的重要作用是作为硬件和用户之间的桥梁。在计算机发展早期，程序都是使用机器语言或者汇编语言编写的，如何与硬件交互需要包含在编写的程序内。这就导致程序和所需运行的硬件产生了耦合，程序的可移植性非常差，在每一个配置不同的计算机上都需要重新编写、调试之后才能运行，而操作系统的出现缓解了这一窘境。一个操作系统在硬件侧可以驱动硬件，代替程序员配置硬件，而在用户侧可以提供使用程序的接口，简化计算机的使用。

1.1.1 硬件特权级、运行模式（x86）

在 x86 架构的计算机中，通电时计算机运行在实模式下，经过一系列的硬件初始化之后，操作系统会运行在保护模式下。在保护模式，处理器拥有数个不同的特权级别，称为分级保护域，从 ring0 到 ring3 来控制一些资源，包括真实硬件的访问权限。处理器所处的保护域数字越小，可访问的资源限制越少。Linux 运行在 ring0 以驱动硬件交互，它提供了一系列系统接口，方便在资源限制的特权级应用程序使用操作系统提供的资源，我们称其为系统调用（syscall）。

1.1.2 Linux 的用户态与内核态

Linux 使用内存管理单元（Memory Management Unit，MMU）创建了虚拟的内存空间，在 32 位系统中为 0x0000 0000~0xFFFF FFFF 总共 4GB 的虚拟内存。而在 64 位系统中划分了 256TB，并且操作系统将内存空间划分为用户空间和内核空间，一般的应用程序只能使用用户空间的虚拟内存，且可访问的资源受到限制，称其为用户态的应用程序；而用户态的应用程序可以通过系统调用进入内核态，访问内核空间和内核提供的资源。

在使用系统调用时，在 x86 平台上用户态的应用程序需要将所需的系统调用号存入 EAX/RAX 寄存器，将参数存入其他通用寄存器，最后调用 0x80 号中断来提升特权级进入内核态，并调用相应的系统调用获取相应的结果。而在 ARM 平台上，以 aarch64 架构为例，需要把系统调用号存入 X8 寄存器，参数存入 X0 等其他寄存器，再使用 SVC 指令切换到 supervisor 模式（ARM 的更高特权级）进入内核态。

1.2 用户态的优势

在为一个操作系统编写程序时，我们不可避免地要通过系统调用使用操作系统的功能来实现想要的功能。但为什么会诞生本书、而更多的开发者也更加偏好用户态的程序设计呢？

1.2.1 用户态的速度优势

首先，在进行系统调用的时候特权级的切换都是一个不可避免的操作，在切换前，处理器需要保存当前的寄存器状态等，以便在系统调用结束后恢复。这一系列操作和进程的上下文切换类似，都需要一系列的指令，属于耗时操作，频繁的用户态和内核态的切换也会导致程序运行时间增加。

其次，系统调用只能接受整数的参数存入寄存器中，如果要传递数组类型的参数，则需要传递指针。在内核使用这样的参数时（如一个字符串），会进行一个用户空间与内核空间的指针转换，有时为了保护原参数还会对其进行整体的复制。同时，在返回类似的数据结构时，由于用户态无法访问内核态的内存空间，往往还需要为用户空间复制一份数据。

1.2.2 受限的高级功能（中断、DMA）

在内核态中，有些功能是没有提供的，如对于浮点数运算的支持。这是因为在某些嵌入式平台不一定有浮点运算硬件（如早期的 ARM 硬件），而软件模拟的浮点处理单元一般是由用户态的库（如 libc）来提供的。这时我们就需要在用户态对浮点数进行处理，而不能将浮点数当作参数传递给系统调用。

但需要注意的是，在用户态时，由于资源访问受限，很多硬件相关的功能是无法使用的，如硬件产生的中断只会通知到内核，而对于大吞吐量的硬件设备，经常需要使用不经过处理器的直接内存访问（Direct Memory Access，DMA）也是存在于内核中的，无法直接从用户态使用。如果需要使用相关的功能，就需要内核态，或者是后期版本中提供的允许在用户态编写设备驱动的框架，如 Userspace IO（UIO）和 VFIO 等实现。

1.2.3 更优的内核稳定性

鉴于用户态的程序运行在更低的特权级中，它们的异常处理和捕获是与内核相互隔离的，一个有严重错误的程序会独立崩溃，而不会影响到内核。如果是内核中的程序发生了崩溃，就会导致内核陷入恐慌（Kernel Panic），一般需要重启系统才能继续使用，这对正在运行的其他程序来说可能是致命性的。因此，将程序的处理尽量放在用户态中可以增强内核部分的稳定性，保证在崩溃时不影响其他程序运行。

1.2.4　高吞吐量网络设备

前面已经提到，如果需要传递大量数据则需要指针，而且可能会发生数据在用户态和内核态之间的复制。对于高吞吐量的网络设备来说，如果需要通过系统调用来为硬件传递大量数据，则数据复制所需要的时间和空间都是不可忽视的，会导致高内存占用、高处理器占用和高性能网络设备的延迟升高，失去硬件自身的优势。因此，要么将这些操作全部留在内核空间，要么就需要在用户态通过程序来减少数据复制的发生。

1.2.5　内核态的 copyleft 开源协议

Linux 内核本身的源代码是在 GPLv2 许可下分发的，这个许可的最大特点是其传染性：当软件开发者使用基于 GPLv2 分发的代码时，在同一地址空间下（操作系统中为同一进程或内核的内核空间）的代码也不得不使用同样的或者兼容的新版 GPL 协议进行分发。这被定义为软件的 copyleft，相对于 copyright（版权）的概念，它近乎完全舍弃了版权：一方面让软件能够自由地传播，被任何人修改与使用；另一方面它又不受商业化软件公司的喜爱。

在代码原作者未提供例外的情况下，理论上原本任何使用了 Linux 系统调用的应用程序都会受到 GPL 的传染，变为必须 GPL 开源的程序。但 Linux 提供了一个 GPL 例外来对内核的系统调用可能造成的传染进行隔离，这个例外的声明文件存放在 LICENSES/exceptions/Linux-syscall-note 中：

> *This exception is used together with one of the above SPDX-Licenses to mark user space API (uapi) header files so they can be included into non GPL compliant user space application code.*

翻译如下：

> *这个例外在与以上 SPDX-Licenses 一起使用来标记用户态 API（uapi）头文件，以便让这些头文件可以被包含入 GPL 不适用的用户态应用程序代码。*

这是软件开发者可以在 Linux 上开发封闭源代码、私有应用程序的基石。实际上，对于其他不使用 GPL 分发的操作系统，如 Windows 和 FreeBSD 是不存在类似的问题的。Windows 内核本身就是封闭源代码的，程序开发者可以直接使用由微软提供的 Windows SDK 来进行开发，不涉及开源许可证及其中一些开源许可证的传染问题；而 FreeBSD 虽然与 Linux 类似，也采用开源模式，但其内核源代码使用 BSD 许可进行分发，因此使用系统调用也不存在 GPL 传染的问题。这对于商业公司来说也是最重要的一点。

## 第2章

C语言程序设计与标准库编程

Linux 内核最初是根据 Minix（一个大学操作系统课程使用的开放内核）编写的。而 Minix 属于 UNIX 系列的内核，它前身是由贝尔实验室的 Ken Thompson 利用汇编语言写成的 unics。在 20 世纪 70 年代由 Dennis Ritchie 用 C 语言进行改写后，称为 UNIX。作为某种程度上的继任者，Linux 也是使用 C 语言写成的，它提供的接口也都是使用 C 语言头文件声明和导出的。因此，要理解 Linux 程序设计，或者进行 Linux 内核开发，掌握 C 语言是一项必不可少的技能。

C 语言标准库是一系列头文件和储存了二进制实现的库文件，声明了一系列符合标准的 C 语言函数及其实现，在维基百科上的介绍如下：

> C 标准函数库(C standard library,libc)是在 C 语言程序设计中,所有符合标准的头文件(head file)的集合,以及常用的函数库实现程序(如 I/O 输入输出和字符串控制)。

这些函数的具体实现一般会存在于一个二进制的动态库或者静态库中。在程序的编译期，C 语言编译器可以通过头文件中的函数名字、参数类型、应用二进制接口格式（Application Binary Interface，ABI）找到二进制库中对应的符号，由程序链接器（linker）将程序与库链接起来。在有操作系统的情况下，标准库往往作为 C 标准库接口与操作系统 C 语言接口之间的桥梁，也就是说标准库的函数实际上是调用了操作系统的函数完成相应的功能的。而另一种情况下，如果开发人员进行的是没有良好操作系统抽象的嵌入式开发，则往往需要在底层的硬件层面自行实现 C 运行时（C Runtime，CRT）和标准库。本书主要讨论 Linux 中的 C 语言编程，现在运行在个人计算机（Personal Computer，PC）平台上的 Linux 发行版中，往往使用 GNU libc/glibc 作为基础库；在嵌入式开发中，由于内存、储存和性能限制，有时会使用 uClibc、musl libc。除此之外，BSD 系列的 UNIX 系统使用自带的 BSD libc；而目前市场份额最大的 Linux 设备——Android 智能手机，在目前版本中使用了自带的 Bionic libc。这些 C 标准库在具体实现上有一些区别，一个很重要的点是它们是否开放源代码，如果开源的话是在什么许可协议下发布的，这些内容也会在本章内后半部分中具体阐述。

尽管 C 语言标准库编程是用户态编程中很重要的工具，并扮演着重要的角色，限于篇幅，我们不对其进行展开，感兴趣的读者可以自行查阅相关资料。事实上，市场上绝大部分 C 语言程序设计教程都是依赖于 C 语言标准库进行开发的。

而 C 语言标准库是 POSIX 标准的 C 语言库中规定的一部分。除了 C 语言标准库之外，POSIX 还定义了一批操作系统内核应当提供的系统接口和一批操作系统外层 Shell 应当提供的命令行实用工具，而这些接口和工具都是为了传统应用程序在不同操作系统上的可移植性而提供的。POSIX 是指可移植操作系统接口（Portable Operating System Interface，缩写为 POSIX，其中 X 是为了表示这套接口是对 UNIX 系列操作系统的传承），最早是 IEEE 为要在各种 UNIX 操作系统上运行软件而定义的一系列互相关联的标准。这些内容主要定义在 IEEE1003 标准中，无论对于系统编程还是应用编程的开发者来说，POSIX 都是一个重要的标准。因为对于可移植的应用程序来说，使用 POSIX 中的系统接口是跨平台的最佳实践；而对于操作系统的程序员来说，拥有一套 POSIX 兼容的接口意味着可以在这个平台上拥有大量的通用工具。如果操作系统直接提供了一套 POSIX 兼容的接口，那么向这个平台移植应用程序将会是很轻松的。如果没有 POSIX 兼容接口，也可以通过提供一套中间层来实现兼容。例如：尽管微软声称 Windows NT 内核本身实现了部分 POSIX 兼容，但 Win32 的一套 API 并不能够直接编译 POSIX 兼容的应用程序，第三方的 Cygwin 库却为 Windows 提供了一套 POSIX 兼容的中间层，使得大量 POSIX 兼容软件可以在 Windows 上编译和运行。同样限于篇幅，我们不对 POSIX 编程进行展开，感兴趣的读者可自行查阅相关资料。

2.1 桌面 Linux 使用的 glibc 简介

在 Linux 中，尽管其是随着 POSIX 标准一起发展的，实际上使用 C 语言的标准库是一个比较通行的做法。在之后章节中会详细介绍使用 POSIX 标准中的系统调用等接口直接进行编程的方法。在本书中，我们将它们区分开单独介绍，以了解使用 C 语言进行系统编程时的不同层级。在本节中，我们主要会介绍如何使用一个 C 语言标准库 glibc（这个在绝大多数 Linux 桌面或者服务器发行版中使用的 C 语言标准库）进行编程。

一个 C 语言标准库需要包含一系列 C 语言标准规定的函数，这些函数需要在头文件中进行导出，需要导出的头文件如下：

> ANSI C 共包括 15 个头文件。1995 年，Normative Addendum 1（NA1）批准了 3 个头文件（iso646.h、wchar.h 和 wctype.h）增加到 C 标准函数库中。C99 标准增加了 6 个头文件（complex.h、fenv.h、inttypes.h、stdbool.h、stdint.h 和 tgmath.h）。C11 标准中又新增了 5 个头文件（stdalign.h、stdatomic.h、stdnoreturn.h、threads.h 和 uchar.h）。至此，C 标准函数库共有 29 个头文件。

要使用一个 C 语言标准库需要了解它对不同版本的 C 语言标准的支持情况。相对于其他语言的标准（如 C++等），C 语言不同标准的版本之间的改动都不大，其中最基础的是于 1989 到 1990 年发布的 C89/C90 标准，它是由美国国家标准协会（ANSI）制定的。经过小修改之后由国际标准化组织（ISO）采纳，因此也被称为 ANSI C 或者 ISO C，是目前无论哪个主流编译器都支持的版本，也是为了跨平台考量最推荐的 C 语言标准版本。至成书为止，更新版本的 C 语言标准有 C99、C11、C18 和 C2X，C18 为较新的广为支持的版本，而 C2X 还未正式推出。本书介绍的 C 语言标准库的函数将基于最受推荐和广泛使用的 C89 标准，并介绍少量 C99 标准，这是因为当前发布的 Linux 内核本身仍然使用 C89 标准，而在内核的 5.18 版本，预计将升级至使用 C11 标准。但由于截止笔者调研时，这一版本仍处于未发布任何候选版本或发布版本的状态，因此不对 C11 标准进行讨论。

其中一个广泛使用的 C 语言标准库 glibc 是由 GNU 社群进行开发的，基于 LGPL（GNU Lesser General Public License）协议发布。相比于 Linux 内核的 GPL 协议，它虽然也具有 GNU 社区所希望的传染性，但更加宽松。只要你没有对基于 LGPL 协议授权的库进行任何修改，而仅仅是简单地链接（动态或者静态）到这个库上，就不需要将你的程序使用相同的协议开源。而常用的判断标准是：如果使用这个库的另一个文件副本替换掉你的程序分发过程中附带的库，而你的程序还能够正常运行，一般就能够说明你的程序没有对这个库进行过修改，并不是一个修改版本，因此 LGPL 协议的传染性就被终止在这个库本身了。如果需要对 C 语言标准库进行修改，而你的程序又不希望被 LGPL 协议传染导致必须开源，那么可以考虑其他的 C 语言标准库。下面对其中的一些 C 语言标准库进行简要介绍，帮助读者对其进行选择。

2.2 其他 C 语言标准库

除了很多桌面 Linux 发行版采用的 glibc 之外，还有许多的 C 语言标准库，它们各自有各自的特点，也适应各自所在的目标平台，有些也有自己比较独特的拓展。本节简要介绍几个常见的 C 语言标准库，包括它们的特点、许可证和使用范围。

2.2.1　uClibc

这个 C 语言标准库中的 uC 表示微控制器（microcontroller，实际上 u 为希腊字母 μ 的罗马字母化，即表示 micro），是一个专门为了嵌入式设备设计的 C 语言标准库，无论有没有内存管理单元（Memory Management Unit，MMU）的嵌入式 Linux 系统都可以使用，它的很多特性都可以根据空间需求进行开启或者关闭。uClibc 在 GNU 的 LGPL 下发布，因此，如果你的软件没有对 uClibc 进行任何修改，可以选择不开源。OpenWRT 这个专注于路由器的 Linux 发行版在 15 版本以及之前版本中（最近一次使用 uClibc 的是发布在 2016 年的 15.05.1）使用了 uClibc，随后迁移到 musl libc。

2.2.2　musl libc

正如前文所说，musl libc 后来在 OpenWRT 中替换了 uClibc，作为默认的 C 库，它基于 MIT 授权，因此也可以在遵守协议的情况下商用，而不用将应用程序开源。作为一个轻量级的 C 语言标准库，它从设计之初就支持静态链接，让可移植单文件应用部署变得更加简单，同时它的动态运行时也只有一个文件，并且有稳定的二进制接口（ABI），这也可以简化版本升级。

2.2.3　BSD libc

BSD libc 也是基于 POSIX 标准库来实现的，主要是 BSD 系列的操作系统在使用它，如 FreeBSD、NetBSD、OpenBSD 和 macOS（它包含了 Mach 内核和 FreeBSD 内核的一部分）等。它的主要好处是使用了 BSD 授权，这是一个十分宽松的授权，在商用后也没有开源的传染性。

BSD libc 拥有一些扩展，如 sys/tree.h 中包含了红黑树和展开树的实现，sys/queue.h 中提供了链表、队列、尾队列等的实现，而 db.h 声明了一些连接到 Berkeley DB 的函数等。但如果目标是为了写出可以跨系统仍保持移植性较强的程序，这些函数都是不推荐使用的，因为在其他 C 语言标准库中，这些函数极有可能是没有提供的。

2.2.4 Android Bionic

Android Bionic 是从 BSD 的 libc 中衍生出来，Google 为了 Android 专门开发的一个 C 语言标准库，但它不依赖于 BSD 内核，而是针对 Linux 内核进行设计的，目标是足够轻量化并且具有很高的运行效率。它使用 BSD 协议进行分发，因此和 BSD 的 libc 一样，在商用中也无须担心 GPL 协议家族的传染性。

实际上，Google 希望将 Android 应用程序与 Copyleft 许可证（特指 GPL 协议家族）的影响隔离开，以创建一个专有的、不开放的用户空间和应用程序生态系统。这样，无论对于应用开发者还是习惯了专有软件的商业公司而言，都可以保持他们之前的软件开发与管理的习惯。此外，Android Bionic 这个 C 语言标准库还为 Android 中的 HAL（硬件抽象层，Hardware Abstraction Layer）提供了基础，可以作为隔离专有的硬件设备驱动和开源的硬件层之间的纽带，作为一个很标准很重要的 Linux 用户态编程实践。在后续章节中，我们会详解 HAL 的功能及其组件。

第3章

系统调用与Linux系统调用的实现

Chapter 3

一般来说，操作系统的主要功能是作为硬件资源和计算机使用人员之间的桥梁，向下驱动硬件，向上为用户态的程序开发人员提供编程接口、为终端用户提供交互接口，这两个接口分别被称为系统调用和 Shell 命令行。对于本书的读者来说，我们更关注前者。在本章中，我们就来探索在 Linux 内核中为用户态应用程序提供的接口——系统调用是如何实现的。

3.1 什么是系统调用

系统调用是由操作系统内核提供的一系列具备预先设定好的功能的操作系统内核函数，通过一组称为 system call（或 syscall）的接口呈现给用户。系统调用把用户态的应用程序的请求传给操作系统内核，调用相应的内核函数完成所需的处理，并将处理结果返回给应用程序。实际上，在 POSIX 标准中有专门对系统调用描述的卷，而在上一章的 Linux 的 POSIX 编程接口中，其实大部分是 Linux 内核提供的系统调用，而有些则是对 Linux 内核提供的系统调用进行一定的简单包装，从而提供符合 POSIX 标准的接口。

3.1.1 计算机架构、特权级与硬件资源访问限制

除了一些嵌入式系统之外，大多数现代处理器都采用安全模型来保护系统免受攻击。例如，rings 模型规定了多个软件权限级别，限制程序只能访问其自身的地址空间，防止其修改其他正在运行的程序或操作系统本身，通常也禁止其直接访问硬件设备（如帧缓冲区或网络设备）。

但是，许多应用程序需要访问这些硬件组件，因此操作系统提供了系统调用来定义明确、安全的实现。操作系统以最高特权级别运行，并允许应用程序通过系统调用请求服务，这些调用通常通过中断触发。中断将处理器自动提升到更高的特权级别，然后将控制权传递给内核，内核判断是否应该授权请求服务。如果授权，内核执行一组特定的指令，调用程序无法直接控制这些指令，执行完毕后将特权级别返回给调用程序，并将控制权返回给它。

通常，系统会提供位于普通程序和操作系统之间的库或 API。在类 UNIX 系统中，该 API 通常是由 C 库（libc）实现的一部分，如 glibc，它提供了包装系统调用的函数，这些函数通常以与它们所调用的系统调用相同的名称命名。在 Windows NT 上，该 API 是 Native API 的一部分，并且在 ntdll.dll 库中；这是一个未公开的 API，由常规 Windows API 的实现使用，并且由 Windows 上的某些系统程序直接使用。库的包装函数公开了一个普通的函数调

用约定（程序集级别的子例程调用）用于使用系统调用，并使系统调用更加模块化。在这里，包装器的主要功能是将要传递给系统调用的所有参数放在适当的处理器寄存器中（也可能在调用堆栈上），并为内核设置唯一的系统调用号。通过这种方式，库增加了操作系统和应用程序之间的可移植性。

对于库函数本身的调用，通常是正常的子例程调用，不会导致切换到内核模式（例如，在某些指令集体系结构中使用 CALL 程序集指令）。实际的系统调用将控制权转移到内核，并且更加依赖于实现和平台。在类 UNIX 系统中，C 库函数反过来执行调用和系统调用的指令。在基于微内核的系统上，库的作用尤为重要，因为它将用户应用程序与低级的内核 API 隔离开来，并提供抽象和资源管理。

在 IBM 的 OS/360 和 DOS/360 上，大多数系统调用通过汇编语言宏的库实现，但有一些服务具有调用链接。这反映了它们的起源，当时汇编语言编程比高级语言使用更常见。从那时起，IBM 添加了许多可以从高级语言调用的服务，如 z/OS 和 z/VSE。

要实现系统调用，需要将控制权从用户空间转移到内核空间，这通常使用软件中断或陷阱来实现。中断将控制权转移到操作系统内核，因此软件只需设置一些具有所需系统调用号的寄存器，并执行软件中断即可。这是为许多 RISC 处理器提供的唯一技术，但 CISC 架构（如 x86）支持其他技术。例如，x86 指令集中的 SYSENTER 和 INT 指令，它们旨在快速将控制权转移到内核以进行系统调用，而不会产生中断的开销。Linux 2.5 开始在 x86 上使用 SYSENTER 指令。以前，它使用 INT 指令，其中系统调用号在执行中断 0x80 之前被放置在寄存器中。

一些计算机体系结构使用不同的机制进行系统调用。例如，在 IA-64 体系结构中，使用 SYSCALL 指令进行系统调用，其中前 8 个系统调用参数在寄存器中传递，其余参数在堆栈上传递。另外，在 IBM System/360 大型机系列及其后继产品中，使用 Supervisor Call（SVC）指令进行系统调用，该指令在指令集中而不是寄存器中编号。在更高版本的 MVS 中，IBM 还使用程序调用（PC）指令来调用许多较新的设施。类似地，PDP-11 小型计算机使用 EMT 和 IOT 指令，而 VAX 32 位后继产品使用 CHMK、CHME 和 CHMS 指令来进行不同级别的特权代码系统调用。这些指令通常将代码放在指令中，然后生成到特定地址的中断，将控制权转移到操作系统。这些不同的机制都提供了一种直接调用内核函数的方式，以便程序可以使用操作系统预先设置的安全控制传输机制。

在 Linux 操作系统中，内核、C 语言标准库与应用程序的关系如图 3-1 所示。

3.1.2 　内核中的系统调用

在大多数类 UNIX 内核中，系统调用通常不需要进行进程上下文切换。相反，它们是在调用它们的任何进程的上下文中处理的，通过将处理器执行模式更改为特权更高的模式，在内核模式下进行处理，尽管实际上仍然发生了权限上下文切换。进程是操作系统提供的抽象，而硬件则从处理器状态寄存器的角度来看待世界。

在多线程进程中，系统调用可以从多个线程进行。不同操作系统内核和应用程序运行时环境的设计会影响这些调用的处理方式。以下是一些典型的模型及其所使用的操作系统。

多对一模型：来自进程中任何用户线程的所有系统调用都由单个内核级线程处理。这种模型存在一个严重的缺点，即任何阻塞系统调用都可能冻结所有其他线程。此外，由于一次

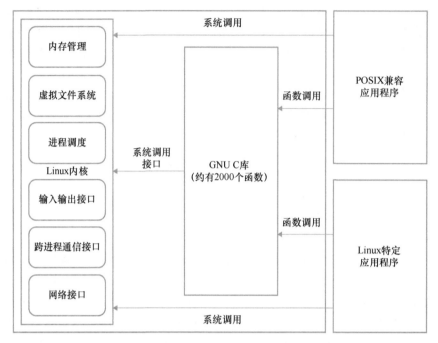

图 3-1   Linux 内核、C 语言标准库与应用程序的关系

只有一个线程可以访问内核，因此该模型无法利用多个内核的处理器。

一对一模型：在系统调用期间，每个用户线程都附加到不同的内核级线程上。该模型解决了上述阻塞系统调用的问题。它存在于所有主要的 Linux 发行版、macOS、iOS，以及最近的 Windows 和 Solaris 版本中。

多对多模型：在此模型中，用户线程池映射到内核线程池。来自用户线程池的所有系统调用都由其相应内核线程池中的线程处理。

混合模型：此模型实现多对多和一对一模型，具体取决于内核所做的选择。这在旧版本的 IRIX、HP-UX 和 Solaris 中都可以找到。

3.1.3   系统调用 open 的实现

在 Linux 内核中，open 系统调用的声明如下：

```
SYSCALL_DEFINE3(open, const char __user *, filename, int, flags, umode_t, mode)
{
    if (force_o_largefile())
        flags |= O_LARGEFILE;
    return do_sys_open(AT_FDCWD, filename, flags, mode);
}
```

其中，SYSCALL_DEFINE3 表示定义了一个有 3 个参数的函数，实际上它是一个宏，展开后与 open 系统调用的函数体相关的代码如下：

```
static inline long SYSC_open(const char __user * filename, int flags, umode_t mode)
{
    if (force_o_largefile())
```

```
        flags |= O_LARGEFILE;
    return do_sys_open(AT_FDCWD, filename, flags, mode);
}
```

即声明了一个叫作 SYSC_open 的函数，接受 3 个参数，返回一个 long 类型。用户态的代码最终如何调用 SYSC_open 函数将会在后面关于系统调用的实现中介绍，这里我们继续深入了解 open 系统调用实现中的 do_sys_open 函数。

```
long do_sys_open(int dfd, const char __user * filename, int flags, umode_t mode)
{
    struct open_flags op;
    int fd = build_open_flags(flags, mode, &op);
    struct filename *tmp;
    if (fd)
        return fd;
    tmp = getname(filename);
    if (IS_ERR(tmp))
        return PTR_ERR(tmp);
    fd = get_unused_fd_flags(flags);
    if (fd >= 0) {
        struct file *f = do_filp_open(dfd, tmp, &op);
        if (IS_ERR(f)) {
            put_unused_fd(fd);
            fd = PTR_ERR(f);
        } else {
            fsnotify_open(f);
            fd_install(fd, f);
        }
    }
    putname(tmp);
    return fd;
}
```

在这个函数中，程序首先根据 flags 和 mode 构建打开文件所需的、表示打开文件的标识的结构体 struct open_flags，如果失败则将错误代码返回到上一层。成功构建打开文件标识的结构体后，则尝试调用 getname 函数构建 struct filename 类型的、存储文件名的结构体 tmp。如果通过 get_unused_fd_flags 获得一个文件描述符 fd 并没有发现错误，就调用 do_filp_open 来打开一个文件结构体。如果打开失败，就把文件描述符 fd 释放。如果打开成功，就先通知文件系统当前程序打开了文件结构体 f 表示的文件，并将文件描述符 fd 和文件结构体 f 通过 fd_install 函数联系并存储起来，方便之后再使用同一个文件描述符时，可以获取到这次打开的文件结构体，进行相应的操作。最后无论是否成功打开文件，都需要调用 putname 尝试释放 tmp（实际上是将其引用计数减少，如果没有其他引用，则再进行释放），并将文件描述符 fd 返回。如果产生了错误，那么这里返回的实际上是错误代码。下面的内容，将对这一过程中调用的对应函数和使用的结构体进行解释。

首先，build_open_flags 函数会简单地将传入的 flag 构建成一个相应的结构体，这个结构体的组成如下：

```
struct open_flags {
    int open_flag;
    umode_t mode;
    int acc_mode;
    int intent;
    int lookup_flags;
};
```

紧接着，程序调用 getname 来从 filename 中获得一个 struct filename 的结构体。函数会通过 audit_reusename 来检测对应的 filename 字符串是不是已经在内核中被创建了出来。如果已经存在，则将其引用计数加 1，并且可以直接将其复用返回。否则会分配一片新的内存放入 struct filename 结构体 result 中，并调用 strncpy_from_user 来将用户态内存中的文件名进行复制，存放到 result 中。在 getname 中，会设置引用计数并通过 audit_getname 将新创建出来的 result 记录下来并填充对应的结构体，最后将 result 返回。

```
struct filename *
getname(const char __user * filename)
{
    return getname_flags(filename, 0, NULL);
}
struct filename *
getname_flags(const char __user * filename, int flags, int * empty)
{
    struct filename * result;
    char * kname;
    int len;
    result = audit_reusename(filename);
    if (result)
        return result;
    result = __getname();
    if (unlikely(!result))
        return ERR_PTR(-ENOMEM);
    kname = (char *)result->iname;
    result->name = kname;
    len = strncpy_from_user(kname, filename, EMBEDDED_NAME_MAX);
    if (unlikely(len < 0)) {
        __putname(result);
        return ERR_PTR(len);
    }
    if (unlikely(len == EMBEDDED_NAME_MAX)) {
        const size_t size = offsetof(struct filename, iname[1]);
        kname = (char *)result;
        result = kzalloc(size, GFP_KERNEL);
        if (unlikely(!result)) {
            __putname(kname);
            return ERR_PTR(-ENOMEM);
        }
        result->name = kname;
        len = strncpy_from_user(kname, filename, PATH_MAX);
```

```
        if (unlikely(len < 0)) {
            __putname(kname);
            kfree(result);
            return ERR_PTR(len);
        }
        if (unlikely(len == PATH_MAX)) {
            __putname(kname);
            kfree(result);
            return ERR_PTR(-ENAMETOOLONG);
        }
    }
    result->refcnt = 1;
    /* The empty path is special. */
    if (unlikely(!len)) {
        if (empty)
            *empty = 1;
        if (!(flags & LOOKUP_EMPTY)) {
            putname(result);
            return ERR_PTR(-ENOENT);
        }
    }
    result->uptr = filename;
    result->aname = NULL;
    audit_getname(result);
    return result;
}
```

使用完毕之后，在 open 系统调用实现的最后，之前获取或者创建的 struct filename 需要使用 putname 来将引用计数减少，并在有需要的情况下进行释放。

```
void putname(struct filename *name)
{
    BUG_ON(name->refcnt <= 0);
    if (--name->refcnt > 0)
        return;
    if (name->name != name->iname) {
        __putname(name->name);
        kfree(name);
    } else
        __putname(name);
}
```

struct filename 的结构体如下：

```
struct filename {
    const char          *name;    /* pointer to actual string */
    const __user char   *uptr;    /* original userland pointer */
    struct audit_names  *aname;
    int                 refcnt;
    const char          iname[];
};
```

其中 name 指向内核中的文件名字符串，而 uptr 指向原本的用户态中的指针，aname 是一个 struct audit_names 的结构体指针，方便在需要复用的时候查找。refcnt 是引用计数，在多一次复用的时候就需要增加 1，一个副本即将被释放的时候需要减 1，变为 0 的时候即可释放原始数据所占用的内存。

```
struct file *do_filp_open(int dfd, struct filename *pathname,
        const struct open_flags *op)
{
    struct nameidata nd;
    int flags = op->lookup_flags;
    struct file *filp;
    set_nameidata(&nd, dfd, pathname);
        filp = path_openat(&nd, op, flags | LOOKUP_RCU);
    if (unlikely(filp == ERR_PTR(-ECHILD)))
        filp = path_openat(&nd, op, flags);
    if (unlikely(filp == ERR_PTR(-ESTALE)))
        filp = path_openat(&nd, op, flags | LOOKUP_REVAL);
    restore_nameidata();
    return filp;
}
```

在运行过程中，程序调用 do_filp_open 来获取一个 struct file 的结构体，这个结构体是 Linux 中最基础的文件操作结构，里面存储了路径名、inode 结构、文件操作的回调（定义在 struct file_operations 中，将会在后文中介绍）。在函数 do_filp_open 中，程序会首先设置一个 struct nameidata 类型的结构体，通过这个结构体调用 path_openat 来获得可以进行文件读写操作的 struct file 结构体，并将其返回。实际上，文件的打开操作会被映射到对应的设备上，最终用户态获取到的是一个文件描述符。

我们可以看到，在内核中，程序使用了大量的内部结构体，来完成用户态中的程序请求的操作。

3.2 Linux 系统调用的实现（内核态）

在 Linux 内核中，系统调用的实现往往基于处理器的运行状态切换。这一切换一般是通过产生一个带有特殊状态信息的软中断，并在这之前将要使用的系统调用信息（一般是系统调用的号码）和参数放入寄存器中。在软中断发生后，程序陷入（trap）内核态，但和系统调用有关的寄存器仍然保持原有的值，因此内核可以知道用户态的应用程序想要使用哪个系统调用、对应的参数是多少。

对 x86、x64、ARM 和 ARM64 架构的处理器，最多可以有 6 个参数。实际上，Linux 最早支持的是 x86 架构中的 80386 平台，因此绝大多数 Linux 移植到的平台都保留了 x86 的习惯，最多支持 6 个参数。当然，这一最大参数数量还需要平台的支持。幸运的是，后续的平台提供了越来越多的寄存器，因此像 Linux 这样通过寄存器传参的系统调用，对 6 个参数的传输的支持没有任何问题。而在 RISC-V 架构的平台上，由于其庞大的寄存器和特殊的设计支持更多的参数，因此可以支持 7 个系统调用的参数。由于 Linux 内核本身只提供 6 个参数的系统调用，因此本书不对更多参数的系统调用进行分析和描述。

在下面的小节中，我们首先介绍在 Linux 内核中通用的初步处理部分，这一部分主要是将内核中存在的系统调用实现导出成一组系统调用的接口，它们是架构无关的部分。然后不同架构对这一组接口按照自己的风格处理，这样的处理一般会产生一个系统调用描述表。最后，架构强相关的代码接管程序在用户态进入后的处理过程，对参数进行预处理，通过生成的系统调用描述表找到并使用相应的系统调用实现。3.2.2 节是 x86 和它对应的 64 位架构 x64 中系统调用相关的实现解析。读者也可以参考本章节自行阅读 ARM、ARM64 和 RISC-V 等近年蓬勃发展的架构上 Linux 的系统调用实现。

注意：有些架构可能拥有自己比较特殊的系统调用的初步处理实现，本书也会在对应的架构实现说明过程中进行解析。

3.2.1 系统调用的通用处理

在 Linux 内核的代码中，系统调用相关的通用声明位于 include/linux/syscalls.h 中，声明系统调用支持的最大参数数量的宏如下：

```
#define SYSCALL_DEFINE_MAXARGS  6
```

对于每个系统调用，都需要使用一个特殊的 SYSCALL_DEFINE 宏来声明，其后的数字表示这个系统调用有多少个参数。

```
#define SYSCALL_DEFINE0(sname)                  \
    SYSCALL_METADATA(_##sname, 0);              \
    asmlinkage long sys_##sname(void)
```

无参数的系统调用由 SYSCALL_DEFINE0 来定义，其展开成一个系统调用的元数据宏（SYSCALL_METADATA）和一个由 sys_作为前缀的函数，返回值是一个 long 类型的整数。下面是一个与平台无关的零参数系统调用的例子：

```
SYSCALL_DEFINE0(getpid)
{
    return task_tgid_vnr(current);
}
```

getpid 系统调用的函数体调用内核中的另一个函数，并将其返回值返回。开始的 SYSCALL_DEFINE0（getpid）宏会展开成元数据和函数签名两个部分，系统调用的元数据为：

```
SYSCALL_METADATA(_getpid, 0);
```

而函数签名与函数体一起组合成一个完整的 sys_getpid 函数：

```
asmlinkage long sys_getpid(void)
{
    return task_tgid_vnr(current);
}
```

元数据本身的展开宏如下：

```
#define SYSCALL_METADATA(sname, nb, ...)        \
    static const char *types_##sname[] = {      \
```

```
       __MAP(nb,__SC_STR_TDECL,__VA_ARGS__)         \
    };                                              \
    static const char * args_##sname[] = {          \
       __MAP(nb,__SC_STR_ADECL,__VA_ARGS__)         \
    };                                              \
    SYSCALL_TRACE_ENTER_EVENT(sname);               \
    SYSCALL_TRACE_EXIT_EVENT(sname);                \
    static struct syscall_metadata __used           \
     __syscall_meta_##sname = {                     \
      .name          = "sys"#sname,                 \
      .syscall_nr    = -1,/* Filled in at boot */   \
      .nb_args = nb,                                \
      .types         = nb ? types_##sname : NULL,   \
      .args          = nb ? args_##sname : NULL,    \
      .enter_event   = &event_enter_##sname,        \
      .exit_event    = &event_exit_##sname,         \
      .enter_fields = LIST_HEAD_INIT(__syscall_meta_##sname.enter_fields),   \
    };                                              \
    static struct syscall_metadata __used           \
     __section("__syscalls_metadata")               \
     *__p_syscall_meta_##sname = &__syscall_meta_##sname;
```

限于篇幅，本章不详细解释里面的每一部分。总而言之，这里的元数据宏会生成参数的类型和名称列表，生成系统调用追踪的相关内容，产生一个 struct syscall_metadata 类型的结构体，其中这个结构体中可以使用 syscall_nr 字段记录系统调用的号码，并在调用发生时找到对应的函数。

而对于其他参数个数的系统调用（从 1 到 6），则由以下的宏定义：

```
#define SYSCALL_DEFINE1(name, ...) SYSCALL_DEFINEx(1, _##name, __VA_ARGS__)
#define SYSCALL_DEFINE2(name, ...) SYSCALL_DEFINEx(2, _##name, __VA_ARGS__)
#define SYSCALL_DEFINE3(name, ...) SYSCALL_DEFINEx(3, _##name, __VA_ARGS__)
#define SYSCALL_DEFINE4(name, ...) SYSCALL_DEFINEx(4, _##name, __VA_ARGS__)
#define SYSCALL_DEFINE5(name, ...) SYSCALL_DEFINEx(5, _##name, __VA_ARGS__)
#define SYSCALL_DEFINE6(name, ...) SYSCALL_DEFINEx(6, _##name, __VA_ARGS__)
```

它们全部都展开到 SYSCALL_DEFINEx 宏（注意：SYSCALL_DEFINEx 已经将原来的名字 name 都加上了一个下画线_的前缀）：

```
#define SYSCALL_DEFINEx(x, sname, ...)                \
    SYSCALL_METADATA(sname, x, __VA_ARGS__)           \
    __SYSCALL_DEFINEx(x, sname, __VA_ARGS__)
```

将这个宏也展开成两个部分，其中一部分和零参数的系统调用宏展开类似，也是元数据，我们不再对其赘述；另一部分则是又一个宏__SYSCALL_DEFINEx（x, sname, __VA_ARGS__），将参数个数、系统调用名称和参数列表原样传入。这个宏展开如下：

```
#define __SYSCALL_DEFINEx(x, name, ...)                              \
    asmlinkage long sys##name(__MAP(x,__SC_DECL,__VA_ARGS__))        \
       __attribute__((alias(__stringify(SyS##name))));              \
    static inline long SYSC##name(__MAP(x,__SC_DECL,__VA_ARGS__));   \
    asmlinkage long SyS##name(__MAP(x,__SC_LONG,__VA_ARGS__));       \
```

```
asmlinkage long SyS##name(__MAP(x,__SC_LONG,__VA_ARGS__))        \
{                                                                \
    long ret = SYSC##name(__MAP(x,__SC_CAST,__VA_ARGS__));       \
    __MAP(x,__SC_TEST,__VA_ARGS__);                              \
    __PROTECT(x, ret,__MAP(x,__SC_ARGS,__VA_ARGS__));            \
    return ret;                                                  \
}                                                                \
static inline long SYSC##name(__MAP(x,__SC_DECL,__VA_ARGS__))
```

其中如同零参数的系统调用展开，首先会生成一个以 sys_ 为前缀的函数签名，并将参数展开，还通过__attribute__为它生成了一个以 SyS_ 为前缀的别名。

紧接着生成了一个以 SYSC_ 为前缀的函数签名。我们可以看到，和零参数的函数调用不同，以 sys_ 为前缀的函数并不是实际上的系统调用实现，以 SYSC_ 为前缀的函数才是有参数的系统调用实际产生的最终函数签名。

然后，这个宏产生了一个以 SyS_ 为前缀的函数签名和它的具体实现。根据最开始的别名，这个函数其实就是以 sys_ 为前缀的函数的别名，对以 sys_ 为前缀的非零参数的系统调用的函数的使用，最终是由以 SyS_ 为前缀的函数来进行处理。在函数体内，我们重点关注第一行，也就是会去调用以 SYSC_ 为前缀的函数，也是系统调用的最终函数签名。最后经过一系列处理，将最终函数实现的返回值返回到上一层。

最终，以 SYSC_ 为前缀的函数名才是非零参数的系统调用最终形成的函数名，实际上，系统调用的具体实现会在这个函数中。

我们用 open 系统调用作为示例，它位于 fs/open.c 文件中。

```
SYSCALL_DEFINE3(open, const char __user *, filename, int, flags, umode_t, mode)
{
    if (force_o_largefile())
        flags |= O_LARGEFILE;
    return do_sys_open(AT_FDCWD, filename, flags, mode);
}
```

经过展开（不包含元信息的展开），这个函数变成了：

```
asmlinkage long sys_open(__MAP(3,__SC_DECL,const char __user *, filename, int, flags, umode_
t, mode)) __attribute__((alias(__stringify(SyS_open))));
static inline long SYSC_open(__MAP(3,__SC_DECL,const char __user *, filename, int, flags,
umode_t, mode));
asmlinkage long SyS_open(__MAP(3,__SC_LONG,const char __user *, filename, int, flags, umode_
t, mode));
asmlinkage long SyS_open(__MAP(3,__SC_LONG,const char __user *, filename, int, flags, umode_
t, mode))
{
    long ret = SYSC_open((const char __user *)filename, (int)flags, (umode_t)mode);
    __MAP(3,__SC_TEST,const char __user *, filename, int, flags, umode_t, mode);
    __PROTECT(3, ret,__MAP(3,__SC_ARGS,const char __user *, filename, int, flags, umode_t,
mode));
    return ret;
}
static inline long SYSC_open(__MAP(x,__SC_DECL, const char __user *, filename, int, flags,
umode_t, mode))
```

```
{
    if (force_o_largefile())
        flags |= O_LARGEFILE;
    return do_sys_open(AT_FDCWD, filename, flags, mode);
}
```

我们目前假设内核通过调用 sys_open 函数来完成 open 系统调用的功能（稍后可以看到，实际上在使用通用定义的架构上，内核的确是这样调用的），那么函数的调用顺序就变成了：

1）sys_open 被调用，它其实是 SyS_open 的别名。

2）SyS_open 被调用，在它的首行代码中，SYSC_open 被调用。

3）SYSC_open 调整 flag，并且调用内核中的函数实现 do_sys_open 来完成这个系统调用的功能，并将返回值原样向上传递。

到现在读者也许还有一个疑问，在系统调用的定义宏还没有展开的时候，我们可以看到参数的形式并不是我们常见的 C 语言函数签名中的参数形式，而是用逗号隔开的类型和参数名称，如 open 系统调用的参数列表如下：

```
const char __user *, filename, int, flags, umode_t, mode
```

它在宏展开的时候会一层一层地被当作__VA_ARGS__进行传入。实际上，这一串字符会被__MAP宏展开。这个宏其实联系到了一组宏，它们的声明如下：

```
#define __MAP0(m,...)
#define __MAP1(m,t,a,...) m(t,a)
#define __MAP2(m,t,a,...) m(t,a), __MAP1(m,__VA_ARGS__)
#define __MAP3(m,t,a,...) m(t,a), __MAP2(m,__VA_ARGS__)
#define __MAP4(m,t,a,...) m(t,a), __MAP3(m,__VA_ARGS__)
#define __MAP5(m,t,a,...) m(t,a), __MAP4(m,__VA_ARGS__)
#define __MAP6(m,t,a,...) m(t,a), __MAP5(m,__VA_ARGS__)
#define __MAP(n,...) __MAP##n(__VA_ARGS__)
```

可以看到，一个__MAP(n,...)会展开到对应的__MAPn，然后会一层一层地展开下去，直到不再能够展开为止。这样，我们对每个 m 生成了多组由类型 t 和函数名 a 组合而成的二元组。对于 open 系统调用来说，它们的形式如同 "m(const char __user *, filename)，m(int, flags)，m(umode_t, mode)"，而这里的 m 是另一个宏__SC_DECL，这个宏定义如下：

```
#define __SC_DECL(t, a) t a
```

这个宏可以很好地将参数的类型和名称组合在一起，最终形成的 open 函数如下：

```
static inline long SYSC_open(const char __user * filename, int flags, umode_t mode)
{
    if (force_o_largefile())
        flags |= O_LARGEFILE;
    return do_sys_open(AT_FDCWD, filename, flags, mode);
}
```

有一些系统架构是支持在 64 位的系统上运行 32 位的用户态应用程序的（如 x64 和 x86 之间）。而对于大多数的系统调用，即使用户空间程序是 32 位的，也可以调用相同的 64 位实现；即使系统调用的参数包含显式指针，这也是透明处理的，不会产生错误。但是，有几种情况需要一个兼容层来处理 32 位和 64 位之间的数据结构的大小差异。

第一种情况是 64 位内核是否也支持 32 位用户空间程序，因此需要解析（__user）内存中可以保存 32 位或 64 位值的区域。特别是，只要系统调用参数为：

1）指向指针的指针。

2）指向包含指针的结构体的指针（如 struct iovec __user 输入输出向量类型的指针）。

3）指向可变大小整数类型的指针（如 time_t、off_t、long 等在 x86 和 x64 上长度不一致）。

4）指向包含可变大小整数类型的结构体的指针。

需要兼容层的第二种情况是，如果系统调用的参数之一具有明确的 64 位或者更大位宽的数据类型，即使在 32 位架构上也是如此，如类型为 loff_t 或 __u64 的变量。在这种情况下，从 32 位应用程序到达 64 位内核的值会被拆分为两个 32 位的值进行传入。这是因为在 x86 的 32 位平台上寄存器大小也是 32 位的，因此无法一次性传入多于 32 位的值，需要使用多个寄存器组合传入。然后这几个寄存器中的值在兼容层中重新组合来完成。

同时，还有一种情况我们会在例子中见到，就是在不同的系统调用模式中，某些参数需要进行调整以达到符合预期的兼容行为。但这属于很特殊的情况，只有在兼容模式和非兼容模式想要共享系统调用实现的时候才会发生，读者只需对其有一定印象。

系统调用的兼容版本使用 compat_sys_ 作为前缀，在内核中有 COMPAT_SYSCALL_DEFINE0 和 COMPAT_SYSCALL_DEFINEx 两个宏，它们类似于 SYSCALL_DEFINEx 和 SYSCALL_DEFINE0。它们会于 64 位的内核中展开成为系统调用接口存在，但是期望接收并兼容 32 位的参数值，执行处理它们所需的任何操作。通常情况下，以 compat_sys_ 为前缀的系统调用接口会将参数转换为 64 位，然后调用 64 位系统中以 sys_ 为前缀的系统调用接口。另一种情况是两者都调用相同的内部实现函数。

以 compat_sys_ 为前缀的兼容版的入口点也需要一个对应的系统调用接口，产生这样的系统调用接口的通用版本相关的声明在 include/linux/compat.h 中。如果这样的兼容系统调用涉及在 32 位和 64 位系统上拥有内存模型不同的结构体类型，那么头文件中也需要包含该结构的兼容版本，其中每个可变大小字段都具有与原本的结构体中的类型相对应的兼容类型。然后，以 compat_sys_ 为前缀的系统调用接口就可以使用这个兼容结构体来解析来自 32 位应用程序的系统调用中的参数。例如，有一个结构体的一些字段如下：

```
struct xyzzy_args {
    const char __user *ptr;
    __kernel_long_t varying_val;
    u64 fixed_val;
    /* ... */
};
```

在 struct xyzzy_args 类型的结构体中，首先有一个用户态的字符串指针。再者 varying_val 是一个长度可能在 32 位和 64 位之间变化的字段，比如一般在 32 位系统中，一个 long 表示一个 64 位整数，而在一个 64 位系统中，一个 long 会表示一个 128 位的整数。因此，在 x32 的二进制接口的情况下，__kernel_long_t 类型在 arch/x86/include/uapi/asm/posix_types_x32.h 中被定义为 long long 类型，为普通的 32 位整数长度的 4 倍，即 128 位的无符号整数。而 u64

类型无论在 32 位还是 64 位系统中都表示无符号的 64 位整数（unsigned 64），因此不需要进行转换。

那么它需要一个兼容模式的结构体 struct compat_xyzzy_args 类型，这个类型将具有以下字段：

```
struct compat_xyzzy_args {
    compat_uptr_t ptr;
    compat_long_t varying_val;
    u64 fixed_val;
    /* ... */
};
```

其中 compat_uptr_t 类型在通用的兼容模式的定义文件 include/asm-generic/compat.h 中是一个 32 位的无符号整数（u32）。这是因为 32 位时的地址空间仅仅是一个 32 位的无符号整数，因此在 64 位中想要表示一个 32 位的指针需要使用这样的类型。而内核可以通过 compat_long_t 将 32 位中的类型转换成 64 位内核所需的__kernel_long_t 类型。最后，固定大小的 u64 类型的 fixed_val 字段不变。

为了定义一个兼容模式下的系统调用，内核中也提供了一系列与 SYSCALL_DEFINE0 和 SYSCALL_DEFINEx 类似的通用宏。它们有 COMPAT_SYSCALL_DEFINE0 零参数的版本和 COMPAT_SYSCALL_DEFINE1 到 COMPAT_SYSCALL_DEFINE6 这些 1~6 个参数的版本。这些宏定义位于 include/linux/compat.h 头文件中，内容如下：

```
#define COMPAT_SYSCALL_DEFINE0(name)                        \
    asmlinkage long compat_sys_##name(void);               \
    ALLOW_ERROR_INJECTION(compat_sys_##name, ERRNO);       \
    asmlinkage long compat_sys_##name(void)
#endif /* COMPAT_SYSCALL_DEFINE0 */
#define COMPAT_SYSCALL_DEFINE1(name, ...)                  \
    COMPAT_SYSCALL_DEFINEx(1, _##name, __VA_ARGS__)
#define COMPAT_SYSCALL_DEFINE2(name, ...)                  \
    COMPAT_SYSCALL_DEFINEx(2, _##name, __VA_ARGS__)
#define COMPAT_SYSCALL_DEFINE3(name, ...)                  \
    COMPAT_SYSCALL_DEFINEx(3, _##name, __VA_ARGS__)
#define COMPAT_SYSCALL_DEFINE4(name, ...)                  \
    COMPAT_SYSCALL_DEFINEx(4, _##name, __VA_ARGS__)
#define COMPAT_SYSCALL_DEFINE5(name, ...)                  \
    COMPAT_SYSCALL_DEFINEx(5, _##name, __VA_ARGS__)
#define COMPAT_SYSCALL_DEFINE6(name, ...)                  \
    COMPAT_SYSCALL_DEFINEx(6, _##name, __VA_ARGS__)
```

可以看到与普通的不同参数个数的系统调用宏展开到 SYSCALL_DEFINEx 一样的模式，上面兼容模式下的宏也都展开到 COMPAT_SYSCALL_DEFINEx，它的定义如下：

```
#define COMPAT_SYSCALL_DEFINEx(x, name, ...)                              \
    __diag_push();                                                       \
    __diag_ignore(GCC, 8, "-Wattribute-alias",                           \
            "Type aliasing is used to sanitize syscall arguments");      \
    asmlinkage long compat_sys##name(__MAP(x,__SC_DECL,__VA_ARGS__))     \
```

```
        __attribute__((alias(__stringify(__se_compat_sys##name)))); \
    ALLOW_ERROR_INJECTION(compat_sys##name, ERRNO);                  \
    static inline long __do_compat_sys##name(__MAP(x,__SC_DECL,__VA_ARGS__)); \
    asmlinkage long __se_compat_sys##name(__MAP(x,__SC_LONG,__VA_ARGS__)); \
    asmlinkage long __se_compat_sys##name(__MAP(x,__SC_LONG,__VA_ARGS__)) \
    {                                                                \
        long ret = __do_compat_sys##name(__MAP(x,__SC_DELOUSE,__VA_ARGS__)); \
        __MAP(x,__SC_TEST,__VA_ARGS__);                              \
        return ret;                                                  \
    }                                                                \
    __diag_pop();                                                    \
    static inline long __do_compat_sys##name(__MAP(x,__SC_DECL,__VA_ARGS__))
```

与此同时，在 include/linux/compat.h 头文件中还直接定义了许多内核中常用的辅助结构体，用来进行导致不兼容的 64 位参数和 32 位参数之间的转换，完成上面介绍的兼容版本的系统调用接口和普通的系统调用接口转换的操作。但本章只是介绍系统调用的实现，而不会涉及兼容性的具体细节，因此不对这些内容进行赘述。

我们仍以 open 系统调用作为例子，它的兼容模式调用实现如下：

```
COMPAT_SYSCALL_DEFINE3(open, const char __user *, filename, int, flags, umode_t, mode)
{
    return do_sys_open(AT_FDCWD, filename, flags, mode);
}
```

那么根据上述的通用的兼容系统调用宏定义，它就会展开成：

```
__diag_push();
__diag_ignore(GCC, 8, "-Wattribute-alias",
        "Type aliasing is used to sanitize syscall arguments");
asmlinkage long compat_sys_open(__MAP(x,__SC_DECL, const char __user *, filename, int, flags,
umode_t, mode))
    __attribute__((alias(__stringify(__se_compat_sys_open))));
ALLOW_ERROR_INJECTION(compat_sys_open, ERRNO);
static inline long __do_compat_sys_open(__MAP(x, const char __user *, filename, int, flags,
umode_t, mode));
asmlinkage long __se_compat_sys_open(__MAP(x, const char __user *, filename, int, flags, umode
_t, mode));
asmlinkage long __se_compat_sys_open(__MAP(x, const char __user *, filename, int, flags, umode
_t, mode))
{
    long ret = __do_compat_sys_open((const char __user *)filename, (int)flags, (umode_t)
mode));
    __MAP(x,__SC_TEST,__VA_ARGS__);
    return ret;
}
__diag_pop();
static inline long __do_compat_sys_open(const char __user * filename, int flags, umode_t mode)
{
    return do_sys_open(AT_FDCWD, filename, flags, mode);
}
```

同样地，我们目前假设内核通过调用 compat_sys_open 函数来完成 open 系统调用的功能（稍后可以看到，实际上内核的确是这样调用的），那么函数的调用顺序就变成了：

1）compat_sys_open 被调用，它其实是__se_compat_sys_open 的别名。

2）__se_compat_sys_open 被调用，在它的首行代码中，__do_compat_sys_open 被调用。

3）__do_compat_sys_open 调用内核中的函数实现 do_sys_open 来完成这个系统调用的功能，并将返回值原样向上传递。

同时，在内核中还存在一个数据结构，叫作系统调用接口描述表，它也需要进行调整以允许兼容版本。这部分内容我们会放在各架构的系统调用接口描述表的介绍过程中叙述。

至此，一个系统调用在内核中的具体实现过程已经清晰了。在后文中，我们会解析在几个不同架构〔主要是主流 PC 中的 x86、x64，嵌入式和移动平台中的 ARM 和 ARM64（或称 AARCH64）架构，开放的面向未来的 RISC-V 架构。其中 x86 和 x64 共享了很多相同的部分，并且拥有自己特殊的宏展开，我们会在对应的小节对它们的宏展开再次做类似的解析；而 ARM 系列中的 ARM 的 32 位直接使用了内核中通用的宏展开，ARM64 则是从 x86 和 x64 的实现中衍生出来的；最后的 RISC-V，无论是 32 位、64 位还是其他的位宽，都是直接使用了内核中通用的宏展开，内核的代码对它的处理和 ARM 的 32 位类似，尽管在具体的系统调用描述表的生成部分和架构相关的产生系统调用的部分有一定差异〕的平台上，系统调用的具体实现是如何被用户态的应用程序通过运行状态的转换，并经过内核的系统调用查找，找到前文所述的以 sys_或者 compat_sys_为前缀的系统调用接口，并通过这个接口最终调用到其具体实现的。

3.2.2 x86 架构的系统调用实现

至今为止，个人计算机（Personal Computer，PC）主要用的还是 x86 架构中的系列处理器。而 x86 这个术语来自 Intel 公司于 1978 年推出的 16 位 8086 处理器及其后的 Intel 80186、80286、80386 等，统称 80x86。它泛指这一系列向后兼容的中央处理器指令集架构，后来于 1985 年推出该系列的第一款 32 位处理器，Intel 公司将这一处理器使用的指令集称为 Intel Architecture 32（IA32）。虽然 Intel 公司于 2001 年推出了 IA64，但由于它丧失了对 32 位的兼容性，并没有得到市场的广泛认可。相反，AMD 公司推出了同时兼容 32 位和 64 位指令集的 x86-64 架构，也称 AMD64 或者 x64，由于其对 32 位出色的前向兼容性，得到了厂商的广泛采用。而 Intel 公司也放弃了其 IA64 指令集，也开始发布使用 x86-64 指令集的处理器。事实上，最早 Linus Torvalds 就是为了有一个在 Intel 80386 处理器上运行的操作系统内核，才写出了自己的 Linux 内核。他曾说过如果 GNU 的内核在 1991 年时可以用，他不会自己去写一个。同时还存在 NetBSD 和 FreeBSD 是 386BSD 的后裔，可以在 x86 平台上运行。但 386BSD 涉及的法律问题直到 1992 年还没有解决，如果当时有可用的 386BSD，他同样也可能就不会编写 Linux 了。

本小节，我们分别介绍 x86 和 x86-64（后文会一直使用 x64）中两种系统调用的实现，并且重点关注 open 系统调用的实现。

与使用通用的系统调用宏展开__SYSCALL_DEFINEx 不同，x86 和 x64 都使用了一个特殊的头文件，来完成这两个平台上的宏展开，它是 arch/x86/include/asm/目录下的 syscall_wrapper.h 文件。在这个文件中，定义了好几组将 struct pt_regs 类型的参数作为系统调用接口的唯一参数，这是因为在 x86（尤其是 x64）中，可以存在好几种模式和二进制接口下的系统调用接口。这是因为 x64 的指令集拥有运行 32 位的 x86 指令集和其系统调用的能力，而因为节省空间等因素的考量，x64 还有一个通常被称为 x32 的二进制接口（我们稍后会对其进行介绍），也需要一组系统调用接口。因此，需要多组系统调用的接口，而不是简单的一组以 sys_为前缀的系统调用接口。总的来说，头文件 syscall_wrapper.h 中，宏展开后的系统调用接口有以下 4 种：

1）__ia32_sys_*()：32 位本机系统调用或通用兼容系统调用。

2）__x64_sys_*()：64 位本机系统调用。

3）__ia32_compat_sys_*()：32 位兼容系统调用。

4）__x64_compat_sys_*()：64 位 x32 兼容系统调用。

我们会在后面的分析过程中逐步解释每种系统调用接口的产生和工作模式。

在这里，我们先解析在 x86 和 x64 中特殊的宏是如何展开生成系统调用实现函数的声明的。与通用的宏展开类似，它也包含了 SYSCALL_DEFINE0 零参数系统调用的宏的展开和定义多个参数的系统调用的宏__SYSCALL_DEFINEx（它是通用的 SYSCALL_DEFINEx 宏的展开的一部分），其内容如下：

```
#define __SYSCALL_DEFINEx(x, name, ...)                                      \
    static long __se_sys##name(__MAP(x,__SC_LONG,__VA_ARGS__));              \
    static inline long __do_sys##name(__MAP(x,__SC_DECL,__VA_ARGS__));       \
    __X64_SYS_STUBx(x, name, __VA_ARGS__)                                    \
    __IA32_SYS_STUBx(x, name, __VA_ARGS__)                                   \
    static long __se_sys##name(__MAP(x,__SC_LONG,__VA_ARGS__))               \
    {                                                                        \
        long ret = __do_sys##name(__MAP(x,__SC_CAST,__VA_ARGS__));           \
        __MAP(x,__SC_TEST,__VA_ARGS__);                                      \
        __PROTECT(x, ret,__MAP(x,__SC_ARGS,__VA_ARGS__));                    \
        return ret;                                                          \
    }                                                                        \
    static inline long __do_sys##name(__MAP(x,__SC_DECL,__VA_ARGS__))
#define SYSCALL_DEFINE0(sname)                                               \
    SYSCALL_METADATA(_##sname, 0);                                           \
    static long __do_sys_##sname(const struct pt_regs *__unused);            \
    __X64_SYS_STUB0(sname)                                                   \
    __IA32_SYS_STUB0(sname)                                                  \
    static long __do_sys_##sname(const struct pt_regs *__unused)
```

可以看到，这里的声明与通用函数的声明的主要区别在于函数名和参数。由 syscall_wrapper.h 中的宏产生的系统调用实现是以__do_sys_为前缀的，而不是通用版本里面的 sys_前缀。对于参数而言，通用版本的零参数系统调用的实现函数不接受任何参数，而此处仍会接收一个 struct pt_regs 参数，虽然事实上并未使用。同时可以看到，另一个不同的地方在于__X64_SYS_STUBx、__X64_SYS_STUB0、__IA32_SYS_STUBx 和__IA32_SYS_STUB0 这几个部分，我们先来观察一下 open 的展开，然后对这几个部分一同进行解析说明。

再次回顾一下，对于 open 系统调用，它在内核中的实现如下：

```
SYSCALL_DEFINE3(open, const char __user *, filename, int, flags, umode_t, mode)
{
```

```
    if (force_o_largefile())
        flags |= O_LARGEFILE;
    return do_sys_open(AT_FDCWD, filename, flags, mode);
}
```

而通用的宏声明中将 SYSCALL_DEFINE3 展开为 SYSCALL_DEFINEx，再进一步展开为 __SYSCALL_DEFINEx。前文 syscall_wrapper.h 中定义了 x86 和 x64 平台上这个宏特殊的展开方式，于是经过简单替换，我们可以得到其产生的、与系统调用 open 有关的内容：

```
static long __se_sys_open(__MAP(3, __SC_LONG, const char __user *, filename, int, flags, umode_
t, mode));
static inline long __do_sys_open(__MAP(3, const char __user *, filename, int, flags, umode_t,
mode));
__X64_SYS_STUBx(x, name, __VA_ARGS__)
__IA32_SYS_STUBx(x, name, __VA_ARGS__)
static long __se_sys_open(__MAP(3, __SC_LONG, const char __user *, filename, int, flags, umode_
t, mode))
{
    long ret = __do_sys_open(const char __user * filename, int flags, umode_t mode;
    __MAP(x, __SC_TEST, __VA_ARGS__);
    __PROTECT(x, ret, __MAP(x, __SC_ARGS, __VA_ARGS__));
    return ret;
}
static inline long __do_sys_open(const char __user * filename, int flags, umode_t mode)
{
    if (force_o_largefile())
        flags |= O_LARGEFILE;
    return do_sys_open(AT_FDCWD, filename, flags, mode);
}
```

注意这里我们为了保持简洁和与通用展开模式的一致性，还未对包含 SYS_STUB 的宏进行展开。可以看到，这里的调用顺序是由__se_sys_open 调用__do_sys_open，因此与通用展开模式一致。内核只需要将参数传入并调用__se_sys_open，就可以使用实际的系统调用实现了。

下面我们来重点关注__X64_SYS_STUBx、__X64_SYS_STUB0、__IA32_SYS_STUBx 和__IA32_SYS_STUB0 这 4 个宏的展开。我们首先来看__X64_SYS_STUBx 和__X64_SYS_STUB0 这两个与 x64 有关的展开，它们的定义为：

```
#ifdef CONFIG_X86_64
#define __X64_SYS_STUB0(name)                      \
    __SYS_STUB0(x64, sys_##name)
#define __X64_SYS_STUBx(x, name, ...)              \
    __SYS_STUBx(x64, sys##name,                    \
        SC_X86_64_REGS_TO_ARGS(x, __VA_ARGS__))
#else /* CONFIG_X86_64 */
#define __X64_SYS_STUB0(name)
#define __X64_SYS_STUBx(x, name, ...)
#endif
```

也就是在为 x64 架构配置的内核（定义了 CONFIG_X86_64 宏）中，它们会展开到 __SYS_STUB0 和 __SYS_STUBx 两个宏，并会带有 x64 作为第一个参数，而在其他平台（包括 x86 平台）都展开为空，也就是不存在这样的定义。因此，也不会产生相应的系统调用接口。对于其中出现的一个新宏 SC_X86_64_REGS_TO_ARGS，我们在本小节后文介绍。

而在 x86 的内核中（对应配置内核时 CONFIG_X86_32 宏被启用了）或者在 x64 中开启了 32 位的系统调用的模拟模式（对应配置内核时的 CONFIG_IA32_EMULATION 宏被启用了），则也会产生 32 位的宏展开，否则同样会将宏定义为空，其定义如下：

```
#if defined(CONFIG_X86_32) || defined(CONFIG_IA32_EMULATION)
#define __IA32_SYS_STUB0(name)                    \
    __SYS_STUB0(ia32, sys_##name)
#define __IA32_SYS_STUBx(x, name, ...)            \
    __SYS_STUBx(ia32, sys##name,                  \
        SC_IA32_REGS_TO_ARGS(x, __VA_ARGS__))
#else /* defined(CONFIG_X86_32) || defined(CONFIG_IA32_EMULATION) */
#define __IA32_SYS_STUB0(name)
#define __IS32_SYS_STUBx(x, name, ...)
#endif
```

读者可能会注意到，这里也有一个新宏 SC_IA32_REGS_TO_ARGS，它的作用与在 x64 中出现的 SC_X86_64_REGS_TO_ARGS 宏类似，负责把系统调用接口接受的参数展开，填充到对应的系统调用实现的参数中去，我们会在本小节稍靠后的部分对其进行解析。

此外，在一个 x64 的系统中是可以运行 x86 的 32 位用户态应用程序的。它们产生的系统调用同样会被 x64 的内核接收到，会被使用特殊的处理路径进行处理。对于系统调用的参数和预期行为在 32 位和 64 位之间兼容的，内核可以直接使用同样的参数调用同样的内部函数来完成操作。否则就如同前文所述的兼容模式，需要对参数进行兼容处理转换，然后再复用同样的内部函数或者调用专门为其准备的函数。

在 x86 平台中兼容模式的宏也有自己独特的定义，实际上主要是在 x64 上。因为 x86 本身就是 32 位平台，因为所有的应用程序和系统调用都是原生的 32 位，并不需要再特意去做 32 位用户态在发起系统调用时的兼容处理。而 x64 中有时候需要将 32 位的应用程序通过 32 位的系统调用传来的参数进行处理后，才能正确地使用在 64 位内核中的内部函数完成相应的操作。这些情况在介绍通用的系统调用小节中基本都涵盖了，这里就不再赘述了。但同样地，在 x86 平台上，syscall_wrapper.h 头文件中也包含了兼容的系统调用的宏的声明，而不是使用通用的系统调用的宏，其定义如下：

```
#define COMPAT_SYSCALL_DEFINE0(name)                                      \
    static long                                                           \
    __do_compat_sys_##name(const struct pt_regs *__unused);               \
    __IA32_COMPAT_SYS_STUB0(name)                                         \
    __X32_COMPAT_SYS_STUB0(name)                                          \
    static long                                                           \
    __do_compat_sys_##name(const struct pt_regs *__unused)
#define COMPAT_SYSCALL_DEFINEx(x, name, ...)                              \
    static long __se_compat_sys##name(__MAP(x,__SC_LONG,__VA_ARGS__));    \
    static inline long __do_compat_sys##name(__MAP(x,__SC_DECL,__VA_ARGS__)); \
    __IA32_COMPAT_SYS_STUBx(x, name, __VA_ARGS__)                         \
```

```
    __X32_COMPAT_SYS_STUBx(x, name, __VA_ARGS__)                    \
    static long __se_compat_sys##name(__MAP(x,__SC_LONG,__VA_ARGS__))    \
    {                                                               \
        return __do_compat_sys##name(__MAP(x,__SC_DELOUSE,__VA_ARGS__));  \
    }                                                               \
    static inline long __do_compat_sys##name(__MAP(x,__SC_DECL,__VA_ARGS__))
```

可以看到，与普通系统调用的宏展开类似，兼容模式也涉及零参数的系统调用实现和多个参数的系统调用实现两种宏。其中零参数的宏会直接展开成一个以__do_compat_sys为前缀的函数，作为系统调用实现部分的函数签名。而多个参数的系统调用实现会先展开成一个以__se_compat_sys_为前缀的函数和一个以__do_compat_sys为前缀的系统调用函数实现的签名部分，而前者调用以__do_compat_sys为前缀的系统调用实现并将结果返回。这两个宏同样包含了两个系统调用接口部分的宏：其中针对 x86 的带有兼容处理的系统调用接口是通过__IA32_COMPAT_SYS_STUB0 和 __IA32_COMPAT_SYS_STUBx 定义的；针对 x64 中 x32 二进制接口的部分则是由__X32_COMPAT_SYS_STUB0 和 __X32_COMPAT_SYS_STUBx 定义的。当内核处于 x64 中开启了 32 位的模拟模式时（配置期间 CONFIG_IA32_EMULATION 被定义了），针对 x86 的带有兼容处理的系统调用接口定义如下：

```
#ifdef CONFIG_IA32_EMULATION
#define __IA32_COMPAT_SYS_STUB0(name)                    \
    __SYS_STUB0(ia32, compat_sys_##name)
#define __IA32_COMPAT_SYS_STUBx(x, name, ...)            \
    __SYS_STUBx(ia32, compat_sys##name,                  \
        SC_IA32_REGS_TO_ARGS(x, __VA_ARGS__))
#else /* CONFIG_IA32_EMULATION */
#define __IA32_COMPAT_SYS_STUB0(name)
#define __IA32_COMPAT_SYS_STUBx(x, name, ...)
#endif
```

而如果在 x64 中支持 x32 的二进制接口，内核配置过程中就会定义 CONFIG_X86_X32 宏，那么__X32_COMPAT_SYS_STUB0 和 __X32_COMPAT_SYS_STUBx 两个宏就会有如下的展开：

```
#ifdef CONFIG_X86_X32
#define __X32_COMPAT_SYS_STUB0(name)                     \
    __SYS_STUB0(x64, compat_sys_##name)
#define __X32_COMPAT_SYS_STUBx(x, name, ...)             \
    __SYS_STUBx(x64, compat_sys##name,                   \
        SC_X86_64_REGS_TO_ARGS(x, __VA_ARGS__))
#else /* CONFIG_X86_X32 */
#define __X32_COMPAT_SYS_STUB0(name)
#define __X32_COMPAT_SYS_STUBx(x, name, ...)
#endif
```

而最终可以看到，以上 8 种宏（包括 x86 原生模式、x64 原生模式、x64 中的 x86 兼容模式和 x64 中的 x32 二进制接口兼容模式的零参数宏和非零参数宏）在对应模式和平台上被定义之后，会使用下面定义的__SYS_STUB0 和 __SYS_STUBx 处理并展开：

```
#define __SYS_STUB0(abi, name)                           \
    long __##abi##_##name(const struct pt_regs * regs);  \
    ALLOW_ERROR_INJECTION(__##abi##_##name, ERRNO);      \
```

```
   long __##abi##_##name(const struct pt_regs * regs)          \
       __alias(__do_##name);
#define __SYS_STUBx(abi, name, ...)                             \
   long __##abi##_##name(const struct pt_regs * regs);          \
   ALLOW_ERROR_INJECTION(__##abi##_##name, ERRNO);              \
   long __##abi##_##name(const struct pt_regs * regs)           \
   {                                                            \
       return __se_##name(__VA_ARGS__);                         \
   }
```

对于零参数的最终展开，是一个符合__<abi>_<name>格式的系统调用接口，它接受一个 struct pt_regs 类型的参数。这个接口会作为前面所述的 syscall_wrapper.h 中的宏产生的由__do_sys_为前缀的系统调用的实现函数的别名，也就是说实际上直接调用了__do_sys_这一系列函数，这些函数实际上就是系统调用在内核中的具体实现。

而对于非零参数的系统调用的宏展开，首先会产生一个系统调用接口，它的格式和零参数的类似，也接收一个 struct pt_regs 类型的参数。然后通过上层宏传来的剩余参数进行展开，作为前文提到的以__se_sys_为前缀的函数的参数传入并调用。之后会看到，这一操作实际上是将从用户态传来的在不同寄存器中储存的参数，按照调用约定的顺序传入，具体的顺序会在本小节后面部分进行解析。

总结来说，在 x86 和 x64 两个平台上，考虑到不同的兼容模式和不同的二进制接口，生成的系统调用接口模式的形式如表 3-1 所示。

表 3-1 在 x86 和 x64 系统调用接口模式的形式

平　　台	x86 32 位	x64 64 位	x64 32 位兼容模式	x64 x32 二进制接口
x86	__ia32_sys_ *	无	无	无
x64	__ia32_sys_ *	__x64_sys_ *	__ia32_compat_sys_ *	__x64_compat_sys_ *

我们仍然使用 open 作为例子，则它们在 x86 和 x64 平台 Linux 内核中的系统调用链如表 3-2所示。

表 3-2 在 x86 和 x64 平台 Linux 内核中的系统调用链

系统调用接口	中间过渡函数	系统调用实现
__ia32_sys_open	__se_sys_open	__do_sys_open
__x64_sys_open	__se_sys_open	__do_sys_open
__ia32_compat_sys_open	__se_compat_sys_open	__do_compat_sys_open
__x64_compat_sys_open	__se_compat_sys_open	__do_compat_sys_open

在实践中，由于系统调用接口的模式和二进制接口众多，人力维护会增加复杂度和犯错的概率。因此在 Linux 内核中，x86 和 x64 的系统调用接口全部都是通过一个脚本自动生成的，它接受一个特定格式的描述文件，最终生成一个对应的头文件。

它们的系统调用描述文件位于 arch/x86/entry/syscalls 目录下，分别被命名为 syscall_32.tbl 和 syscall_64.tbl，这两个文件拥有类似的文件格式，都是类表的格式类型，每个字段的意义在注释中有说明。

在 syscall_32.tbl 中，注释中的格式信息如下：

```
# <number> <abi> <name> <entry point> <compat entry point>
#
# The abi is always "i386" for this file.
```

从左到右分别为系统调用号、调用时的二进制接口风格（ABI）、系统调用的名称、程序入口（为在内核中的函数名）、兼容模式下的程序入口（同样为在内核中的函数名）。

下面是这个 32 位系统调用描述文件开头的一部分，我们展示到 open 系统调用为止：

```
0  i386 restart_syscall    sys_restart_syscall
1  i386 exit        sys_exit
2  i386 fork        sys_fork        sys_fork
3  i386 read        sys_read
4  i386 write       sys_write
5  i386 open        sys_open        compat_sys_open
```

可以看到，open 系统调用对应的函数是 sys_open，也就是本章开始部分所展示的别名为 SyS_open 的函数，而这个函数会调用 open 在内核中的最终实现，完成这个系统调用对应的功能。而最后一个字段的值是 compat_sys_open，是兼容模式下用来产生程序入口的信息。

而在 syscall_64.tbl 中，注释中的格式信息如下：

```
# The format is:
# <number> <abi> <name> <entry point>
#
# The abi is "common", "64" or "x32" for this file.
#
```

它和 32 位的描述文件的主要差别在于：它没有兼容模式相关的字段，这是因为 x64 的原生系统调用本身并不需要兼容模式支持，只有在 x64 处理器上运行 x86 的 32 位程序（包括 x32 二进制接口）时，才需要兼容模式的处理；此外，它们的二进制接口风格（abi 对应的字段）不同，对于 32 位的系统调用，只有 i386 一种，而对于 x64 的系统调用，则有 common、64 和 x32 三种。

下面是 64 位系统调用描述文件一直到 open 系统调用的部分，可以看到其对应的内核中的函数也是 sys_open 函数，它是 SyS_open 的别名。

```
0  common    read        sys_read
1  common    write       sys_write
2  common    open        sys_open
```

在与这两个文件相同目录的构建文件 Makefile 中，可以看到它们是如何被处理的。简单来说，它们主要会被传给两个脚本文件来处理。

1）一个是 scripts 目录中的 syscallhdr.sh 脚本文件，用来导出用户态的应用程序可以使用（即用户态程序进行系统调用时）的头文件，里面包含了系统调用号，生成的文件都包含了 unistd 名称，如 unistd_32.h、unistd_64.h、unistd_x32.h、unistd_32_ia32.h 和 unistd_64_x32.h 等。第一组数字表示系统调用本身是 x86 的 32 位还是 x86_64 的 64 位的，后面（第二组）的标识（如果存在）表示调用风格。这些头文件都由 Makefile 使用不同参数、在不同的构建目标架构下处理并输出，如 abi 字段就会由 syscallhdr.sh 脚本文件处理并输出到不同的头文件中。头文件中存储了类似于#define __NR_open 2（我们仍然以 open 系统调用为例子）的宏，相当于导出了系统调用的名称和它的调用号。同时还导出了系统调用的最大编号，在脚本文件中为 echo " #define __NR_$｛prefix｝ syscalls $（ （$max + 1）） " 代码的行为，其输出的内容类似于 "#define __NR_syscalls 400"，表示在这个内核中存在 400 个有效的系统调用（但请注意，并不一定每个系统调用号都有对应的实现，有些系统调用可能为空，会指向 sys_ni_syscall 接口，后面也会见到这一操作的具体实现）。

2）另一个是 scripts 目录中的 syscalltbl.sh 脚本文件，它生成的是 Linux 内部使用的寻找系统调用号及内核内部接口的头文件。它们的文件名形式类似于 syscalls_64.h、syscalls_32.h 和 syscalls_x32.h，这些头文件中包含的信息更加丰富，方便内核找到系统调用的内部接口。这个脚本文件每读取一行，当存在兼容模式的程序入口时，会输出一行 "__SYSCALL_WITH_COMPAT（$nr, $native, $compat）"。其中 nr 为系统调用名称、native 为非兼容模式实现（原生实现）的程序入口名称、compat 为兼容模式的程序入口名称。当只有非兼容模式的实现时，则输出 "__SYSCALL（$nr, $native）"，每个变量表示的意义与上述相同。而当两种模式的实现都不存在或者是当前调用号没有出现在系统调用的描述表中时，则输出 "__SYSCALL（$nr, sys_ni_syscall）"，将当前调用号指向 sys_ni_syscall 接口，正如前文所述，它表示一个空的、不产生作用的系统调用。此外，这个脚本文件还可以接受一个名为 abi 的参数，通过这个参数可以过滤对应的应用程序二进制接口的系统调用，我们会在本小节的后续部分对此进行说明。

经过脚本文件的处理后，在这些产生包含 syscalls 前缀的头文件中会有类似于下面这样的宏：

```
__SYSCALL_WITH_COMPAT(5, sys_open,compat_sys_open)
__SYSCALL(3, sys_open)
```

这些宏在 Linux 内核源代码中，通过不同部分的不同定义来生成不同的代码。首先 __SYSCALL_WITH_COMPAT 宏会被展开成为等价的 __SYSCALL 宏，然后就可以被 __SYSCALL 的宏展开过程一同处理。但是在不同的配置条件下，它会被展开成不同的形式：

```
#ifdef CONFIG_IA32_EMULATION
#define __SYSCALL_WITH_COMPAT(nr, native,compat)__SYSCALL(nr, compat)
#else
#define __SYSCALL_WITH_COMPAT(nr, native,compat)__SYSCALL(nr, native)
#endif
```

可以看到，在 CONFIG_IA32_EMULATION 宏被定义的情况下，只有 compat 函数会被保留。这个宏被定义的情况则是在 x64 的内核中，内核需要模拟 x86 中的系统调用，以支持 x86 的 32 位应用程序。正如我们之前提到的，只有在参数可能不一致的时候才需要兼容模式的系统调用，否则就只有 native 的函数会被保留下来。这时说明 CONFIG_IA32_EMULATION 宏没有被定义，也就是说我们的内核将只会工作在 x86 的 32 位处理器上（或者是 x64 的处理器，但只运行在 32 位的模式上），而不是作为一个 64 位的内核来工作。

在 32 位系统调用的代码文件 syscall_32.c 中，其中一个比较重要的将 __SYSCALL 宏展开的操作如下：

```
#define __SYSCALL(nr, sym) extern long __ia32_##sym(const struct pt_regs *);
#include <asm/syscalls_32.h>
```

这个宏会将 asm/syscalls_32.h 头文件中的__SYSCALL 宏（包括前面定义的__SYSCALL_WITH_COMPAT 宏）展开成一个 long 类型返回值的函数声明，它的前缀是__ia32_。我们仍然使用 open 系统调用作为例子，回顾一下它在 x86 和 x64 系统调用描述表里的对应项：

```
5   i386open      sys_open         compat_sys_open
2   common   open        sys_open
```

在 x64 的内核中，CONFIG_IA32_EMULATION 宏会被定义，__SYSCALL_WITH_COMPAT（nr, native, compat）宏只会展开到__SYSCALL（nr, compat），而前文中经由脚本文件的处理，只有当存在需要兼容处理的参数时才需要兼容模式（如 open 系统调用在 x86 的 32 位模拟中的实现与 x64 中的实现都是调用内核中的 do_sys_open 内部函数，区别只在于要不要设置 x64 下独有的 O_LARGEFILE 的这个标识）。而需要 x86 的 32 位模拟时，相关的宏才会被定义，输出__SYSCALL_WITH_COMPAT 并最终只留下其中以 compat_为前缀的兼容处理函数，否则在 x86 直接会有 32 位原生的__SYSCALL 输出。

因此，在 x64 的内核中，经过脚本文件的处理和初步的宏展开（在这里我们目前只展开__SYSCALL_WITH_COMPAT 宏）会产生__SYSCALL（5, compat_sys_open）和__SYSCALL（2, sys_open）。通过上面部分定义的宏展开，它会产生下面的函数声明：

```
extern long __ia32_compat_sys_open(const struct pt_regs *);
```

而在 x86 的内核中则会展开__SYSCALL（5, sys_open）宏，它会产生下面的函数声明：

```
extern long __ia32_sys_open(const struct pt_regs *);
```

而到了后面，同样的一个__SYSCALL 宏会根据不同情况和需求展开成不同的函数。如另一个比较重要的宏展开如下：

```
#undef __SYSCALL
#define __SYSCALL(nr, sym) __ia32_##sym,
__visible const sys_call_ptr_t ia32_sys_call_table[] = {
#include <asm/syscalls_32.h>
};
```

这里先通过#undef 将之前定义过的__SYSCALL 宏展开规则取消，再定义一个新的宏展开规则、将系统调用的函数名称展开为__ia32_sys_open，并按顺序放入了 ia32_sys_call_table 数组中，作为寻找系统调用的查询表。稍后我们会看到系统调用中的用户态和内存态切换是如何实现的，并且根据如 syscall_32.c 中的系统调用查询表来调用函数的过程。但在此之前，我们先把类似作用的、在 x64 中的相关文件做简略的说明。

与 syscall_32.c 同样，在 syscall_64.c 代码文件中是 x64 中 64 位的系统调用表的实现：

```
#define __SYSCALL(nr, sym) extern long __x64_##sym(const struct pt_regs *);
#include <asm/syscalls_64.h>
#undef __SYSCALL
#define __SYSCALL(nr, sym) __x64_##sym,
asmlinkage const sys_call_ptr_t sys_call_table[] = {
#include <asm/syscalls_64.h>
};
```

它和 syscall_32.c 的处理过程类似，但没有 32 位中为 x64 系统提供的兼容模拟 32 位调用这些处理。第一次对__SYSCALL 的宏展开会产生以__x64_为前缀的函数声明，第二次则是将这个函数的符号放入叫作 sys_call_table 的系统调用描述表中。如对于 open 系统调用来说，在 x64 内核中它会产生下面的函数声明：

```
extern long __x64_sys_open(const struct pt_regs *);
```

同时，在第二次展开时会把__x64_sys_open 放到 sys_call_table 系统调用描述表中系统调用号为 2 的位置（见 x64 的系统调用描述文件）。

此外，x64 的处理器还支持一种在 2012 年 Linux 3.4 中发布的应用程序二进制接口（ABI）。它使用 32 位的整数、长整数和指针，因此寻址空间只能和 x86 一样是 32 位的，但它的主要目的是将 32 位数据类型占用较小内存和缓存空间的优点，与更大的 x64 中的寄存器集合相结合。在前文我们提到过在 64 位内核的系统调用描述文件中，它所拥有的二进制接口有 common、64 和 x32 三种，就是为了区分一个系统调用是通用的 ABI、x64 独有的 64 位的 ABI 还是 x32 的 ABI。尽管在前文中展示的部分系统调用的 ABI 都是 common（也就是说 x64 和 x32 的 ABI 可以共用），但实际上也存在一些 ABI 互斥的系统调用声明，如 ptrace 系统调用：

```
101  64    ptrace              sys_ptrace
521  x32   ptrace              compat_sys_ptrace
```

可以看到它们分别是 64 和 x32 风格二进制接口的系统调用。实际上，在编译内核的时候，构建文件会通过 syscalltbl.sh 脚本文件中的 ABI 参数从 x64 的系统调用描述文件中，分别生成前文所述的 syscalls_64.h 和 syscalls_x32.h 两个头文件。其中 syscalls_64.h 被前文所描述的 syscall_64.c 使用，而 syscalls_x32.h 则被用在了 syscall_x32.c 中：

```
#define __SYSCALL(nr, sym) extern long __x64_##sym(const struct pt_regs *);
#include <asm/syscalls_x32.h>
#undef __SYSCALL
#define __SYSCALL(nr, sym) __x64_##sym,
asmlinkage const sys_call_ptr_t x32_sys_call_table[] = {
#include <asm/syscalls_x32.h>
};
```

这里，我们依旧通过两次宏展开，可以预料到会产生：

```
extern long __x64_compat_sys_ptrace(const struct pt_regs *);
```

这样的函数声明，将其放入 x32_sys_call_table 系统调用描述表中系统调用号为 521 的位置（注意，与此同时在 x64 的系统调用描述表中，它所在的是系统调用号为 101 对应的位置）。

经过这样的一系列处理后，在上述的几种 x86 的系统调用描述表中只会留下需要的系统调用接口，而其余的系统调用号实际会产生空的系统调用接口项，我们在表 3-3 中对 open、write 和 ptrace 3 个系统调用在不同平台和不同模式下的系统调用描述表中产生的系统调用接口项进行总结。

表 3-3　不同平台和不同模式下的系统调用描述表中产生的系统调用接口项

系统调用	平台	ia32_sys_call_table	sys_call_table	x32_sys_call_table
open	x86	__ia32_sys_open	无（非 64 位）	无（非 64 位）
open	x64	__ia32_compat_sys_open	__x64_sys_open	__x64_sys_open

（续）

系统调用	平台	ia32_sys_call_table	sys_call_table	x32_sys_call_table
ptrace	x86	__ia32_sys_ptrace	无（非 64 位）	无（非 64 位）
ptrace	x64	__ia32_compat_sys_ptrace	__x64_sys_ptrace	__x64_compat_sys_ptrace
write	x86	__ia32_sys_write	无（非 64 位）	无（非 64 位）
write	x64	__ia32_sys_write	__x64_sys_write	__x64_sys_write

可以看到，open 和 ptrace 这两个系统调用在 x86 和 x64 两种平台上的 32 位系统调用表项是不同的。这是因为它们在 x64 平台上需要对参数进行兼容处理（在 syscall_32.tbl 文件中体现为兼容的入口点 compat entry point 对应的字段非空），再去调用内核中 64 位系统调用实现来完成系统调用的功能，而对于 write 则没有这个问题；对于 x64 平台上的 ptrace 系统调用来说，由于它需要处理通过 x32 二进制接口传来的参数的兼容性（在 syscall_64.tbl 文件中体现为二进制接口 abi 字段的值不是 common，并且分别有 64 和 x32 对应的两个表项），因此在 sys_call_table 和 x32_sys_call_table 中，它有两个不同的系统调用接口项。而对于 open 和 write 这两个系统调用来说，则没有这个问题，可以通用。

接下来我们来解析一个系统调用是如何被应用程序触发的。进入内核态后，Linux 内核又是在哪里对它进行处理的，如何将前文所述的寄存器转换为系统调用实现中对应位置的参数，如何寻找系统调用描述表，从而使表中的系统调用接口项对应的、以 __do_sys_ 或者 __do_compat_sys_ 为前缀的系统调用实现函数被调用。

在 x86 平台中，早期版本的系统调用是通过触发一个编号为 0x80 的系统软中断调用的，它的汇编语句是 int $0x80，其中 int 表示产生一个中断，$0x80 表示中断的编号是常数 0x80，而参数也需要根据调用约定放到对应的寄存器中。在 x86 上，Linux 内核对用户态传来的系统调用的参数约定如表 3-4 所示。

表 3-4　x86 平台 Linux 内核中用户态 int80 发起系统调用的参数约定

寄 存 器	含 义
eax	要使用的系统调用号
ebx	系统调用的第一个参数
ecx	系统调用的第二个参数
edx	系统调用的第三个参数
esi	系统调用的第四个参数
edi	系统调用的第五个参数
ebp	系统调用的第六个参数

最后，系统调用的结果（是一个 32 位的返回值，可以是一个指针，也可以是一个数）再通过 eax 寄存器返回，也就是会覆盖掉用户态传来的要使用的系统调用号这一个参数。实际上，这样做并没有什么不妥，Linux 内核只在系统调用的开始会使用系统调用号来查找系统调用的接口以便调用到它的具体实现。一旦返回，系统调用的编号就不再被使用，因此 Linux 内核可以安全地将 eax 寄存器复用，用以作为系统调用的返回值。

在使用编号为 0x80 的软中断产生系统调用的过程中，处理器内部对中断处理的过程会完整地运行一遍。因此，会对性能产生比较大的影响，但为了兼容性的考虑，为 x86 平台配置的内核仍然需要保留这样的代码。

为了避免处理器内部每次都将中断处理的过程完整地运行，减少处理器的负担，后来 Intel 公司在奔腾（R）II 处理器上新引入了快速系统调用（fast syscall）功能，作为这个特性的一部分，引入了 sysenter 指令。这种调用方式，同样是由用户态的应用程序将要使用的系统调用有关参数放入约定好的寄存器中，但不再使用产生软中断的汇编语句 int，而是使用上述的 sysenter 指令。在 Linux 内核中，它的系统调用参数约定与软中断版本类似，但不互相兼容（我们在后面会看到，Linux 内核使用了两个不同的入口程序，分别对它们进行处理），参数约定如表 3-5 所示。

表 3-5　x86 平台 Linux 内核中用户态通过 sysenter 发起系统调用的参数约定

寄 存 器	含 义
eax	要使用的系统调用号
ebx	系统调用的第一个参数
ecx	系统调用的第二个参数
edx	系统调用的第三个参数
esi	系统调用的第四个参数
edi	系统调用的第五个参数
ebp	用户堆栈的地址
ebp 指向的零偏移地址	系统调用的第六个参数

而结果与软中断模式类似，同样会存储在 eax 寄存器中。可以看到，大部分寄存器和参数的映射关系都是与软中断模式相同的，只有第六个参数变成了用户堆栈在顶部存储的值（也就是零偏移的地址）。

在 x86 平台的 Linux 内核中，由于两种系统调用发起方式没有互相的兼容性，这两个处理用户态传来的系统调用的代码入口点是各自独立的，但都位于 arch/x86/entry/entry_32.S 汇编代码文件中。由于篇幅限制，我们会省略一些细节，集中对调用参数处理的过程和内核中的调用流程进行说明。

我们首先来看（聚焦于参数处理过程和内核调用流程来精简过后的）软中断版本的系统调用入口：

```
SYM_FUNC_START(entry_INT80_32)
    pushl    %eax /* pt_regs->orig_ax */
    SAVE_ALL pt_regs_ax=$-ENOSYS switch_stacks=1 /* save rest */
    movl %esp, %eax
    call do_int80_syscall_32
.Lsyscall_32_done:
    STACKLEAK_ERASE
restore_all_switch_stack:
    SWITCH_TO_ENTRY_STACK
    /* 中略 */
    /* 恢复用户态的寄存器状态 */
```

```
    RESTORE_REGS pop=4                  # skip orig_eax/error_code
.Lirq_return:
    iret
.section .fixup, "ax"
SYM_CODE_START(asm_iret_error)
    pushl    $0                         # no error code
    pushl    $iret_error
    jmp   handle_exception
SYM_CODE_END(asm_iret_error)
.previous
    _ASM_EXTABLE(.Lirq_return, asm_iret_error)
SYM_FUNC_END(entry_INT80_32)
```

首先 pushl %eax 会将 eax 的初始值作为一个 64 位整数压入栈，这是为了保留用户态传来的系统调用号，方便在出错的时候进行记录和处理。紧接着 SAVE_ALL 是一个汇编语言中的宏，它负责将此时用户态切换过来的寄存器内容压入栈，暂时保存下来，我们稍后对这个宏产生的操作进行解析。然后将 esp 寄存器中的值（也就是栈当前的指针）存入 eax 寄存器中，它会在通过 call 指令调用 do_int80_syscall_32 函数的时候，被当作第一个参数传入。最后在调用结束后会清除 C 程序的栈、恢复汇编模式下的栈，并从栈中恢复寄存器的值。这时返回值也会被放入 eax 中，然后通过 iret 语句从软中断中返回用户态。如果出错，则传递给 handle_exception 这一段另外的程序来处理异常信息，这时内核可能会陷入恐慌并停止运行。

下面我们来详细解析中间出现的负责保存寄存器信息的 SAVE_ALL 宏，它的定义与上述的系统调用处理程序入口位于同一个文件中，其内容如下：

```
.macro SAVE_ALL pt_regs_ax=%eax switch_stacks=0 skip_gs=0 unwind_espfix=0
    cld
.if \skip_gs == 0
    pushl       $0
.endif
    pushl       %fs
    pushl       %eax
    movl $(__KERNEL_PERCPU), %eax
    movl %eax, %fs
.if \unwind_espfix > 0
    UNWIND_ESPFIX_STACK
.endif
    popl %eax
    FIXUP_FRAME
    pushl       %es
    pushl       %ds
    pushl        \pt_regs_ax
    pushl       %ebp
    pushl       %edi
    pushl       %esi
    pushl       %edx
    pushl       %ecx
    pushl       %ebx
```

```
    movl $(__USER_DS), %edx
    movl %edx, %ds
    movl %edx, %es
    /* Switch to kernel stack if necessary */
.if \switch_stacks > 0
    SWITCH_TO_KERNEL_STACK
.endif
.endm
```

我们可以看到，它绝大多数操作都是入栈和赋值，只不过根据宏定义后面的参数，产生的栈中数据的结构或者内容有所不同。我们重点来看在处理系统调用软中断过程中使用的参数：有 pt_regs_ax = $-ENOSYS 和 switch_stacks = 1 两个，剩余都是默认值。那么在我们的程序中其中的 UNWIND_ESPFIX_STACK 是不会产生的，而 pushl $0 是存在的，最后的 SWITCH_TO_KERNEL_STACK 宏也会存在，会切换到使用内核的栈。实际上，和系统调用参数传递相关的是从 FIXUP_FRAME 宏开始的，因此我们只需重点关注 FIXUP_FRAME 直到 SWITCH_TO_KERNEL_STACK 之前。而 FIXUP_FRAME 宏与系统调用参数传递有关的定义为：

```
.macro FIXUP_FRAME
    /* 中略 */
    pushl   %ss                 # ss
    pushl   %esp                # sp (points at ss)
    addl $7 * 4, (%esp)         # point sp back at the previous context
    pushl   7 * 4(%esp)         # flags
    pushl   7 * 4(%esp)         # cs
    pushl   7 * 4(%esp)         # ip
    pushl   7 * 4(%esp)         # orig_eax
    pushl   7 * 4(%esp)         # gs / function
    pushl   7 * 4(%esp)         # fs
.endm
```

它按顺序将 ss、esp 寄存器压入栈中，并将用户态栈中的 flags、cs、ip、orig_eax、gs 和 fs 寄存器依次入栈（本书虽并未对这些寄存器进行介绍，但读者也不必惊慌，对于与系统调用参数有关的寄存器我们会重点提及）。这时程序会回到宏展开之后，依次将 es、ds、pt_regs_ax 的值、ebp、edi、esi、edx、ecx 和 ebx 入栈。到了这时，我们的栈顶指针就指向最后一个，也就是栈上存储的 ebx 寄存器的空间地址。这个指针由 esp 寄存器来维护，每次入栈、出栈这个寄存器的值都会根据数据的大小自动调整。回忆一下，在我们的系统调用处理入口程序 entry_INT80_32 中，寄存器 esp 的值先被复制给 eax，紧接着又按照 C 语言函数的调用约定，被当作第一个参数传给 do_int80_syscall_32 函数。也就是说，从栈顶开始到与 do_int80_syscall_32 第一个参数类型大小一致的内存空间，都会被当作第一个参数。有了这个认知，我们就可以去看一看 do_int80_syscall_32 函数的定义了。

do_int80_syscall_32 函数被定义在 arch/x86/entry/common.c 文件中，它接受唯一的 struct pt_regs 类型的指针 regs 作为参数：

```
/* Handles int $0x80 */
__visible noinstr void do_int80_syscall_32(struct pt_regs *regs)
{
    int nr = syscall_32_enter(regs);
```

```
add_random_kstack_offset();
/*
 * Subtlety here: if ptrace pokes something larger than 2^31-1 into
 * orig_ax, the int return value truncates it. This matches
 * the semantics of syscall_get_nr().
 */
nr = syscall_enter_from_user_mode(regs, nr);
instrumentation_begin();
do_syscall_32_irqs_on(regs, nr);
instrumentation_end();
syscall_exit_to_user_mode(regs);
}
```

在这里我们首先分析一下前文中提到的入栈过程是如何与 struct pt_regs 类型的指针 regs 产生联系的。事实上，我们可以先看一下在 x86 平台上 struct pt_regs 结构体类型的定义（在 arch/x86/include/asm/ptrace.h 中），同时对比在前面遇到的 SAVE_ALL 宏中压栈过程中产生的寄存器值布局，如表 3-6 所示。

表 3-6　x86 平台 struct pt_regs 结构体类型的定义与压栈顺序

结　构　体	栈上存储的值对应的寄存器
struct pt_regs {	
unsigned long bx;	ebx
unsigned long cx;	ecx
unsigned long dx;	edx
unsigned long si;	esi
unsigned long di;	edi
unsigned long bp;	ebp
unsigned long ax;	\ pt_regs_ax
unsigned short ds;	ds
unsigned short __dsh;	es
unsigned short es;	fs
unsigned short __esh;	gs
unsigned short fs;	原本的 eax（orig_eax）
unsigned short __fsh;	ip
unsigned short gs;	cs
unsigned short __gsh;	flags
unsigned long orig_ax;	esp
unsigned long ip;	ss
unsigned short cs;	
unsigned short __csh;	
unsigned long flags;	
unsigned long sp;	
unsigned short ss;	
unsigned short __ssh;	
};	

通过这样的入栈过程，存储的寄存器的值和 struct pt_regs 的布局就匹配起来了。在传递参数的时候，这片内存空间的起始地址就是栈顶的地址，而该地址被复制到 eax 中，当作 C 函数的第一个参数被 do_int80_syscall_32 当作 struct pt_regs 类型的指针读取。而之后通过 eax

寄存器返回的值是\ pt_regs_ax，这里使用-ENOSYS 作为默认值，而原本在 eax 寄存器中存储的系统调用的编号被放在了 struct pt_regs 结构体类型的 orig_ax 字段中。

了解了参数构成之后，在 do_int80_syscall_32 中，比较重要的代码是通过 syscall_32_enter 从 regs 参数中读取系统调用号。它的实现其实就是单纯地返回 orig_eax 的值，这个值正如我们前面所描述的，是用户态在触发软中断之前传来的 eax 寄存器的值，根据调用约定正式的系统调用号；另一个就是使用 regs 参数和系统调用号去调用 do_syscall_32_irqs_on 函数，其定义如下：

```
/*
 * Invoke a 32-bit syscall.  Called with IRQs on in CONTEXT_KERNEL.
 */
static __always_inline void do_syscall_32_irqs_on(struct pt_regs * regs, int nr)
{
    /*
     * Convert negative numbers to very high and thus out of range
     * numbers for comparisons.
     */
    unsigned int unr = nr;
    if (likely(unr < IA32_NR_syscalls)) {
        unr = array_index_nospec(unr, IA32_NR_syscalls);
        regs->ax = ia32_sys_call_table[unr](regs);
    } else if (nr != -1) {
        regs->ax = __ia32_sys_ni_syscall(regs);
    }
}
```

在这个函数中，如果系统调用号在允许的范围内，那么内核将系统调用号标准化，以防止溢出的问题。从 ia32_sys_call_table 系统调用描述表中取出对应的函数，将 regs 参数继续传入，并将返回值存储到 ax 字段中，覆盖之前创建的默认值-ENOSYS。正如我们之前介绍的，在 ia32_sys_call_table 表中放置了系统调用的接口。在 x86 中，为以 ia32_sys 为前缀的一系列函数，如果不存在这样的系统调用接口，就会默认调用__ia32_sys_ni_syscall 这个什么都不做的系统调用占位函数。例如，在 x86 中，open 系统调用号为 5，那么就可以使用 ia32_sys_call_table［unr］来访问产生的__ia32_sys_open 函数。在本章的最后，我们会看到 regs 参数是如何展开到系统调用的实现部分的对应位置的参数的。

在返回的时候，regs 参数的 ax 字段被赋值成了调用系统调用实现的返回值，而 orig_ax 字段仍保留了当初通过 eax 寄存器传入的系统调用号。在继续返回到汇编代码中的 entry_INT80_32 之后，程序会先对栈进行清理，然后 RESTORE_REGS 宏产生的代码会从调用 C 函数之前的栈上的内容恢复寄存器的值。它的定义同样在 entry_32.S 中，还包含了一个比较重要的 RESTORE_INT_REGS 宏：

```
.macro RESTORE_REGS pop=0
    RESTORE_INT_REGS
1:  popl %ds
2:  popl %es
3:  popl %fs
    addl $(4 + \pop), %esp/ * pop the unused "gs" slot */
```

```
    IRET_FRAME
.pushsection .fixup, "ax"
4:  movl $0, (%esp)
    jmp  1b
5:  movl $0, (%esp)
    jmp  2b
6:  movl $0, (%esp)
    jmp  3b
.popsection
    _ASM_EXTABLE(1b, 4b)
    _ASM_EXTABLE(2b, 5b)
    _ASM_EXTABLE(3b, 6b)
.endm
```

在 RESTORE_INT_REGS 宏的展开中，从栈顶开始，把每个值出栈到每个寄存器中，依次为 ebx、ecx、edx、esi、edi、ebp 和 eax，对应了 struct pt_regs 类型结构体中的前 7 个字段。也就是在系统调用中会用到的 6 个参数的寄存器，加上系统调用号和返回值复用的 eax 寄存器（此时栈上 eax 寄存器对应区域的内容已经被修改，变为-ENOSYS 默认值或者系统调用后结果的返回值）：

```
.macro RESTORE_INT_REGS
    popl %ebx
    popl %ecx
    popl %edx
    popl %esi
    popl %edi
    popl %ebp
    popl %eax
.endm
```

后续部分是为了返回用户态的上下文做的其他准备，由于篇幅原因，本书就不对其进行详解了。而正常情况下，内核就可以返回用户态，用户态应用程序就可以从 eax 寄存器读取到返回值了。至此，一个 x86 平台的用户态应用程序发起的系统调用在 Linux 内核的流程就结束了。

我们接下来继续看在 x86 平台上用户态应用程序，使用 sysenter 指令的快速系统调用机制发起系统调用之后，在 Linux 内核中的处理。

用户态的应用程序（实际上是一个通过 C 标准库和一种名为 vDSO 的加速机制一同实现的间接过程）通过快速系统调用机制的 sysenter 指令发起系统调用。进入内核态时，在 x86 的内核中负责处理的程序与软中断模式的在同一个代码文件中。同样地，我们重点关注参数的处理过程，这段程序经过精简后如下：

```
SYM_FUNC_START(entry_SYSENTER_32)
/* 中略 */
.Lsysenter_past_esp:
/* 中略 */
    SAVE_ALL pt_regs_ax= $-ENOSYS      /* save rest, stack already switched */
/* 中略 */
.Lsysenter_flags_fixed:
    movl %esp, %eax
```

```
    call do_SYSENTER_32
    testl   %eax, %eax
    jz    .Lsyscall_32_done
    STACKLEAK_ERASE
    /* Opportunistic SYSEXIT */
/* 中略 */
    sti
    sysexit
/* 中略 */
SYM_ENTRY(__end_SYSENTER_singlestep_region, SYM_L_GLOBAL, SYM_A_NONE)
SYM_FUNC_END(entry_SYSENTER_32)
```

可以看到这段程序也使用了 SAVE_ALL 宏来保存寄存器的状态到栈上（在切换到内核的栈之后）。然后把栈顶指针的地址赋值给 eax 寄存器，作为 C 函数的参数约定当作第一个参数传入，用来调用 do_SYSENTER_32 函数。调用结束后测试 eax 的值是否为 0，如果不为 0 则就对栈进行清理和切换后，尝试使用 sysexit 退出系统调用的状态（如果处理器支持的话），返回用户态的应用程序部分。否则跳转到软中断模式的系统调用的结束部分，尝试进行类似的处理，并使用退出软中断的方式使用 iret 指令退出系统调用的状态。

其中 do_SYSENTER_32 函数的定义在 arch/x86/entry/common.c 文件中，内容如下：

```
/* Returns 0 to return using IRET or 1 to return using SYSEXIT/SYSRETL. */
__visible noinstr long do_SYSENTER_32(struct pt_regs *regs)
{
    /* SYSENTER loses RSP, but the vDSO saved it in RBP. */
    regs->sp = regs->bp;
    /* SYSENTER clobbers EFLAGS.IF.  Assume it was set in usermode. */
    regs->flags |= X86_EFLAGS_IF;
    return do_fast_syscall_32(regs);
}
```

它对 struct pt_regs 结构体类型的参数 regs 中存储的寄存器的值和标识进行了一些预处理，然后调用 do_fast_syscall_32 函数，将处理后的 regs 参数传入。它同样被定义在 common.c 文件中，我们重点关注的内容如下：

```
/* Returns 0 to return using IRET or 1 to return using SYSEXIT/SYSRETL. */
__visible noinstr long do_fast_syscall_32(struct pt_regs *regs)
{
    /* 中略 */
    /* Invoke the syscall. If it failed, keep it simple: use IRET. */
    if (!__do_fast_syscall_32(regs))
        return 0;
#ifdef CONFIG_X86_64
    /* 中略 */
    return regs->cs == __USER32_CS && regs->ss == __USER_DS &&
        regs->ip == landing_pad &&
        (regs->flags & (X86_EFLAGS_RF | X86_EFLAGS_TF)) == 0;
#else
    /* 中略 */
    return static_cpu_has(X86_FEATURE_SEP) &&
        regs->cs == __USER_CS && regs->ss == __USER_DS &&
```

```
        regs->ip == landing_pad &&
        (regs->flags & (X86_EFLAGS_RF |X86_EFLAGS_TF |X86_EFLAGS_VM)) == 0;
#endif
}
```

    它虽然也先进行了一些 x86 平台上的细节处理，但我们不对其进行关注，需要重点关注的是__do_fast_syscall_32 函数的调用。而前文中关于在汇编语言的处理程序我们提到的两种返回模式，也是在这些代码中管理的。从注释中我们可以看到，当返回 0 的时候会使用软中断模式的 iret 指令来退出系统调用模式，当返回 1 的时候会使用 sysexit 或者 sysretl 指令退出，而如果系统调用发生了错误也会使用 iret 指令退出。关于这里的选择是取决于内核在运行时的状态和处理器支持的特性，在 x64 平台上（当 CONFIG_X86_64 宏被定义了）和 x86 平台中检测过程基本一致。我们同样不对这里做详细的说明，继续进入到__do_fast_syscall_32 函数中。这个函数的定义与 do_fast_syscall_32 在同一个文件中，其内容如下：

```
static noinstr bool __do_fast_syscall_32(struct pt_regs *regs)
{
    int nr = syscall_32_enter(regs);
    int res;
    add_random_kstack_offset();
    /*
     * This cannot use syscall_enter_from_user_mode() as it has to
     * fetch EBP before invoking any of the syscall entry work
     * functions.
     */
    syscall_enter_from_user_mode_prepare(regs);
    instrumentation_begin();
    /* Fetch EBP from where the vDSO stashed it. */
    if (IS_ENABLED(CONFIG_X86_64)) {
        /*
         * Micro-optimization: the pointer we're following is
         * explicitly 32 bits, so it can't be out of range.
         */
        res = __get_user(*(u32 *)&regs->bp,
            (u32 __user __force *)(unsigned long)(u32)regs->sp);
    } else {
        res = get_user(*(u32 *)&regs->bp,
            (u32 __user __force *)(unsigned long)(u32)regs->sp);
    }
    if (res) {
        /* User code screwed up. */
        regs->ax = -EFAULT;
        local_irq_disable();
        instrumentation_end();
        irqentry_exit_to_user_mode(regs);
        return false;
    }
    nr = syscall_enter_from_user_mode_work(regs, nr);
    /* Now this is just like a normal syscall. */
    do_syscall_32_irqs_on(regs, nr);
```

```
instrumentation_end();
syscall_exit_to_user_mode(regs);
return true;
}
```

这里的代码结构与软中断模式中的处理函数 do_int80_syscall_32 结构十分类似。我们重点关注的部分同样是开头取系统调用号和使用 regs 参数、系统调用号去调用 do_syscall_32_irqs_on 的函数。这个函数负责在 x86 的 32 位系统调用描述表中查找并调用系统调用接口，最后结果会放入 eax 寄存器中（在 struct pt_regs 类型的 regs 中为 ax 字段）并返回。

实际上这种后引入的快速系统调用模式大多是由 Linux 内核中用以再次加速一些系统调用的 vDSO 机制来触发的。只有在 vDSO 中，如果一个系统调用无法加速才会存在 sysenter 指令进入内核态。这一机制对于内核来说是透明的（尽管 vDSO 是内核的一部分），而常用的通过 libc 触发的系统调用实际上是进入了 vDSO 机制。但用户态应用程序并不需要知道究竟是 libc 交由内核直接处理了它发起的系统调用，还是 libc 交由 vDSO 机制，再切换特权级调用系统调用的。对于用户态应用程序来说，这一机制也同样是透明的，因此本书不对这一机制进行详细说明，读者只需要知道这一机制存在即可。这一说明也是为了保持和现实的一致性，而不是为了简化解析过程为读者带来过于简化的、与事实有偏差的信息。

而这两个系统调用处理程序的入口是如何被处理器知晓的呢？对于软中断模式的入口，它在 arch/x86/kernel/idt.c 中被放入了 struct idt_data 结构体类型的 def_idts 表中。这是一个中断的处理表，包含了一项 SYSG（IA32_SYSCALL_VECTOR，entry_INT80_32），将一个定义为 0x80 的 IA32_SYSCALL_VECTOR 宏对应的中断处理程序设置成了 entry_INT80_32 处理程序的入口点，而 def_idts 在初始化过程中被 idt_setup_from_table 函数用来创建并安装到系统的中断处理表中。而使用快速系统调用机制的模式配置更加简单，在 arch/x86/kernel/cpu/common.c 的 enable_sep_cpu 函数中会探测处理器是否支持快速系统调用机制，如果是就使用 wrmsr 指令为用来指定处理器模式的寄存器（Model-Specific Register）写入 entry_SYSENTER_32 的地址即可，具体的代码如下：

```
wrmsr(MSR_IA32_SYSENTER_EIP, (unsigned long)entry_SYSENTER_32, 0)
```

在 x64 平台上，我们会更多地使用 x64 的 Linux 内核，尽管它保留了 x86 中的两种系统调用机制，但仅仅是为了给 x86 的用户态应用程序提供模拟的 32 位系统调用而产生的，更多使用的还是 x64 中原生的、独有的 syscall 模式。我们先来解析现代 Linux x64 内核中使用的 64 位系统调用的处理程序。

在 x64 中可以使用的寄存器更多了，名称也发生了变化，而系统调用用来传递参数的寄存器的约定也有所不同，如表 3-7 所示。

表 3-7　x64 平台 Linux 内核中用户态发起系统调用的参数约定

寄　存　器	含　　义
Rax	要使用的系统调用号
Rdi	系统调用的第一个参数
Rsi	系统调用的第二个参数
rdx	系统调用的第三个参数

（续）

寄　存　器	含　　义
r10	系统调用的第四个参数
r8	系统调用的第五个参数
r9	系统调用的第六个参数

实际上，在 x64 平台中，除了新加的寄存器以外，绝大多数寄存器都是将 x86 寄存器中开头的 e 换成 r，如 rax 就是 64 位版的 eax。用来处理通过 syscall 模式传入的系统调用的程序 entry_SYSCALL_64 是在 arch/x86/entry/entry_64.S 中被定义的。当我们专注于系统调用的参数处理和调用流程精简后，它的代码如下：

```
SYM_CODE_START(entry_SYSCALL_64)
    /* Construct struct pt_regs on stack */
    pushq    $__USER_DS                          /* pt_regs->ss */
    pushq    PER_CPU_VAR(cpu_tss_rw + TSS_sp2)   /* pt_regs->sp */
    pushq    %r11                                /* pt_regs->flags */
    pushq    $__USER_CS                          /* pt_regs->cs */
    pushq    %rcx                                /* pt_regs->ip */
SYM_INNER_LABEL(entry_SYSCALL_64_after_hwframe, SYM_L_GLOBAL)
    pushq    %rax                                /* pt_regs->orig_ax */
    PUSH_AND_CLEAR_REGS rax=$-ENOSYS
    /* IRQs are off. */
    movq %rsp, %rdi
    /* Sign extend the lower 32bit as syscall numbers are treated as int */
    movslq   %eax, %rsi
    call do_syscall_64                           /* returns with IRQs disabled */
    /* 中略 */
syscall_return_via_sysret:
    /* rcx and r11 are already restored (see code above) */
    POP_REGS pop_rdi=0 skip_r11rcx=1
    /* 中略 */
    swapgs
    sysretq
SYM_CODE_END(entry_SYSCALL_64)
```

开始先将一部分寄存器压栈，作为 struct pt_regs 的一部分。而 PUSH_AND_CLEAR_REGS 是一个宏，它被定义在 arch/x86/entry/calling.h 文件中，与在 x86 中遇到的宏作用类似，只不过这次是把 x64 平台上剩下的寄存器的值压栈，并且将寄存器置零，其中-ENOSYS 会被作为 rax 的默认值存入。

```
.macro PUSH_AND_CLEAR_REGS rdx=%rdx rax=%rax save_ret=0
    PUSH_REGS rdx=\rdx, rax=\rax, save_ret=\save_ret
    CLEAR_REGS
.endm
```

其中 PUSH_REGS 和 CLEAR_REGS 两个宏分别将寄存器的值入栈和清除寄存器的值。它们都在同一个文件中被定义：

```
.macro PUSH_REGS rdx=%rdx rax=%rax save_ret=0
    .if \save_ret
```

```
    pushq  %rsi              /* pt_regs->si */
    movq 8(%rsp), %rsi       /* temporarily store the return address in %rsi */
    movq  %rdi, 8(%rsp)      /* pt_regs->di (overwriting original return address) */
    .else
    pushq  %rdi              /* pt_regs->di */
    pushq  %rsi              /* pt_regs->si */
    .endif
    pushq \rdx               /* pt_regs->dx */
    pushq  %rcx              /* pt_regs->cx */
    pushq  \rax              /* pt_regs->ax */
    pushq  %r8               /* pt_regs->r8 */
    pushq  %r9               /* pt_regs->r9 */
    pushq  %r10              /* pt_regs->r10 */
    pushq  %r11              /* pt_regs->r11 */
    pushq  %rbx              /* pt_regs->rbx */
    pushq  %rbp              /* pt_regs->rbp */
    pushq  %r12              /* pt_regs->r12 */
    pushq  %r13              /* pt_regs->r13 */
    pushq  %r14              /* pt_regs->r14 */
    pushq  %r15              /* pt_regs->r15 */
    UNWIND_HINT_REGS
    .if \save_ret
    pushq  %rsi              /* return address on top of stack */
    .endif
.endm
.macro CLEAR_REGS
    xorl %edx,  %edx         /* nospec dx  */
    xorl %ecx,  %ecx         /* nospec cx  */
    xorl %r8d,  %r8d         /* nospec r8  */
    xorl %r9d,  %r9d         /* nospec r9  */
    xorl %r10d, %r10d        /* nospec r10 */
    xorl %r11d, %r11d        /* nospec r11 */
    xorl %ebx,  %ebx         /* nospec rbx */
    xorl %ebp,  %ebp         /* nospec rbp */
    xorl %r12d, %r12d        /* nospec r12 */
    xorl %r13d, %r13d        /* nospec r13 */
    xorl %r14d, %r14d        /* nospec r14 */
    xorl %r15d, %r15d        /* nospec r15 */
.endm
```

入栈之后，对于栈中的内容我们将在对参数进行解析的时候再看。在清理寄存器的部分
CLEAR_REGS 中将寄存器对它自身进行异或操作，因此寄存器就会被置零。

紧接着，与 x86 平台上的处理类似，栈顶指针作为 C 函数的第一个参数传入 rdi 寄存器
中。然后系统调用号（存放在 rax 中，但这里的程序只取了低 32 位，是因为没有那么多的
系统调用数量，因此作为系统调用号的时候不需要高 32 位）被传入 rsi 寄存器中，作为 C 函
数的第二个参数。并调用 do_syscall_64 函数，它的定义同样在 arch/x86/entry/common.c 文
件中，但只有在 x64 平台上（有 CONFIG_X86_64 的宏定义）才会编译，内容如下：

```
__visible noinstr void do_syscall_64(struct pt_regs * regs, int nr)
{
```

```
    add_random_kstack_offset();
    nr = syscall_enter_from_user_mode(regs, nr);
    instrumentation_begin();
    if (!do_syscall_x64(regs, nr) && !do_syscall_x32(regs, nr) && nr != -1) {
        /* Invalid system call, but still a system call. */
        regs->ax = __x64_sys_ni_syscall(regs);
    }
    instrumentation_end();
    syscall_exit_to_user_mode(regs);
}
```

类似的操作我们已经在 x86 中见过两次了，它的重点在于 do_syscall_x64 和 do_syscall_x32 这两次系统调用接口的查找与调用的尝试。其中 do_syscall_x64 负责 x64 原生二进制接口的系统调用的接口查找和调用，而 do_syscall_x32 则负责 x64 上的 32 位二进制接口的系统调用的接口查找和调用，它们的定义如下：

```
static __always_inline bool do_syscall_x64(struct pt_regs * regs, int nr)
{
    /*
     * Convert negative numbers to very high and thus out of range
     * numbers for comparisons.
     */
    unsigned int unr = nr;
    if (likely(unr < NR_syscalls)) {
        unr = array_index_nospec(unr, NR_syscalls);
        regs->ax = sys_call_table[unr](regs);
        return true;
    }
    return false;
}
static __always_inline bool do_syscall_x32(struct pt_regs * regs, int nr)
{
    /*
     * Adjust the starting offset of the table, and convert numbers
     * < __X32_SYSCALL_BIT to very high and thus out of range
     * numbers for comparisons.
     */
    unsigned int xnr = nr - __X32_SYSCALL_BIT;
    if (IS_ENABLED(CONFIG_X86_X32_ABI) && likely(xnr < X32_NR_syscalls)) {
        xnr = array_index_nospec(xnr, X32_NR_syscalls);
        regs->ax = x32_sys_call_table[xnr](regs);
        return true;
    }
    return false;
}
```

其中，第一个参数和在 x86 平台上一样，是被当作 struct pt_regs 结构体类型的指针传入。在 x64 上这个结构体的定义略有不同，但依旧是取从栈顶指针开始，大小与 struct pt_regs 一致的区域作为全部寄存器的值的存放位置，可以通过第一个参数 regs 访问到。我们仍然来看一下，压栈后栈上的布局和 struct pt_regs 结构体类型中的每个字段的对应关系，如表 3-8 所示。

表 3-8　x64 平台上 struct pt_regs 结构体类型的定义与压栈顺序

结　构　体	栈上存储的值对应的寄存器
struct pt_regs {	
unsigned long r15;	r15
unsigned long r14;	r14
unsigned long r13;	r13
unsigned long r12;	r12
unsigned long bp;	rbp
unsigned long bx;	rbx
unsigned long r11;	r11
unsigned long r10;	r10
unsigned long r9;	r9
unsigned long r8;	r8
unsigned long ax;	\ rax
unsigned long cx;	rcx
unsigned long dx;	rdx
unsigned long si;	rsi
unsigned long di;	rdi
unsigned long orig_ax;	原本的 rax（orig_rax）
unsigned long ip;	%rcx
unsigned long cs;	$__USER_CS
unsigned long flags;	%r11
unsigned long sp;	PER_CPU_VAR（cpu_tss_rw + TSS_sp2）
unsigned long ss;	$__USER_DS
/* top of stack page */	
};	

由于 x64 的原生二进制接口和 x64 平台上 x32 的 32 位二进制接口都从同一个入口点进入，系统调用号中有一位高位是用来区分原生和 x32 二进制接口的，它会让 x32 的二进制接口的系统调用号变为一个很大的数值。这就会在调用 x32 二进制接口的系统调用时，传入的系统调用号在 do_syscall_x64 中大于 x64 原生系统调用接口的总数，从而不会产生实际的调用，而是返回 false，但 x64 原生的系统调用会被正确调用并返回 true。如果是 false 的返回值，那么接下来就会让程序尝试调用 do_syscall_x32 函数。在这里会先把前文提到的这一位高位__X32_SYSCALL_BIT 减去，再从 x32_sys_call_table 系统调用描述表中找到对应的项，在后面我们会看到内核是如何用这一位来区分这两种二进制接口的。

在 x64 中的系统调用结束并返回后，结果存储在栈上 rax 对应寄存器的位置上。在汇编程序中 POP_REGS 宏定义的语句被执行，用来将栈上 struct pt_regs 中的值恢复到寄存器中。它的定义同样位于 arch/x86/entry/calling.h 中，内容与 x86 中的出栈过程类似：

```
.macro POP_REGS pop_rdi=1 skip_r11rcx=0
    popq %r15
    popq %r14
    popq %r13
    popq %r12
```

```
    popq %rbp
    popq %rbx
    .if \skip_r11rcx
    popq %rsi
    .else
    popq %r11
    .endif
    popq %r10
    popq %r9
    popq %r8
    popq %rax
    .if \skip_r11rcx
    popq %rsi
    .else
    popq %rcx
    .endif
    popq %rdx
    popq %rsi
    .if \pop_rdi
    popq %rdi
    .endif
.endm
```

在出栈的过程中，这些值被从栈上放入寄存器中，此时系统调用的返回值就会被置入 rax 寄存器中。随着 sysretq 退出系统调用的过程后，就可以被用户态的应用程序读取。

作为 x64 引入的新特性，更加轻量级的 syscall 同样也允许 32 位的用户态应用程序来使用。这种方式的处理程序 entry_SYSCALL_compat 位于处理多种兼容模式的 arch/x86/entry/entry_64_compat.S 汇编代码文件中，它的代码如下：

```
ENTRY(entry_SYSCALL_compat)
    /* 中略 */
    /* Stash user ESP and switch to the kernel stack. */
    movl %esp, %r8d
    movq PER_CPU_VAR(cpu_current_top_of_stack), %rsp
    /* Zero-extending 32-bit regs, do not remove */
    movl %eax, %eax
    /* Construct struct pt_regs on stack */
    pushq    $__USER32_DS      /* pt_regs->ss */
    pushq    %r8               /* pt_regs->sp */
    pushq    %r11              /* pt_regs->flags */
    pushq    $__USER32_CS      /* pt_regs->cs */
    pushq    %rcx              /* pt_regs->ip */
    pushq    %rax              /* pt_regs->orig_ax */
    pushq    %rdi              /* pt_regs->di */
    pushq    %rsi              /* pt_regs->si */
    pushq    %rdx              /* pt_regs->dx */
    pushq    %rbp              /* pt_regs->cx (stashed in bp) */
    pushq    $-ENOSYS          /* pt_regs->ax */
    pushq    $0                /* pt_regs->r8 = 0 */
    xorq %r8, %r8              /* nospec  r8 */
```

```
    pushq    $0                  /* pt_regs->r9  = 0 */
    xorq %r9, %r9                /* nospec  r9 */
    pushq    $0                  /* pt_regs->r10 = 0 */
    xorq %r10, %r10              /* nospec  r10 */
    pushq    $0                  /* pt_regs->r11 = 0 */
    xorq %r11, %r11              /* nospec  r11 */
    pushq    %rbx                /* pt_regs->rbx */
    xorl %ebx, %ebx              /* nospec  rbx */
    pushq    %rbp                /* pt_regs->rbp (will be overwritten) */
    xorl %ebp, %ebp              /* nospec  rbp */
    pushq    $0                  /* pt_regs->r12 = 0 */
    xorq %r12, %r12              /* nospec  r12 */
    pushq    $0                  /* pt_regs->r13 = 0 */
    xorq %r13, %r13              /* nospec  r13 */
    pushq    $0                  /* pt_regs->r14 = 0 */
    xorq %r14, %r14              /* nospec  r14 */
    pushq    $0                  /* pt_regs->r15 = 0 */
    xorq %r15, %r15              /* nospec  r15 */
    /* 中略 */
    movq %rsp, %rdi
    call do_fast_syscall_32
    /* 中略 */
sysret32_from_system_call:
    /* 中略 */
    movq RBX(%rsp), %rbx         /* pt_regs->rbx */
    movq RBP(%rsp), %rbp         /* pt_regs->rbp */
    movq EFLAGS(%rsp), %r11      /* pt_regs->flags (in r11) */
    movq RIP(%rsp), %rcx         /* pt_regs->ip (in rcx) */
    addq $RAX, %rsp              /* Skip r8-r15 */
    popq %rax                    /* pt_regs->rax */
    popq %rdx                    /* Skip pt_regs->cx */
    popq %rdx                    /* pt_regs->dx */
    popq %rsi                    /* pt_regs->si */
    popq %rdi                    /* pt_regs->di */
    /* 中略 */
    xorq %r8, %r8
    xorq %r9, %r9
    xorq %r10, %r10
    movq RSP-ORIG_RAX(%rsp), %rsp
        USERGS_SYSRET32
END(entry_SYSCALL_compat)
```

可以看到，处理过程和 x64 原生的 syscall 类似。先将用户态切换过来后的寄存器入栈，形成 struct pt_regs 类型的结构，将栈顶指针放入 rdi 中，作为第一个参数传入 C 函数 do_fast_syscall_32 中，返回后将寄存器的值从栈中取出，最后退出系统调用的状态。唯一的区别在于，调用者是一个 32 位的用户态应用程序，因此参数约定是按照 x86 中的寄存器来确定的，而 r8～r15 全部都压入了 0，这是因为它们在 x86 平台的 32 位是不可用的。在 x86 平台中，我们已经介绍过了 do_fast_syscall_32 函数，因此在这里不再赘述。

为了兼容性，也保留了 x86 平台上使用 sysenter 的快速系统调用和软中断两种调用方式，它们的处理入口分别是位于 arch/x86/entry/entry_64_compat.S 中的 entry_SYSENTER_compat 和 entry_INT80_compat 两段程序：

```
SYM_CODE_START(entry_SYSENTER_compat)
    /* 中略 */
    /* Construct struct pt_regs on stack */
    pushq   $__USER32_DS        /* pt_regs->ss */
    pushq   $0                  /* pt_regs->sp = 0 (placeholder) */
    /* 中略 */
    pushfq                      /* pt_regs->flags (except IF = 0) */
    pushq   $__USER32_CS        /* pt_regs->cs */
    pushq   $0                  /* pt_regs->ip = 0 (placeholder) */
    /* 中略 */
    movl %eax, %eax
    pushq   %rax                /* pt_regs->orig_ax */
    pushq   %rdi                /* pt_regs->di */
    pushq   %rsi                /* pt_regs->si */
    pushq   %rdx                /* pt_regs->dx */
    pushq   %rcx                /* pt_regs->cx */
    pushq   $-ENOSYS            /* pt_regs->ax */
    pushq   $0                  /* pt_regs->r8  = 0 */
    xorl %r8d, %r8d             /* nospec   r8 */
    pushq   $0                  /* pt_regs->r9  = 0 */
    xorl %r9d, %r9d             /* nospec   r9 */
    pushq   $0                  /* pt_regs->r10 = 0 */
    xorl %r10d, %r10d           /* nospec   r10 */
    pushq   $0                  /* pt_regs->r11 = 0 */
    xorl %r11d, %r11d           /* nospec   r11 */
    pushq   %rbx                /* pt_regs->rbx */
    xorl %ebx, %ebx             /* nospec   rbx */
    pushq   %rbp                /* pt_regs->rbp (will be overwritten) */
    xorl %ebp, %ebp             /* nospec   rbp */
    pushq   $0                  /* pt_regs->r12 = 0 */
    xorl %r12d, %r12d           /* nospec   r12 */
    pushq   $0                  /* pt_regs->r13 = 0 */
    xorl %r13d, %r13d           /* nospec   r13 */
    pushq   $0                  /* pt_regs->r14 = 0 */
    xorl %r14d, %r14d           /* nospec   r14 */
    pushq   $0                  /* pt_regs->r15 = 0 */
    xorl %r15d, %r15d           /* nospec   r15 */
    /* 中略 */
    movq %rsp, %rdi
    call do_SYSENTER_32
    /* 中略 */
    jmp sysret32_from_system_call
    /* 中略 */
SYM_INNER_LABEL(__end_entry_SYSENTER_compat, SYM_L_GLOBAL)
SYM_CODE_END(entry_SYSENTER_compat)
```

快速系统调用模式中压栈之后，调用了之前在 x86 平台上介绍过的 do_SYSENTER_32 函数，结束后跳转到 sysret32_from_system_call 来完成返回过程，它是属于 x64 原生系统调用返回过程的一部分。

```
SYM_CODE_START(entry_INT80_compat)
    /* 中略 */
    /* switch to thread stack expects orig_ax and rdi to be pushed */
    pushq   %rax                /* pt_regs->orig_ax */
    pushq   %rdi                /* pt_regs->di */
                                /* 中略 */
    movq %rsp, %rdi
    movq PER_CPU_VAR(cpu_current_top_of_stack), %rsp
    pushq   6*8(%rdi)           /* regs->ss */
    pushq   5*8(%rdi)           /* regs->rsp */
    pushq   4*8(%rdi)           /* regs->eflags */
    pushq   3*8(%rdi)           /* regs->cs */
    pushq   2*8(%rdi)           /* regs->ip */
    pushq   1*8(%rdi)           /* regs->orig_ax */
    pushq   (%rdi)              /* pt_regs->di */
.Lint80_keep_stack:
    pushq   %rsi                /* pt_regs->si */
    xorl %esi, %esi             /* nospec   si */
    pushq   %rdx                /* pt_regs->dx */
    xorl %edx, %edx             /* nospec   dx */
    pushq   %rcx                /* pt_regs->cx */
    xorl %ecx, %ecx             /* nospec   cx */
    pushq   $-ENOSYS            /* pt_regs->ax */
    pushq   %r8                 /* pt_regs->r8 */
    xorl %r8d, %r8d             /* nospec   r8 */
    pushq   %r9                 /* pt_regs->r9 */
    xorl %r9d, %r9d             /* nospec   r9 */
    pushq   %r10                /* pt_regs->r10 */
    xorl %r10d, %r10d           /* nospec   r10 */
    pushq   %r11                /* pt_regs->r11 */
    xorl %r11d, %r11d           /* nospec  r11 */
    pushq   %rbx                /* pt_regs->rbx */
    xorl %ebx, %ebx             /* nospec   rbx */
    pushq   %rbp                /* pt_regs->rbp */
    xorl %ebp, %ebp             /* nospec   rbp */
    pushq   %r12                /* pt_regs->r12 */
    xorl %r12d, %r12d           /* nospec   r12 */
    pushq   %r13                /* pt_regs->r13 */
    xorl %r13d, %r13d           /* nospec   r13 */
    pushq   %r14                /* pt_regs->r14 */
    xorl %r14d, %r14d           /* nospec   r14 */
    pushq   %r15                /* pt_regs->r15 */
    xorl %r15d, %r15d           /* nospec   r15 */
                                /* 中略 */
    movq %rsp, %rdi
    call do_int80_syscall_32
    jmp swapgs_restore_regs_and_return_to_usermode
SYM_CODE_END(entry_INT80_compat)
```

　　同样地，软中断模式中压栈之后，调用了之前在 x86 平台上介绍过的 do_int80_syscall_32 函数，结束后跳转到 swapgs_restore_regs_and_return_to_usermode 来完成返回过程。

　　通过在 x64 中 x86 的 32 位模拟的 CONFIG_IA32_EMULATION 宏控制，软中断模式的软中断设置在 x64 上被替换成 entry_INT80_compat，从而完成了 x64 上 x86 的 32 位模拟的系统调用处理程序设置：

```
#if defined(CONFIG_IA32_EMULATION)
    SYSG(IA32_SYSCALL_VECTOR,  entry_INT80_compat),
#elif defined(CONFIG_X86_32)
    SYSG(IA32_SYSCALL_VECTOR,  entry_INT80_32),
#endif
```

　　而 x64 上原生和兼容的 syscall 模式系统调用和兼容的快速系统调用模式的入口程序是在 syscall_init 函数中被配置的，其位于 arch/x86/kernel/cpu/common.c 的代码如下：

```
/* May not be marked __init: used by software suspend */
void syscall_init(void)
{
    wrmsrl(MSR_STAR,  ((u64)__USER32_CS)<<48  | ((u64)__KERNEL_CS)<<32);
    wrmsrl(MSR_LSTAR, (unsigned long)entry_SYSCALL_64);
#ifdef CONFIG_IA32_EMULATION
    wrmsrl(MSR_CSTAR, (unsigned long)entry_SYSCALL_compat);
    /*
     * This only works on Intel CPUs.
     * On AMD CPUs these MSRs are 32-bit, CPU truncates MSR_IA32_SYSENTER_EIP.
     * This does not cause SYSENTER to jump to the wrong location, because
     * AMD doesn't allow SYSENTER in long mode (either 32- or 64-bit).
     */
    wrmsrl_safe(MSR_IA32_SYSENTER_CS, (u64)__KERNEL_CS);
    wrmsrl_safe(MSR_IA32_SYSENTER_ESP, 0ULL);
    wrmsrl_safe(MSR_IA32_SYSENTER_EIP, (u64)entry_SYSENTER_compat);
#else
    wrmsrl(MSR_CSTAR, (unsigned long)ignore_sysret);
    wrmsrl_safe(MSR_IA32_SYSENTER_CS, (u64)GDT_ENTRY_INVALID_SEG);
    wrmsrl_safe(MSR_IA32_SYSENTER_ESP, 0ULL);
    wrmsrl_safe(MSR_IA32_SYSENTER_EIP, 0ULL);
#endif
    /* Flags to clear on syscall */
    wrmsrl(MSR_SYSCALL_MASK,
        X86_EFLAGS_TF|X86_EFLAGS_DF|X86_EFLAGS_IF|
        X86_EFLAGS_IOPL|X86_EFLAGS_AC|X86_EFLAGS_NT);
    }
```

　　我们可以看到，内核总是将 entry_SYSCALL_64 的地址传入 MSR_LSTAR 中，用来作为 x64 中原生系统调用的入口。而在拥有 x86 模拟的内核中（需要有 CONFIG_IA32_EMULATION 宏的定义），额外的 MSR_CSTAR 会持有 syscall 模式的处理程序 entry_SYSCALL_compat 的入口点地址，而 MSR_IA32_SYSENTER_EIP 则是快速系统调用模式的 entry_SYSENTER_compat 程序入口点。如果没有 x86 模拟，那么就只会存在 entry_SYSCALL_64 这一个能处理 64 位系统调用的处理程序了，内核也就不兼容 32 位应用程序的运行了。

至此，无论是 x86 还是 x64 的内核对传入的系统调用的处理流程就清晰了。那么在内核内部与系统调用有关的内容中，只剩下一个关于参数展开的疑问仍未解答。

我们回忆一下之前在非零参数的宏展开中__SYS_STUBx 并未展开的部分。在系统调用接口的函数体部分，调用了以__se_为前缀的、x86 和 x64 中特殊的系统调用接口的宏展开产生的函数，并将调用的结果返回。这个函数会一层一层地调用系统调用中每层的函数，直至最终调用到在 x86 和 x64 中以__do_sys_为前缀的包含了系统调用具体实现的函数，结果也会一层一层地返回，直到最上层。其中调用以__se_为前缀的函数时，是将__VA_ARGS__中除了 abi（第一个参数）和 name（第二个参数）以外的所有参数按照顺序传入：

```
#define __SYS_STUBx(abi, name, ...)                   \
    long __##abi##_##name(const struct pt_regs * regs);   \
    ALLOW_ERROR_INJECTION(__##abi##_##name, ERRNO);    \
    long __##abi##_##name(const struct pt_regs * regs)    \
    {                                                  \
        return __se_##name(__VA_ARGS__);               \
    }
```

我们再返回上一层，在 x86 和 x64 平台上多种二进制接口和兼容模式下，有 4 种对应的宏展开如下：

```
#define __X64_SYS_STUBx(x, name, ...)                   \
    __SYS_STUBx(x64, sys##name,                         \
            SC_X86_64_REGS_TO_ARGS(x, __VA_ARGS__))
#define __IA32_SYS_STUBx(x, name, ...)                  \
    __SYS_STUBx(ia32, sys##name,                        \
            SC_IA32_REGS_TO_ARGS(x, __VA_ARGS__))
#define __IA32_COMPAT_SYS_STUBx(x, name, ...)           \
    __SYS_STUBx(ia32, compat_sys##name,                 \
            SC_IA32_REGS_TO_ARGS(x, __VA_ARGS__))
#define __X32_COMPAT_SYS_STUBx(x, name, ...)            \
    __SYS_STUBx(x64, compat_sys##name,                  \
            SC_X86_64_REGS_TO_ARGS(x, __VA_ARGS__))
```

这 4 个宏展开中出现了两种用来产生__SYS_STUBx 中除了前两个参数（前两个参数已经在宏展开中提供了）以外的参数的宏：SC_X86_64_REGS_TO_ARGS 和 SC_IA32_REGS_TO_ARGS，也就是分别用来产生 x64 的 64 位和 x86 的 32 位的、系统调用使用到的两种寄存器集合到系统调用参数列表的映射的宏。实际上，在 x64 平台上的 64 位二进制接口和 x32 的 32 位二进制接口都使用 64 位模式下的寄存器，因此使用 SC_X86_64_REGS_TO_ARGS 进行映射；而 x86 平台上的 32 位和 x64 上的 32 位兼容接口则接收 x86 的 32 位模式下的寄存器，就需要使用 SC_IA32_REGS_TO_ARGS 进行映射。

其中 x64 使用的 64 位寄存器到参数列表的展开宏 SC_X86_64_REGS_TO_ARGS 的定义如下：

```
/* Mapping of registers to parameters for syscalls on x86-64 and x32 */
#define SC_X86_64_REGS_TO_ARGS(x, ...)                  \
    __MAP(x,__SC_ARGS                                   \
        ,,regs->di,,regs->si,,regs->dx                  \
        ,,regs->r10,,regs->r8,,regs->r9)                \
```

这个宏实际上是将一个 struct pt_regs 类型的变量转换成参数，它按参数的个数，将后面产生的前 x 个 struct pt_regs 类型中字段的值作为参数传给实际的系统调用接口。根据上述 x64 平台上系统调用的参数约定，我们可以看到是与这里展开的参数一一对应的。第 1 个参数放入 rdi（di）寄存器，第 2 个参数放入 rsi（si）寄存器，第 3 ~ 6 个则分别放入 rdx（dx）、r10、r8、r9 这 4 个寄存器中。

而对于 32 位来说，同样是根据 x86 中系统调用的参数约定展开的。下面这个宏定义就可以将 x86 平台的 6 个参数分别从 ebx（bx）、ecx（cx）、edx（dx）、esi（si）、edi（di）和 ebp（bp）这 6 个在 struct pt_regs 类型中字段的值按顺序传入（当然展开也只会限定在需要的 x 个参数上）：

```
/* Mapping of registers to parameters for syscalls on i386 */
#define SC_IA32_REGS_TO_ARGS(x, ...)                               \
    __MAP(x,__SC_ARGS                                              \
        ,,(unsigned int)regs->bx,,(unsigned int)regs->cx          \
        ,,(unsigned int)regs->dx,,(unsigned int)regs->si          \
        ,,(unsigned int)regs->di,,(unsigned int)regs->bp)
```

注意在 x64 和 x86 中的 struct pt_regs 结构体类型都有 bx、cx、dx、si、di、bp 和 ax 这些字段，因此在 x64 中运行 32 位模拟的系统调用时，通过 SC_IA32_REGS_TO_ARGS 宏仍然可以按照 x86 的系统调用参数约定正确展开 regs 参数。

这样的两个宏就可以将系统调用接口中的唯一一个 struct pt_regs 类型的参数，按照系统调用基于寄存器的参数约定，展开为以__se_sys_为前缀的中间函数所需的数个参数。而这一系列中间函数会按顺序，原样地将参数最终传入以__do_sys_为前缀的系统调用实现函数中。

最后，如何知道一个特定调用号的系统调用，在当前版本的内核中究竟是哪个系统调用呢？这就涉及从 Linux 内核源代码编译过程中对用户态 API 的导出。我们在 x86 和 x64 的架构上与这样的需求有关的文件位于 arch/x86/include/uapi/asm 目录中，其中 uapi 表示这是一个面向用户态应用程序的 API，而 asm 则表示这些数据是用在汇编语言（Assembly）中的代码。读者可能有疑问，为什么是汇编语言中的代码呢？本书的目标难道不是介绍如何用 C 语言来进行编程吗？这是因为系统调用需要特殊的、架构层面的、处理器级别的特权级切换。而这一操作对于 C 语言标准本身来说，无法为所有架构创建一个统一的接口，因为 C 语言的标准制定方对处理器架构本身没有发言权，无法规定一个架构必须实现某个方法或者特性，只能存在从顶层向底层硬件的兼容，而不是反过来。因此，对于一个系统调用来说，我们只能通过特定的调用约定和参数个数（二进制接口，ABI），搭配调用号放入一组寄存器或者栈上，然后调用架构特定的指令，交由处理器架构本身进入内核态。而在 arch/x86/include/uapi/asm 目录中的 unistd.h 就存储了关于 x86、x64（包括 64 位 ABI 和 32 位的 x32 ABI）每个名称的系统调用、用户的应用程序需要传递的调用编号。它的文件内容如下：

```
/* x32 syscall flag bit */
#define __X32_SYSCALL_BIT 0x40000000
#ifndef __KERNEL__
# ifdef __i386__
#  include <asm/unistd_32.h>
# elif defined(__ILP32__)
```

```
#  include <asm/unistd_x32.h>
# else
#  include <asm/unistd_64.h>
# endif
#endif
```

最开始的宏会先检查我们是否在编译内核：如果是在编译内核，则__KERNEL__宏应当已经被定义了；如果不是，就会根据不同架构或者二进制接口的宏来引入不同的头文件。这些架构或者二进制接口的宏是由编译器添加的，它要编译的目标代码的架构和二进制接口在编译时是确定的，因此能够根据目标去正确定义这些宏。

例如上面的代码中，如果__i386__宏被定义了，就会引入 asm 中 unistd_32.h 的系统调用号的定义。在本小节的开始，我们就介绍过由 Linux 内核源代码的 script 目录下 syscallhdr.sh 脚本文件通过.tbl 结尾的系统调用描述文件生成的 unitstd_32.h 头文件，里面存储了形如 #define __NR_open 2 的宏定义。因此在我们用来举例的这个内核版本中，如果想要使用 open 系统调用，只需要将系统调用号 2 按照前面介绍的 x86 架构中系统调用约定传入并使用相应的指令触发即可，或者使用宏名来为代码增加语义和可读性。有种情况是，如果__i386__没有被定义，则默认我们的编译目标是面向 x64 平台的，紧接着这个文件会检查__ILP32__宏是否被定义。这个宏表示是否使用了 32 位的指针，如果被定义了，那么认为我们要编译的目标是一个 x64 平台。但如果使用了 x32 的二进制接口，就将 asm 目录下的 unistd_x32.h 引入，在 x32 二进制接口的模式下可以使用系统调用的名称及其编号。还有种情况是，如果__ILP32__没有被定义，则引入 unistd_64.h 头文件。类似地，里面存储了在 x64 下可用的系统调用名称和编号。最后两种二进制接口都在 x64 模式下工作，因此都需要对应的调用约定和 x64 指令集中相应的指令才能触发状态切换，交由内核完成系统调用并返回。

但需要注意的是，后两种情况我们一直都停留在 x64 中的 64 位模式下，并未切换到 x86 的 32 位模拟模式下。因此，如何区分 x64 中两种 ABI 下，调用号相同的系统调用呢？或者说，当传入一个系统调用号的时候，内核是如何知道用户态使用了 x64 的原生二进制接口，还是 x32 的二进制接口呢？让我们再回到 arch/x86/include/uapi/asm 目录下 unistd.h 头文件的开头，可以看到__X32_SYSCALL_BIT 宏被定义为 0x40000000 的 64 位整数，它将从高位开始的第二位置为 1。而实际上在 unistd_x32.h 中，系统调用号的定义与其他略有不同，仍以 open 系统调用为例子，它在 x64 中原生二进制接口的系统调用号为 2，而在 x32 的二进制接口中，它的定义如下：

```
#define__NR_open (__X32_SYSCALL_BIT + 2)
```

我们不需要知道它计算后的值是多少，实际上，内核在处理的时候，是检测__X32_SYSCALL_BIT 对应的这一位是否置为 1。如果是，就把这位重新置为 0，将清除这一位之后的调用号传入处理 x32 系统调用的处理程序中，否则就传入处理 x64 系统调用的处理程序中。内核凭借这个标识位就可以区分同在 x64 模式下的两种二进制接口并正确处理。也正是因为这种标识位的存在，手动输入系统调用号（如 open 系统调用在 x64 系统中对应的系统调用号 2）不是一个明智的选择。作为替代，使用语意更强，就算换了应用程序接口也具有可移植性的宏名是一个更好的选择。

第4章

系统调用与C语言标准库

Chapter

4

一个操作系统的内核可以提供很好的抽象，将计算机内的资源和硬件利用起来，在 Linux 和 UNIX 操作系统中，这些硬件和资源都被抽象成了文件。正如前面章节所描述的，处理器在不同的运行状态拥有不同的特权级，而可以提供硬件访问的操作系统内核一般会工作在较高的特权级，普通应用程序则一般工作在用户态。为了访问硬件资源，用户态的应用程序需要针对文件抽象发起系统调用，与操作系统内核交互来完成一些在用户态做不到的任务。系统调用可以使用 C 语言标准库中的函数发起，也可以直接使用 POSIX 风格的接口发起，还可以由其他编程语言直接生成对应的汇编发起。

4.1 如何基于 Linux 系统调用实现 C 语言标准库

对于读者来说，到本章为止应当已经了解了 C 语言的程序设计、C 语言标准库的函数，也对操作系统的结构和功能，以及系统调用有了一定的了解。同时，对 Linux 的内核态和用户态应当也有了初步的了解。但 C 语言标准库与内核的系统调用是如何联系起来的呢？本节就带领读者了解和分析一个标准库是如何实现的。

4.1.1 实现标准库的原理与方法

对于嵌入式环境来说，系统调用并不一定存在。事实上，很多嵌入式操作系统都只提供一个基础的 C 运行时（C Runtime，CRT）。这个运行时一般是 C 标准库的子集，不一定实现了 C 标准库的所有函数。事实上，多数情况下嵌入式中的 C 运行时基本只实现了 puts、gets 等函数，用来完成经过串口或者屏幕的基础通信。广义地说，这也算是实现了 C 语言标准库的一种方法。但仅限于标准的输入输出，并且不能提供给广大应用程序使用，而此时也没有用户态和内核态的区分，因为操作系统的 C 运行时会直接在内核态中运行。

对于有操作系统的环境来说，这一过程就更加复杂了，但相应能够提供的功能也更多。在这种情况下，一个 C 语言标准库的实现需要将系统调用的参数进行统一，这是因为系统调用的参数往往只能传递整数、字符串和指针。而根据我们对 Linux 系统调用的了解，实际上它们都是被放入对应的寄存器中。由于寄存器大小固定、数量有限，因此对于参数的个数有十分严格的限定，而对于字符串、指针类型则只能靠传递起始地址的值来实现。因此，这些参数往往很难组织和读取。而系统调用的返回值往往是操作系统内核使用的某种内部表示，如 open 系统调用会返回文件描述符（一个整数）或者错误代码。因而作为 C 语言标准库来说，需要使用更复杂的结构对这些参数进行封装，将返回值进行处理，并将错误代码转化成统一的、可读的信息。

与此同时，由于系统调用往往会有多个版本，例如 open 系列有 open、openat 和 creat 三个，它们都可以创建并打开一个文件。一个 C 语言标准库可以选取使用其中的一种，并进行相应的加速操作。

另外，Linux 还提供了一种名为 vDSO 的技术，对于可能不需要发起系统调用的操作，C 语言标准库也可以忽略，并提供自己给出的结果。

4.1.2　glibc 中的标准库实例

在前面的章节中，我们展示了 open 系统调用在内核中的实现。回想一下，在 C 语言标准库中，负责描述一个文件的是 struct FILE 类型的结构体，并且使用 fopen、fclose 等函数对其进行操作。在本章将对 glibc 是如何使用系统调用来实现文件相关操作进行分析，以 glibc 的 2.25 版本为例。

在 glibc 中，FILE 类型是由内部的一个 struct _IO_FILE 结构重定义来的：

```
typedef struct _IO_FILE FILE;
```

这个内部结构声明如下：

```
struct _IO_FILE
{
  int _flags;                    /* 高位是 _IO_MAGIC,剩下的是标识 */
  /* 以下指针符合 C++streambuf 协议 */
  char * _IO_read_ptr;           /* 当前读取的指针 */
  char * _IO_read_end;           /* 读取区域的结束 */
  char * _IO_read_base;          /* 读取区域的开始 */
  char * _IO_write_base;         /* 写入区域的开始 */
  char * _IO_write_ptr;          /* 当前写入的指针 */
  char * _IO_write_end;          /* 写入区域的结束 */
  char * _IO_buf_base;           /* 保留区域的开始 */
  char * _IO_buf_end;            /* 保留区域的结束 */
  /* 以下字段用于支持备份和撤销 */
  char * _IO_save_base;          /* 指向非当前读取区域开始的指针 */
  char * _IO_backup_base;        /* 指向备份区域的第一个有效字符的指针 */
  char * _IO_save_end;           /* 指向非当前读取区域结尾的指针 */
  struct _IO_marker * _markers;
  struct _IO_FILE * _chain;
  int _fileno;
  int _flags2;
  __off_t _old_offset;           /* 过去的 offset,但如今它太小了 */
  unsigned short _cur_column;
  signed char _vtable_offset;
  char _shortbuf[1];
  _IO_lock_t * _lock;
};
```

其中比较重要的字段是_fileno 和_IO_read_ptr 等这一系列读写操作的指针，我们将在具体实现中了解它们的作用。

可以看到 glibc 的 stdio.h 中，fopen C 语言标准库的函数被宏定义（替换）为内部的

_IO_new_fopen 函数，但参数还是同样的模式。

```
extern FILE * _IO_new_fopen (const char * , const char * );
#  define fopen(fname, mode) _IO_new_fopen (fname, mode)
```

这个函数的默认定义如下：

```
FILE *
_IO_new_fopen (const char * filename, const char * mode)
{
  return __fopen_internal (filename, mode, 1);
}
```

之所以说是默认定义，是因为 glibc 还提供了支持大文件（LARGEFILE）的版本，可以用在 64 位的内核上，或者是支持大文件拓展的 32 位内核，这样的实现在 glibc 中定义如下：

```
# if !defined O_LARGEFILE || O_LARGEFILE == 0
weak_alias (_IO_new_fopen, _IO_fopen64)
weak_alias (_IO_new_fopen, fopen64)
# endif
```

我们回到默认的定义，可以看到 glibc 调用了内部的 __fopen_internal 函数。这个函数实现了一个带锁的结构体，防止同一个文件被多个线程进行多个操作。这个结构体包含一个 struct _IO_FILE_plus 作为第一个字段，而第一个字段的结构体内部存储了一个 FILE 的指针。

```
FILE *
__fopen_internal (const char * filename, const char * mode, int is32)
  {
  struct locked_FILE
  {
    struct _IO_FILE_plus fp;
#ifdef _IO_MTSAFE_IO
    _IO_lock_t lock;
#endif
    struct _IO_wide_data wd;
  } * new_f = (struct locked_FILE *) malloc (sizeof (struct locked_FILE));
  if (new_f == NULL)
    return NULL;
#ifdef _IO_MTSAFE_IO
  new_f->fp.file._lock = &new_f->lock;
#endif
  _IO_no_init (&new_f->fp.file, 0, 0, &new_f->wd, &_IO_wfile_jumps);
  _IO_JUMPS (&new_f->fp) = &_IO_file_jumps;
  _IO_new_file_init_internal (&new_f->fp);
  if (_IO_file_fopen ((FILE *) new_f, filename, mode, is32) != NULL)
    return __fopen_maybe_mmap (&new_f->fp.file);
  _IO_un_link (&new_f->fp);
  free (new_f);
  return NULL;
}
```

内部的 __fopen_internal 函数通过调用 _IO_file_fopen 来打开一个文件，因为 FILE 指针在结构体 struct locked_FILE 实例 new_f 中的第一个字段中也是第一个字段，因此对 new_f 进行

强制类型转换（FILE ＊）new_f，即可获得该指针本身，而剩余的参数 filename、mode、is32
会原样传入。

实际上这个函数在不同版本中有不同的实现，在当前版本中是由_IO_new_file_fopen 来
提供的，这个根据不同版本提供不同实现的行为由下面的宏提供：

```
versioned_symbol (libc, _IO_new_file_fopen, _IO_file_fopen, GLIBC_2_1);
```

在_IO_new_file_fopen 中，我们可以看到 glibc 将字符类型的 mode 转换成 POSIX 支持的
系统调用所用的文件读写属性，然后调用_IO_file_open 函数，它的定义如下：

```
FILE *
_IO_new_file_fopen (FILE * fp, const char * filename, const char * mode,
              int is32not64)
{
  int oflags = 0, omode;
  int read_write;
  int oprot = 0666;
  int i;
  FILE * result;
  const char * cs;
  const char * last_recognized;
  if (_IO_file_is_open (fp))
    return 0;
  switch (* mode)
    {
    case 'r':
      omode = O_RDONLY;
      read_write = _IO_NO_WRITES;
      break;
    case 'w':
      omode = O_WRONLY;
      oflags = O_CREAT |O_TRUNC;
      read_write = _IO_NO_READS;
      break;
    case 'a':
      omode = O_WRONLY;
      oflags = O_CREAT |O_APPEND;
      read_write = _IO_NO_READS | _IO_IS_APPENDING;
      break;
    default:
      __set_errno (EINVAL);
      return NULL;
    }
  last_recognized = mode;
  for (i = 1; i < 7; ++i)
    {
      switch (* ++mode)
      {
      case '\0':
        break;
```

```
   case '+':
     omode = O_RDWR;
     read_write &= _IO_IS_APPENDING;
     last_recognized = mode;
     continue;
   case 'x':
     oflags |= O_EXCL;
     last_recognized = mode;
     continue;
   case 'b':
     last_recognized = mode;
     continue;
   case 'm':
     fp->_flags2 |= _IO_FLAGS2_MMAP;
     continue;
   case 'c':
     fp->_flags2 |= _IO_FLAGS2_NOTCANCEL;
     continue;
   case 'e':
     oflags |= O_CLOEXEC;
     fp->_flags2 |= _IO_FLAGS2_CLOEXEC;
     continue;
   default:
     /* Ignore.  */
     continue;
   }
     break;
   }
result = _IO_file_open (fp, filename, omode |oflags, oprot, read_write,
                 is32not64);
if (result != NULL)
   {
     /* 测试字符串是否需要转换 */
     cs = strstr (last_recognized + 1, ",ccs=");
     if (cs != NULL)
     { /* 加载适当的转换,并设置为宽字符的字符串 */
       struct gconv_fcts fcts;
       struct _IO_codecvt *cc;
       char *endp = __strchrnul (cs + 5, ',');
       char *ccs = malloc (endp - (cs + 5) + 3);
       if (ccs == NULL)
         {
           int malloc_err = errno;  /* Whatever malloc failed with.  */
           (void) _IO_file_close_it (fp);
           __set_errno (malloc_err);
           return NULL;
         }
       *((char *) __mempcpy (ccs, cs + 5, endp - (cs + 5))) = '\0';
       strip (ccs, ccs);
       if (__wcsmbs_named_conv (&fcts, ccs[2] == '\0'
```

```
                     ? upstr (ccs, cs + 5) : ccs) != 0)
            {
               /* 出现问题,我们无法加载转换模块。这意味着我们无法继续,因为用户明确要求这样做 */
               (void) _IO_file_close_it (fp);
               free (ccs);
               __set_errno (EINVAL);
               return NULL;
            }
         free (ccs);
         assert (fcts.towc_nsteps == 1);
         assert (fcts.tomb_nsteps == 1);
         fp->_wide_data->_IO_read_ptr = fp->_wide_data->_IO_read_end;
         fp->_wide_data->_IO_write_ptr = fp->_wide_data->_IO_write_base;
         /* Clear the state.  We start all over again.  */
         memset (&fp->_wide_data->_IO_state, '\0', sizeof (__mbstate_t));
         memset (&fp->_wide_data->_IO_last_state, '\0', sizeof (__mbstate_t));
         cc = fp->_codecvt = &fp->_wide_data->_codecvt;
         cc->__cd_in.step = fcts.towc;
         cc->__cd_in.step_data.__invocation_counter = 0;
         cc->__cd_in.step_data.__internal_use = 1;
         cc->__cd_in.step_data.__flags = __GCONV_IS_LAST;
         cc->__cd_in.step_data.__statep = &result->_wide_data->_IO_state;
         cc->__cd_out.step = fcts.tomb;
         cc->__cd_out.step_data.__invocation_counter = 0;
         cc->__cd_out.step_data.__internal_use = 1;
         cc->__cd_out.step_data.__flags = __GCONV_IS_LAST | __GCONV_TRANSLIT;
         cc->__cd_out.step_data.__statep = &result->_wide_data->_IO_state;
         /* From now on use the wide character callback functions.  */
         _IO_JUMPS_FILE_plus (fp) = fp->_wide_data->_wide_vtable;
         /* Set the mode now.  */
         result->_mode = 1;
      }
   }
   return result;
}
```

在_IO_file_open 函数里，会使用__open 宏开始系统调用，并且把返回值存入 FILE 类型结构体的_fileno 字段中，并进行一系列设置来初始化：

```
FILE *
_IO_file_open (FILE * fp, const char * filename, int posix_mode, int prot,
            int read_write, int is32not64)
{
   int fdesc;
   fdesc = __open (filename, posix_mode | (is32not64 ? 0 : O_LARGEFILE), prot);
   if (fdesc < 0)
      return NULL;
   fp->_fileno = fdesc;
   _IO_mask_flags (fp, read_write,_IO_NO_READS+_IO_NO_WRITES+_IO_IS_APPENDING);
   /* 对于附加模式,将文件偏移量发送到文件末尾。但不要更新偏移缓存,因为文件句柄未处于活动状态 */
   if ((read_write & (_IO_IS_APPENDING | _IO_NO_READS))
```

```
        == (_IO_IS_APPENDING | _IO_NO_READS))
    {
      off64_t new_pos = _IO_SYSSEEK (fp, 0, _IO_seek_end);
      if (new_pos == _IO_pos_BAD && errno != ESPIPE)
      {
        __close_nocancel (fdesc);
        return NULL;
      }
    }
  _IO_link_in ((struct _IO_FILE_plus *) fp);
  return fp;
}
```

实际上，__open 宏在 glibc 中被定义为 open：

```
# define __open open
```

而展开后的函数定义在 fcntl2.h 中，它负责监测参数个数、找到匹配的调用并调用对应的函数：

```
__fortify_function int
open (const char *__path, int __oflag, ...)
{
  if (__va_arg_pack_len () > 1)
    __open_too_many_args ();
  if (__builtin_constant_p (__oflag))
    {
      if (__OPEN_NEEDS_MODE (__oflag) && __va_arg_pack_len () < 1)
      {
        __open_missing_mode ();
        return __open_2 (__path, __oflag);
      }
      return __open_alias (__path, __oflag, __va_arg_pack ());
    }
  if (__va_arg_pack_len () < 1)
    return __open_2 (__path, __oflag);
  return __open_alias (__path, __oflag, __va_arg_pack ());
}
```

此处，glibc 使用了大量的内部实现，我们不对这里的参数处理进行详细分析，而是重点关注其中的__open_2 函数的调用流程，它在 io/open_2.c 代码文件中被正式实现，其内容很简单，具体如下：

```
int
__open_2 (const char *file, int oflag)
{
  if (__OPEN_NEEDS_MODE (oflag))
    __fortify_fail ("invalid open call: O_CREAT or O_TMPFILE without mode");
  return __open (file, oflag);
}
```

也就是在没有出错的情况下会去调用另一个内部实现的__open 函数。实际上，glibc 通过下面的定义，无论是__open 还是 open 都通过以下定义跳转到__libc_open 函数中：

```
weak_alias (__libc_open, __open)
weak_alias (__libc_open, open)
```

在默认的实现中，__libc_open 函数什么都没有做，但返回一个调用失败的返回值，因为这时 glibc 认为该函数没有实现：

```
int
__libc_open (const char * file, int oflag)
{
  int mode;
  if (file == NULL)
    {
      __set_errno (EINVAL);
      return -1;
    }
  if (__OPEN_NEEDS_MODE (oflag))
    {
      va_list arg;
      va_start(arg, oflag);
      mode = va_arg(arg, int);
      va_end(arg);
    }
  __set_errno (ENOSYS);
  return -1;
}
```

而在 sysdeps/unix/sysv/linux/open.c 文件中则定义了 Linux 上 __libc_open 的实现，其代码如下：

```
/* Open FILE with access OFLAG.  If O_CREAT or O_TMPFILE is in OFLAG,
   a third argument is the file protection.  */
int
__libc_open (const char * file, int oflag, ...)
{
  int mode = 0;
  if (__OPEN_NEEDS_MODE (oflag))
    {
      va_list arg;
      va_start (arg, oflag);
      mode = va_arg (arg, int);
      va_end (arg);
    }
  return SYSCALL_CANCEL (openat, AT_FDCWD, file, oflag, mode);
}
```

这个实现会覆盖掉之前 __libc_open 的默认实现，因此一个 C 语言程序在 Linux 上通过 glibc 调用 __open 和 open 时，就会进入这个实现中。这个函数通过 SYSCALL_CANCEL 宏，使用传入的 file、oflag、mode 等参数和默认的 AT_FDCWD 参数来产生 openat 的系统调用。

而 SYSCALL_CANCEL 宏的展开如下：

```
#define SYSCALL_CANCEL(...)                         \
  ({                                                \
```

```
long int sc_ret;                                        \
if (NO_SYSCALL_CANCEL_CHECKING)                         \
  sc_ret = INLINE_SYSCALL_CALL (__VA_ARGS__);          \
else                                                    \
  {                                                     \
  int sc_cancel_oldtype = LIBC_CANCEL_ASYNC ();        \
  sc_ret = INLINE_SYSCALL_CALL (__VA_ARGS__);          \
    LIBC_CANCEL_RESET (sc_cancel_oldtype);             \
  }                                                     \
 sc_ret;                                                \
})
```

比较重要的是 INLINE_SYSCALL_CALL 这个无论在 if 中的哪个部分都出现了的宏，它接收了所有传来的参数，并在不同的架构或者模式下展开成不同的触发系统调用的实现。在这个实现中，参数和系统调用号会被按照调用约定放入寄存器中，并切换处理器特权级，从用户态进入到内核态，交由内核对系统调用进行处理。内核对系统调用的处理已经在上一章介绍完毕，对于不同架构或者模式下的系统调用触发的展开，我们会在本小节末尾对 x86、ARM 和 RISC-V 各自的实现进行解析。在此之前，我们对 fopen 这个 C 标准库的函数在 glibc 中的实现进行总结，这一过程如图 4-1 所示。

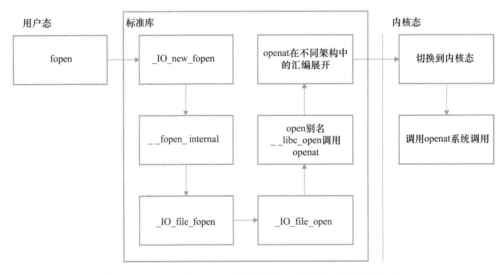

图 4-1　在 glibc 中 fopen 函数从用户态到内核态的调用过程

于是，C 语言标准库就这样使用 open 系统调用实现了 fopen 函数，而内核提供的文件描述符则被存储在 FILE 结构体的内部。在之后的读写等操作中，也会将这里存储的文件描述符传入对应的系统调用中，这样就可以通过系统调用完成 C 语言标准库中函数需要做的事情。同时 glibc 还提供了 open 系统调用在 C 语言中的实现（将前文所述的 open 函数导出了），而不需要每次用户态应用程序的开发人员在不同的架构上写汇编、记忆不同架构的系统调用参数约定，极大地简化了系统开发流程。

接下来我们来看从 INLINE_SYSCALL_CALL 展开到各架构平台的系统调用实现的过程。最开始是 INLINE_SYSCALL_CALL 的宏展开，其定义如下：

```
/* 发出由系统调用号加上任何其他所需参数定义的系统调用。任何错误都将使用 arch 定义的宏进行处理,并相应地
设置 errno 错误代码。它类似于 INLINE_SYSCALL 宏,但不需要将预期的参数号作为第二个参数传递 */
#define INLINE_SYSCALL_CALL(...)   \
  __INLINE_SYSCALL_DISP (__INLINE_SYSCALL, __VA_ARGS__)
```

通过这个宏展开，就产生了__INLINE_SYSCALL_DISP(__INLINE_SYSCALL, __VA_ARGS__)。其中这里的__VA_ARGS__包含了系统调用名称和系统调用参数，__INLINE_SYSCALL_DISP宏则展开成包含了另一个__INLINE_SYSCALL_NARGS宏的__SYSCALL_CONCAT宏：

```
#define __INLINE_SYSCALL_DISP(b,...)   \
  __SYSCALL_CONCAT (b,__INLINE_SYSCALL_NARGS(__VA_ARGS__))(__VA_ARGS__)
```

其中__INLINE_SYSCALL_NARGS宏非常巧妙地计算了__VA_ARGS__中的参数个数，取值范围为0~7。__INLINE_SYSCALL_NARGS宏定义如下：

```
#define __INLINE_SYSCALL_NARGS_X(a,b,c,d,e,f,g,h,n,...) n
#define __INLINE_SYSCALL_NARGS(...)   \
  __INLINE_SYSCALL_NARGS_X (__VA_ARGS__,7,6,5,4,3,2,1,0,)
```

而前半部分的__SYSCALL_CONCAT将宏中接收到的两个参数简单地连接起来，定义如下：

```
#define __SYSCALL_CONCAT_X(a,b)    a##b
#define __SYSCALL_CONCAT(a,b)      __SYSCALL_CONCAT_X (a, b)
```

那么前文中提到的__INLINE_SYSCALL_DISP宏就会展开成__INLINE_SYSCALLn，其中n是通过__INLINE_SYSCALL_NARGS计算出的参数个数。而__INLINE_SYSCALL0到__INLINE_SYSCALL7也都是宏，定义在 sysdeps/unix/sysdep.h 中：

```
#define __INLINE_SYSCALL0(name)                          \
  INLINE_SYSCALL (name, 0)
#define __INLINE_SYSCALL1(name, a1)                      \
  INLINE_SYSCALL (name, 1, a1)
#define __INLINE_SYSCALL2(name, a1, a2)                  \
  INLINE_SYSCALL (name, 2, a1, a2)
#define __INLINE_SYSCALL3(name, a1, a2, a3)              \
  INLINE_SYSCALL (name, 3, a1, a2, a3)
#define __INLINE_SYSCALL4(name, a1, a2, a3, a4)          \
  INLINE_SYSCALL (name, 4, a1, a2, a3, a4)
#define __INLINE_SYSCALL5(name, a1, a2, a3, a4, a5)      \
  INLINE_SYSCALL (name, 5, a1, a2, a3, a4, a5)
#define __INLINE_SYSCALL6(name, a1, a2, a3, a4, a5, a6)  \
  INLINE_SYSCALL (name, 6, a1, a2, a3, a4, a5, a6)
#define __INLINE_SYSCALL7(name, a1, a2, a3, a4, a5, a6, a7) \
  INLINE_SYSCALL (name, 7, a1, a2, a3, a4, a5, a6, a7)
```

我们可以看到它们都展开成 INLINE_SYSCALL 并将第一个参数当作名称，其余参数照常放入接下来的参数列表中，而 INLINE_SYSCALL 宏会在 sysdeps/unix/sysv/linux/sysdep.h 这个 Linux 的实现中展开成以下代码：

```
#undef INLINE_SYSCALL
#define INLINE_SYSCALL(name, nr, args...)                \
  ({                                                     \
```

```
    long int sc_ret = INTERNAL_SYSCALL (name, nr, args);        \
    __glibc_unlikely (INTERNAL_SYSCALL_ERROR_P (sc_ret))        \
    ? SYSCALL_ERROR_LABEL (INTERNAL_SYSCALL_ERRNO (sc_ret))     \
    : sc_ret;                                                    \
  })
```

这段代码主要是调用了 INTERNAL_SYSCALL 展开成的函数，在这个函数中会产生一个当前架构上的系统调用。调用完成之后，检测返回码并将结果返回。

由于在 glibc 中，实现 fopen 这个标准库函数的 openat 系统调用接收 4 个参数，因此下面我们虽然会引入任意参数个数的 INTERNAL_SYSCALL 宏展开，但只拿 4 个参数的作为例子进行详细解析。在为 x86 平台编译的 glibc 标准库中，这个宏被定义在 sysdeps/unix/sysv/linux/i386/sysdep.h 中，它的展开如下：

```
#define INTERNAL_SYSCALL(name, nr, args...)        \
({                                                  \
    register unsigned int resultvar;                \
    INTERNAL_SYSCALL_MAIN_##nr (name, args);        \
    (int) resultvar; })
```

即会展开 INTERNAL_SYSCALL_MAIN_0 到 INTERNAL_SYSCALL_MAIN_7 这些宏，这些宏在同样的文件中定义，再次展开：

```
#undef INTERNAL_SYSCALL
#define INTERNAL_SYSCALL_MAIN_0(name, args...)        \
    INTERNAL_SYSCALL_MAIN_INLINE(name, 0, args)
#define INTERNAL_SYSCALL_MAIN_1(name, args...)        \
    INTERNAL_SYSCALL_MAIN_INLINE(name, 1, args)
#define INTERNAL_SYSCALL_MAIN_2(name, args...)        \
    INTERNAL_SYSCALL_MAIN_INLINE(name, 2, args)
#define INTERNAL_SYSCALL_MAIN_3(name, args...)        \
    INTERNAL_SYSCALL_MAIN_INLINE(name, 3, args)
#define INTERNAL_SYSCALL_MAIN_4(name, args...)        \
    INTERNAL_SYSCALL_MAIN_INLINE(name, 4, args)
#define INTERNAL_SYSCALL_MAIN_5(name, args...)        \
    INTERNAL_SYSCALL_MAIN_INLINE(name, 5, args)
```

我们可以看到从 INTERNAL_SYSCALL_MAIN_0 到 INTERNAL_SYSCALL_MAIN_5 这 6 个宏都展开到了 INTERNAL_SYSCALL_MAIN_INLINE 这个宏（在部分平台上不支持类似 6.7 的宏，即 6 个或者 7 个参数的系统调用），并把系统调用的名称和参数个数先行传入，然后传入所有的剩余参数。INTERNAL_SYSCALL_MAIN_INLINE 宏同样有多种展开方式，总的来说就是使用 x86 的 0x80 软中断来完成特权级切换和在 x86 中使用 sysenter 指令特权级切换两种。我们首先来看使用 x86 软中断模式的展开：

```
# define INTERNAL_SYSCALL_MAIN_INLINE(name, nr, args...)        \
    LOADREGS_##nr(args)                                          \
    asm volatile (                                               \
    "int $0x80"                                                  \
    : "=a" (resultvar)                                           \
    : "a" (__NR_##name) ASMARGS_##nr(args) : "memory", "cc")
```

最重要的部分是 int $0x80 这条 x86 的汇编语句，它负责触发 0x80 这个编号的软中断来切换特权级，从而进入内核态。而在进入之前，寄存器的设置是由 LOADREGS＿n 和 ASMARGS_n 两个宏负责的（虽然 LOADREGS_n 在 x86 版本中没有任何作用），它们由下面的递归宏定义展开：

```
#define LOADREGS_0()
#define ASMARGS_0()
#define LOADREGS_1(arg1)                                    \
    LOADREGS_0 ()
#define ASMARGS_1(arg1)                                     \
    ASMARGS_0 (), "b" ((unsigned int) (arg1))
#define LOADREGS_2(arg1, arg2)                              \
    LOADREGS_1 (arg1)
#define ASMARGS_2(arg1, arg2)                              \
    ASMARGS_1 (arg1), "c" ((unsigned int) (arg2))
#define LOADREGS_3(arg1, arg2, arg3)                       \
    LOADREGS_2 (arg1, arg2)
#define ASMARGS_3(arg1, arg2, arg3)                        \
    ASMARGS_2 (arg1, arg2), "d" ((unsigned int) (arg3))
#define LOADREGS_4(arg1, arg2, arg3, arg4)                 \
    LOADREGS_3 (arg1, arg2, arg3)
#define ASMARGS_4(arg1, arg2, arg3, arg4)                  \
    ASMARGS_3 (arg1, arg2, arg3), "S" ((unsigned int) (arg4))
#define LOADREGS_5(arg1, arg2, arg3, arg4, arg5)           \
    LOADREGS_4 (arg1, arg2, arg3, arg4)
#define ASMARGS_5(arg1, arg2, arg3, arg4, arg5)            \
    ASMARGS_4 (arg1, arg2, arg3, arg4), "D" ((unsigned int) (arg5))
```

我们可以看到 x86 的 LOADREGS 宏没有实际作用，而 ASMARGS 则是递归地从 5 个参数展开到参数为空结束。每个参数都会按顺序存入对应的寄存器中，如 b 在 x86 的 32 位寄存器集合中对应的是 ebx，而 c 对应的是 ecx，依此类推。它就可以产生符合上一章节中 x86 系统调用约定的参数传递了，如表 4-1 所示。

表 4-1　glibc 中 x86 平台用户态发起系统调用的参数传递

寄 存 器	含 义
ebx	系统调用的第一个参数
ecx	系统调用的第二个参数
edx	系统调用的第三个参数
esi	系统调用的第四个参数
edi	系统调用的第五个参数

而 " = a"（resultvar）表示将会把返回值从 eax 寄存器中取出，同时 "a"（＿＿NR_##name）会把系统调用号置入另一个 eax 寄存器中，这样就完成了一个系统调用的参数传递，如对于前文中提到的 glibc 使用的 openat 系统调用会变成＿＿NR_openat。在本小节最后，我们会集中解释＿＿NR_##name 是如何变成系统调用号的。

在这里以最简单的软中断模式下的 openat 为例子，看一下宏展开之后最后的代码是怎样的。首先展开会有：

```
INTERNAL_SYSCALL(openat, 4, AT_FDCWD, file, oflag, mode)
```

然后通过 INTERNAL_SYSCALL 展开到：

```
{
    register unsigned int resultvar;
    INTERNAL_SYSCALL_MAIN_4 (openat, AT_FDCWD, file, oflag, mode);
    (int) resultvar;
}
```

紧接着，其中 INTERNAL_SYSCALL_MAIN_4 这部分展开为：

```
INTERNAL_SYSCALL_MAIN_INLINE(openat, 4, AT_FDCWD, file, oflag, mode)
```

它会变成一个汇编语句：

```
LOADREGS_4(args)
asm volatile (
"int $0x80"
: "=a" (resultvar)
: "a" (__NR_openat), "b" ((unsigned int) (AT_FDCWD)), "c" ((unsigned int) (file)), "d" ((un-
signed int) (oflag)), "S" ((unsigned int) (mode))
: "memory", "cc")
```

这样就完成了 openat 系统调用的参数传递和在 x86 软中断模式下的系统调用与结果的返回。

而对于支持 sysenter 的快速系统调用版本，则会将 INTERNAL_SYSCALL_MAIN_INLINE 展开为：

```
# define INTERNAL_SYSCALL_MAIN_INLINE(name, nr, args...)        \
    LOADREGS_##nr(args)                                          \
    asm volatile (                                              \
    "call *_dl_sysinfo"                                         \
    : "=a" (resultvar)                                          \
    : "a" (__NR_##name) ASMARGS_##nr(args) : "memory", "cc")
```

这个宏其余部分与 x86 的软中断模式相同，唯一不同的地方是" call *_dl_sysinfo"这条汇编语句，它会跳转到_dl_sysinfo 变量中存储的地址值，变成一个函数调用，它的定义是：

```
#ifdef NEED_DL_SYSINFO
/* Needed for improved syscall handling on at least x86/Linux.  NB: Don't
   initialize it here to avoid RELATIVE relocation in static PIE.  */
uintptr_t _dl_sysinfo;
#endif
```

在上一章中，我们提到了 Linux 内核中使用了名为 vDSO 的加速机制，虽然此处我们也不打算对其进行详细解释，但 glibc 对它有很好的支持。在 elf/setup-vdso.h 中，如果适用的话，前文中提到的 dl_sysinfo 变量会被赋值为 vDSO 中使用的地址。这样前文中通过 call 完成的函数调用实际上就会跳转到 linux-vdso 中，其赋值的代码如下：

```
# ifdef NEED_DL_SYSINFO
    if (GLRO(dl_sysinfo) == DL_SYSINFO_DEFAULT)
    GLRO(dl_sysinfo) = GLRO(dl_sysinfo_dso)->e_entry + l->l_addr;
# endif
```

　　否则，由"call ＊_dl_sysinfo"发起的函数调用会跳转到默认的_dl_sysinfo_int80 程序段，从而回退到使用软中断模式的情况：

```
# define DL_SYSINFO_DEFAULT (uintptr_t) _dl_sysinfo_int80
# define DL_SYSINFO_IMPLEMENTATION                              \
  asm (".text \n \t"                                            \
      ".type _dl_sysinfo_int80,@ function \n \t"                \
      ".hidden _dl_sysinfo_int80 \n"                            \
      CFI_STARTPROC "\n"                                        \
      "_dl_sysinfo_int80:\n \t"                                 \
      "int $0x80; \n \t"                                        \
      "ret; \n \t"                                              \
      CFI_ENDPROC "\n"                                          \
      ".size _dl_sysinfo_int80,.-_dl_sysinfo_int80 \n \t"       \
      ".previous");
```

　　而对于 6 个参数和 7 个参数的展开有所不同：首先，x86 平台的 Linux 内核中不存在 7 个参数的系统调用，因此在这个文件中没有对 7 个参数的版本的宏进行定义；其次，对于 6 个参数的版本，正如我们之前在内核中的部分所见，在 x86 的函数调用约定中，有一些参数需要通过栈来传递，因此需要将参数置入栈的操作和栈地址的传递包含在发起系统调用的代码中。对于 6 个参数的系统调用对应的 INTERNAL_SYSCALL_MAIN 宏，其展开如下：

```
#define INTERNAL_SYSCALL_MAIN_6(name, arg1, arg2, arg3,arg4, arg5, arg6)  \
  struct libc_do_syscall_args _xv =                                        \
    {                                                                      \
      (int) (arg1),                                                        \
      (int) (arg5),                                                        \
      (int) (arg6)                                                         \
    };                                                                     \
    asm volatile (                                                         \
    "movl %1, %%eax \n \t"                                                 \
    "call " I386_DO_SYSCALL_STRING                                        \
    : "=a" (resultvar)                                                     \
    : "i" (__NR_##name), "c" (arg2), "d" (arg3), "S" (arg4), "D" (& _xv)  \
    : "memory", "cc")
```

　　我们可以看到"i"（__NR_##name）表示将系统调用号当作第一个参数传入 movl 语句中，它会将系统调用号存放入 eax 寄存器中。同时 ecx、edx 和 esi 中存放了第二、第三和第四个参数，而第一、第五和第六个参数则是放到了名为_xv 的结构体中（这个结构体有三个字段分别是 ebx、edi 和 ebp，对应三个寄存器），并将它的地址当作栈开始的位置传入 edi 寄存器中。完成参数传递之后，使用 call 指令调用触发系统调用的程序，并将返回值置入 resultvar 中。

　　而同样地，触发系统调用的程序也分为 x86 软中断模式和使用 sysenter 指令的快速系统调用模式，I386_DO_SYSCALL_STRING 宏的定义如下：

```
#if !I386_USE_SYSENTER && IS_IN (libc) && !defined SHARED
/* Inside static libc, we have two versions.  For compilation units
   with !I386_USE_SYSENTER, the vDSO entry mechanism cannot be
   used. */
```

```
# define I386_DO_SYSCALL_STRING "__libc_do_syscall_int80"
#else
# define I386_DO_SYSCALL_STRING "__libc_do_syscall"
#endif
```

这两个程序名字实际上都指向了 sysdeps/unix/sysv/linux/i386/libc-do-syscall.S 中的同一段 __libc_do_syscall 程序。这个程序先将寄存器的原始值压入栈，并通过 edi 传入的结构体（其中包含了 ebx、edi 和 ebp 三个字段）中的值赋值给三个对应的寄存器。然后通过 ENTER_KERNEL宏的展开来触发系统调用，最后将寄存器的值从栈上恢复，其代码如下：

```
ENTRY (__libc_do_syscall)
    pushl    %ebx
    cfi_adjust_cfa_offset (4)
    cfi_rel_offset (ebx, 0)
    pushl    %edi
    cfi_adjust_cfa_offset (4)
    cfi_rel_offset (edi, 0)
    pushl    %ebp
    cfi_adjust_cfa_offset (4)
    cfi_rel_offset (ebp, 0)
    movl 0(%edi), %ebx
    movl 8(%edi), %ebp
    movl 4(%edi), %edi
    ENTER_KERNEL
    popl %ebp
    cfi_adjust_cfa_offset (-4)
    cfi_restore (ebp)
    popl %edi
    cfi_adjust_cfa_offset (-4)
    cfi_restore (edi)
    popl %ebx
    cfi_adjust_cfa_offset (-4)
    cfi_restore (ebx)
    ret
END (__libc_do_syscall)
```

ENTER_KERNEL 宏的定义如下。可以看到，在解析无参数到五个参数的系统调用的实现中，见到的软中断模式（展开为 int $0x80 语句）和跳转到快速系统调用模式触发程序的语句：

```
#if I386_USE_SYSENTER
#  define ENTER_KERNEL call *_dl_sysinfo
#else
# define ENTER_KERNEL int $0x80
# endif
```

而在 x86-64 中，同样的 INTERNAL_SYSCALL 宏在 sysdeps/unix/sysv/linux/x86_64/sysdep.h 文件中被另外定义：

```
#undef INTERNAL_SYSCALL
#define INTERNAL_SYSCALL(name, nr, args...)                    \
    internal_syscall##nr (SYS_ify (name), args)
```

它展开成 internal_syscall0 到 internal_syscall6 这些宏，而其中的 SYS_ify 则将系统调用名称
展开为通过系统调用名称映射到系统调用号的宏 __NR_##syscall_name。那么 internal_syscall0
到 internal_syscall6 函数的第一个参数就变为系统调用号，而后面的参数会被原样传入，按
照调用约定置入寄存器中之后，触发系统调用。如 internal_syscall6 的展开如下：

```
#undef internal_syscall6
#define internal_syscall6(number, arg1, arg2, arg3, arg4, arg5, arg6)   \
({                                                                       \
    unsigned long int resultvar;                                        \
    TYPEFY (arg6, __arg6) = ARGIFY (arg6);                              \
    TYPEFY (arg5, __arg5) = ARGIFY (arg5);                              \
    TYPEFY (arg4, __arg4) = ARGIFY (arg4);                              \
    TYPEFY (arg3, __arg3) = ARGIFY (arg3);                              \
    TYPEFY (arg2, __arg2) = ARGIFY (arg2);                              \
    TYPEFY (arg1, __arg1) = ARGIFY (arg1);                              \
    register TYPEFY (arg6, _a6) asm ("r9") = __arg6;                    \
    register TYPEFY (arg5, _a5) asm ("r8") = __arg5;                    \
    register TYPEFY (arg4, _a4) asm ("r10") = __arg4;                   \
    register TYPEFY (arg3, _a3) asm ("rdx") = __arg3;                   \
    register TYPEFY (arg2, _a2) asm ("rsi") = __arg2;                   \
    register TYPEFY (arg1, _a1) asm ("rdi") = __arg1;                   \
    asm volatile (                                                       \
    "syscall\n\t"                                                        \
    : "=a" (resultvar)                                                   \
    : "0" (number), "r" (_a1), "r" (_a2), "r" (_a3), "r" (_a4),         \
    "r" (_a5), "r" (_a6)                                                 \
    : "memory", REGISTERS_CLOBBERED_BY_SYSCALL);                        \
    (long int) resultvar;                                               \
})
#undef internal_syscall4
#define internal_syscall4(number, arg1, arg2, arg3, arg4)               \
({                                                                       \
    unsigned long int resultvar;                                        \
    TYPEFY (arg4, __arg4) = ARGIFY (arg4);                              \
    TYPEFY (arg3, __arg3) = ARGIFY (arg3);                              \
    TYPEFY (arg2, __arg2) = ARGIFY (arg2);                              \
    TYPEFY (arg1, __arg1) = ARGIFY (arg1);                              \
    register TYPEFY (arg4, _a4) asm ("r10") = __arg4;                   \
    register TYPEFY (arg3, _a3) asm ("rdx") = __arg3;                   \
    register TYPEFY (arg2, _a2) asm ("rsi") = __arg2;                   \
    register TYPEFY (arg1, _a1) asm ("rdi") = __arg1;                   \
    asm volatile (                                                       \
    "syscall\n\t"                                                        \
    : "=a" (resultvar)                                                   \
    : "0" (number), "r" (_a1), "r" (_a2), "r" (_a3), "r" (_a4)          \
    : "memory", REGISTERS_CLOBBERED_BY_SYSCALL);                        \
    (long int) resultvar;                                               \
})
```

按照函数调用约定，每个寄存器以及对应的值的含义如表 4-2 所示。

表 4-2 glibc 中 x64 平台用户态发起系统调用的参数传递

寄 存 器	含 义
rax	要使用的系统调用号
rdi	系统调用的第一个参数
rsi	系统调用的第二个参数
rdx	系统调用的第三个参数
r10	系统调用的第四个参数
r8	系统调用的第五个参数
r9	系统调用的第六个参数

对于 openat 这个含 4 个参数的系统调用，最终展开的汇编部分如下：

```
{
    unsigned long int resultvar;
    register asm ("r10") = mode;
    register asm ("rdx") = oflag;
    register asm ("rsi") = file;
    register asm ("rdi") = AT_FDCWD;
    asm volatile (
    "syscall\n\t"
    : "=a" (resultvar)
    : "0" (__NR_openat), "r" (_a1), "r" (_a2), "r" (_a3), "r" (_a4)
    : "memory", REGISTERS_CLOBBERED_BY_SYSCALL);
    (long int) resultvar;
}
```

从多个平台的 glibc 实现中，我们可以看到它们的格式是类似的，都是将参数按照系统调用的参数约定置入寄存器中，然后触发一次特权级切换，进入到内核态中由内核进行处理。如果有 vDSO 加速系统调用的机制也会跳转到其中，由它进行系统调用的触发。

前文所描述的各平台上系统调用的名称都会通过宏展开成形如 __NR_##name 的宏，从而从名称转化为系统调用的编号。这一编号是由 Linux 内核通过相关头文件导出的，作为用户空间中应用程序接口的一部分。

在不同平台上，用户空间中系统调用相关信息的导出（或称 UAPI 的导出，即 Userspace API 的导出）也不同，在 x86 和 x86-64 平台上 Linux 内核中的 unistd.h 头文件中有：

```
/* x32 系统调用的标识位 */
#define __X32_SYSCALL_BIT0x40000000
#ifndef __KERNEL__
# ifdef __i386__
#  include <asm/unistd_32.h>
# elif defined(__ILP32__)
#  include <asm/unistd_x32.h>
# else
#  include <asm/unistd_64.h>
# endif
#endif
```

可以看到，对于 32 位系统调用有 unistd_32.h 头文件中的信息导出，而 64 位中使用 x32 二进制接口的系统调用的相关信息则是通过 unistd_x32.h 来导出的，原生的 64 位系统调用接口的信息由 unistd_64.h 来导出。这三个文件在第三章已经有了详细的说明，这里就不再赘述。同理，对 ARM 和 RISC-V 的系统调用号导出也类似，最终 glibc 只需要包含内核导出的 unistd.h 头文件，即可将__NR_##name 这样的系统调用名称组成的宏转化为该平台上的系统调用号。

实际上，总结来说，在 glibc 中的系统调用是对各平台架构系统调用汇编代码的封装。它们中的一部分属于 POSIX 接口，而 C 语言标准库的函数则是在操作系统的系统调用的基础上，对系统调用的一层更加易用的抽象和封装。接下来我们使用 C 语言标准库中提供的标准库函数或者系统调用，来体验一下对真实硬件设备的控制。

4.2 基于 Linux sysfs 在用户态下编写程序控制硬件

前面的描述比较抽象，实际上对于一些非嵌入式的高级程序开发人员和离硬件较远的用户来说，与硬件有关的事情可能完全是一个黑匣子。用户只需要插上 USB、HDMI 线缆，就可以把硬件连接到计算机，之后只需要按一个键盘按键，就可以调节笔记本屏幕的亮度。

那么，高级程序开发人员能否自己写一些代码片段来完成一些自定义的控制硬件的事情呢？本节将介绍如何通过 Linux 系统的 sysfs 模块，用一些简单的 C 语言代码或者直接使用 Shell 命令（或其他编程语言）来操作硬件。

4.2.1 什么是 Linux sysfs

首先需要再次明确的是，操作系统是计算机硬件和用户之间的接口，它可以处理计算机硬件资源并为计算机程序提供基本服务，驱动硬件是它的一个很重要的功能。操作系统内核作为硬件和操作系统 Shell、应用程序之间的一层，提供系统调用接口。

在 Linux 内核中，sysfs 文件系统是一个伪文件系统，它提供了一个内核数据结构 kobject 的接口。在这个文件系统中，文件并不真实存在在硬盘上，它提供有关设备、内核模块、文件系统和其他 Linux 内核组件的信息，对这里文件的读写实际上就是对 Linux 内核中相关对象的操作。硬件驱动是 Linux 内核非常重要的一部分。在早期版本的 Linux 会被静态编译链接到内核中，而在当代的 Linux 内核中，大部分驱动程序都可以被编译成内核模块（Kernel Module），动态加载到内核中。当一个硬件设备插入时，Linux 内核中的驱动程序会创建一个内核对象，并为对象的操作设置对应驱动的回调函数。这个内核对象也会被自动映射到 sysfs 中，从而相当于完成了对 Linux 内核中硬件设备抽象的导出。

在 Linux 发行版中，sysfs 一般会被自动挂载到/sys 目录下。一般来说，平时使用的通用计算机（PC）在该目录下有以下子目录：

```
block, bus, class, dev, devices, firmware, fs, hypervisor, kernel, module, power
```

其中有块设备（block）、按总线分类（bus）、按设备类别分类（class）、文件系统（fs）、内核模块（module）等。其中比较常用的是按设备类别分类的 class 目录，因为在这个目录中，Linux 内核中的硬件设备会被按照所属的类别分类，可以很方便地找到对应类别的设备。其中有背光设备（backlight）、蓝牙设备（bluetooth）、输入设备（input）、LED 灯光（leds）等。

如果有相应设备被 Linux 内核正确驱动起来并分类的话，这些子目录下会有一些具体的硬件设备对应的目录。在这些目录里往往有一些可以读写的文件，这些文件对应着设备在 Linux 内核中的状态与属性，对这些文件的读写就是对 Linux 内核中对象的直接操作。如果这个内核对象是一个硬件设备的表示，那就是对硬件设备的操作。

接下来，我们就来看两个使用 sysfs 控制硬件的例子。

4.2.2　使用 C 语言标准库文件读写函数控制键盘 LED

我们首先来看使用 C 语言标准库中的一个文件读写函数，通过读写 sysfs 中的文件来控制键盘 LED 的例子。在/sys/class/leds 目录中，会存有所有已经驱动起来的 LED 设备对应的内核对象导出。这里笔者使用 keyboard 来表示键盘灯对应的内核对象，在这个目录下有：

```
brightness  device  max_brightness  power  subsystem  trigger  uevent
```

其中针对 brightness 的读写可以控制键盘灯的亮度，它是一个所有人可读、仅 root 可写的文件；而 max_brightness 是允许的最大值，它只被允许读取。

下面的代码使用 C 语言标准库的函数，对键盘灯进行亮度调节：

```c
#include <stdio.h>
#define MBFILE "/sys/class/leds/keyboard/max_brightness"
#define BFILE "/sys/class/leds/keyboard/brightness"
int main(int argc, char *argv[]) {
FILE *bf, *mbf;
int s, max;
    /* 读取键盘亮度值 */
printf("请输入您想要的亮度:\n");
    scanf("%d", &s);
    /* 读取最大亮度 */
mbf = fopen(MBFILE,"r");
    fscanf(mbf, "%d", &max);
    if (s > max) s = max;
    if (s < 0) s = 0;
    /* 写入亮度设置 */
bf = fopen(BFILE, "w");
s = fprintf(bf, "%d", s);
    fclose(bf);  fclose(mbf);
    return 0;
}
```

它首先创建了 bf 和 mbf 两个 FILE 类型的结构体指针，是 C 语言标准库中用来描述一个文件的结构体，还有 s 和 max 两个临时变量，负责存储要设置的亮度值和最大允许的亮度值。这个程序紧接着要求用户输入需要的亮度值到 s 变量中，并打开 max_brightness 文件，将其中的最大亮度读取到 max 变量中，然后限制 s 变量不超过 max 且不小于 0。紧接着打开 brightness 文件，将 s 变量写入。最后关闭两个文件，一般情况下，在这时文件才会被刷新，新的亮度值就会被传入 Linux 内核中，交由操作系统内核为 LED 设置新的亮度值。

将其编译并使用 sudo 权限运行两次，分别输入 0 和 1 作为亮度值，就可以看到在第一次执行结束后，键盘灯是灭的，而第二次执行结束后，键盘灯亮起。程序的输出如下：

```
> gcc led.c
> sudo ./a.out
请输入您想要的亮度：
0
> sudo ./a.out
请输入您想要的亮度：
1
```

4.2.3 使用标准库中提供的系统调用或 Shell 脚本调节屏幕背光

如果读者拥有一台带有 Intel 集成显卡的笔记本电脑（对于 AMD 的也有类似的操作，但由于笔者没有 AMD 的笔记本电脑，因此无法实验，读者可以自行探索），并且安装了一个带图形界面的 Linux 发行版，那么大概率使用的是 Intel 的 i915 或者 i965 驱动。这些驱动会在 /sys/class/backlight/intel_backlight 下导出 max_brightness 和 brightness 至少两个文件：

1）brightness 是一个 root 可读可写的文件，通过读取它可以获取屏幕亮度，而对它的写入操作可以设置屏幕亮度。

2）max_brightness 是一个 root 可读但不可写的文件，它存储了可以设置的最大屏幕亮度，因为最大亮度等级是由 Linux 内核中驱动程序设置的，并不是一个可写属性。

因此，我们可以用一个简单的 Shell 脚本从用户输入中读取期望的亮度百分比，然后从 max_brightness 文件读取允许的最大亮度，并将计算结果写入 brightness 来设置屏幕亮度百分比。这个脚本的内容如下：

```
#!/bin/bash
echo "请输入您想要的亮度百分比："
read expected_brightness
echo $expected_brightness
max_brightness=$(cat /sys/class/backlight/intel_backlight/max_brightness)
echo $(expr $expected_brightness \* $max_brightness \/ 100)  \
> /sys/class/backlight/intel_backlight/brightness
```

这个脚本首先会输出"请输入您想要的亮度百分比："，然后读取 expected_brightness 变量。紧接着它调用 cat 命令将最大亮度值的文件内容输出，存储到 max_brightness 变量中。然后根据期望的亮度百分比和最大亮度值计算要设置的亮度对应的数值，最后将其输出到 brightness 这个 sysfs 下记录亮度属性的文件中。

使用 sudo 运行这个脚本（因为写入 brightness 文件需要 root 用户身份和权限）并输入期望的百分比，如 15，这时屏幕背光亮度就被设置为 15%。

注意：为了保持简短，这个脚本没有对输入值进行任何判断，请读者在进行实验时注意检查输入内容，笔者不承担损坏操作系统或者硬件的责任。如果读者使用的是其他显卡，或者存在外接显示器，能否有效果就取决于具体的硬件和硬件驱动的实现方法了。

同样的操作还可以通过 C 语言中的 Linux 系统调用封装来完成：

```
#include <sys/types.h>
#include <sys/stat.h>
#include <fcntl.h>
#include <stdio.h>
#define MBFILE "/sys/class/backlight/intel_backlight/max_brightness"
#define BFILE "/sys/class/backlight/intel_backlight/brightness"
int main(int argc, char *argv[]) {
int bfd, mbfd, percentage, max, s;
char buf[1024];
    /* 读取百分比 */
printf("请输入您想要的亮度百分比:\n");
    scanf("%d", &percentage);
    /* 读取最大亮度 */
mbfd = open(MBGILE, O_RDONLY);
    s = read(mbfd, buf, sizeof(buf));
    buf[s] = '\0';
    max = atoi(buf);
    /* 写入亮度设置 */
bfd = open(BFILE, O_RDWR);
s = sprintf(buf, "%d", max * percentage / 100);
write(bfd, buf, s);
    close(bfd);  close(mbfd);
    return 0;
}
```

可以看到和前面仅使用 C 语言标准库调整键盘灯光等的实现相比,使用 C 语言中系统调用的版本更加复杂,这是因为我们需要自行维护文件描述符、自行设置文件模式对应的标识,并且自行管理一个输入输出的缓冲区。尽管如此,在这个例子中,为了字符串和整数操作的便捷,还是使用了一些 C 语言标准库的函数,但是主要的文件操作都完全使用了 C 语言中的系统调用包装。这已经足够读者体验 C 语言标准库和系统调用直接的区别,以及感受 C 语言标准库的便捷和简洁之处了。

在本节中,我们体验了 C 语言标准库,使用 open、write 和 close 这些 C 语言最基本的系统调用封装或 Shell 来完成 Linux 系统中对键盘灯的控制和屏幕背光亮度的调整。当然,也可以用 Python、Go 或者任何偏好的编程语言,通过读写 sysfs 下的文件控制一些硬件,这仅仅取决于读者的想法和创意了。

## 第5章

Linux系统用户态驱动API

操作系统最基础和重要的一个功能是负责和硬件打交道，与硬件厂商提供的，包括中央处理器、硬盘、时钟、中断控制器在内的硬件交互，为不同的硬件提供一个可供操作的抽象层，而负责完成这一操作的就是驱动程序了。

在 UNIX 系列的系统（主要包括早期的 UNIX 和当代的 BSD 发行版）中，最重要的思想之一就是"一切皆文件"（everything is a file），就是将一切都抽象成为文件可以显示在文件系统的目录中。而 Linux 内核作为最初在 Intel 386 平台上的 UNIX 继任者，它也继承了这一特性。因此我们会在后续的章节看到，无论是处理器的信息还是更广泛的输入/输出资源，如文档、目录、硬盘驱动器、调制解调器、键盘和打印机等，甚至一些进程和网络通信都是通过文件系统中的名称可以访问的简单字节流，在内核的视角下都可以直接通过文件的读写来访问。这种方法的优点是，可以将同一组工具、实用程序和应用程序接口用于各种不同的资源。如在打开文件时，将创建一个文件描述符，其中文件路径作为寻址的方法，这个文件描述符则成为字节流的输入输出接口。此外，文件描述符也可以是为了匿名管道（pipe，一种 UNIX 系统中进程间通信的方式）和网络套接字（socket，在网络通信中使用的概念）等内容创建的。因此，对这个特性更准确的描述是"一切都是文件描述符"。而驱动的作用往往是提供文件系统中与硬件设备对应文件的创建以及对应读写方式的实现。

本章首先介绍内核中的驱动模型及其常用的数据结构，然后引入在用户态完成的驱动程序编写的方法和实现，最后我们也会介绍和分析一些在 Linux 内核中常用的、可以用来简化驱动编写的子系统。

5.1 用户态驱动与内核态驱动

在 Linux 用户态的应用程序看来，用来描述硬件设备的文件一般主要被分为两种类型：字符设备（character device）和块设备（block device）。简单来说，对字符设备访问必须是按顺序的，就像一个字符流，而对块设备是可以进行随机访问的，每次都可以从块设备中一次性取出一整块数据放置在缓冲区中。

而实际上，这是在被 Linux 内核依据"一切皆文件"进行抽象后导出的设备接口。对于字符设备来说，它可以直接被当作一个文件打开，通过对应的字节流进行访问；而对于块设备来说，它往往被特定的文件系统格式初始化，并用来存放文件。而 Linux 内核对它进行访问的时候，往往会将块设备挂载（mount）到文件系统中的某处，这样对其中的文件访问就是对这个块设备按照对应的文件系统格式进行访问。

现行的 Linux 文件系统的模式遵从文件系统层次结构标准（Filesystem Hierarchy Standard，FHS），它是用于描述 UNIX 系统布局的参考约定。由于它在 Linux 发行版中被广泛使用而变得流行，但它也同样被其他 UNIX 变体（如 FreeBSD 等 BSD 系统）使用。目前这一标准由 Linux 基金会维护，最新的是 2015 年 6 月 3 日发布的 3.0 版本。

在遵从 FHS 的文件系统模式中，所有文件和目录都显示在根目录（使用/符号表示）下，即使它们可能存储在不同的物理或虚拟设备上，而次一级的目录及其在 FHS 中规定的作用按照字母顺序排列，如表 5-1 所示。

表 5-1　文件系统层次结构标准规定下的目录及描述

目　　录	描　　述
/	整个文件系统主层次结构的根目录
/bin	需要在单用户模式下可用的基本命令二进制文件，包括启动系统或修复它，适用于所有用户（如 cat、ls、cp 等基础命令）
/boot	引导加载程序文件，如存放的内核和初始化使用的内存盘（initrd）等
/dev	设备文件（如/dev/null、/dev/disk0、/dev/sda1、/dev/tty 和/dev/random）
/etc	特定于主机的系统范围的配置文件，存放系统级别的应用程序配置
/home	用户的主目录，包含保存的文件、个人级别的设置等
/lib	对/bin 和/sbin 中的二进制可执行文件至关重要的库
/lib32、/lib64	备用的特定格式基本库，这些通常用于支持多种可执行代码格式的系统，如支持指令集的 32 位（lib32）和 64 位（lib64）版本的系统，这一类目录是可选的
/media	可移动介质（如 CD-ROM）的装载点
/mnt	临时挂载的文件系统
/opt	附加的应用程序软件包
/proc	是一个虚拟文件系统，以文件形式提供进程和内核信息，在 Linux 中对应于内核的 procfs 挂载。这里的信息通常由系统动态自动生成和填充
/root	root 用户（最高权限用户）的主目录
/run	运行时变量数据，包含自上次引导以来有关正在运行的系统信息，如当前登录的用户和正在运行的守护程序。此目录下的文件必须在引导过程开始时被删除，但在将此目录作为临时文件系统 tmpfs 提供的系统上除外，这是因为每次挂载这个虚拟文件系统时都是空的
/sbin	基本的系统管理使用的二进制可执行文件（例如 fsck、init、route 等命令）
/srv	该系统提供特定于站点的数据，如 Web 服务器的数据和脚本，FTP 服务器提供的数据以及版本控制系统的存储库
/sys	虚拟文件系统，包含有关设备、驱动程序和某些内核功能的信息
/tmp	虚拟文件系统，是一个临时文件的目录，在系统重新引导之间通常不会保留，并且大小可能受到严重的限制
/usr/bin	二进制可执行文件（在单用户模式下不需要），对于所有用户都可用
/usr/include	标准的 C 语言头文件
/usr/lib	在/usr/bin 和/usr/sbin 中的二进制可执行文件需要的库
/usr/lib32 /usr/lib64	备用的特定格式基本库，如用于 64 位计算机上的 32 位库（放入 lib32 中）
/usr/local	特定于此主机本地数据的层次结构，通常具有其他子目录（如 bin、lib 和 share 等）

（续）

目　录	描　述
/usr/sbin	非必要的系统二进制可执行文件（如各种网络服务的守护程序）
/usr/share	独立于体系结构的数据，与架构无关，因此可以共享（share）
/usr/src	源代码（如用于存放内核源代码及其头文件）
/usr/X11R6	X 窗口系统（X Window System）对应的版本 11，Release 6
/var	可变文件，在系统正常运行期间其内容预计会不断变化的文件，如日志、假脱机文件、临时电子邮件等

上述在 FHS 中规定的目录大多数路径都存在于所有类 UNIX 操作系统中，并且通常以大致相同的方式使用。但如果系统中安装了某些子系统（如 X Window 系统），则其中一些目录仅存在于这样的特定系统上。大多数 Linux 发行版都遵循文件系统层次结构标准，并声明其自己的策略以保持 FHS 合规性，也存在一些 Linux 发行版（如 GoboLinux 和 NixOS 发行版）提供了故意不兼容的文件系统实现的例子。

通常情况下，我们可以认为 Linux 发行版都是遵循标准的，但在某些方面它们的确可能会偏离标准，一些常见的差别包括：

1）现代 Linux 发行版包括一些目录作为虚拟文件系统的目录。

2）许多现代类 UNIX 系统（如 FreeBSD 通过其 port 包管理系统）会将第三方软件包安装到/usr/local/usr 中，同时将内核的代码视为操作系统的一部分。

3）某些 Linux 发行版不再区分/lib 和/usr/lib，并且将/lib 与/usr/lib 进行符号链接。

4）某些 Linux 发行版不再区分/bin、/usr/bin 和/sbin，它们可以将/sbin 链接到/usr/sbin，并且将/bin 符号链接到/usr/bin 中，而其他发行版则选择合并所有的 4 个目录，将它们全都与/usr/bin 进行符号链接。

目录中往往都存储着文件，在使用 ls 命令罗列当前目录的文件时，附加的 -l 参数可以显示文件类型，常见的文件类型及其描述如表 5-2 所示。

表 5-2　常见的文件类型及其描述

类　型	描　述
-	普通文件
b	用于表示块设备的特殊文件
c	用于表示字符设备的特殊文件
d	目录
l	符号链接
p	先入先出（First In First Out，FIFO）管道，一种进程间通信的方法
s	网络套接字

在内核中对于这些文件的读写都需要对应的函数，其中对于块设备和字符设备的直接读写就是由驱动程序来提供的。对于所有的非虚拟文件系统，实际上都是块设备按照特定文件系统的格式挂载到文件系统下而产生的，对其中的各种普通文件和目录的读写就会在内核中被转换为对块设备的特定区域进行直接读写。对于一个用户态应用程序发起的在某块设备上

普通文件的读写请求，其流程如图 5-1 所示。

用户态应用程序使用系统调用发起读写请求，其中的参数包括一个文件描述符。而这个文件描述符是在这之前通过 open 相关的系统调用，通过一个文件路径创建的。这个路径会被翻译到一个块设备中特定文件系统中对应的块地址。这个文件系统是在块设备挂载时就确定了的，既可以是内核中提供的文件系统驱动，也可以是用户态实现的文件系统（这是可能的，只要将所需的信息传递给用户态应用程序，并接收从用户态应用程序传来的对块设备读写的请求，这也是用户态文件系统驱动实现的一个基础）。因此，对于一个文件描述符就可以由文件系统计算出文件在块设备中的位置和大小。读取操作就被内核态文件系统或者用户态文件系统模块转换成块设备的读操作，读取的结果也可以被填充到用户请求的缓冲区中，由用户态应用程序进行处理。

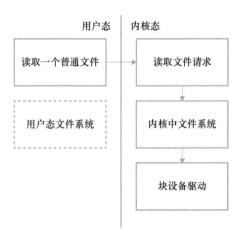

图 5-1　读取一个块设备中的文件时，
用户态与内核态中的操作流程

除了实际存在的文件系统外，还存在一系列伪文件系统和虚拟文件系统。它们可以在分层的文件类结构中公开有关进程的信息和其他系统信息，一般来说它们都会被装载到单个文件层次结构中。

其中一个纯虚拟文件系统的示例是通常挂载在/proc 目录下的 procfs，它将有关进程的信息和其他系统信息当作文件提供出来。所有这些文件都具有标准的 UNIX 文件属性，如所有者和访问权限，并且可以通过普通的 UNIX 工具进行查询。许多类 UNIX 操作系统都支持 procfs，而 Linux 内核则还将其扩展到与进程无关的数据。这个文件系统提供了内核空间和用户空间之间的通信方法，让用户态应用程序可以直接获取到进程和系统相关的信息。例如，负责进程报告的实用程序 ps 的 GNU 版本就使用了 proc 文件系统来获取其数据，而不使用任何专门的系统调用。

在 Linux 发行版中，我们也可以读取 procfs 中的 meminfo 文件来获取内存相关的信息：

```
> cat /proc/meminfo
MemTotal:        3885420 kB
MemFree:          346376 kB
```

但是，procfs 并不被普遍认为是一种快速或可移植的方法，由于安全性或速度问题，某些 Linux 发行版默认情况下是不挂载/proc 的。但同时它也被在嵌入式操作系统上广泛安装的 BusyBox 和大多数 Linux 发行版上使用的 procps 工具大量使用，它同样也在使用 Linux 内核的 Android 操作系统上被广泛使用。

在一些类 UNIX 系统中，大多数设备文件（device file）是作为传统挂载虚拟文件系统的一部分进行管理的，可能与控制守护程序相关联。该守护程序在运行时监视硬件的添加和删除，如果内核未自动完成，则对设备文件系统进行相应的更改，并且可能调用系统或用户空间中的脚本来处理特殊的设备需求。在 FreeBSD、DragonFly BSD 和 Darwin 内核中都有一个专用的文件系统 devfs，设备节点由此文件系统在内核空间中静态地创建在/dev 目录中。因此，不管对应的硬件设备实际是否存在，都会创建大量的设备节点。从 Linux 内核的 2.4 版本开始，内核也引入了类似的 devfs 设备文件系统，它负责将内核中的设备显示在/dev 目录下。但后来这个系统被弃用了，然后从 2.6.17 版本开始被删除，并且使用了用户态的设备管理工具 udev（userspace /dev）作为替代。它能够根据系统中设备的状况动态地更新设备文件，包括设备文件的创建、删除等操作，而不是为世界上可能存在的每个设备都创建相应的主设备和副设备号。但是无论怎样，在/dev 目录下总是挂载了一个 devfs 或者 udev 提供的设备文件目录。下面是使用 ls 加上-l 参数显示的/dev 中的设备文件的例子：

```
drwxr-xr-x  8 root root         160 august   3 17:18 disk
crw-------  1 root root      5,    1 august  14 12:00 console
crw-------  1 root root     89,    0 august   3 17:18 i2c-0
crw-------  1 root root     89,    1 august   3 17:18 i2c-1
crw-r--r--  1 root root      1,   11 august   3 17:18 kmsg
crw-rw-rw-  1 root root      1,    3 august   3 17:18 null
crw-rw-rw-  1 root root      1,    8 august   3 17:18 random
crw-------  1 root root    249,    0 august   3 17:18 rtc0
brw-rw----  1 root disk      8,    0 august   3 17:48 sda
brw-rw----  1 root disk      8,    1 august   3 17:48 sda1
brw-rw----  1 root disk      8,    2 august   3 17:48 sda2
brw-rw----  1 root disk      8,    3 august   3 17:48 sda3
crw-rw-rw-  1 root root      1,    5 august   3 17:18 zero
```

其中第一部分的输出是文件类型和对于文件拥有者、用户所在组和其他人的读、写、执行权限，第二列是硬链接到这个文件的次数（相当于文件系统中有几个这个文件的副本），第三列和第四列分别是文件拥有者和可供访问的用户组。对于设备文件来说第五列和第六列的两组数字分别是设备的主设备号（major）和副设备号（minor），其中主设备号是驱动开发人员分配给驱动程序的特定编号，而副设备号是使用同一个驱动程序的不同设备的编号，用来区分设备，后面紧跟的就是文件的修改时间和设备文件名。对于目录和普通文件来说，第五列则是文件大小，而后也是文件的修改时间和文件或者目录的名称。在这个例子中我们可以看到 disk 是个目录，实际上在它里面存放了所有的硬盘分区和不同硬盘分区分类模式对应的链接。而 console、rtc0 和 i2c-*分别是控制台、实时时钟和 i2c 总线上的字符设备文件，对于 sda 和 sda1~sda3 的文件则分别是硬盘的块设备文件和硬盘对应分区的块设备文件。我们可以看到它们的主设备号都是 8，而副设备号从 0~3 总共 4 个。另一个 kmsg 则是可以读取内核中日志信息的一个字符设备。而 null、random 和 zero 等则是伪设备，因为类 UNIX 系统上的设备节点不一定必须与物理设备相对应，而缺少这种对应关系的节点就构成了伪设备组，它们提供由操作系统处理的各种功能，一些最常用的（基于字符设备的）就包括：

1）/dev/null：接受并丢弃所有写入它的输入，在读取时提供文件结尾指示。

2）/dev/zero：接受并丢弃所有写入它的输入，在读取时生成连续的空字符流（0 值字节）作为输出。

3）/dev/full：在读取时生成连续的空字符流（0 值字节）作为输出，并在尝试写入时强制生成"磁盘已满"错误。

4）/dev/random：生成由内核加密安全伪随机数生成器生成的字节，它的确切行为因实现而异，有的系统还会提供/dev/urandom 或/dev/arandom 等变体。

更多的 devfs 设备文件系统的命名和分类可以在 Linux 内核的 Documentation/admin-guide/devices.txt 文档中找到，这里对其逐一枚举。

在 udev 中，前文我们使用过的 sysfs 文件系统也会被使用，它同样是在 Linux 内核的 2.6 版本中引入的。它完全工作在用户态下，利用设备加入或者移除时内核所发送的事件来工作。关于设备的详细信息会被内核导出到 sysfs 文件系统中，而 udev 可以利用/sys 中（如果 sysfs 确实挂载到了这里）的信息和配置规则来为完成设备创建节点、命名、控制访问权限等操作。在最近的版本中，默认的 udev 已经由 systemd 提供，作为 systemd 这个 Linux 系统初始化程序的一部分，它的主要源代码可以在 systemd 的 src/udev 目录中找到。其中 udev 拥有一个守护程序，定义在 udevd.c 文件中，它由 systemd 直接启动，负责监听一个特殊的内核，用于与用户空间应用程序通信的 netlink 套接字。

在内核中，这种 netlink 套接字有许多类型，它在 include/uapi/linux/netlink.h 定义并导出：

```
#define NETLINK_ROUTE      0    /* Routing/device hook                        */
/* 中略 */
#define NETLINK_FIREWALL    3    /* Unused number, formerly ip_queue          */
#define NETLINK_SOCK_DIAG   4    /* socket monitoring                         */
/* 中略 */
#define NETLINK_KOBJECT_UEVENT   15    /* Kernel messages to userspace */
/* 中略 */
#define NETLINK_SMC    22    /* SMC monitoring */
```

我们在这里展示的有负责路由（ROUTE）、防火墙（FIREWALL）、套接字监控（SOCK_DIAG）、内核对象的事件监控（KOBJECT_UEVENT）和在 ARM 上使用的安全监测调用（SMC）等。而在 udev 中监听的是 NETLINK_KOBJECT_UEVENT 这个负责内核对象的事件监控的 netlink 套接字。当设备添加到系统或从系统中删除设备时，内核将通过 netlink 套接字发送数据，在用户态的 udev 守护程序捕获所有这些数据并完成其余的工作，即设备节点创建，模块加载等。

在 udevd 的代码中我们可以看到，下面的代码被用来创建了一个 NETLINK_KOBJECT_UEVENT 类型的 netlink 套接字进行内核对象的添加和移除的监控：

```
device_monitor_new_full(&worker_monitor, MONITOR_GROUP_NONE, -1)
```

而这个函数的定义如下：

```
int device_monitor_new_full(sd_device_monitor **ret, MonitorNetlinkGroup group, int fd) {
        /* 中略 */
        if (group == MONITOR_GROUP_UDEV &&
            access("/run/udev/control", F_OK) < 0 &&
            dev_is_devtmpfs() <= 0) {
                log_monitor(m, "The udev service seems not to be active, disabling the monitor.");
                group = MONITOR_GROUP_NONE;
        }
        if (fd < 0) {
                sock = socket(AF_NETLINK,
SOCK_RAW |SOCK_CLOEXEC |SOCK_NONBLOCK, NETLINK_KOBJECT_UEVENT);
                if (sock < 0)
```

```
                      return log_monitor_errno(m, errno, "Failed to create socket: %m");
        }
        /* 中略 */
}
```

它的主要功能就是创建了一个以 NETLINK_KOBJECT_UEVENT 为类型的套接字，在此之前它还会检测分组（group）。当分组为 MONITOR_GROUP_UDEV 对应的 udev 组时（尽管在 udevd 这个守护程序中创建的套接字并不适用这种条件），程序会监测 udev 服务是否存在，如果不存在则不能完成 udev 相关的配置。如果 udev 存在，那么我们也可以通过 udevadm monitor 命令监听 udev 接收到的内核对象相关的事件。例如，在我的测试机器上拔掉一个 USB 设备后，其中一条接收到的消息在经过 udevadm 格式化后如下：

```
KERNEL[951969.844499] remove
/devices/pci0000:00/0000:00:15.0/usb1/1-3/1-3:1.0/host2/target2:0:0/2:0:0:0/bsg/2:0:0:0
```

而 Linux 内核则是通过 lib/kobject_uevent.c 中的 uevent_net_init 函数对负责发布内核对象事件的 netlink 进行创建和初始化：

```c
static int uevent_net_init(struct net *net)
{
    struct uevent_sock *ue_sk;
    struct netlink_kernel_cfg cfg = {
        .groups = 1,
        .input  = uevent_net_rcv,
        .flags  = NL_CFG_F_NONROOT_RECV
    };
    ue_sk = kzalloc(sizeof(*ue_sk), GFP_KERNEL);
    if (!ue_sk)
        return -ENOMEM;
    ue_sk->sk = netlink_kernel_create(net, NETLINK_KOBJECT_UEVENT, &cfg);
    if (!ue_sk->sk) {
        pr_err("kobject_uevent: unable to create netlink socket!\n");
        kfree(ue_sk);
        return -ENODEV;
    }
    net->uevent_sock = ue_sk;
    /* Restrict uevents to initial user namespace. */
    if (sock_net(ue_sk->sk)->user_ns == &init_user_ns) {
        mutex_lock(&uevent_sock_mutex);
        list_add_tail(&ue_sk->list, &uevent_sock_list);
        mutex_unlock(&uevent_sock_mutex);
    }
    return 0;
}
```

那么，内核对象是什么呢？尽管只使用了 C 语言，但在 Linux 内核中仍然使用了面向对象编程风格的接口。对于没有接触过其他带面向对象编程语言的读者来说，也不是很难理解的事情，只需要将这种风格当作结构体来编程。一个结构体可以包含其他的结构体，还可以包含一些函数指针，在特定的时刻可以调用这些函数完成一些操作。

其中最重要的数据结构是 kobject 结构体类型，也是被我们称为内核对象最基础的结构体，它的声明在 include/linux/kobject.h 中：

```
struct kobject {
    const char            * name;
    struct list_head      entry;
    struct kobject        * parent;
    struct kset           * kset;
    struct kobj_type      * ktype;
    struct kernfs_node    * sd; /* sysfs directory entry */
    struct kref           kref;
#ifdef CONFIG_DEBUG_KOBJECT_RELEASE
    struct delayed_work    release;
#endif
    unsigned int state_initialized:1;
    unsigned int state_in_sysfs:1;
    unsigned int state_add_uevent_sent:1;
    unsigned int state_remove_uevent_sent:1;
    unsigned int uevent_suppress:1;
};
```

其中 name 表示存放名字的数组；kref 表示其他结构体的引用；parent 为指向 kobject 的上一级对象；而 kset 和 ktype 都是指针，分别指向 kobject 所在的集合和对应的类型；sd 指针则指向 struct kernfs_node 类型的结构体，用来表示当前 kobject 在 Linux 内核比较特殊的文件系统 sysfs 中所在的目录对象；剩余的是一些在其他情况下会使用到的标识，这里我们不做赘述。

kobject 类型主要包括：

1）一种负责内核中结构体实例内存管理的方法：对象引用计数。

2）维护内核对象的链表。

3）对某个内核对象进行上锁。

4）每个内核对象在用户空间表示的有关信息，即前文提到的特殊 sysfs 文件系统的信息，在本小节的最后会对其进行描述。

在 Linux 内核中，与 kobject 操作相关的函数如表 5-3 所示。

表 5-3　与 kobject 操作相关的函数

函 数 名	描 述
int kobject_set_name（struct kobject * kobj, const char * name, ...）	为 struct kobject 实例设置新名称
int kobject_set_name_vargs（struct kobject * kobj, const char * fmt, va_list vargs）	为 struct kobject 实例设置新名称
const char * kobject_name（const struct kobject * kobj）	获取 struct kobject 实例的名称
void kobject_init（struct kobject * kobj, struct kobj_type * ktype）	使用 ktype 类型初始化 struct kobject 实例
int kobject_add（struct kobject * kobj, struct kobject * parent, const char * fmt, ...）	将 struct kobject 实例加入内核中，并设置父节点
int kobject_init_and_add（struct kobject * kobj, struct kobj_type * ktype, struct kobject * parent, const char * fmt, ...）	使用 ktype 类型初始化 struct kobject 实例，将这个实例加入内核中并设置父节点

（续）

函 数 名	描 述
void kobject_del（struct kobject * kobj）	将 struct kobject 实例从内核中移出
struct kobject * kobject_create（void）	创建 struct kobject 实例
struct kobject * kobject_create_and_add（const char * name, struct kobject * parent）	创建 struct kobject 实例并将其添加到另一个实例 parent 的子节点中
int kobject_rename（struct kobject *, const char * new_name）	更改 struct kobject 实例的名称
int kobject_move（struct kobject *, struct kobject *）	将 struct kobject 实例移动到另一个指针上
struct kobject * kobject_get（struct kobject * kobj）	将 struct kobject 实例的引用计数加 1
struct kobject * kobject_get_unless_zero（kobject * kobj）	将 struct kobject 实例的引用计数加 1（当不为 0 的时候）
void kobject_put（struct kobject * kobj）	将 struct kobject 实例的引用计数减 1
const void * kobject_namespace（struct kobject * kobj）	获取 struct kobject 实例的命名空间
void kobject_get_ownership（struct kobject * kobj, kuid_t * uid, kgid_t * gid）	获取 struct kobject 实例的从属关系
char * kobject_get_path（struct kobject * kobj, gfp_t flag）	获取 struct kobject 实例在内核中的路径
bool kobject_has_children（struct kobject * kobj）	检测 struct kobject 实例有无子节点
struct kobj_type * get_ktype（struct kobject * kobj）	获取 struct kobject 实例的类型

在 kobject 类型中，比较重要的是 struct kobj_type 类型的 ktype 字段和 struct kset 类型的 kset 字段。其中 struct kobj_type 也是在 include/linux/kobject.h 头文件中被定义：

```
struct kobj_type {
    void (*release)(struct kobject * kobj);
    const struct sysfs_ops * sysfs_ops;
    struct attribute **default_attrs;    /* use default_groups instead */
    const struct attribute_group **default_groups;
    const struct kobj_ns_type_operations * (*child_ns_type)(struct kobject * kobj);
    const void * (*namespace)(struct kobject * kobj);
    void (*get_ownership)(struct kobject * kobj, kuid_t * uid, kgid_t * gid);
};
```

在 struct kobj_type 类型中，最主要的是 release 函数指针的字段类型和 struct sysfs_ops 类型的 sysfs_ops 字段。其中 release 指向一个函数，可以用来释放 kobject 占用的资源：当 kref 字段（负责引用计数的字段）归零时，其中的 release 函数就会被调用来释放资源。kref 字段的值是通过上文提到的 kobject_get 和 kobject_put 两个函数来增加和减少的，它对应类型 struct kref 的声明如下：

```
struct kref {
    refcount_t refcount;
};
typedef struct refcount_struct {
    atomic_t refs;
} refcount_t;
```

```
typedef struct {
    int counter;
} atomic_t;
```

我们可以看到，它内部实际上存储的只有一个 int 类型的数字，用来统计当前有几个地方正在使用 kobject 结构体的实例。

struct sysfs_ops 结构体类型如下：

```
struct sysfs_ops {
    ssize_t  (*show)(struct kobject *, struct attribute *, char *);
    ssize_t  (*store)(struct kobject *, struct attribute *, const char *, size_t);
};
```

它包含的两个函数指针 show 和 store，分别指向在 sysfs 中文件的读取和存储属性值时需要被调用的函数。

struct kset 同样被定义在 include/linux/kobject.h 中，它所有的字段如下：

```
struct kset {
    struct list_head list;
    spinlock_t list_lock;
    struct kobject kobj;
    const struct kset_uevent_ops *uevent_ops;
} __randomize_layout;
```

简单来说，struct kset 实例其实就是 kobject 的集合，作为一个容器来存储相同或者不同 struct kobject 类型的子对象。我们可以看到，struct kset 中也包含了一个 struct kobject 类型的 kobj 对象，这表明 struct kset 实例也是一个 struct kobject 实例，只不过包含了更多的信息。那么自然地，struct kset 实例也同样可以被当作 struct kobject 实例存储起来，这样就可以表示存储了多个集合的集合。而 list 字段负责连接实例中所有的 struct kobject 对象；uevent_ops 字段则指向了一个事件通知函数的结构体，用于处理集合中 struct kobject 实例的各操作事件，它的结构如下：

```
struct kset_uevent_ops {
    int (* const filter)(struct kset *kset, struct kobject *kobj);
    const char * (* const name)(struct kset *kset, struct kobject *kobj);
    int (* const uevent)(struct kset *kset, struct kobject *kobj,
            struct kobj_uevent_env *env);
};
```

其提供了 filter、name 和 uevent 三个函数指针：其中 filter 函数允许 kset 将事件过滤，避免发送特定的 kobject 事件到用户态应用程序。如果函数返回 0，则不会发出 uevent；在 name 函数被调用时，可以覆盖事件发送到用户态应用程序时显示的 kset 名称，默认情况下，名称将与 kset 的本身相同，但这个函数（如果设置了）可以覆盖该名称；uevent 函数在事件即将发送到用户空间时调用，允许向事件中添加更多的环境变量。前文提到的 udev 依赖的内核对象事件，就是将这里的事件通过 NETLINK_KOBJECT_UEVENT 的 netlink 发送到用户态的，因此就为许多驱动相关的操作在用户态中进行提供了基础。

与 struct kset 相关的函数和对应的描述见表 5-4。

表 5-4　与 **struct kset** 相关的函数和对应的描述

函 数 名	描 述
void kset_init（struct kset * kset）	初始化 struct kset 实例
int kset_register（struct kset * kset）	注册 struct kset 实例
void kset_unregister（struct kset * kset）	注销 struct kset 实例
struct kset * kset_create_and_add（const char * name，const struct kset_uevent_ops * u，struct kobject * parent_kobj）	创建并添加 struct kobject 实例到当前的 struct kset 实例
struct kset * to_kset（struct kobject * kobj）	将 struct kobject 实例转为 struct kset 实例
struct kset * kset_get（struct kset * k）	将 struct kset 实例的引用计数加 1
void kset_put（struct kset * k）	将 struct kset 实例的引用计数减 1
struct kobject * kset_find_obj（struct kset *，const char *）	在 struct kset 实例中使用名称寻找 struct kobject 实例

在 sysfs 中的各级目录也是内核对象 kobject，它们的声明在 include/linux/kobject.h 中：

```
/* 供链接的、/sys/kernel/对应的全局 kobject */
extern struct kobject *kernel_kobj;
/* 供链接的、/sys/kernel/mm/对应的全局 kobject */
extern struct kobject *mm_kobj;
/* 供链接的、/sys/hypervisor/对应的全局 kobject */
extern struct kobject *hypervisor_kobj;
/* 供链接的、/sys/power/对应的全局 kobject */
extern struct kobject *power_kobj;
/* 供链接的、/sys/firmware/对应的全局 kobject */
extern struct kobject *firmware_kobj;
```

它们都是在内核初始化阶段 drivers/base/init.c 的 driver_init 函数中完成的：

```
void __init driver_init(void)
{
    devtmpfs_init();
    devices_init();
    buses_init();
    classes_init();
    firmware_init();
    hypervisor_init();
    of_core_init();
    platform_bus_init();
    auxiliary_bus_init();
    cpu_dev_init();
    memory_dev_init();
    container_dev_init();
}
```

之后，对内核对象的创建和删除等修改就会被自动导出到 sysfs 中，并且同时会通过 netlink 分享给用户态的应用程序。

除了上述的目录和相关实现外，现代 Linux 发行版还会包括另外一个目录 tmpfs 作为临时文件系统，该目录在 FHS 版本 3.0 之后用于存储临时的运行时数据。在 FHS 的 2.3 版本，这一类的数据存储在/run 目录中，但在某些情况下会存在问题，因为这个目录在早期启动时并不总是可以被访问的。因此，一些程序需要绕开这一限制，如可以使用/var/run、/dev/.udev、/dev/.mdadm、/dev/.systemd 或者/dev/.mount 等目录，即使设备目录不用于此类数据。

5.1.1 内核中的驱动与字符设备驱动

在 Linux 内核上百万行的代码中，实际上很大一部分都是设备驱动代码。这是因为硬件设备的数量在不断地增长，尽管仍有很多（如在高通 Qualcomm 为 Android 系列手机开发的 MSM 平台中）硬件并没有合并到主流的内核中，但我们仍然可以在厂商遵循 GPL 协议发布的定制内核源码中找到它们。这是因为对于基于 GPL 协议发布的 Linux 内核进行的任何修改都需要与系统软件本身一起交付给客户，而这一特点对想要保护自己知识产权的硬件厂商来说可能是致命的。同时也有很多开发者在对厂商发布的代码进行修改，尝试让这些代码符合主流（mainline）（或称主线）Linux 内核的代码风格，以便合并到 Linux 内核中。这一过程就是 Linux 内核的主线化，也同样存在很多潜在的机会。

在这一小节中，我们对 Linux 内核态驱动的实现进行解析，帮助读者了解内核态驱动的开发方式和过程。

在内核中，每一个设备都是由一个 struct device 类型的结构体表示的。它本身也包含一个内核对象 kobject 的结构体，定义在 include/linux/device.h 头文件中，其中部分字段如下：

```
struct device {
    struct kobject kobj;
    struct device       *parent;
    struct device_private *p;
    const char          *init_name;        /* 设备的初始名称 */
    const struct device_type *type;
    struct bus_type     *bus;              /* 设备所在的总线类型 */
    struct device_driver *driver;          /* 分配给该设备的驱动程序 */
    /* 中略 */
    struct device_node *of_node;           /* 与该设备相关的设备树节点 */
    struct fwnode_handle *fwnode;          /* 固件中的设备节点 */
    /* 中略 */
    dev_t       devt;                      /* 设备标识 dev_t 类型,用来创建 sysfs 中的"设备" */
    u32         id;                        /* 设备实例的标识符 */
    /* 中略 */
    struct class       *class;
    /* 中略 */
    void(*release)(struct device *dev);
    struct iommu_group *iommu_group;
    struct dev_iommu   *iommu;
    /* 中略 */
};
```

其中，第一个 parent 字段是设备的父级设备，表示当前的 struct device 实例连接到的另一个设备。在大多数情况下，父级设备是某种总线或主机控制器。如果为 NULL，则该设备是顶级设备，不具有父级，对一般的驱动开发者来说，这通常不是我们想要的。第二个 p 字段负责保存设备驱动核心部分的私有数据。第三个 init_name 字段存储了设备的初始名称，这个名称往往是一开始赋予的，但是在 sysfs 或者 udev 子系统中，这个名称可能会因为重名问题被更改，因此才被称为"初始名称"。type 字段则可以存储设备的类型，用来标识设备类型并携带特定类型的信息。bus 和 driver 字段已经在代码的注释中进行了说明。

后续的 of_node 字段表示与该设备关联的设备树（Linux 内核用来进行设备描述以便发现的格式）中的节点；而 fwnode 字段则表示平台固件提供的关联设备节点。这两个字段是在不同的系统中，通过不同的设备发现方法创建出 struct device 实例时，存储各自的关联节点。

而 devt 字段实际上是使用主设备号和副设备号组合而成的一个整数，用于创建在 sysfs 中显示的设备，而 id 字段则是 Linux 内核内部使用的设备实例的标识符。

release 字段是在所有引用完成后回调释放设备时要使用的回调函数，这个函数是由创建时发现设备的总线驱动程序设置的。

另外，我们特意来看一下 iommu 和 iommu_group 的字段，它们分别是每个设备的通用 IOMMU（Input-Output Memory Management Unit，输入输出内存管理单元）运行时数据和设备所属的 IOMMU 组。由于我们会在后面的用户态驱动程序框架讲解 IOMMU 相关的内容，因此在这里特意对 IOMMU 相关内容进行展示。

最后，我们来看 class 字段，它表示设备的类，负责抽象出低级实现细节。对于驱动程序来说，可能会看到 SCSI 协议的磁盘或 ATA 协议的磁盘，但在 class 字段表示上，它们都被简单地记作磁盘。通过这里的 class 允许用户空间根据设备的功能，而不是设备的连接方式或工作方式来使用设备，相关的声明在 include/linux/device/class.h 中：

```c
struct class {
    const char          *name;
    struct module       *owner;
    const struct attribute_group    **class_groups;
    const struct attribute_group    **dev_groups;
    struct kobject      *dev_kobj;
    int (*dev_uevent)(struct device *dev, struct kobj_uevent_env *env);
    char *(*devnode)(struct device *dev, umode_t *mode);
    void (*class_release)(struct class *class);
    void (*dev_release)(struct device *dev);
    int (*shutdown_pre)(struct device *dev);
    const struct kobj_ns_type_operations *ns_type;
    const void *(*namespace)(struct device *dev);
    void (*get_ownership)(struct device *dev, kuid_t *uid, kgid_t *gid);
    const struct dev_pm_ops *pm;
    struct subsys_private *p;
};
```

其中 name 表示类的名称，owner 表示模块所有者。之后的 class_groups 和 dev_groups 分别表示这个类和属于该类的设备默认属性。其中 dev_kobj 字段是一个指针，指向所属设备层次结构的 kobject 内核对象。

接下来的几个字段都是一些函数指针，指向一些回调函数：dev_uevent 字段是用于从这个类中删除、添加设备，或者一些添加环境变量的事件发生时调用的函数；devnode 字段是用来提供 devtmpfs 的回调函数；class_release 字段是释放这个类时调用的函数；dev_release

字段是释放设备时调用的函数；shutdown_pre 字段是指向在驱动程序关闭前调用的函数；ns_type字段的 struct kobj_ns_type_operations 类型是一组可以让 sysfs 确定命名空间的回调函数；namespace 字段是一个指向获取属于这个类的设备命名空间的函数；在 get_ownership 字段中则存储了一个指针，指向的函数允许当前的类指定在 sysfs 目录的用户标识和组标识。

最后，pm 和 p 字段分别表示该类的默认设备电源管理操作和驱动内部使用的私有数据。

对于大部分设备来说，设备驱动都是可以作为一个非必需的模块来提供的。在 Linux 内核中，模块系统既可以静态编译到内核中（也称为内置模块），在初始化阶段进行载入，也可以被编译成内核模块，在运行期间动态载入。对于一个驱动模块，开发者一般使用 module_platform_driver 或者 module_driver 来声明。

其中 module_platform_driver 是一个在 include/linux/platform_device.h 中声明的宏，它也可以展开到 module_driver，其声明如下：

```
#define module_platform_driver(__platform_driver)              \
    module_driver(__platform_driver, platform_driver_register,  \
            platform_driver_unregister)
```

而 module_driver 的定义如下：

```
#define module_driver(__driver, __register, __unregister, ...)    \
static int __init __driver##_init(void)                          \
{                                                                \
    return __register(&(__driver) , ##__VA_ARGS__);              \
}                                                                \
module_init(__driver##_init);                                    \
static void __exit __driver##_exit(void)                         \
{                                                                \
    __unregister(&(__driver) , ##__VA_ARGS__);                   \
}                                                                \
module_exit(__driver##_exit);
```

我们可以看到，第一个参数__driver 是驱动声明使用的结构体，而第二个参数__register 是初始化时注册驱动需要调用的函数，第三个参数__unregister 是退出时注销驱动需要调用的函数。它们会分别生成注册和注销驱动的函数，并将生成的函数传递给 module_init 和 module_exit 两部分，稍后我们会看到这两部分的处理。在此之前，我们分别分析一下上文提到的 module_platform_driver 和 module_driver 两个宏展开后的结构。

对于 module_platform_driver 只需要驱动声明使用的结构体这一参数，并使用 platform_driver_register 和 platform_driver_unregister 作为 module_driver 需要使用的后两个参数传入，它们的声明如下：

```
#define platform_driver_register(drv)        \
    __platform_driver_register(drv, THIS_MODULE)
extern int __platform_driver_register(struct platform_driver *,
                    struct module *);
extern void platform_driver_unregister(struct platform_driver *);
```

它们在 Linux 内核驱动架构的 drivers/base/platform.c 中被定义：

```
int __platform_driver_register(struct platform_driver *drv,
                struct module *owner)
{
    drv->driver.owner = owner;
    drv->driver.bus = &platform_bus_type;
    return driver_register(&drv->driver);
}
void platform_driver_unregister(struct platform_driver *drv)
{
    driver_unregister(&drv->driver);
}
```

它们分别调用 driver_register 和 driver_unregister 来完成系统驱动的注册和注销，它们都被定义在 drivers/base/driver.c 中。由于篇幅限制，本节重点会放在用户态驱动的实现上，读者只需了解在 Linux 内核中驱动注册的大致流程即可，这里不对这两个函数进行分析和展示。

举例来说，在 drivers/tty/serial/8250/8250_bcm2835aux.c 中创建的一个串口通信模块，它的声明如下：

```
static struct platform_driver bcm2835aux_serial_driver = {
    .driver = {
        .name = "bcm2835-aux-uart",
        .of_match_table = bcm2835aux_serial_match,
    },
    .probe  = bcm2835aux_serial_probe,
    .remove = bcm2835aux_serial_remove,
};
```

这里使用的 struct platform_driver 是在 include/linux/platform_device.h 中定义的，它会被当作驱动注册和注销函数的第一个参数传入，它的字段如下：

```
struct platform_driver {
    int (*probe)(struct platform_device *);
    int (*remove)(struct platform_device *);
    void (*shutdown)(struct platform_device *);
    int (*suspend)(struct platform_device *, pm_message_t state);
    int (*resume)(struct platform_device *);
    struct device_driver driver;
    const struct platform_device_id *id_table;
    bool prevent_deferred_probe;
};
```

我们可以看到，probe、remove、shutdown、suspend 和 resume 是五种情况下的回调函数，它们分别是在探测、移除、关闭、挂起和恢复一个设备时会被调用的函数，其中 probe 和 remove 是比较重要的函数。在 probe 中驱动需要监测设备是否存在，如果成功检测到设备就需要创建对应的 struct device 类型实例，并添加到内核中；而在 remove 中则需要将设备的实例移除，并进行一些清理操作。对于设备的探测，则需要与 id_table 字段中任意的设备标识匹配，或者是与 driver 字段的 struct device_driver 类型中的某些特征进行匹配。struct device_driver 类型定义在 include/linux/device/driver.h 中，内容如下：

```
struct device_driver {
    const char              * name;
    struct bus_type         * bus;
    struct module           * owner;
    const char              * mod_name;        /* 由 Linux 内核内建的模块使用 */
    /* 中略 */
    const struct of_device_id    * of_match_table;
    const struct acpi_device_id * acpi_match_table;
    int (*probe) (struct device * dev);
    /* 中略 */
    int (* remove) (struct device * dev);
    void (* shutdown) (struct device * dev);
    int (* suspend) (struct device * dev, pm_message_t state);
    int (* resume) (struct device * dev);
    /* 中略 */
    void (* coredump) (struct device * dev);
    struct driver_private * p;
};
```

在这个结构体中，name 字段存储设备驱动程序的名称，bus 字段则是该驱动的设备所属的总线，而 owner 和 mod_name 字段分别存储这个驱动所属的模块和仅用于 Linux 内核的内置模块的名称。

探测时会使用的两个字段为 of_match_table 和 acpi_match_table，它们分别对应设备树、更现代的高级配置和电源接口（Advanced Configuration and Power Interface，ACPI）中对设备描述的特征进行匹配而使用的匹配表。

对于更复杂的匹配，也可以为 probe 指定回调函数，用来调用查询特定设备的存在，确定此驱动是否可以使用，并绑定驱动到特定设备上。

而剩余的回调函数还有：remove 字段存储的回调函数在从系统中删除设备时调用，以解除设备与该驱动程序的绑定；shutdown 字段存储的回调函数在关机时调用以使设备关闭；suspend 字段存储的回调函数在使设备进入睡眠模式时调用，通常为进入低功耗状态；resume 字段存储的回调函数在设备从睡眠模式中恢复时调用；coredump 字段存储的回调函数在写入 sysfs 条目时调用。

最后的 p 字段负责存储驱动内部的私有数据，除了驱动内部之外没有其他模块可以接触到。

对于 module_platform_driver（bcm2835aux_serial_driver）的注册声明，则会产生以下代码：

```
static int bcm2835aux_serial_driver_init(void)
{
    return platform_driver_register(&(bcm2835aux_serial_driver));
}
module_init(test_driver_init);
static void __exit bcm2835aux_serial_driver_exit(void)
{
    platform_driver_unregister(&(bcm2835aux_serial_driver));
}
module_exit(test_driver_exit);
```

而使用 module_driver 宏的展开，则可以更加自由地使用自定义的注册和注销函数。

module_init 和 module_exit 则对 Linux 内核中的内置模块或者动态加载两种情况有不同的展开，在 include/linux/module.h 中的定义如下：

```
#ifndef MODULE
#define module_init(x)__initcall(x);
#define module_exit(x)__exitcall(x);
#else /* MODULE */
/* 每个模块必须使用一个 module_init() */
#define module_init(initfn)                              \
    static inline initcall_t __maybe_unused __inittest(void)  \
    { return initfn; }                                   \
    int init_module(void) __copy(initfn)                 \
        __attribute__((alias(#initfn)));                 \
    __CFI_ADDRESSABLE(init_module, __initdata);
/* 仅当模块是可卸载的时候才需要 */
#define module_exit(exitfn)                              \
    static inline exitcall_t __maybe_unused __exittest(void)  \
    { return exitfn; }                                   \
    void cleanup_module(void) __copy(exitfn)             \
        __attribute__((alias(#exitfn)));                 \
    __CFI_ADDRESSABLE(cleanup_module, __exitdata);
#endif
```

其中，当 MODULE 宏没有定义时，说明当前的模式是将模块编译成内置模块，直接静态链接到 Linux 内核中。module_init 产生的函数是负责初始化的，将在内核初始化期间被调用。每个模块只能有一个初始化的函数，而 module_exit 在这时候没有任何作用。当 MODULE 宏定义的时候，驱动程序是被编译成模块的。当运行时模块被 Linux 载入的时候，module_init 产生的初始化函数 init_module 会被调用。而当通过 rmmod 命令移除模块的时候，通过 module_exit 宏产生的 cleanup_module 函数会被调用以完成驱动程序清理的工作。

对于任何由 Linux 内核打开的文件来说，对它们的操作都是由一个 struct file_operations 类型的结构体来描述的，它被定义在 include/linux/fs.h 中，较为重要的字段如下：

```
struct file_operations {
    struct module *owner;
    loff_t (*llseek) (struct file *, loff_t, int);
    ssize_t (*read) (struct file *, char __user *, size_t, loff_t *);
    ssize_t (*write) (struct file *, const char __user *, size_t, loff_t *);
    ssize_t (*read_iter) (struct kiocb *, struct iov_iter *);
    ssize_t (*write_iter) (struct kiocb *, struct iov_iter *);
    int (*iopoll)(struct kiocb *kiocb, bool spin);
    int (*iterate) (struct file *, struct dir_context *);
    /* 中略 */
    __poll_t (*poll) (struct file *, struct poll_table_struct *);
    long (*unlocked_ioctl) (struct file *, unsigned int, unsigned long);
    long (*compat_ioctl) (struct file *, unsigned int, unsigned long);
    int (*mmap) (struct file *, struct vm_area_struct *);
    /* 中略 */
    int (*open) (struct inode *, struct file *);
```

```
    int (*flush) (struct file *, fl_owner_t id);
    int (*release) (struct inode *, struct file *);
    int (*fsync) (struct file *, loff_t, loff_t, int datasync);
    int (*fasync) (int, struct file *, int);
    int (*lock) (struct file *, int, struct file_lock *);
    /* 中略 */
    unsigned long (*get_unmapped_area)(struct file *, unsigned long, unsigned long, unsigned
long, unsigned long);
    /* 中略 */
    ssize_t (*splice_write)(struct pipe_inode_info *, struct file *, loff_t *, size_t, un-
signed int);
    ssize_t (*splice_read)(struct file *, loff_t *, struct pipe_inode_info *, size_t, un-
signed int);
    /* 中略 */
    long (*fallocate)(struct file *file, int mode, loff_t offset,
                loff_t len);
    /* 中略 */
} __randomize_layout;
```

第一个 owner 字段指向了拥有这个结构体的模块的指针。其后的字段大多为函数指针，它们指向的函数是实际的文件操作实现，在内核中文件操作发生时被调用。这些实现一般是由文件系统来实现的，负责将一个普通文件或目录操作转换成块设备上的相应操作（如果是在实际的块设备上）或者是一个虚拟文件系统映射到 Linux 内核中的对象；其他情况是导出到/dev 中特殊的字符设备和块设备的读写操作，由设备的驱动程序直接提供。

在 struct file_operations 结构体中：

1）open 和 release 字段分别指向当文件结构体被打开和释放的时候需要调用的函数，可以为 NULL。

2）llseek 字段指向的函数用来改变文件中当前的读写位置，并且将新位置作为返回值。

3）read 字段指向从设备读取数据的函数实现，失败时返回一个负值，成功时返回读取的字节数，在使用 read 或者相关的系统调用发生时会被调用。

4）write 字段指向负责向设备写入数据的函数实现，在失败时也返回一个负值，成功时返回写入的字节数，在使用 write 或者相关的系统调用发生时会被调用。

5）iterate 字段存储的是对文件目录读取的函数，对特殊的设备文件来说应当为 NULL。

6）unlocked_ioctl 和 compat_ioctl 字段分别指向的是在原生和兼容的 ioctl 系统调用触发时，对输入输出设备进行控制的函数，它允许向设备发出特定的命令来完成设备特定的配置；同时 remap_file_range 字段也是会被 ioctl 系统调用触发的函数，用于重新映射文件范围。

7）flush 字段存储的则是在文件被关闭时会被调用的函数，它应当等待并执行设备中任何未完成的操作。

8）mmap 字段存储的是在通过系统调用 mmap 进行内存映射的时候需要调用的函数，在这个实现中可以将设备内存（也包括文件内容）直接映射到发起系统调用进程的地址空间；而 get_unmapped_area 字段指向的函数也是会被 mmap 系统调用触发的，负责在发起系统调用的地址空间找一个合适的位置来映射在底层设备上的内存段。

9）poll 字段存储的是当一个进程试图检查这个文件是否有活动时需要调用的函数，可以由 poll、select 和 epoll 等系统调用触发，用来查询对一个或者多个文件描述符的读写是否被阻塞。

10）fsync 字段中则是可以被 fsync 系统调用触发的、用来刷新还未写入的、挂起的数据，将这些数据同步到实际的目的地中（如硬盘上的实际文件）。

11）lock 字段中储存的函数负责对文件进行加锁。

12）fallocate 字段指向的函数是由 Linux 内核调用，可以用来为文件预分配空间的。

13）splice_write 和 splice_read 字段中则是在 Linux 内核中负责将文件和管道的输入输出连接的函数实现，可以由 splice 系统调用触发。

14）同时，Linux 内核中的一些文件系统还支持异步输入输出。其中的 aio 在 POSIX 中也有对应的系统调用定义，在 struct file_operations 中，read_iter、write_iter、fasync 和 iopoll 都可以完成一些异步的操作。其中 read_iter 字段指向的函数可以异步地（实际上不是必须为异步）将文件内容置入输入输出向量的迭代器中；而 write_iter 字段指向的函数也可以异步地（同样地，实际上不一定为异步）将输入输出向量迭代器中的写操作完成；fasync 字段指向的是在 fnctl 系统调用将文件描述符从同步模式改为异步模式，或者从异步模式改为同步模式时被调用的函数，用来通知文件操作模式的改变；iopoll 字段指向的则是在 aio 模式下查询异步输入输出操作完成情况的系统调用。

对于特殊的字符设备来说，在用户态的视角它与普通文件类似，需要流式读取。它的实现可以由一个 struct file_operations 类型的实例提供，用户态的应用程序对它的操作就是由这个字符设备驱动中的函数实现的。struct file_operations 类型的实例与字符设备相关联，在 Linux 内核中，一个字符设备的声明和在文件系统中的导出是在 include/linux/cdev.h 中声明的 struct cdev 类型，它的字段如下：

```
struct cdev {
    struct kobject kobj;
    struct module * owner;
    const struct file_operations * ops;
    struct list_head list;
    dev_t dev;
    unsigned int count;
} __randomize_layout;
```

其中，kobj 字段是 Linux 中的内核对象表示，负责 struct cdev 的自动内存管理；owner 字段指向当前字符设备所在模块的引用；ops 字段是上文中提到的最重要的 struct file_operations 类型的结构体，是配置文件相关操作发生时需要调用的回调函数集合；list 字段则是内核内部使用的链表数据结构，count 被内核用来内部记数，不需要对其进行修改；而 dev_t 类型的 dev 字段就是上文中所提到的主副设备号的表示，这个类型是一个无符号 32 位整数的类型重命名，被定义在 include/linux/types.h 中：

```
typedef u32 __kernel_dev_t;
typedef __kernel_dev_t    dev_t;
```

其中 12 位作为主设备号，剩余的 20 位作为副设备号。为了方便 Linux 内核驱动开发者的操作，在 include/linux/kdev_t.h 中定义了一批宏作为实用工具：

```
#define MINORBITS   20
#define MINORMASK ((1U << MINORBITS) - 1)
```

```
#define MAJOR(dev)((unsigned int) ((dev) >> MINORBITS))
#define MINOR(dev)((unsigned int) ((dev) & MINORMASK))
#define MKDEV(ma,mi)(((ma) << MINORBITS) |(mi))
#define print_dev_t(buffer, dev)   \
    sprintf((buffer), "%u:%u\n", MAJOR(dev), MINOR(dev))
```

其中 MAJOR 可以方便地访问到 dev_t 类型的主设备号；而 MINOR 可以访问到它的副设备号；如果需要将主、副设备号合成为一个 dev_t 类型，就可以使用 MKDEV 宏。

与字符设备 struct cdev 类型相关的操作函数在表 5-5 中。

表 5-5　与字符设备 struct cdev 类型相关的操作函数

函 数 名	描　述
void cdev_init（struct cdev *，const struct file_operations *）	使用 struct file_operations 类型的实例初始化一个字符设备
struct cdev * cdev_alloc（void）	为 struct cdev 分配内存空间
void cdev_put（struct cdev * p）	将 struct cdev 实例引用计数增加
int cdev_add（struct cdev *，dev_t，unsigned）	使用 struct cdev 实例添加一个字符设备
void cdev_set_parent（struct cdev * p，struct kobject * kobj）	为 struct cdev 实例设置父级内核对象
int cdev_device_add（struct cdev * cdev，struct device * dev）	使用 struct device 实例添加 cdev 描述的字符设备
void cdev_device_del（struct cdev * cdev，struct device * dev）	使用 struct device 实例删除 cdev 实例持有的字符设备
void cdev_del（struct cdev *）	将 struct cdev 实例引用计数减少

一般情况下，一个驱动可以使用 cdev_alloc 来为一个字符设备分配内存空间。对其中的字段进行设置之后，使用 cdev_init 函数来为这个字符设备配置产生读写等文件操作事件的回调函数的实现，它们应当被存储在 struct file_operations 类型的结构体实例中。然后调用 cdev_add 直接添加一个字符设备，或调用 cdev_device_add 来为一个 struct device 类型的设备实例添加，并关联一个字符设备。在这之后，相应的 udev 系统就会为这个字符设备在/dev 目录中创建一个节点，对这个节点的文件操作就会被内核接收到，并交给回调函数来处理。

5.1.2　内核中的块设备驱动

对于块设备的操作则与字符设备不同，它不能像普通文件或者字符设备一样进行流式读写，而是只能以块为单位接受输入和返回输出（尽管也可以看到对于块设备的直接读写，但其本质是将操作按照块组织对齐后，再将数据作为数据流传入或传出）。块（block）指的是 Linux 内部对内核或文件系统等部分进行数据处理的基本单位，通常由一个或多个扇区（sector）组成，而扇区则是块设备对应的硬件对数据处理的基本单位。

从 Linux 内核的角度来看，它的最小逻辑寻址单位就是块。尽管在硬盘等物理设备层面上来看，它们是可以在扇区级别寻址的，但是 Linux 内核使用块来执行所有的磁盘操作。由于最小的物理寻址单位是扇区，块的大小必须是扇区大小的整数倍。此外，块的大小也必须是 2 的整数倍，并且不能超过一个内存中页面的大小。根据使用文件系统的不同。块的大小也会跟着调节，最常见的值有 512B、1KB 和 4KB（在 Linux 中常见的内存页面大小也是 4KB）。

在 Linux 内核中，操作块输入输出相关的基本信息是由 struct bio 类型的结构体来描述的。它使用一个指向输入输出缓冲区描述的数组，并由各种其他字段来描述输入输出参数和执行输入输出时需要维护的状态，它被定义在 linux/bio.h 中，其主要字段如下：

```
struct bio {
    struct bio            *bi_next;    /* 请求的队列链表中下一个元素 */
    struct block_device *bi_bdev;
    unsigned int           bi_opf;       /* 高位是请求标识,低位是操作码 */
    /* 中略 */
    struct bvec_iter       bi_iter;
    bio_end_io_t         *bi_end_io;
    void * bi_private;
#ifdef CONFIG_BLK_CGROUP
    /* 中略,CGROUP 相关 */
#endif
#ifdef CONFIG_BLK_INLINE_ENCRYPTION
    /* 中略,块设备加密相关 */
#endif
    union {
#if defined(CONFIG_BLK_DEV_INTEGRITY)
    /* 中略,块设备数据完整性相关 */
#endif
    };
    unsigned short         bi_vcnt;/* 有多少个 struct bio_vec 类型实例 */
    unsigned short         bi_max_vecs;/* 可以包含的 struct bio_vec 数量 */
    /* 中略 */
    struct bio_vec       *bi_io_vec;
    /* 中略 */
    struct bio_vec         bi_inline_vecs[];
};
```

其中，bi_next 字段指向的是输入输出请求链表中的下一个元素；bi_bdev 字段指向的是输入输出的目标设备；bi_opf 字段是一个 unsigned int 类型，总共使用其中的 32 位（在 32 位系统上为全部位），使用 8 位对操作进行编码，其余 24 位用于标识，而其中操作数的最低有效位表示数据传输方向。如果设置了最低有效位，则表示要传输/写入数据到硬件设备；如果未设置最低有效位，则表示要从硬件设备传输数据，或者称为读出数据。

接下来的 bi_iter 和 bi_end_io 是用来遍历输入输出请求链表的辅助字段。其中 bi_iter 表示的是 bio_vec 数组的当前索引，它是一个 struct bvec_iter 类型的结构体，有 4 个字段：

```
struct bvec_iter {
    sector_t         bi_sector;
    unsigned int     bi_size;
    unsigned int     bi_idx;
    unsigned int     bi_bvec_done;
};
```

其中，bi_sector 是用来表示以 512B 为单位的扇区的设备地址，sector_t 类型是由 64 位无符号整数重定义出的；bi_size 记录了剩余的输入输出的计数，以字节为单位；bi_idx 是当前在输入输出缓冲区描述数组中的下标记录；bi_bvec_done 是当前输入输出缓冲区中已经完成了的输入输出的字节数。

而剩下是对输入输出缓冲区描述的相关字段，其中 bi_vcnt 是该结构体中输入输出缓冲区描述的数量，bi_max_vecs 记录了可以存储的最大数量，而 bi_io_vec 和 bi_inline_vecs 是实际的输入输出缓冲区描述列表。

对输入输出缓冲区的描述是在 struct bio 中的 struct bio_vec 类型完成的，它被定义在 include/linux/bvec.h 头文件中，它有 3 个字段：

```
struct bio_vec {
    struct page    *bv_page;
    unsigned int   bv_len;
    unsigned int   bv_offset;
};
```

其中 bv_page 指向描述内存分页的 struct page 类型结构体（这里先不对其进行详解）；而 bv_len 和 bv_offset 描述了缓存区在内存分页内部的长度和开始位置的偏移。我们可以看到，单个的缓冲区在内存中不必是连续的，而是可以分布在不同的内存分页中的，有不同的长度和开始位置。每这样的一段内存区域就是一个段（segment），这种分段管理的模式为 Linux 内核提供了从内存中多个位置执行单个缓冲区块输入输出操作的能力，可以更好地利用内存。

在 Linux 内核中，struct gendisk 类型是用来描述一个通用磁盘（general disk）信息的结构体。作为最基础的块设备抽象，它被用来存储一个独立的磁盘设备或者一个磁盘分区的相关信息，包括请求队列、分区链表和块设备底层操作的函数集合等。这个结构体类型被定义在 include/linux/genhd.h 中：

```
struct gendisk {
    int major; int first_minor; int minors;
    char disk_name[DISK_NAME_LEN];
    /* 中略 */
    struct xarray part_tbl;
    struct block_device *part0;
    const struct block_device_operations *fops;
    struct request_queue *queue;
    /* 中略 */
    struct disk_events *ev;
    /* 中略,块设备完整性相关字段,以及 CD 设备相关字段 */
    int node_id;
    struct badblocks *bb;
    /* 中略 */
};
```

其中，major 是使用驱动的主设备号，first_minor 是第一个副设备号，而 minors 表示最大副设备号。一个磁盘设备和每一个分区都有一个副设备号，如笔者的计算机对其中一块硬盘有如下 4 个块设备：

```
brw-rw----  1 root disk      8,    0 august  3 17:48 sda
brw-rw----  1 root disk      8,    1 august  3 17:48 sda1
brw-rw----  1 root disk      8,    2 august  3 17:48 sda2
brw-rw----  1 root disk      8,    3 august  3 17:48 sda3
```

在这 4 个块设备中，sda 是硬盘本身，而 sda1～sda3 是在 sda 硬盘上的 3 个分区。

后面的 part_tbl 是一个 struct xarray 类型的字段，它在 Linux 内核中表示一种可拓展的数组（eXtensible Arrays），用来存储更加灵活的数据结构，在这里它存储的是磁盘上的分区；part0 是一个指向 struct block_device 类型的指针，表示的是磁盘上首个分区的设备，在这里实际上指的是描述磁盘设备的结构体；ev 负责存储磁盘事件的描述；在多处理器节点的系统中，node_id 记录了磁盘设备所在的节点标识；而 bb 字段负责记录在这个磁盘设备上损坏的块的位置。

回到上面没有介绍的 fops 字段，它与字符设备中的文件操作函数集合类似，是在 Linux 内核中被定义的一个 struct block_device_operations 类型，负责描述块设备底层操作的函数集合。它位于 include/linux/blkdev.h 中，在这里对字段进行了重排以便简化介绍，其部分字段如下：

```
struct block_device_operations {
    struct module * owner;
    /* 中略 */
    int ( * open) (struct block_device *, fmode_t);
    void ( * release) (struct gendisk *, fmode_t);
    int ( * ioctl) (struct block_device *, fmode_t, unsigned, unsigned long);
    int ( * compat_ioctl) (struct block_device *, fmode_t, unsigned, unsigned long);
    int ( * getgeo)(struct block_device *, struct hd_geometry *);
    int ( * rw_page)(struct block_device *, sector_t, struct page *, unsigned int);
    /* 中略 */
    int ( * set_read_only)(struct block_device *bdev, bool ro);
    /* 中略 */
    blk_qc_t ( * submit_bio) (struct bio *bio);
    /* 中略 */
};
```

其中 owner 字段和字符设备结构体中的一样，都是指向所在模块的指针；open 和 release 操作可以由用户态的应用程序通过系统调用触发，它们对应的字段分别存储的是在设备被打开和关闭时设备需要完成任务的具体实现；ioctl 和 compat_ioctl 指向的函数分别在原生和兼容模式下对 ioctl 设备输入输出进行配置的控制操作的实现；getgeo 字段存储的是 Linux 内核获取硬盘的硬件信息（包括硬盘的扇区数等信息）需要调用的函数；rw_page 存储了将一个块设备的扇区直接读入一个内存分页或者将一个内存分页写入一个扇区时会调用的函数实现；set_read_only 存储的是将块设备设置为只读时触发的回调函数；最后的 submit_bio 字段用来指向处理单个块设备输入输出的函数实现。它接受一个描述块设备输入输出的 struct bio 类型，对其中的块设备操作进行处理。在驱动程序希望从底层直接操作块设备输入输出，而不是使用 Linux 内核中的请求队列的模式时，这个函数是需要被设置的，否则需要使用后文中会提到的、在请求队列级别上的操作来实现驱动。

注意上述这些函数不全是必需的，具体实现哪些操作需要驱动程序来决定，也存在其他被省略了的回调函数。读者如果想要深入了解这些内容，可以查看 Linux 内核的源码。

我们可以看到，在 struct block_device_operations 中，有的函数可以接受的参数是 struct gendisk 类型的，有一些是 struct bio 类型的，而其余的基本都是 struct block_device 类型的。这个结构体是对 struct gendisk 结构体的一个拓展，可以附带更多的信息，作为实际用来描述块设备的类型，它的定义在 include/linux/blk_types.h 文件中，部分字段如下：

```
struct block_device {
    sector_t            bd_start_sect;
    /* 中略 */
    bool                bd_read_only;/* 只读策略 */
    dev_t               bd_dev;
    /* 中略 */
    struct device       bd_device;
    /* 中略 */
    u8                  bd_partno;
    /* 中略 */
    struct gendisk *    bd_disk;
    /* 中略 */
    struct partition_meta_info *bd_meta_info;
    /* 中略 */
} __randomize_layout;
```

在这些字段中：

1）bd_start_sect 存储的是这个块设备在实际的硬件设备上开始的扇区号。

2）bd_read_only 字段用来标识这个块设备是否可读。

3）bd_dev 是块设备的主、副设备号。

4）bd_device 是一个 struct device 实例，负责将 Linux 内核的设备描述类型拓展到 struct block_device 类型的块设备描述。

5）bd_disk 指向一个描述通用磁盘的结构体，作为它的父级设备。

6）bd_partno 存储的是分区的编号。

最后的 bd_meta_info 字段是一个指向 struct partition_meta_info 类型的指针，它存储了分区的元数据，有磁盘分区统一标识符（UUID）的 uuid 字段和分区（或叫卷宗 volume）的名称 volname 两个字段，其声明如下：

```
struct partition_meta_info {
    char uuid[PARTITION_META_INFO_UUIDLTH];
    u8 volname[PARTITION_META_INFO_VOLNAMELTH];
};
```

与块设备 struct gendisk 和 struct block_device 类型相关的操作函数在 include/linux/genhd.h 和 block/genhd.c 文件中声明和定义，表 5-6 展示了其中一部分函数。

表 5-6　与块设备 struct gendisk 和 struct block_device 类型相关的操作函数

函　数　名	描　　　述
struct gendisk * blk_alloc_disk（int node）	分配并预初始化 struct gendisk 类型的结构体，以用于基于块输入输出的驱动程序；如果适用，在多处理器的系统中使用 node 来指定处理器节点
int add_disk（struct gendisk * disk）	添加 struct gendisk 类型的通用磁盘设备到 Linux 内核中
int device_add_disk（struct device * parent, struct gendisk * disk, const struct attribute_group ** groups）;	添加 struct gendisk 类型的通用磁盘设备到 Linux 内核中，并使用 parent 作为其父级设备节点、groups 作为相关的属性组。上述的 add_disk 实际上就是使用 NULL 作为父级设备节点和属性组来调用了 device_add_disk 函数

（续）

函　数　名	描　　述
void del_gendisk（struct gendisk * gp）	减少 struct gendisk 类型结构体的引用计数，如果变为 0，则释放这个结构体所占用的内存
int register_blkdev（unsigned int major, const char * name）	使用 major 为主设备号、name 为设备名称注册一个块设备
void unregister_blkdev（unsigned int major, const char * name）	使用 major 为主设备号、name 为设备名称注销一个块设备
void set_disk_ro（struct gendisk * disk, bool read _only）	设置 struct gendisk 类型实例中的只读标识
int get_disk_ro（struct gendisk * disk）	获取 struct gendisk 类型实例中的只读标识
void set_capacity（struct gendisk * disk, sector_t size）	设置 struct gendisk 类型实例中最小寻址单元——扇区的数量，这也就记录了磁盘总容量的大小
dev_t disk_devt（struct gendisk * disk）	获取 struct gendisk 类型实例的主、副设备号
dev_t part_devt（struct gendisk * disk, u8 partno）	获取 struct gendisk 类型实例中某个分区的主、副设备号
int disk_max_parts（struct gendisk * disk）	获取 struct gendisk 类型实例中允许的最大分区号
bool disk_live（struct gendisk * disk）	判断 struct gendisk 类型实例表示的磁盘是否在线
void disk_block_events（struct gendisk * disk）	阻塞和刷新 struct gendisk 类型实例磁盘相关事件的检查
void disk_unblock_events（struct gendisk * disk）	解除 struct gendisk 类型实例磁盘相关事件的检查的阻塞
void disk_flush_events（struct gendisk * disk, unsigned int mask）	刷新 struct gendisk 类型实例磁盘相关事件的检查
sector_t bdev_nr_sectors（struct block_device * bdev）	获取 struct block_device 类型实例的扇区数
sector_t get_start_sect（struct block_device * bdev）	获取 struct block_device 类型实例的起始扇区号

　　一个 struct bio 类型的结构体对应一个输入输出的请求。在 Linux 内核中，对于一个块设备的输入输出来说，除了使用 struct block_device_operations 中的 submit_bio 回调函数对单个的 struct bio 类型直接处理之外，还提供了使用请求队列的抽象模式来进行处理。这种模式一般适用于机械硬盘等需要更长的访问时间，并且可以通过优化请求队列来提升系统性能的情况，对于更加现代的、拥有并行性、每秒能够实现大量输入/输出操作的快速存储硬件设备，请求队列模式也适用。但稍后我们会看到，相比之下这些快速存储硬件设备中的处理更加复杂。而对于可以完全随机访问的设备来说，对 struct bio 类型直接处理有时就是一个更为方便的选择，这样的设备有数码相机的存储卡、内存盘等，它们对不同扇区的访问顺序不敏感，访问时间的长短与访问顺序关系不大。

　　无论哪种模式，通常都是由 Linux 内核中文件管理的子系统（主要是 Linux 内核中或者内核外的文件系统模块）来为块设备创建请求的，然后它被送入输入输出子系统来处理。输入输出子系统作为文件管理子系统和块设备驱动程序之间的接口，负责的主要操作是将请求添加到特定块设备的请求队列中，并根据性能考虑对请求进行分类和合并，如输入输出的调度算法可以将连续的块设备输入输出合并成一个请求一并执行。

　　一个含有一个或者多个块设备输入输出的请求可以由一个 struct request 类型的结构体来

描述。前文中，在 struct gendisk 的 queue 字段就指向了一个 struct request 类型的结构体，它被定义在 include/linux/blkdev.h 中，其主要字段如下：

```
struct request {
    struct request_queue * q;
    struct blk_mq_ctx * mq_ctx;
    struct blk_mq_hw_ctx * mq_hctx;
    unsigned int cmd_flags;          /* 操作码和通用标识 */
    req_flags_t rq_flags;
    /* 中略 */
    /* 下面两个字段是内部使用的,永远不要直接访问它们 */
    unsigned int __data_len;         /* 数据总长 */
    sector_t __sector;               /* 扇区的游标 */
    struct bio * bio;
    struct bio * biotail;
    /* 中略,输入输出调度相关字段 */
    struct gendisk * rq_disk;
    struct block_device * part;
    /* 中略 */
    /* 中略,输入输出调度时间相关字段 */
    /* 物理内存中的段的数量 */
    unsigned short nr_phys_segments;
    /* 中略,块设备加密相关字段 */
    unsigned short ioprio;
    /* 中略,块设备完整性相关字段 */
    enum mq_rq_state state;
    /* 中略,输入输出完成后的回调函数相关字段 */
};
```

请求结构的字段包括：

1）字段 q 指向请求所属的 struct request_queue 类型的请求队列实例，稍后对其进行介绍。

2）mq_ctx 和 mq_hctx 分别是面向处理器软件队列的状态和面向硬件块设备硬件队列的状态，稍后会对这两种队列详细叙述。

3）cmd_flags 存储了一系列的标识，也包括操作码，其中有输入输出的方向（读或写），可以直接使用 rq_data_dir 宏来获取。它对设备上的读操作请求返回 0，对写操作请求返回 1，实际上这里的操作码与 struct bio 结构体中使用的相同。

4）__sector 和 __data_len 两个字段都是内部使用的，在 Linux 内核中不允许直接访问，前者表示要传输请求的第一个扇区，后者表示要传输的字节总数。

5）bio 和 biotail 分别指向一个动态的 struct bio 类型的结构体列表和这个列表的末尾，是与请求相关的一组输入输出缓冲区。对于多个缓冲区的链表和单个缓冲区的链表，可以分别使用 rq_for_each_segment 和 bio_data 来访问，使用这些辅助宏可以让驱动程序更容易应对未来块设备输入输出的架构变化。

6）rq_disk 指向一个 struct gendisk 类型的结构体。

7）part 指向一个 struct block_device 类型的结构体，这个结构体实质上是上面 struct gendisk 结构体的一个拓展，可以附带更多的信息。

8) ioprio 字段是在输入输出调度中使用的，还有一些其他的字段是与输入输出调度相关的。由于本书不对其进行详解，所以对这些字段省略。

9) nr_phys_segments 是当前输入输出请求中可以使用的物理内存中的段的数量。

10) state 字段表示当前输入输出请求的状态，它有闲置（MQ_RQ_IDLE）、正在进行（MQ_RQ_IN_FLIGHT）和完成（MQ_RQ_COMPLETE）三种状态。

对于 Linux 内核来说，机械硬盘从内核的开发之初就一直是事实上的标准。机械硬盘是一种在进行随机访问时有限制的设备，瓶颈是机械移动部件，而在块设备输入输出中请求队列模式的引入可以为设备访问实现最佳性能。这种优化技术的一个例子是根据硬盘磁头的当前位置对读写请求进行排序。

随着固态硬盘等现代硬件的发展，因为它没有机械部件，并且能够执行高并行度的访问，输入输出性能的瓶颈已经从存储设备转移到操作系统的设计。在早期版本的 Linux 内核中，每个设备驱动程序都关联了一个或多个请求队列，任何用户态的应用程序都可以通过系统调用（或者内核态的模块通过 Linux 内核中的子系统或者导出的函数接口）添加请求。这些队列还可以被重新排序、拆分或者聚合以提高设备访问速度。但这种方法的问题在于它需要每个队列在被使用的时候锁定，这使得它在分布式系统或者多处理器的系统中效率不高。这是因为旧的设计中，队列使用一个锁来存储块设备输入输出的请求，由于多个处理器需要抢占单个锁，导致它在系统中无法很好地扩展；而且当不同的进程想要执行不同的块设备输入输出时，也会遇到阻塞的问题。

为了利用这些设备设计和多处理器系统的并行性，Linux 内核为此引入了多队列机制。通过将设备驱动程序的输入输出请求队列拆分为两部分来解决此问题，它会生成多个队列。这些队列具有单个处理器使用的单个入口点，从而消除了多个处理器使用单一队列时对锁的需求。在 Linux 内核的文档中它们被称为软件暂存队列和硬件调度队列：

1) 软件暂存队列将其他组件发来的请求在发送到块设备驱动程序之前保存。为防止等待队列的锁定，为每个处理器仅仅分配了一个软件暂存队列。在这个队列中的时候，Linux 内核可以根据输入输出的调度程序对请求（或者说是块设备输入输出）进行合并或者重新排序，以便最大限度地提高性能。这里队列的功能和旧版单一队列的功能类似，同样的功能也可以被使用在机械硬盘中。

2) 硬件调度队列则用于将请求从暂存队列发送到块设备的驱动程序。注意，一旦进入此队列，请求就无法进行合并或重新排序输入输出请求了。根据底层硬件的特性，块设备的驱动程序也可以创建多个硬件队列，以提高并行度，从而最大限度地提高性能。

软件暂存队列的状态由一个 struct blk_mq_ctx 类型描述，它仅仅是在块设备输入输出系统中使用，因此只限定在 block/blk-mq.h 中的块设备输入输出子系统中导出：

```
struct blk_mq_ctx {
    struct {
        spinlock_t          lock;
        struct list_head    rq_lists[HCTX_MAX_TYPES];
    } ____cacheline_aligned_in_smp;
    unsigned int    cpu;
    unsigned short          index_hw[HCTX_MAX_TYPES];
    struct blk_mq_hw_ctx    *hctxs[HCTX_MAX_TYPES];
```

```
    /* 在被分发到硬件队列中的时候增加 */
    unsigned long      rq_dispatched[2];
    unsigned long      rq_merged;
    /* 在完成的时候增加 */
    unsigned long      ____cacheline_aligned_in_smp rq_completed[2];
    struct request_queue    *queue;
    struct blk_mq_ctxs      *ctxs;
    struct kobject          kobj;
} ____cacheline_aligned_in_smp;
```

这些字段的含义如下：

1）lock 字段是当前队列状态的一个锁，用来保护状态列表。

2）rq_lists 字段是请求队列的数组，总共有 HCTX_MAX_TYPES 个。这是 C 语言中枚举类型的一个取值，其本质是从 0 开始的数字。而在 Linux 内核中：HCTX_TYPE_DEFAULT（取值为 0）表示默认的硬件队列的状态、HCTX_TYPE_READ（取值为 1）表示仅在读取时使用的硬件队列的状态和 HCTX_TYPE_POLL（取值为 2）表示轮询时使用的硬件队列的状态。最后的 HCTX_MAX_TYPES 表示类型的总数，在本书使用的 5.15 版本 Linux 内核中，它的取值是 3，表示总共有 3 个请求队列。

3）cpu 字段表示分配到的处理器标识。

4）index_hw 中存储的是分配到的硬件调度队列的索引号。

5）hctxs 字段表示这个软件暂存队列状态分配到的硬件调度队列的状态。

6）queue 字段指向这个软件暂存队列状态所属的请求队列。

7）ctxs 字段指向一个 struct blk_mq_ctxs 类型，它是用来存储多个软件队列状态的容器，也是一个内核对象，管理这些软件队列状态所占用内存的释放。

8）kobj 字段是 Linux 用来管理事件和对象生命周期的内核对象。

其余的字段是在调度时使用的，驱动开发人员并不需要了解其细节，本节不对其进行详解，有兴趣的读者可以在 Linux 内核浏览有关输入输出调度的文档。

软件暂存队列可用于合并相邻扇区的请求，例如对 3~7 号扇区和 7~9 号扇区的两个请求可以直接合并成对 3~9 号扇区的一个请求。对于机械硬盘来说，它可以一次性顺序地取出这几个扇区，而不需要等待更多的磁盘旋转。这样不仅对机械硬盘的性能有提升，对 SSD 等现代存储设备这种对于随机访问具有相同的响应时间来说，对顺序访问的分组请求也会减少请求的数量。除此之外，在软件暂存队列上还可以通过输入输出调度程序对一组请求进行重新排序，以确保系统资源访问的公平性，确保没有应用程序因为数据读取一直不可用而阻塞，并且还可以提高输入输出性能。这样的操作是由 Linux 内核中的输入输出调度器（IO Scheduler）来完成的。在软件暂存队列处理请求后，经过调度器的调度，这些请求将发送到硬件驱动程序，尝试发送给硬件进行处理。但是如果硬件没有足够的资源来接受更多请求，它们就会被放在临时的硬件调度队列上，以便在将来硬件能够发送时再次尝试发送。

硬件调度队列的状态则是由 include/linux/blk-mq.h 中的 struct blk_mq_hw_ctx 类型进行描述的。它同时被块设备输入输出子系统和块设备硬件驱动使用，因此导出到 include 目录中，它的主要字段如下：

```
struct blk_mq_hw_ctx {
    struct {
        spinlock_t              lock;
        struct list_head        dispatch;
        unsigned long           state;
    } ____cacheline_aligned_in_smp;
    /* 中略 */
    struct request_queue        * queue;
    struct blk_flush_queue      * fq;
    /* 中略 */
    struct sbitmap              ctx_map;
    struct blk_mq_ctx          * dispatch_from;
    unsigned int               dispatch_busy;
    unsigned short              type;
    unsigned short              nr_ctx;
    struct blk_mq_ctx          ** ctxs;
    spinlock_t                 dispatch_wait_lock;
    wait_queue_entry_t          dispatch_wait;
    atomic_t        wait_index;
    struct blk_mq_tags * tags;
    struct blk_mq_tags * sched_tags;
    unsigned long               queued;
    unsigned long               run;
    /* 中略 */
    unsigned long               dispatched[BLK_MQ_MAX_DISPATCH_ORDER];
    /* 中略 */
    unsigned int               queue_num;
    atomic_t        nr_active;
    struct hlist_node           cpuhp_online;
    struct hlist_node           cpuhp_dead;
    struct kobject              kobj;
    /* 中略 */
    struct list_head           hctx_list;
    /* 中略 */
};
```

这些主要字段的解释如下：

1) lock 字段是一个锁，用来保护调度列表。

2) dispatch 字段是一个链表，用于那些已经准备好被分发到硬件的请求，但是由于某些原因（如缺乏资源）不能被成功分发到硬件上。当下一次轮到当前的驱动发送新的请求时，这个列表中的请求将被优先发送，以获得更公平的调度。

3) state 字段是 Linux 内核中以 BLK_MQ_S_ 为前缀的标识，用于定义硬件调度队列的状态，包括激活状态（BLK_MQ_S_TAG_ACTIVE）、调度重启状态（BLK_MQ_S_SCHED_RESTART）、停止状态（BLK_MQ_S_STOPPED）和冻结状态（BLK_MQ_S_INACTIVE）。

4) queue 字段指向拥有当前硬件调度队列状态的请求队列的指针。

5) fq 字段是一个块设备队列（flush queue），负责在输入输出层执行 flush 操作。

6) ctxs 字段是一个上下文列表。而 nr_ctx 字段存储了其中上下文的数量，type 字段存储了上下文的类型。

7）ctx_map 字段是一个位映射，用于跟踪上下文。

8）dispatch_from 字段是要从其中派发请求的上下文。

9）dispatch_busy 字段是 blk_mq_update_dispatch_busy 函数使用指数加权移动平均算法来决定 hw_queue 是否繁忙的数值。

10）dispatch_wait_lock 字段是一个用于保护等待派发请求的等待队列的锁。

11）dispatch_wait 字段是存储等待派发请求的等待队列，即当目前没有标签可用时，用于放置请求的等待队列，以等待将来的另一次尝试。

12）tags 字段是一个 struct blk_mq_tags 类型的指针，记录了块设备的标签队列。

13）sched_tags 字段同样是一个 struct blk_mq_tags 类型的指针，它是由输入输出调度器拥有的标签，如果有一个与请求队列相关的输入输出调度器，当该请求被分配时，会分配一个标签。

14）nr_active 字段存储了活跃请求的数量。

15）wait_index 字段是请求等待索引，用于唤醒等待队列中的请求。

16）queued 字段存储了已排队的请求的数量。

17）run 字段存储了正在运行的请求的数量。

18）dispatched 字段为已分发的请求的计数器。

19）cpuhp_online 字段存储了 Linux 热插拔机制中处理器处于上线状态的节点。

20）cpuhp_dead 字段存储了 Linux 热插拔机制中 CPU 下线的节点。

21）kobj 字段是用于 sysfs 的内核对象，用于管理硬件上下文的生命周期。

22）queue_num 字段存储当前块设备队列的数量。

23）hctx_list 字段是一个存储了所有硬件上下文的链表。

我们来重点看一下 struct blk_mq_tags 类型，它的字段如下：

```
struct blk_mq_tags {
    unsigned int nr_tags;
    unsigned int nr_reserved_tags;
    atomic_t active_queues;
    struct sbitmap_queue *bitmap_tags;
    struct sbitmap_queue *breserved_tags;
    struct sbitmap_queue __bitmap_tags;
    struct sbitmap_queue __breserved_tags;
    struct request ** rqs;
    struct request ** static_rqs;
    struct list_head page_list;
    spinlock_t lock;
};
```

其中，nr_tags 字段存储了标记总数；nr_reserved_tags 字段存储了保留的标记数，这些标记不会被分配给任何请求，将用于一些特殊目的，如设备重置等操作；active_queues 字段用于跟踪使用此标记集的活动队列数；bitmap_tags 字段是一个位映射的标记队列，其中每个位对应一个标记，用于表示该标记是否已被分配给请求；breserved_tags 字段用于保留标记队列，其中每个元素都是一个指向 struct request 类型的请求结构体指针，这些指针指向预先保留的标记；__bitmap_tags 字段和__breserved_tags 字段则与上述两个标记队列相同，但是这些标记队列是非动态分配的，用于保证在低内存情况下仍然能够正常工作；rqs 字段指向 struct request 类型的请求结构体指针数组，每个元素都指向一个 struct request 类型的请求结构体，与位映射标记队列中的标记一一对应；static_rqs 字段是一个预分配的请求结构体指针数组，用于避免在高负载时频繁分配请求结构体；page_list 字段则是一个请求页列表，其中每个元素都是一个指向 Linux 内核中页缓存的指针，用于 struct request 类型的请求结构体的动态分配；lock 字段是一个用于保护请求结构体池的锁。

当一个输入输出请求到达 Linux 内核的块输入输出子系统时，它通常会被直接发送到硬件队列。但是如果附加了输入输出调度程序，或者想要尝试合并输入输出请求时，这个请求都将被发送到软件暂存队列。

注意一个软件暂存队列是与一个处理器的核心绑定的。因此，这意味着只有来自同一处理器核心的同一队列中的一组请求才能得到优化，而不可能合并来自不同队列的请求。否则就需要为每个队列设置一个锁，这就回到了旧版的单队列实现，对输入输出性能有很大的影响。一个软件暂存队列通常不由块设备的驱动程序使用，而是仅仅由 Linux 内核内部的输入输出子系统使用，以便在将请求发送到设备驱动程序之前优化请求。

在 Linux 内核的块输入输出子系统中，内核开发者实现了多个调度程序。每个调度程序都遵循启发式方法来提高输入输出性能。它们是可插拔的，可以在运行时、在 sysfs 中进行选择和修改，也可以随时禁用调度程序（或者说是使用名为 NONE 的调度程序，它是最基本的调度程序，只会将请求放在进程正在运行的任何软件队列上，而不会进行任何的重新排序）。

同时，一个软件暂存队列也仅与一个硬件调度队列相关联。当一个请求被调度器允许发送后，请求队列会将其从关联的软件暂存队列中删除，并尝试将请求调度到硬件中。如果无法将请求直接发送到硬件，它们将被添加到需要分发的请求链表中，然后，在下次轮到这个请求队列运行的时候，它将优先发送位于链表中的请求，以确保那些先到的请求被公平地调度。硬件队列的总数量取决于硬件及其设备驱动程序支持的硬件状态的数量，但不会超过系统处理器核心的数量。

最后，我们来看上述这些类型综合起来产生的请求队列类型，它是在 include/linux/blkdev.h 中定义的 struct request_queue 类型的结构体，由于这个类型所包含的字段有很多，本节只摘取后文将会涉及的部分，这些字段如下：

```
struct request_queue {
    struct request          * last_merge;
    struct elevator_queue   * elevator;
    /* 中略 */
    struct rq_qos      * rq_qos;
    const struct blk_mq_ops * mq_ops;
    /* 软件暂存队列 */
    struct blk_mq_ctx __percpu  * queue_ctx;
    unsigned int    queue_depth;
    /* 硬件调度队列 */
    struct blk_mq_hw_ctx    ** queue_hw_ctx;
    unsigned int    nr_hw_queues;
    void    * queuedata;
    unsigned long    queue_flags;
```

```
/* 中略 */
int        id;
spinlock_t       queue_lock;
struct gendisk      *disk;
/*
 * 队列的内核对象 kobject
 */
struct kobject kobj;
/*
 * 多重队列的内核对象 kobject 指针
 */
struct kobject *mq_kobj;
/* 中略,数据完整性相关字段 */
/* 中略,电源管理相关字段 */
/*
 * 队列设置
 */
unsigned long    nr_requests; /* 最大的请求编号 */
/* 中略,设备可以使用的直接内存访问相关描述字段 */
/* 中略,块设备加密相关字段 */
unsigned int      rq_timeout;
int        poll_nsec;
struct blk_stat_callback   *poll_cb;
struct blk_rq_statpoll_stat[BLK_MQ_POLL_STATS_BKTS];
struct timer_list    timeout;
struct work_struct   timeout_work;
atomic_t     nr_active_requests_shared_sbitmap;
/* 中略,调度相关字段 */
/* 中略,块设备控制组相关字段 */
struct queue_limits    limits;
unsigned int    required_elevator_features;
/* 中略,分区的块设备输入输出相关字段 */
/* 中略 */
/* 中略,块设备的刷新操作队列 */
struct list_head    requeue_list;
spinlock_t        requeue_lock;
/* 中略 */
struct mutex      sysfs_lock;
struct mutex      sysfs_dir_lock;
/*
 * 在更新 nr_hw_queues 字段时,可以复用的、已经失效的硬件调度队列状态
 */
struct list_head    unused_hctx_list;
spinlock_t         unused_hctx_lock;
/* 中略 */
struct blk_mq_tag_set   *tag_set;
struct list_head   tag_set_list;
struct bio_set      bio_split;
/* 中略,debugfs 相关字段 */
bool      mq_sysfs_init_done;
```

```
    /* 中略 */
};
```

其中，last_merge 是输入输出调度算法中使用的一个字段；elevator 字段则是一个 struct elevator_queue 类型的指针，负责描述当前请求队列使用的输入输出调度算法，它被定义在 include/linux/elevator.h 中，其字段如下：

```
struct elevator_queue
{
    struct elevator_type * type;
    void * elevator_data;
    struct kobject kobj;
    struct mutex sysfs_lock;
    unsigned int registered:1;
    DECLARE_HASHTABLE(hash, ELV_HASH_BITS);
};
```

其中，type 字段是 struct elevator_type 类型的结构体，用来描述包括 elevator_name 调度算法名称字段、ops 调度算法实现函数集合字段等在内的输入输出调度算法具体实现相关的信息；elevator_data 字段指向对应调度算法需要的数据；kobj 是当前调度算法实例在内核中的内核对象；sysfs_lock 是在通过 sysfs 修改时，为了防止并行修改竞争而使用的锁；registered 字段则是一个标识，用来表明当前调度算法是否已经被注册。在 Linux 内核中存在多个可用的调度算法的实现，其中默认的调度算法一般为完全公平排队（Completely Fair Queuing，CFQ）输入输出调度算法，而在 Linux 内核的 5.15 版本中默认的是基于 CFQ 的预算公平排队（Budget Fair Queueing，BFQ）输入输出调度算法。除此之外，还有 Kyber、DEADLINE、直接调度（NOOP）等输入输出算法。它们在 Linux 内核运行的时候可以被即时切换，这样的操作也可以通过 sysfs 来完成。在这里，我们不对每个输入输出算法进行介绍，读者只需要知晓它们的存在和能切换即可。

接下来的 rq_qos 字段是一个 struct rq_qos 类型的结构体，用来描述请求队列的服务质量限制（Quality of Service，QoS），它被定义在 block/blk-rq-qos.h 中，其字段如下：

```
struct rq_qos {
    struct rq_qos_ops * ops;
    struct request_queue * q;
    enum rq_qos_id id;
    struct rq_qos * next;
#ifdef CONFIG_BLK_DEBUG_FS
    struct dentry * debugfs_dir;
#endif
};
```

其中，ops 字段是一个 struct rq_qos_ops 类型的指针，指向用来进行 QoS 操作的函数集合；q 字段是指向执行 QoS 限制请求队列的指针；id 字段是 QoS 的标识符，是一个枚举类型；通过 next 字段可以形成一个链表，可以进行多重 QoS 限制；debugfs_dir 字段是在块设备输入输出除错子系统使用的目录。

接下来，回到 struct request_queue 类型，其中的 mq_ops 字段是多重队列中使用的回调函数，它负责向块设备提交程序的行为。它是一个 struct blk_mq_ops 类型的结构体，是多重队列中的回调函数集合，由驱动程序来提供具体实现；queue_ctx 字段是 struct blk_mq_ctx 类型的指针，可以存储多个实例用来描述软件暂存队列的状态，对于每个处理器核心都有各自的值；queue_depth 字段描述了软件暂存队列的队列数量；queue_hw_ctx 是指向硬件调度队列状态的指针，其后的 nr_hw_queues 字段是硬件调度队列的数量；queuedata 和 queue_flags 字段是当前请求队列中实际数据存储的位置和队列中使用的标识；id 字段记录了当前请求队列的标识符；queue_lock 字段是一个锁，防止当前队列被并行修改；disk 字段指向 struct gendisk 类型的结构体，是这个队列所属的通用磁盘设备的描述；kobj 和 mq_kobj 字段分别是队列和多重队列内核对象的实例；nr_requests 字段是最大的请求编号；rq_timeout 字段记录了当前请求队列的超时时长；poll_nsec、poll_cb 和 poll_stat 是轮询设备相关的字段，分别记录多久轮询一次、轮询的回调函数和轮询的状态值；在 timeout 和 timeout_work 字段中分别是请求操作超时的时长和超时后需要完成的操作；nr_active_requests_shared_sbitmap 字段是当前活动的请求计数；limits 字段是当前队列的限制；required_elevator_features 是在字段是队列执行的时候所需要的特性；其后的 requeue_list 字段是一个列表，在调度到硬件失败之后将需要重新调度的请求放入，以方便下次在此调度；requeue_lock 字段是为 requeue_list 访问加上的锁；sysfs_lock 和 sysfs_dir_lock 这两个字段是当前请求队列在 sysfs 中被访问时加上的锁；unused_hctx_list 字段存储的是已经失效的硬件调度队列状态的列表，内核本身并不对其进行释放，而是方便之后复用，而 unused_hctx_lock 是对这个队列加上的锁；tag_set 字段指向一个 struct blk_mq_tag_set 类型的结构体，它用来描述一个多重队列标签的集合；tag_set_list 字段是一个列表，可以用来存储多个 struct blk_mq_tag_set 类型的标签集合，我们稍后对 struct blk_mq_tag_set 类型进行解释；bio_split 字段中存储的是块设备输入输出的集合；mq_sysfs_init_done字段用来记录当前多重队列的内核对象是否在 sysfs 中已经初始化。

在开发人员编写驱动时，需要实现的是块设备提交程序行为的回调函数。这样的操作是在 struct blk_mq_ops 类型的结构体中定义的。除了在 struct request_queue 类型的结构体之外，操作在 struct blk_mq_tag_set 类型的结构体中也有引用。在 Linux 内核中，它表示一个在块设备输入输出抽象中使用的标签的集合。这样的标签是在多队列的块设备输入输出中使用的，用来标识一个请求的编号。在请求被提交时，每个请求都会被附加一个标签，这是因为同时可能会有多个请求在块设备的硬件上执行。在完成一个请求后，块设备硬件的驱动程序可以通过这样的标签来识别是哪一个请求被完成了，因此块设备的驱动程序支持在上一个请求完成之前接受新的请求。每个标签都是一个整数标识，它取值范围的最小值为 0，最大值可以达到硬件调度队列大小。这个标签由块输入输出层来生成，块设备硬件驱动程序可以直接使用，而无须自行创建额外的标识符。当驱动程序知晓硬件设备已经完成请求时，对应的标签将被发送到块输入输出层，用来通知对应的请求已经完成了，这样无须执行线性的队列搜索即可找出已完成的输入输出对应的请求。标签被存放在由 struct blk_mq_tag_set 类型的标签集合中，正如前文提到的，由驱动程序提供的块设备提交程序的回调函数的集合也在其中，这个结构体类型被定义在 include/linux/blk-mq.h 中，其字段如下：

```
struct blk_mq_tag_set {
    struct blk_mq_queue_map map[HCTX_MAX_TYPES];
    unsigned int       nr_maps;
    const struct blk_mq_ops * ops;
```

```
    unsigned int        nr_hw_queues;
    unsigned int        queue_depth;
    unsigned int        reserved_tags;
    unsigned int        cmd_size;
    int                 numa_node;
    unsigned int        timeout;
    unsigned int        flags;
    void               *driver_data;
    /* 中略 */
    struct blk_mq_tags **tags;
    struct mutex        tag_list_lock;
    struct list_head    tag_list;
};
```

其中，map 字段是一个或多个从软件缓存队列状态（ctx）到硬件调度队列状态（hctx）的映射，驱动程序希望支持的每种硬件队列类型都有一个映射，共计 HCTX_MAX_TYPES 个，映射的大小没有限制，并且不同的实例之间也可以有这样的映射；nr_maps 字段记录了映射数组中元素的数量，是一个 1~HCTX_MAX_TYPES 的整数；ops 字段是块设备提交程序行为的回调函数的集合，存储了指向实现块设备驱动行为函数的指针，我们稍后对其进行详细介绍；nr_hw_queues 字段描述了拥有当前 struct blk_mq_tag_set 类型实例的块设备硬件所支持的硬件调度队列的数量；queue_depth 字段记录了每个硬件调度队列所支持的标签数，也可能包括当前不使用，但保留作其他用途的标签；reserved_tags 字段是为标签分配保留的数量；cmd_size 字段负责描述每个请求要分配的额外字节数，块设备的驱动负责使用和处理这些额外的字节；numa_node 字段用来记录存储适配器所连接的处理器节点，只有这个节点上的处理器核心才可以完成实际的输入输出；timeout 字段是请求处理的超时时长；flags 字段中是以 BLK_MQ_F_ 为前缀的标识，定义在 include/linux/blk-mq.h 中；driver_data 字段是指向创建此标签集的块设备驱动所拥有的数据的指针；tags 字段是实际存储标签的集合；tag_list 字段是一个使用该标签集的请求队列的列表，tag_list_lock 字段是一个锁，它对 tag_list 的访问进行并行上的限制。

在 struct blk_mq_tag_set 类型的结构体中，ops 字段是 struct blk_mq_ops 类型，它被定义在 include/linux/blk-mq.h 中，其字段如下（在这里我们直接使用注释来对各字段进行解释）：

```
struct blk_mq_ops {
    /**
     * @queue_rq: 从块输入输出子系统调用，用来排队一个新的请求
     */
    blk_status_t (*queue_rq)(struct blk_mq_hw_ctx *,
                const struct blk_mq_queue_data *);
    /**
     * @commit_rqs: 如果一个驱动程序使用块设备类型结构体中的 bd->last 来判断何时向硬件提交请求，那么它
     必须定义这个函数。如果出现错误，使我们停止发出进一步的请求，这个回调函数的作用是弹出硬件(否则就是最后一个
     请求来完成这样的操作)
     */
    void (*commit_rqs)(struct blk_mq_hw_ctx *);
    /**
     * @get_budget: 在队列请求前保留一定的预算，一旦运行了 .queue_rq 之后，释放保留的预算是由驱动程序
     负责的。此外，我们还必须处理 .get_budget 的失败情况，以避免出现输入输出的死锁
```

```
 */
int (*get_budget)(struct request_queue *);
/**
 * @put_budget: 释放保留的预算
 */
void (*put_budget)(struct request_queue *, int);
/**
 * @set_rq_budget_token: 保存请求队列预算的令牌
 */
void (*set_rq_budget_token)(struct request *, int);
/**
 * @get_rq_budget_token: 取出请求队列预算的令牌
 */
int (*get_rq_budget_token)(struct request *);
/**
 * @timeout: 在请求超时的时候调用
 */
enum blk_eh_timer_return (*timeout)(struct request *, bool);
/**
 * @poll: 在轮训一个特定标签的完成情况时调用
 */
int (*poll)(struct blk_mq_hw_ctx *);
/**
 * @complete: 将一个请求完成
 */
void (*complete)(struct request *);
/**
 * @init_hctx: 当硬件队列的块输入输出层一侧设置好之后调用,允许驱动程序分配/初始化对应的数据结构
 */
int (*init_hctx)(struct blk_mq_hw_ctx *, void *, unsigned int);
/**
 * @exit_hctx: 当硬件队列的块输入输出层一侧要释放的时候调用,允许驱动程序释放对应的数据结构
 */
void (*exit_hctx)(struct blk_mq_hw_ctx *, unsigned int);
/**
 * @init_request: 为块输入输出层初始化每个命令时调用,以允许驱动程序设置相关的特定数据,对于大于或
等于 queue_depth 的标签来说是用于设置刷新请求的
 */
int (*init_request)(struct blk_mq_tag_set *set, struct request *,
    unsigned int, unsigned int);
/**
 * @exit_request: 在块输入输出层释放每个命令时调用,以允许驱动程序释放相关的特定数据
 */
void (*exit_request)(struct blk_mq_tag_set *set, struct request *,
    unsigned int);
/**
 * @initialize_rq_fn: 在 blk_get_request()内部调用
 */
void (*initialize_rq_fn)(struct request *rq);
/**
 * @cleanup_rq: 在释放一个尚未完成的请求之前被调用,通常用于释放驱动的私有数据
```

```
        * /
    void (*cleanup_rq)(struct request *);
    /**
     * @busy: 如果设置了,应当返回当前队列是否忙碌的标识
     * /
    bool (*busy)(struct request_queue *);
    /**
     * @map_queues: 它允许驱动程序通过覆盖建立 mq_map 的 setup-time 函数来指定自己的队列映射
     * /
    int (*map_queues)(struct blk_mq_tag_set *set);
#ifdef CONFIG_BLK_DEBUG_FS
    /**
     * @show_rq: 由 debugfs 实现使用,以显示关于请求的特定驱动程序信息
     * /
    void (*show_rq)(struct seq_file *m, struct request *rq);
#endif
};
```

其中最重要的是 queue_rq 函数,它用于处理使用块设备队列模型(包括单个队列和多重队列等)的请求。这个函数实际上等效于我们在解析字符设备时遇到的读写函数,它接收对设备的请求 struct request 类型的实例作为参数,并且可以使用各种函数来处理它们。

除此之外,为了最大限度地利用硬件调度队列及多重队列实现,了解硬件设备参数的块设备硬件驱动还负责硬件调度队列的注册、硬件调度队列的映射和输入输出标签的处理等。

鉴于块设备驱动的复杂性,这里我们分析一个在 drivers/block/brd.c 中的例子,它支持使用一段内存来当作一个块设备,也就是分配一个内存盘,它也是 Linux 内核中很多临时文件系统所使用的虚拟设备类型。这个驱动并没有使用请求队列的块设备输入输出处理模式,而是通过设置 struct block_device_operations,在底层直接对 struct bio 类型的结构体进行操作的模式,它的操作如下:

```
static const struct block_device_operations brd_fops = {
    .owner =        THIS_MODULE,
    .submit_bio =      brd_submit_bio,
    .rw_page =        brd_rw_page,
};
```

它包括对块设备输入输出直接提交的 brd_submit_bio 和读写一个内存页面 brd_rw_page 的函数,它们的代码如下:

```
static int brd_rw_page(struct block_device *bdev, sector_t sector,
            struct page *page, unsigned int op)
{
    struct brd_device *brd = bdev->bd_disk->private_data;
    int err;
    if (PageTransHuge(page))
        return -ENOTSUPP;
    err = brd_do_bvec(brd, page, PAGE_SIZE, 0, op, sector);
    page_endio(page, op_is_write(op), err);
    return err;
}
```

```
static blk_qc_t brd_submit_bio(struct bio *bio)
{
    struct brd_device *brd = bio->bi_bdev->bd_disk->private_data;
    sector_t sector = bio->bi_iter.bi_sector;
    struct bio_vec bvec;
    struct bvec_iter iter;
    bio_for_each_segment(bvec, bio, iter) {
        unsigned int len = bvec.bv_len;
        int err;
        /* Don't support un-aligned buffer */
        WARN_ON_ONCE((bvec.bv_offset & (SECTOR_SIZE - 1)) ||
                    (len & (SECTOR_SIZE - 1)));
        err = brd_do_bvec(brd, bvec.bv_page, len, bvec.bv_offset,
                    bio_op(bio), sector);
        if (err)
            goto io_error;
        sector += len >> SECTOR_SHIFT;
    }
    bio_endio(bio);
    return BLK_QC_T_NONE;
io_error:
    bio_io_error(bio);
    return BLK_QC_T_NONE;
}
```

可以看到，它们都调用了 brd_do_bvec 函数，它负责将内存盘中的一个扇区与一个内存分页联系起来，从内存盘中读取或者向内存盘中写入。在 brd_rw_page 中只有一个扇区要被处理，因此只是单次调用了 brd_do_bvec 函数；而在 brd_submit_bio 中则可能存在多个段要进行处理，在这个函数中使用了 bio_for_each_segment 宏来遍历每个段。而 brd_do_bvec 的实现如下：

```
static int brd_do_bvec(struct brd_device *brd, struct page *page,
                unsigned int len, unsigned int off, unsigned int op,
                sector_t sector)
{
    void *mem;
    int err = 0;
    if (op_is_write(op)) {
        err = copy_to_brd_setup(brd, sector, len);
        if (err)
            goto out;
    }
    mem = kmap_atomic(page);
    if (!op_is_write(op)) {
        copy_from_brd(mem + off, brd, sector, len);
        flush_dcache_page(page);
    } else {
        flush_dcache_page(page);
        copy_to_brd(brd, mem + off, sector, len);
    }
```

```
    kunmap_atomic(mem);
out:
    return err;
}
```

在这个函数，从页面信息读取到实际的内存地址，如果需要写入，则调用 copy_to_brd 来从内存分页复制给定长度的数据到内存盘对应的扇区。而对内存盘的读取，则需要调用 copy_from_brd 从内存盘对应的扇区读取到内存分页中。

对于请求队列模式，我们看一个定义在 drivers/block/loop.c 中的回环设备驱动，定义了底层和提交队列两种输入输出支持。其中输入输出的提交是通过 struct blk_mq_ops 类型中 queue_rq 指向的回调函数，而块设备文件的打开、释放和输入输出控制等操作的实现则是通过 struct block_device_operations 类型中指向的回调函数实现的，它们的定义如下：

```
static const struct blk_mq_ops loop_mq_ops = {
    .queue_rq      = loop_queue_rq,
    .complete= lo_complete_rq,
};
static const struct block_device_operations lo_fops = {
    .owner =THIS_MODULE,
    .open =          lo_open,
    .release =      lo_release,
    .ioctl =lo_ioctl,
#ifdef CONFIG_COMPAT
    .compat_ioctl =      lo_compat_ioctl,
#endif
};
```

在 loop_queue_rq 中接收 struct blk_mq_hw_ctx 和 struct blk_mq_queue_data 类型作为参数，负责根据硬件调度队列的状态将请求队列调度到硬件上：

```
static blk_status_t loop_queue_rq(struct blk_mq_hw_ctx *hctx,
        const struct blk_mq_queue_data *bd)
{
    struct request *rq = bd->rq;
    struct loop_cmd *cmd = blk_mq_rq_to_pdu(rq);
    struct loop_device *lo = rq->q->queuedata;
    blk_mq_start_request(rq);
    if (lo->lo_state != Lo_bound)
        return BLK_STS_IOERR;
    switch (req_op(rq)) {
    case REQ_OP_FLUSH:
    case REQ_OP_DISCARD:
    case REQ_OP_WRITE_ZEROES:
        cmd->use_aio = false;
        break;
    default:
        cmd->use_aio = lo->use_dio;
        break;
    }
    /* always use the first bio's css */
```

```
    cmd->blkcg_css = NULL;
    cmd->memcg_css = NULL;
#ifdef CONFIG_BLK_CGROUP
    if (rq->bio && rq->bio->bi_blkg) {
        cmd->blkcg_css = &bio_blkcg(rq->bio)->css;
#ifdef CONFIG_MEMCG
        cmd->memcg_css =
            cgroup_get_e_css(cmd->blkcg_css->cgroup,
                &memory_cgrp_subsys);
#endif
    }
#endif
    loop_queue_work(lo, cmd);
    return BLK_STS_OK;
}
```

而在 lo_complete_rq 函数中，则是接收一个 struct request 类型的请求，将其中的输入输出完成并返回完成状态：

```
static void lo_complete_rq(struct request *rq)
{
    struct loop_cmd *cmd = blk_mq_rq_to_pdu(rq);
    blk_status_t ret = BLK_STS_OK;
    if (!cmd->use_aio || cmd->ret < 0 || cmd->ret == blk_rq_bytes(rq) ||
        req_op(rq) != REQ_OP_READ) {
        if (cmd->ret < 0)
            ret = errno_to_blk_status(cmd->ret);
        goto end_io;
    }
    if (cmd->ret) {
        blk_update_request(rq, BLK_STS_OK, cmd->ret);
        cmd->ret = 0;
        blk_mq_requeue_request(rq, true);
    } else {
        if (cmd->use_aio) {
            struct bio *bio = rq->bio;
            while (bio) {
                zero_fill_bio(bio);
                bio = bio->bi_next;
            }
        }
        ret = BLK_STS_IOERR;
end_io:
        blk_mq_end_request(rq, ret);
    }
}
```

5.1.3 内核中的网络设备驱动

在 Linux 设备中还有一类特殊的输入输出设备，与字符设备和块设备都有很大的不同，它就是网络设备。这类设备是在系统初始化的时候实时生成的，并且不会被 devfs 或者 udev

导出到 Linux 文件系统的/dev 目录中，而是仅仅在核心中用一个 struct device 类型的数据结构来表示。在通过网络进行数据包发送和接收时不通过文件操作，而是通过网络接口（Interface）来访问，一般就是前文在 POSIX 编程接口介绍中的套接字编程接口。

网络接口是 Linux 内核对物理网络设备统一的抽象，可以屏蔽这类设备的多样性。但实际上也有软件定义的网络设备，如 Linux 内核提供了一种回环（loop）网络设备。所有需要发送和接收的数据都是由 struct sk_buf 类型组织的，然后被发送到网络硬件设备中。

在 Linux 内核中采用了一个 structnet_device 类型来描述一个网络设备，这个网络设备既可以是实际的硬件，也可以由软件模拟。

在这个结构体类型中包含了太多的字段，仅仅这一个结构体类型就占据了 Linux 的 5.15 版本内核 include/linux/netdevice.h 头文件的 1949~2269 行代码。Linux 内核的开发者也承认这个结构类型是一个大错误，因为它混合了设备的输入输出数据和严格意义上的高层网络协议的数据，而且还使用了几乎整个网络模块的所有数据结构。在这里我们仅选取其中一部分字段进行介绍，具体如下：

```
struct net_device {
    char            name[IFNAMSIZ];
    /* 中略 */
    unsigned int        flags;
    unsigned int        priv_flags;
    const struct net_device_ops *netdev_ops;
    /* 中略 */
    unsigned int        mtu;
    /* 中略 */
    netdev_features_t features;
    netdev_features_t hw_features;
    /* 中略 */
    unsigned short      type;
    /* 中略 */
    struct net_device_stats stats; /* 不再被当前驱动程序使用 */
    /* 中略 */
    const struct ethtool_ops *ethtool_ops;
    /* 中略 */
    const struct header_ops *header_ops;
/* 中略 */
    unsigned char    *dev_addr;
    /* 中略 */
    struct device       dev;
    /* 中略 */
};
```

其中，name 字段是该结构的第一个字段，用来记录一个网络设备的名称；flags 字段存储着一些通用的网络设备标识，如是否启用广播（Broadcast）、是否启用多播（Multicast）等，这些标志都是在 Linux 内核头文件 include/linux/if.h 中定义的常量，如 IFF_BROADCAST、IFF_MULTICAST等；priv_flags 字段存储着一些私有的网络设备标识，通常由特定的网络设备驱动程序使用，这些标识可能包含与硬件相关的信息，如网卡的支持的速率、全双工模式等，它们通常是由网络设备驱动程序在网络设备初始化时设置的，并且可以通过 ioctl 系统调用来获取或设置，可供设置的标志在 include/linux/netdevice.h 头文件的 enum netdev_priv_flags 类型中定义；mtu 字段记录了这个网络设备的最大传输单元（Maximum Transmission Unit，MTU），超过最大传输单元的包需要经过切分，进行多次传输才能够完成；features 和 hw_features字段是来指示网络设备支持的特性的标识，包括数据包过滤、硬件加速等。

而 stats 字段是一个 struct net_device_stats 类型的结构体，它在一些（比较古老或者传统的）驱动中被用来记录网络设备统计的信息，它的定义也位于 include/linux/netdevice.h 头文件中，其字段如下：

```
struct net_device_stats {
    unsigned long rx_packets;
    unsigned long tx_packets;
    unsigned long rx_bytes;
    unsigned long tx_bytes;
    unsigned long rx_errors;
    unsigned long tx_errors;
    unsigned long rx_dropped;
    unsigned long tx_dropped;
    unsigned long multicast;
    unsigned long collisions;
    unsigned long rx_length_errors;
    unsigned long rx_over_errors;
    unsigned long rx_crc_errors;
    unsigned long rx_frame_errors;
    unsigned long rx_fifo_errors;
    unsigned long rx_missed_errors;
    unsigned long tx_aborted_errors;
    unsigned long tx_carrier_errors;
    unsigned long tx_fifo_errors;
    unsigned long tx_heartbeat_errors;
    unsigned long tx_window_errors;
    unsigned long rx_compressed;
    unsigned long tx_compressed;
};
```

我们不对这些字段进行一一解释，但熟悉 Linux 用户命令行的读者可能已经注意到了，这个结构体中的字段就是在执行 ifconfig 命令时输出的一部分统计信息，如笔者计算机以太网卡的 ifconfig 输出如下：

```
$ifconfig
eth0: flags=4163<UP,BROADCAST,RUNNING,MULTICAST>  mtu 1500
        inet 172.18.103.4  netmask 255.255.240.0  broadcast 172.18.111.255
        inet6 fe80::215:5dff:fe53:222c  prefixlen 64  scopeid 0x20<link>
        ether xx:xx:xx:xx:xx:xx  txqueuelen 1000  (Ethernet)
        RX packets 4  bytes 868 (868.0 B)
        RX errors 0  dropped 0  overruns 0  frame 0
        TX packets 9  bytes 726 (726.0 B)
        TX errors 0  dropped 0 overruns 0  carrier 0  collisions 0
```

下面继续回到 struct net_device 结构体类型中，在其中也存储这几个十分重要的表示操作集合的结构体字段：netdev_ops 字段指向一个 struct net_device_ops 类型的结构体，用来存储当前网络设备操作的回调函数；与之类似的还有 ethtool_ops 字段，它是一个 struct ethtool_ops 类型的结构体，这个结构体用于实现以太网设备的测试和诊断功能；另外的 header_ops 字段是一个 struct header_ops 类型的结构体，这个结构体用于描述这个网络设备收到的数据包、在网络协议栈中数据包的头部应当执行的操作。我们稍后对这 3 个操作集合的类型其进行详细的介绍。

最后的 dev_addr 字段指向一个 unsigned char 类型的数组，用来记录设备的地址，同时 dev 字段则是 Linux 内核用来描述任意设备的基础设备类型。

我们首先来看 struct net_device_ops 类型，它表示网络设备可以执行的操作。实际上，对于在 Linux 内核中的网络设备来说，它的操作数量十分庞大，但其中大部分都是可选的。这些操作是由 include/linux/net_device.h 头文件中的 struct net_device_ops 类型来描述的，它的部分字段定义如下：

```
struct net_device_ops {
    int             (*ndo_init)(struct net_device *dev);
    void            (*ndo_uninit)(struct net_device *dev);
    /* 中略 */
    netdev_tx_t     (*ndo_start_xmit)(struct sk_buff *skb,
                        struct net_device *dev);
    /* 中略 */
    void            (*ndo_set_rx_mode)(struct net_device *dev);
    int             (*ndo_set_mac_address)(struct net_device *dev,
                        void *addr);
    int             (*ndo_validate_addr)(struct net_device *dev);
    /* 中略 */
    void            (*ndo_get_stats64)(struct net_device *dev,
                            struct rtnl_link_stats64 *storage);
    /* 中略 */
};
```

其中，只有 ndo_start_xmit 字段指向的函数是必须提供的，它用于传输网络数据：当网络协议栈需要将数据发送到网络上时，会调用这个函数，将要发送的 struct sk_buff 类型的数据包和对应的网络设备作为参数传递给它指向的回调函数。

在 Linux 内核中，任何网络（包括蓝牙、NFC 等）的数据包都是由在 include/linux/skbuff.h 中定义的 struct sk_buff 类型的结构体来描述的。在这里我们不对其进行详解。

而在 struct net_device_ops 类型的结构体中，我们只重点介绍几个展示出来的字段所对应的回调函数的作用。首先是 ndo_init 和 ndo_uninit 字段，它们分别用于初始化和反初始化网络设备（当网络设备被注册时，会调用 ndo_init 字段指向的回调函数来完成设备的初始化；在网络设备不再使用时，会调用 ndo_uninit 字段指向的回调函数来释放相关资源）；ndo_set_rx_mode 字段用于指向设置接收模式的回调函数；ndo_set_mac_address 字段指向的是用于设置 MAC 地址的回调函数；ndo_validate_addr 字段指向用于验证 MAC 地址的回调函数，网卡设备驱动可以借此机会验证一个 MAC 地址在当前网络中是否合法；ndo_get_stats64 字段指向的函数用于获取网络设备的统计信息，这些统计信息通过一个 struct rtnl_link_stats64 类型的结构体取出。另外，该结构体中还可以包含一些其他的函数指针，如用于改变网卡最大传输单元（MTU）大小的 ndo_change_mtu 回调函数和用于设置传输超时时长的 ndo_tx_timeout 回调函数等，用于实现其他网络设备驱动程序所需的操作。

接下来我们来看用于以太网设备操作的 struct ethtool_ops 类型，它被定义在 include/linux/ethtool.h 中，鉴于本书并不会涉及这个结构体，我们仅仅介绍其中后文会用到的字段，具体如下：

```
struct ethtool_ops {
    /* 中略 */
    u32 (*get_link) (struct net_device *);
    /* 中略 */
    int (*get_ts_info) (struct net_device *, struct ethtool_ts_info *);
    /* 中略 */
};
```

其中，get_link 字段指向用于查询网络设备连接状态的函数，网络设备驱动程序应当在其中返回一个 enum ethtool_link_mode_bit_indices 类型的值，它是在 include/uapi/linux/ethtool.h 头文件中被定义的，可以取的值如表示 10Mbps 半双工的 ETHTOOL_LINK_MODE_10baseT_Half_BIT、表示 100Mbps 全双工的 ETHTOOL_LINK_MODE_100baseT_Full_BIT 等，用来指示设备的连接速度和模式；get_ts_info 字段指向的函数用于查询网络设备的时间戳（timestamp）信息，当调用该函数时，网络设备驱动程序会填充 struct ethtool_ts_info 类型的 ethtool_ts_info 参数中的字段，以指示设备支持的时间戳类型、精度和偏移等信息。

而另外的网络包头操作的 struct header_ops 结构体位于 include/linux/netdevice.h 头文件中，它的全部字段如下：

```
struct header_ops {
    int (*create) (struct sk_buff *skb, struct net_device *dev,
            unsigned short type, const void *daddr,
            const void *saddr, unsigned int len);
    int (*parse) (const struct sk_buff *skb, unsigned char *haddr);
    int (*cache) (const struct neighbour *neigh, struct hh_cache *hh, __be16 type);
    void (*cache_update) (struct hh_cache *hh,
            const struct net_device *dev,
            const unsigned char *haddr);
    bool (*validate) (const char *ll_header, unsigned int len);
    __be16  (*parse_protocol) (const struct sk_buff *skb);
};
```

其中，create 字段指向的回调函数用于构建网络包数据链路层的帧，即为给定的协议类型、目标 MAC（Media Access Control，媒介访问控制）地址和源 MAC 地址，以及根据给定的数据长度创建一个数据帧，该函数一般由网络设备驱动实现，用于将网络层的数据包封装成链路层的数据帧；parse 字段指向的回调函数用于解析数据链路层的帧，即从给定的数据帧中提取目标和源 MAC 地址；cache 字段指向的函数负责缓存链路层帧的信息，即将已经解析出的 MAC 地址信息缓存起来，以便后续查询，避免重复解析；cache_update 字段指向的回调函数用于更新缓存中链路层帧的信息，即在接收到 ARP（Address Resolution Protocol，地址解析协议）请求时，在缓存中更新对应的 MAC 地址信息；validate 字段指向的函数用于验证数据链路层帧的有效性，即检查数据链路层帧是否符合协议规范；最后的 parse_protocol 字段指向的函数则用于从给定的网络数据帧中解析出协议类型，即从数据帧的头部信息中提取出协议类型。

例如，对于数据链路层为以太网（Ethernet，eth）的设备来说，有一个通用的以太网数据包的包头操作集合，它被定义在 net/ethernet/eth.c 中，其定义如下：

```
const struct header_ops eth_header_ops ____cacheline_aligned = {
    .create          = eth_header,
    .parse           = eth_header_parse,
    .cache           = eth_header_cache,
    .cache_update    = eth_header_cache_update,
    .parse_protocol  = eth_header_parse_protocol,
};
```

可以看到，它提供了除 validate 字段以外的所有回调函数，如负责解析以太网数据帧头部的 eth_header_parse 函数实现如下：

```
int eth_header_parse(const struct sk_buff * skb, unsigned char * haddr)
{
    const struct ethhdr * eth = eth_hdr(skb);
    memcpy(haddr, eth->h_source, ETH_ALEN);
    return ETH_ALEN;
}
```

它调用 eth_hdr 函数将以太网数据帧头部的数据解析出来，将对应的字段存入 struct ethhdr 类型的结构体中，并将源数据复制到 haddr 参数中返回。

针对 struct net_device_ops 和 struct ethtool_ops 类型中描述的网络设备操作，则是在网络设备驱动创建 struct net_device 类型的结构体之后进行设置的。我们以在 Linux 系统中最常见的回环（loopback）设备为例，首先来浏览一遍在 Linux 内核中网络设备创建的过程。回环设备的模块是在 drivers/net/loopback.c 文件中定义的，它的初始化函数如下：

```
static __net_init int loopback_net_init(struct net * net)
{
    struct net_device * dev;
    int err;
    err = -ENOMEM;
    dev = alloc_netdev(0, "lo", NET_NAME_PREDICTABLE, loopback_setup);
    if (!dev)
        goto out;
    dev_net_set(dev, net);
    err = register_netdev(dev);
    if (err)
        goto out_free_netdev;
    BUG_ON(dev->ifindex != LOOPBACK_IFINDEX);
    net->loopback_dev = dev;
    return 0;
out_free_netdev:
    free_netdev(dev);
out:
    if (net_eq(net, &init_net))
        panic("loopback: Failed to register netdevice: %d\n", err);
    return err;
}
```

可以看到，它首先调用 alloc_netdev 函数来分配一个网络设备，存入 struct net_device 类型的 dev 变量中。这个函数实际上是一个宏，定义在 include/linux/netdevice.h 中：

```
#define alloc_netdev(sizeof_priv, name, name_assign_type, setup)    \
    alloc_netdev_mqs(sizeof_priv, name, name_assign_type, setup, 1, 1)
```

它通过转换去调用了在同一头文件中声明的 alloc_netdev_mqs 函数，其函数签名如下：

```
struct net_device *alloc_netdev_mqs(int sizeof_priv, const char *name,
                    unsigned char name_assign_type,
                    void (*setup)(struct net_device *),
                    unsigned int txqs, unsigned int rxqs);
```

我们不对其函数体进行展开讲解，只对其参数进行介绍：第一个参数 sizeof_priv 是要为网络设备分配的私有数据大小，并不一定是 struct net_device 类型本身的大小，因为大部分网络设备驱动都需要私有的字段来存储额外的信息；name 参数是用于设置设备名称的字符串；name_assign_type 参数则用于指定设备名称的来源，如回环设备就是 NET_NAME_PREDICTABLE，因为不会有其他更多的回环设备被创建；setup 参数是一个回调函数，用于分配初始化后的网络设备；最后的 txqs 和 rxqs 参数分别是要分配的网络数据包发送和接收队列的数量。

在分配完毕后，用来初始化回环设备的 loopback_setup 函数会被调用，它的定义如下：

```
static void loopback_setup(struct net_device *dev)
{
    gen_lo_setup(dev, (64 * 1024), &loopback_ethtool_ops, &eth_header_ops,
            &loopback_ops, loopback_dev_free);
}
```

可以看到，它调用了 gen_lo_setup 函数，并传入了 loopback_ethtool_ops、eth_header_ops 和 loopback_ops 这三个回调函数集合，其中的 eth_header_ops 是已经在前文中介绍过的以太网数据帧的头部操作，而被设置的网络设备操作 loopback_ops 和以太网测试诊断操作 loopback_ethtool_ops 都是回环设备特定的，都定义在 drivers/net/loopback.c 代码中：

```
static const struct ethtool_ops loopback_ethtool_ops = {
    .get_link        = always_on,
    .get_ts_info     = ethtool_op_get_ts_info,
};
static const struct net_device_ops loopback_ops = {
    .ndo_init        = loopback_dev_init,
    .ndo_start_xmit  = loopback_xmit,
    .ndo_get_stats64 = loopback_get_stats64,
    .ndo_set_mac_address = eth_mac_addr,
};
```

其中，loopback_ethtool_ops 的 get_link 字段指向 always_on 函数，它总是返回一个 1，表明回环设备总是连接着的；get_ts_info 字段则指向 ethtool_op_get_ts_info 这个通用的函数，用来获取时间戳信息。这是因为我们的回环设备并不实际提供太多的有关以太网设置方面的功能。

在 struct net_device_ops 类型的 loopback_ops 中，则为 ndo_init、ndo_start_xmit 和 ndo_get_stats64 字段的回调函数提供了自定义的实现。而对 ndo_set_mac_address 字段则提供了以太网

设备通用的 MAC 地址设置函数 eth_mac_addr，它会简单地将给定的 struct net_device 类型结构体中的 MAC 地址字段设置为给定的 MAC 地址。

其中在 loopback_dev_init 函数中，它为对应的网络设备描述的 lstats 字段（即设备的新版统计信息）分配一个 struct pcpu_lstats 类型的实例。这个类型对每一个处理器都会初始化一个统计信息类型，它的实现如下：

```
static int loopback_dev_init(struct net_device *dev)
{
    dev->lstats = netdev_alloc_pcpu_stats(struct pcpu_lstats);
    if (!dev->lstats)
        return -ENOMEM;
    return 0;
}
```

分配所使用的 netdev_alloc_pcpu_stats 函数会为每一个可能存在的处理器都创建一个单独的统计信息。而在 loopback_get_stats64 函数中，它会去调用 dev_lstats_read 函数，遍历每一个可能的处理器，将每个处理器上进行处理的网络包和字节都统计在一起，最后在 loopback_get_stats64 中返回，其实现如下：

```
static void loopback_get_stats64(struct net_device *dev,
                    struct rtnl_link_stats64 *stats)
{
    u64 packets, bytes;
    dev_lstats_read(dev, &packets, &bytes);
    stats->rx_packets = packets;
    stats->tx_packets = packets;
    stats->rx_bytes   = bytes;
    stats->tx_bytes   = bytes;
}
```

可以看到，因为这里是一个回环设备，所以传输的网络包总数和字节总量与接收到的一致。

而 loopback_xmit 函数的实现如下：

```
static netdev_tx_t loopback_xmit(struct sk_buff *skb,
                    struct net_device *dev)
{
    int len;
    skb_tx_timestamp(skb);
    skb->tstamp = 0;
    skb_orphan(skb);
    skb_dst_force(skb);
    skb->protocol = eth_type_trans(skb, dev);
    len = skb->len;
    if (likely(netif_rx(skb) == NET_RX_SUCCESS))
        dev_lstats_add(dev, len);
    return NETDEV_TX_OK;
}
```

它对 struct sk_buff 类型的网络数据包描述中的字段通过函数或直接进行一系列设置。在 eth_type_trans 函数中，这个网络数据包描述会与当前的网络设备关联起来，从而在数据包被处理完之后，Linux 内核的网络模块可以通知这个网络设备。在准备完毕后，由于是回环设备，loopback_xmit 函数会直接调用 netif_rx 函数来排队，等待上层协议处理这个数据包的接收，而不会实际发送到其他网络中。netif_rx 函数定义在 net/core/dev.c 中，是通用的网络设备接收并处理网络数据包的实现。它首先调用 trace_netif_rx_entry 函数来追踪给定网络包的开始接收事件，然后调用其内部实现 netif_rx_internal 来完成网络包的接收，最后调用 trace_netif_rx_exit 函数来追踪给定网络包的结束接收事件，这段代码如下：

```c
int netif_rx(struct sk_buff *skb)
{
    int ret;
    trace_netif_rx_entry(skb);
    ret = netif_rx_internal(skb);
    trace_netif_rx_exit(ret);
    return ret;
}
EXPORT_SYMBOL(netif_rx);
```

它会在没有产生拥塞时直接返回 NET_RX_SUCCESS，而如果 NET_RX_DROP 被返回，说明这个网络数据包被丢弃了。

暂且先不对数据包的接收部分进行深入解析，我们先回到 loopback_setup 对 gen_lo_setup 的调用上来，它的实现与回环设备实现在同一个文件 drivers/net/loopback.c 中，代码如下：

```c
static void gen_lo_setup(struct net_device *dev,
        unsigned int mtu,
        const struct ethtool_ops *eth_ops,
        const struct header_ops *hdr_ops,
        const struct net_device_ops *dev_ops,
        void (*dev_destructor)(struct net_device *dev))
{
    dev->mtu            = mtu;
    dev->hard_header_len    = ETH_HLEN; /* 14 */
    dev->min_header_len     = ETH_HLEN; /* 14 */
    dev->addr_len       = ETH_ALEN; /* 6 */
    dev->type           = ARPHRD_LOOPBACK; /* 0x0001 */
    dev->flags          = IFF_LOOPBACK;
    dev->priv_flags |     = IFF_LIVE_ADDR_CHANGE | IFF_NO_QUEUE;
    netif_keep_dst(dev);
    dev->hw_features    = NETIF_F_GSO_SOFTWARE;
    dev->features           = NETIF_F_SG | NETIF_F_FRAGLIST
        | NETIF_F_GSO_SOFTWARE
        | NETIF_F_HW_CSUM
        | NETIF_F_RXCSUM
        | NETIF_F_SCTP_CRC
        | NETIF_F_HIGHDMA
        | NETIF_F_LLTX
        | NETIF_F_NETNS_LOCAL
        | NETIF_F_VLAN_CHALLENGED
        | NETIF_F_LOOPBACK;
    dev->ethtool_ops        = eth_ops;
    dev->header_ops         = hdr_ops;
```

```
    dev->netdev_ops         = dev_ops;
    dev->needs_free_netdev  = true;
    dev->priv_destructor    = dev_destructor;
}
```

可以看到，它负责设置创建出来的设备的最大传输单元的大小。这里的值为从 loopback_
setup 传入的 65536 字节（即 60×1024），设备的数据包头部的长度设置为以太网数据包对应
的 14 字节，地址长度则是以太网数据包对应的 6 字节，为 type 字段设置为回环类型，同时
设置了对应的标识和特性。最后，它将传入的三种操作集合设置到网络设备描述的结构体
中，并把传入的 loopback_dev_free 函数作为这个网络设备在销毁时需要调用的析构函数。

在初始化并设置好设备后，回环设备的初始化函数 loopback_net_init 会先调用 dev_net_set
函数，将设备和给定的网络关联起来（如果在当前的 Linux 内核中配置了网络空间实例的
话）。然后调用 register_netdev 函数注册网络设备，这个函数定义在 net/core/dev.c 中。它实
际上首先获取了一个锁，然后再调用同一文件中的 register_netdevice 函数来完成操作。我们
首先来看 register_netdev 的代码，具体如下：

```
int register_netdev(struct net_device *dev)
{
    int err;
    if (rtnl_lock_killable())
        return -EINTR;
    err = register_netdevice(dev);
    rtnl_unlock();
    return err;
}
EXPORT_SYMBOL(register_netdev);
```

对于 register_netdevice 函数来说，限于篇幅，我们仅对其中部分感兴趣的代码进行解
析。在 register_netdevice 函数中，它会对传入的网络设备描述的 struct net_device 类型实例中
的字段进行检查，并调用 dev_get_valid_name 函数来获取一个有效的网络设备的名称。之后
如果网络设备操作的 ndo_init 字段被设置了，则会去调用对应的函数来对设备进行初始化
（在回环设备中，就是前面展示过的 loopback_dev_init 函数）。在经过设备的各种特性的检查
和设置后，register_netdevice 函数调用 netdev_register_kobject 函数来为这个网络设备注册内
核对象，注册完成后这个网络设备就会被导出到 sysfs。然后，它会调用 linkwatch_init_dev 函
数为设备注册连接的监测，并调用 dev_init_scheduler 函数为设备初始化调度器，以便在调度
中可以处理网络设备要发送的数据。实际上，针对每个发送队列（TX），dev_init_scheduler
函数都会为其初始化一个调度队列。最后，它会调用 list_netdevice 函数，将网络设备插入对
应的网络哈希列表中。鉴于我们主要是对网络设备驱动进行解析，在这里就不对网络子系统
的部分进行详述了。

让我们回到网络设备接收包的部分，在回环设备中，一旦包要被发送出去，就会调用
netif_rx 函数。Linux 内核中导出的与之类似的还有 netif_rx_ni 函数，它会在不被抢占、没有
中断的情况下执行同样的 netif_rx_internal 函数，其代码如下：

```
int netif_rx_ni(struct sk_buff * skb)
{
    int err;
```

```
    trace_netif_rx_ni_entry(skb);
    preempt_disable();
    err = netif_rx_internal(skb);
    if (local_softirq_pending())
        do_softirq();
    preempt_enable();
    trace_netif_rx_ni_exit(err);
    return err;
}
EXPORT_SYMBOL(netif_rx_ni);
```

而同样被导出的还有 netif_rx_any_context 函数，它根据是否在中断上下文中来决定调用其中的哪个函数：

```
int netif_rx_any_context(struct sk_buff * skb)
{
    if (in_interrupt())
        return netif_rx(skb);
    else
        return netif_rx_ni(skb);
}
EXPORT_SYMBOL(netif_rx_any_context);
```

除去回环设备这种特殊设备，一般情况下，在硬件设备接收到完整的网络包后，都会通过中断机制通知 Linux 内核。这种机制可以让处理器放下正在处理的事情，进入其他事务的处理。对于网卡来说，它发起的中断可以让处理器与网卡进行交互，从而进行网络包的读取。这种实现模式被称为 tasklet 模式，即在中断后执行一个小任务。在 Linux 内核中的通用串行总线（Universal Serial Bus，USB）网卡驱动就采用了这种处理模式，其中在 USB 网卡探测过程中，探测成功后就会调用 tasklet_setup 函数，为设备设置一个中断下半部（Bottom Half）的回调函数：

```
tasklet_setup(&dev->bh, usbnet_bh_tasklet);
```

设置的回调函数为 usbnet_bh_tasklet，它被定义在 drivers/net/usb/usbnet.c 中，实现如下：

```
static void usbnet_bh_tasklet(struct tasklet_struct * t)
{
    struct usbnet * dev = from_tasklet(dev, t, bh);
    usbnet_bh(&dev->delay);
}
```

可以看到，它先取出 USB 网络设备的描述，然后调用 usbnet_bh 函数来完成操作。这个函数中与接收网络数据包有关的部分如下：

```
static void usbnet_bh (struct timer_list * t)
{
    struct usbnet      * dev = from_timer(dev, t, delay);
    struct sk_buff     * skb;
    struct skb_data    * entry;
    while ((skb = skb_dequeue (&dev->done))) {
```

```
        entry = (struct skb_data *) skb->cb;
        switch (entry->state) {
        case rx_done:
            entry->state = rx_cleanup;
            rx_process (dev, skb);
            continue;
        case tx_done:
            kfree(entry->urb->sg);
            fallthrough;
        case rx_cleanup:
            usb_free_urb (entry->urb);
            dev_kfree_skb (skb);
            continue;
        default:
            netdev_dbg(dev->net, "bogus skb state %d\n", entry->state);
        }
    }
    /* 中略 */
}
```

可以看到，针对已经完成接收（rx_done）的数据包，它调用了 rx_process 函数来进行接收相关操作的处理，这个函数的部分定义如下：

```
static inline void rx_process (struct usbnet *dev, struct sk_buff *skb)
{
    if (dev->driver_info->rx_fixup &&
        !dev->driver_info->rx_fixup (dev, skb)) {
        /* 针对有 RX_ASSEMBLE 标识的情况,rx_fixup() 需要更新计数器 */
        if (!(dev->driver_info->flags & FLAG_RX_ASSEMBLE))
            dev->net->stats.rx_errors++;
        goto done;
    }
    /* 中略 */
done:
    skb_queue_tail(&dev->done, skb);
}
```

我们只关注其中 driver_info 的 rx_fixup 字段指向的函数，它是由 USB 的网络驱动程序提供的，如在 AX88179_178A 的驱动中（在 drivers/net/usb/ax88179_178a.c 文件中），这个函数为 ax88179_rx_fixup。这个函数在对网络包进行处理后，调用了 usbnet_skb_return 函数，来将取出的网络包返回：

```
usbnet_skb_return(dev, ax_skb);
```

这个函数是在 drivers/net/usb/usbnet.c 中被定义的，它最终调用了 netif_rx 函数，将接收到的网络包传入 Linux 内核的网络栈中，以便不同的网络协议验证和解析：

```
void usbnet_skb_return (struct usbnet *dev, struct sk_buff *skb)
{
    /* 中略 */
    status = netif_rx (skb);
    if (status != NET_RX_SUCCESS)
```

```
        netif_dbg(dev, rx_err, dev->net,
            "netif_rx status %d\n", status);
}
```

但 tasklet 的缺点是在包的数量很多的时候，会产生大量的中断，这时 Linux 内核可能会耗费大量时间在处理中断上。为了解决这样的问题，在 Linux 网卡驱动中还存在 NAPI 模式。

简单来说，NAPI 的思想就是，每次不会只接收一个网络包，因此会在接收到一个中断后，暂时停用中断机制，从而避免大量中断带来的性能问题。在一段时间进行一系列查询操作，看有没有其余的网络包也可以取出，如果有则从网络设备取出到 Linux 内核中，再由内核的网络栈进行相应的处理。与此同时，它还加入了一个预算（budget）的概念。这是为了公平性，避免 NAPI 持续查询同一个网卡，而忽略其他网卡的网络包。在接收的网络包超过预算后，NAPI 就会暂停，允许其他设备进行操作。

例如，在 Intel 早期百兆以太网卡的驱动程序（位于 drivers/net/ethernet/intel/e100.c）中，在探测到设备后的初始化过程中，它发起了下面的调用：

```
netif_napi_add(netdev, &nic->napi, e100_poll, E100_NAPI_WEIGHT);
```

它针对设备描述中的 napi 字段，调用了 netif_napi_add 函数，为其添加了一个轮询的回调函数 e100_poll。这个函数接收描述 NAPI 的结构体和一个预算作为参数，其代码如下：

```
static int e100_poll(struct napi_struct * napi, int budget)
{
    struct nic * nic = container_of(napi, struct nic, napi);
    unsigned int work_done = 0;
    e100_rx_clean(nic, &work_done, budget);
    e100_tx_clean(nic);
    /* 如果预算已经被全部消耗掉了,继续其他设备的轮询 */
    if (work_done == budget)
        return budget;
    /* 只有在 NAPI 栈认为轮询真的完成后,再重新启用中断 */
    if (likely(napi_complete_done(napi, work_done)))
        e100_enable_irq(nic);
    return work_done;
}
```

它首先调用 e100_rx_clean 函数来清理接收的网络包，并将完成的工作取回，然后调用 e100_tx_clean 函数来清理发送的网络包；紧接着，它检测是否已经将预算消耗完了，如果属实，则让 NAPI 继续去查询其他设备；否则，在预算没有消耗完之前，都会持续查询当前设备，直到 NAPI 确定执行完毕了，才会重新开启设备的中断。这样，一次中断就可以实现接收多个网络包的功能。

在 Linux 网络的分层结构中，我们一直在关注的 struct net_device 表示的主要是数据链路层和物理层。而更高的网络层的表示则是 struct in_device 和 struct inet6_dev 两个类型，它们分别是互联网协议中 IPv4 和 IPv6 的设备抽象。

最终，接收的网络包都会在 Linux 内核中经过解析交由不同的协议处理。经过一层一层的验证和解包，最终的包内数据会被储存在 Linux 内核可访问的内存空间中，并被 Linux 内核中的网络栈解析。

在发起针对 socket 的 read 系统调用的时候，解析出的数据包中的内容会被复制到用户态应用程序准备的缓冲区中（即用户态应用程序的内存空间中），才能被用户态应用程序所读取到。在发送时则相反，用户态应用程序中的数据需要被复制到 Linux 内核态的内存空间中，经过协议栈中多层协议处理与包装后，最终调用对应网络设备的 ndo_start_xmit 操作，才能发送出去。

5.1.4 用户态驱动的原理

在前文中，我们已经看到 Linux 内核是可以将内核中的信息转发到用户态应用程序中的。但这些都是比较特殊的事件，如通过一个 netlink 套接字来传递 udev 相关的驱动程序和设备在 Linux 内核中内核对象 kobject 的添加和移除事件，然后在用户态中的 udev 程序负责/dev 目录中相关设备的创建和命名。同时，用户态的应用程序开发者还可以通过 sysfs 来访问一些设备，与设备进行通信。事实上 udev 自身在接收到内核对象的事件后，也需要通过 sysfs 来获取更多信息，从而完成设备的命名和创建。

首先，我们需要明确的一点是，对于 Linux 内核，无论是哪种用户态驱动实现的方式，在内核中都需要一些实现来将内核中的相关信息转发到用户态。这是因为对于硬件的一些访问只有在有特权级的内核态才可以实现，但内核可以将这些信息按照一定模式组织起来，再通过一些方法（如特殊的套接字、字符设备、块设备文件、管道等）分享给用户态。用户态应用程序通过相同的方法读取并解析，根据预先约定的格式进行处理。如果需要有回传给 Linux 内核的信息，也可以通过类似的手段传给 Linux 内核，内核对其进行处理或者直接传到对应的硬件设备中。这一过程如图 5-2 所示。

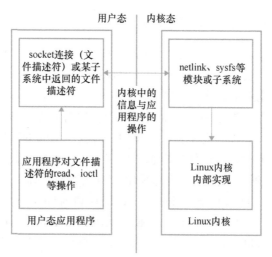

图 5-2 实现 Linux 用户态的过程

对于块设备和字符设备来说，它们都有能够响应文件输入输出事件的回调函数集合，如果存在一个内核模块，它能将文件操作的事件和相关信息发送到用户态。而包括 Linux 在内的许多近期的操作系统内核都提供了类似的模块，从而允许文件系统运行在用户态，被称为用户态文件系统。在 Linux 中，它的实现包含了 cuse、fuse 和 fuseblk 三种文件系统类型。其中使用 cuse 可以在用户态实现读写等函数，从而实现一个字符设备；而 fuse 和 fuseblk 则是在用户态接收文件路径等属性，再通过网络或者对块设备的读写来提供文件内容。在第 7 章中，我们会解析 fuse 的内部实现，并实现一个简单的用户态文件系统。

除此之外，一个硬件驱动所需要的可能还有对硬件设备内存以及硬件产生的设备中断的处理。理论上来说：由于特权级对硬件访问权限的限制，硬件的设备中断只能由有特权级的内核接收到，并在短时间内进行处理；而由于虚拟内存和特权级的双重存在，硬件设备内存也只能在内核的内存空间中才能访问到。幸运的是，在 Linux 内核中，内核开发者为驱动开发人员设计并编写了 UIO 和 VFIO 等框架。它们可以将中断传递给用户态，或者将硬件的设备内存映射到用户态的内存空间中，从而实现。在本章的 5.2 和 5.3 节，我们会分别介绍这两个用户态驱动程序接口，并对使用它们的一些实例进行分析。

同时，这样的操作也可以通过另外的协议完成，并在用户态通过不同的表现形式导出对应的接口。如通用串行总线（Universal Serial Bus，USB）协议在 Linux 内核中就存在 USB 子系统，它可以识别大部分通用的 USB 设备，但是却并不一定有能让通过 USB 连接的硬件正确运行的驱动程序。但用户态的应用程序却可以作为驱动程序的补充部分，通过内核导出的接口，通过 USB 协议与硬件进行通信，从而使其正常运行。

最后，常见的另一种模式是将设备的关键知识产权内容放入一个固件中，它一般包含了配置或者硬件设备可以执行的代码。通过在内核态中简单的一层内核驱动的实现，直接传入到硬件设备中，硬件设备对这个固件进行加载、解析甚至执行，从而实现驱动硬件。无论是无线网卡驱动、英伟达（NVIDIA）的显卡驱动，还是在 Android 的硬件抽象层（Hardware Abstraction Layer，HAL）中，都存在这样的实现。在第 9 章中，我们会对其中的一个例子——Android 系统使用的硬件抽象层，进行解析。

5.1.5　在用户态实现驱动的优劣

既然 Linux 内核本身的驱动程序都是在内核中与内核的代码一并编写的，并且经过实践还有不错的性能，为什么我们还需要在用户态实现驱动程序呢？

首先，从编写开始 Linux 内核本身属于宏内核（monolithic kernel）架构，也就是说整个操作系统的模块都运行在内核空间，以特权级运行，包括进程管理、资源控制、驱动程序等模块。这种宏内核的优点是设计简单，在内核中，各模块之间的通信成本很小，它们可以直接调用内核空间内的任何函数，就像用户态的应用程序在调用函数一样，因此宏内核的性能很好。在 1980 年之前，所有的操作系统都采用宏内核实现，即使到现在，主要的操作系统也大多采用这种方式，如 OpenVMS、Linux、FreeBSD 和 Solaris 等。

与宏内核对应的一种架构是微内核。它提供实现操作系统所需的最少机制，包括地址空间管理、线程管理和进程间通信等。尽管微内核也运行在内核态，拥有特权级，但是其余的操作系统功能，如设备驱动程序、协议栈和文件系统等通常会被从内核删除，并在用户态编写和运行。微内核的支持者认为宏内核的移植性不佳，即使有的宏内核被拆分为多个服务模块，并且各模块是各自运作的，操作系统的代码却依然高度耦合，很难修改成其他类型的操作系统架构。此外，由于所有的模块都在同一块寻址空间（即内核空间）中执行，如果某个细小的驱动程序模块出现错误和问题，执行时都会影响整个操作系统运作，甚至导致内核停止运行（一般称为内核恐慌，kernel panic）。因此，在编写代码时需要更加谨慎，这对于不熟悉内核的开发者来说是很困难的。

其中宏内核将驱动程序等功能全部放在操作系统内核的内部实现，应用程序需要发起系统调用与内核交互才能访问这些功能；而微内核架构这些系统被放入内核外实现，采用内核提供的跨进程通信功能来给应用程序提供服务。图 5-3 所示为宏内核和微内核各自的一种可能的实现架构。

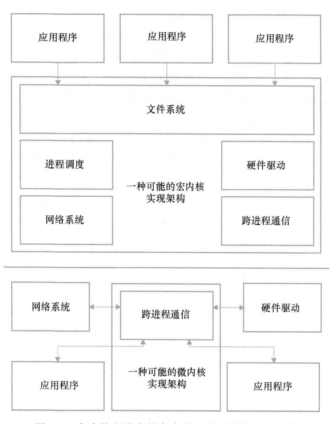

图 5-3　宏内核和微内核各自的一种可能的实现架构

尽管从 2.6 版本开始的 Linux 内核允许动态地加载和卸载模块，但这些模块和内核仍然运行在同一地址空间，因此这些模块会受到 Linux 内核使用的开源许可证的传染。而 Linux 内核正是使用了 GPL 协议进行分发的，它的特点是在交付二进制程序的时候，也需要同时将源代码交付给用户。而 GPL 的传染性涉及同一地址空间的所有程序，因此这些动态加载的内核模块也需要同时为客户提供源代码。

因此，在用户态实现驱动程序可以减少内核出错的概率，并且不需要将自己的代码一并交付。内核通过一些手段将相关子系统的信息传递给用户态的驱动程序，交由用户态的程序进行处理。这样的架构事实上已经很接近微内核了，但同时正如微内核的缺点一样，在用户态实现硬件驱动可能会让内核的整体性能有所下降。

5.2　用户态驱动接口 Userspace I/O（UIO）

在 Linux 内核的驱动框架中，各模块是按照子系统来组织的，也就是说，存在各种类型驱动的子系统，如 PCI 子系统、网络子系统、USB 子系统等。一般情况下，在开发驱动的时候，驱动开发人员需要使用或者基于相应的子系统来完成。如一个开发人员想编写一个 PCI 的网卡驱动，那么就可以结合上述的 PCI 子系统和网络子系统来共同完成。但有时，有许多非标准的硬件并不能直接使用这些子系统，如模拟信号或者数字信号输入输出的转换器（Analog-Direct Convertor，ADC 和 Direct-Analog Convertor，DAC）、自定义的可编程逻辑阵列（Field Programmable Gate Array，FPGA）硬件等。这时驱动开发人员就不得不进行更加困难的内核驱动程序开发，但由于内核中驱动模块的子系统无法复用，这一开发过程几乎是从零开始。对于这些硬件，它们的开发人员往往是来自工业界的程序员，对他们来说这并不是一件简单的事，很可能带来过长的开发周期。并且很容易引入新的问题和错误，而在内核中的错误往往是致命性的，会导致内核恐慌从而使系统失效。

在传统的驱动开发模型中，这种非标准的硬件一般可以使用一个字符设备实现，由 udev 控制并负责导出到/dev 目录中。这时用户态的应用程序可以调用 read 和 write 系统通过读写操作直接控制设备，在更复杂的情况下也可以使用 ioctl 系统调用来为硬件设置额外的功能。在实现内核中这个基于字符设备的非标准硬件的驱动时，会使用许多可能不稳定的内核内部的接口，而且因为没有可用的子系统，驱动也会变得很庞大，使其在之后的内核版本中变得更加难以维护。这时，如果有一个在用户态的输入输出框架，就可以极大地简化驱动开发了。

因此，Linux 内核在 2.6 版本开始引入了用户态输入输出 Userspace I/O（Userspace Input Output，UIO）框架，它就是符合这样需求的一个用户态的框架。它允许用户态应用程序使用 mmap 系统调用进行硬件设备内存到用户态内存的映射，从而允许在用户态通过内存的访问直接读取或者写入硬件设备内存或硬件中的寄存器，并且可以通过 read 系统调用来获取设备中断。图 5-4 所示为用户态应用程序使用 UIO 驱动程序的实现架构。

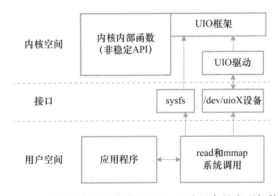

图 5-4　用户态应用程序使用 UIO 驱动程序的实现架构

在计算机中，中断是一个可以改变程序正常执行流程的事件，它可以由外部的硬件设备或者 CPU 来产生。当一个中断发生时，当前的执行流程或者程序可以被暂停，并且处理器会去运行中断处理程序来响应中断，也可以直接对其进行忽略，而在中断处理程序运行完成后，再恢复先前的执行流程。中断分为软中断和硬中断两种，其中硬中断就是由实际的硬件设备产生的，包括硬盘读取、时钟定时等事件，而处理器产生的往往是软中断，即软件定义上的中断。

在硬件层面，支持中断的外部设备会有一个输出引脚，用于发出中断请求信号，我们称之为 IRQ 引脚、这些 IRQ 引脚会连接到名为可编程中断控制器（Programmable Interrupt Controller，PIC/IC）的设备。每个中断引脚都会有一个编号，我们称之为中断号，习惯上使用 IRQn 来标识第 n 个中断。而可编程中断控制器则连接到 CPU 的 INTR（同样是中断，在不同平台和处理器可能有不同的名称，INTR 是在 PC 使用的 x86 和 x64 处理器家族中的标识）引脚。

产生并处理一个中断的过程如下：

1）硬件设备在它连接到的 IRQn 引脚上（如果同样的设备有多个中断引脚，则是要完成功能对应的中断引脚）触发中断。

2）中断控制器接收到 IRQn 引脚传来的中断信号，将这个中断编号写入一个端口或者写入中断控制器的寄存器，以便之后处理器来读取。

3）如果这个中断是没有被禁用（mask）的，中断控制器向处理器发送信号，在 INTR 引脚上触发中断。

4）处理器开始处理中断并确认中断。在此期间，其他到来的中断会被放入中断控制器中排队，而不会在处理器的中断引脚触发处理器的中断。

一般情况下，在处理器确认当前中断前，中断控制器是不会触发下一个中断的。在这种情况下，如果想要实现高频率的中断，那么对于中断的确认速度就有很高的要求。如果中断处理程序很长，在完成中断处理后才对当前中断进行确认，那么整个系统的性能都会受到很大的影响。为了防止这种问题，在 Linux 内核中，中断处理分三个阶段完成，分别是关键处理、立即处理和延迟处理，具体如下。

1）在第一阶段关键处理中，Linux 内核将运行确定中断号的通用中断处理程序来从中断控制器中读取中断的编号；读出编号后，会运行此特定中断号对应的中断处理程序；此时还将执行在时间上至关重要的操作，例如，在中断控制器中确认接收到当前中断。在此阶段期间，当前处理器核心的中断会被禁用，防止当前中断处理程序被打断。

2）在第二阶段立即处理中，将执行与第一阶段读取出的中断号相关的所有设备驱动程序中的处理程序。这时如果注册该中断号的设备驱动程序数量很多，也就会需要一定的时间来处理。因此，对于驱动中对中断处理的耗时操作，Linux 内核建议设备驱动程序开发人员将它们放入延迟处理阶段。在第二阶段结束时，Linux 内核会调用中断控制器的结束中断方法，以允许中断控制器再次触发这个中断，并且在此时会启用当前处理器核心的中断。此时中断处理程序已经结束了。

3）在第三阶段延迟处理中，Linux 内核将运行中断处理中可延迟或者耗时的操作。在 Linux 内核的术语中有时也称这些为中断的下半部分（Bottom-Half，BH）。与此相对的，上半部分则是在禁用当前处理器核心中断的情况下运行的中断处理部分，即前两个阶段。

软件层面的中断与硬件中断一样运行在中断上下文中。可能与硬件中断有关，它其中一个重要应用就是用来处理硬件中断的下半部分；但也可能无关，如在 x86 平台上通过 INT 0x80 软中断实现的系统调用。除此之外，一些 Linux 内核内部的事件也属于软中断，如内核调度等。在 Linux 内核的 5.15 版本中，软中断被定义在 include/linux/interrupt.h 中，它的种类如下：

```
enum
{
    HI_SOFTIRQ=0,
    TIMER_SOFTIRQ,
    NET_TX_SOFTIRQ,
    NET_RX_SOFTIRQ,
    BLOCK_SOFTIRQ,
    IRQ_POLL_SOFTIRQ,
    TASKLET_SOFTIRQ,
    SCHED_SOFTIRQ,
    HRTIMER_SOFTIRQ,
    RCU_SOFTIRQ,
    NR_SOFTIRQS
};
```

我们可以看到，其中有定时器（Timer）、网络输入输出（NET_RX 和 NET_TX）、任务（Tasklet）、调度（SCHED）、高精度时钟（HRTIMER）等软中断类型。在初始化软中断时，各模块负责各自需要使用类型的软中断的创建，它们需要使用 open_softirq 函数。例如，在 kernel/softirq.c 调用了 open_softirq（TASKLET_SOFTIRQ, tasklet_action）来初始化任务软中断，而网络输入输出软中断是通过 net/core/dev.c 中的 open_softirq（NET_TX_SOFTIRQ, net_tx_action）和 open_softirq（NET_RX_SOFTIRQ, net_rx_action）来完成的。它们的第二个参数均为一个 struct softirq_action 类型的结构体，里面存储了一个函数指针，作为软中断触发时的回调：

```
struct softirq_action
{
    void(*action)(struct softirq_action *);
};
```

在添加了任务后，实际上是由 do_softirq 函数来触发软中断处理程序的执行的。软中断以内核线程的方式运行，每个处理器核心都产生一个对应软中断的内核线程。这个软中断的内核线程被叫作 ksoftirqd/n，其中 n 是处理器核心的编号，如果有 4 个核心就是 0~3，如图 5-5 所示。这些内核线程也可以被常用的 ps 命令显示出来。

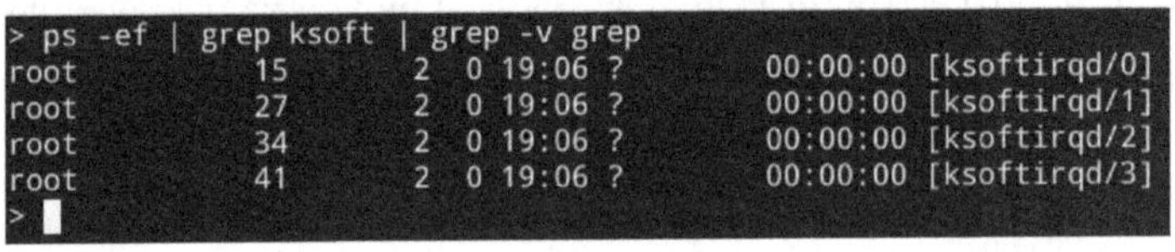

图 5-5   拥有 4 个核心的处理器平台上的软中断内核线程

通常情况下，上述过程中所有的中断，无论是软中断还是硬件中断都是在 Linux 内核中处理的。而 UIO 框架则允许在中断发生时，通过 read 系统调用的返回将中断事件通知到用户态的应用程序中。

5.2.1　硬件设备的内存映射

在 UIO 框架中，硬件设备中断在用户态的获取是通过 read 系统调用来完成的，而 UIO

的另一项重要特性是内存映射，它负责将硬件设备的内存映射到用户态中，从而允许用户态应用程序直接读写设备内存。在 Linux 中，用户态的应用程序可以通过 mmap 系统调用将内核中可访问的内存映射到用户态。它是一个符合 POSIX 标准的 UNIX 系统调用，负责将文件或设备映射到用户态应用程序的内存中，是一种内存映射文件输入输出的方法。这里的"文件"实际上是将内存的页面提供给用户态访问，一个内存页面既可以是内核态中真实的物理内存，也可以是内核态对块设备中文件内容读取产生的内存页面。

文件的映射是进程虚拟内存的一个区域映射到文件，即读取这些内存区域会导致文件被读取，它也是默认的映射类型。它实现了内存页面的按需读取，因为实际上在 Linux 内核中文件内容不是直接从磁盘读取的，并且在最初根本不占用物理内存，只有在访问特定位置后，才会用懒加载（lazy-loading）方式从磁盘实际读取。在使用 UIO 框架时，也是这样的一种对文件的内存映射，但是 Linux 内核会将对 UIO 产生的文件内存映射的读写操作转化为对设备内存的读写。

而另一方面在 Linux 内核中，匿名（ANONYMOUS）映射可映射进虚拟内存的一个区域。这个内存区域并不由任何文件来提供，其内容初始化为零。在这种用法中，匿名映射类似于分配一段内存，并且在某些库实现中也用于某些内存分配。但匿名映射不是 POSIX 标准的一部分，尽管几乎所有操作系统都通过 MAP_ANONYMOUS 和 MAP_ANON 标识实现了这种匿名映射方式。

在 Linux 内核中，对于 mmap 系统调用的定义是平台相关的，其中 x86-64 中的实现在 arch/x86/kernel/sys_x86_64.c 文件中，而在 arch/arm64/kernel/sys.c 中也有 ARM64 平台的对应实现，其他平台亦同。在这两个平台中的实现内容如下：

```
SYSCALL_DEFINE6(mmap, unsigned long, addr, unsigned long, len,
        unsigned long, prot, unsigned long, flags,
        unsigned long, fd, unsigned long, off)
{
    if (off & ~PAGE_MASK)
        return -EINVAL;
    return ksys_mmap_pgoff(addr, len, prot, flags, fd, off >> PAGE_SHIFT);
}
```

我们可以看到，它对偏移值（offset，off 参数）进行了检测，如果是合法的页面内偏移就继续调用 ksys_mmap_pgoff 函数，它的实现根据内存管理单元（Memory Management Unit，MMU）的存在与否有两种，分别位于 mm/mmap.c 和 mm/nommu.c 两个文件中。

在分析这两种不同情况下的实现之前，我们先来对内存管理单元进行简单的介绍。内存管理单元是一种负责处理处理器的内存访问请求的计算机硬件，它的功能包括虚拟地址管理、内存区域保护和处理器中高速缓存的控制等。内存管理单元通过虚拟地址管理来完成物理地址的转换映射，从而使计算机可以超越物理内存的限制，使用更大的地址空间。内存区域保护则是对实际的物理内存进行分割，从而变成多个区域，每个区域都可以设置一定的读、写和执行权限，也可以限制进程之间内存区域的互相访问，保证各进程数据的安全性。而处理器中高速缓存的控制包括对过期缓存数据的清理、更新在缓存中已修改的内存区域等。

内存处理单元位于处理器核心和连接高速缓存以及物理存储器的总线之间。当处理器核心取指令或者存取数据时，都会提供一个逻辑上的地址，称为虚拟地址。这个地址往往是可执行代码在编译的时候由链接器生成的。当用户态的应用程序需要使用存储空间时，操作系统可以通过内存管理单元为用户态的应用程序分配合适的物理存储空间，并在内存管理部分建立从虚拟地址到实际的物理地址之间的映射，方便以后访问与操作。这样的映射的基本单位就是前文中多次提到的内存页面，它的大小一般会被设定为一个平衡了读取存放速度和对应物理内存大小的值，在 Linux 内核中一般是 4KB。这是因为在现代操作系统中，当一个内存页面暂时不再被使用时，操作系统可以将这个内存页面写入并保存到硬盘等外部存储器中。并且将这个页面对应的物理内存空间用于其他应用程序，当再需要这个内存页面时，可以再从外部存储器读取到实际的物理内存中，这样就可以提供比实际的物理内存容量更大的虚拟内存。当内存页面太大的时候，进行内存页面存储和读取的时间就会过长，对性能会有影响；而当内存页面太小的时候，应用程序需要访问很多内存的时候，就会需要更加频繁地发生内存页面的存储和读取。这样对内存页面的存储和读取被称为换页，当一个内存页面不存在于物理内存中时，会产生一个缺页异常（page-fault），操作系统就需要对其进行处理，将需要的内存页面读入虚拟内存中。从 21 世纪 10 年代开始，由于高速磁盘设备和内存空间的高速发展，页面存储和读取时间已经不再是性能的瓶颈。因此，越来越多的硬件设备和操作系统都开始支持或者采用特大内存页面，如 x86-64 最大可以支持 2MB 大小的内存页面，而 ARM64 也同样支持 16KB 和 64KB 大小的内存页面，在操作系统层面 Linux 也提供了 HugePage 特性来使用更大的内存页面。

为了加快内存管理单元由虚拟内存到物理内存匹配的处理，虚拟地址和实际的物理地址的映射表通常保存在一块单独的高速缓存中，被称为页表缓存（Translation Lookaside Buffer，TLB，也叫后备缓冲区）。页表缓存和实际物理存储器可以同时进行并行的访问。一般情况下，有效地址的高位作为在页表缓存进行匹配查找的依据，而有效地址的低位作为页面内的偏移。一个页表缓存可以包含很多个表项（entry，入口点），每个表项对应一个内存页面，操作系统必须正确地初始化页表缓存的所有表项。当程序提供的虚拟地址正好位于某个页表缓存中表项指示的地址范围内时，称为一次页表缓存的命中，否则称为页表缓存的页面缺失。内存管理单元可以捕获页表缓存中未命中的页面进行缺失异常处理，从而完成页面交换，并调整对应的页表缓存表项的数据。对内存区域访问权限的验证也同样可以在这一过程中完成，如果发生了非法读取也会中断这个过程。

在 Linux 内核中，目前最多可以支持到五级页表，包括：

1）页全局目录（Page Global Directory，PGD）。

2）页上层目录（Page Upper Directory，PUD）。

3）页中间目录（Page Middle Directory，PMD）。

4）页四级目录（Page 4th Directory，P4D）。

5）直接页表（Page Table，PT）。

各处理器架构可以根据硬件的支持情况来选择其中几层进行使用，对于不使用的层级，只需要直接指向下一级即可。图 5-6 所示为使用了 PGD、PMD 和 PTE 进行分页的页表层级图。

如果在硬件平台中不存在内存管理单元，那么 mmap 系统调用过程中的 ksys_mmap_pgoff 则会使用 mm/nommu.c 中的实现，其内容如下：

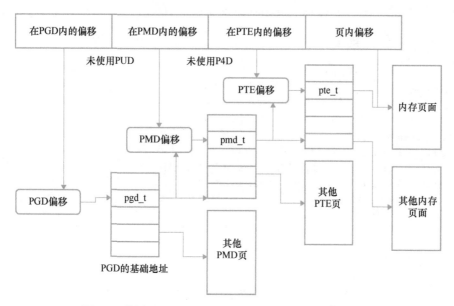

图 5-6　使用了 PGD、PMD 和 PTE 进行分页的页表层级图

```
unsigned long ksys_mmap_pgoff(unsigned long addr, unsigned long len,
            unsigned long prot, unsigned long flags,
            unsigned long fd, unsigned long pgoff)
{
    struct file * file = NULL;
    unsigned long retval = -EBADF;
    audit_mmap_fd(fd, flags);
    if (!(flags & MAP_ANONYMOUS)) {
        file = fget(fd);
        if (!file)
            goto out;
    }
    retval = vm_mmap_pgoff(file, addr, len, prot, flags, pgoff);
    if (file)
        fput(file);
out:
    return retval;
}
```

当映射模式不是匿名映射的时候，程序会通过文件描述符 fd 取出对应的文件结构体放入 file 文件指针中，然后使用这个文件结构体加上原本的参数，直接去调用 vm_mmap_pgoff 函数。如果是匿名映射，那么 file 这个文件结构体就是 NULL（空指针），也会在传入后被处理。

如果在硬件平台中存在内存管理单元，并且 Linux 内核能够成功将其驱动，那么 mmap 系统调用的调用链中的 ksys_mmap_pgoff 则会使用 mm/mmap.c 中的实现，其内容如下：

```
unsigned long ksys_mmap_pgoff(unsigned long addr, unsigned long len,
            unsigned long prot, unsigned long flags,
```

```
                    unsigned long fd, unsigned long pgoff)
{
    struct file * file = NULL;
    unsigned long retval;
    if (!(flags & MAP_ANONYMOUS)) {
        audit_mmap_fd(fd, flags);
        file = fget(fd);
        if (!file)
            return -EBADF;
        if (is_file_hugepages(file)) {
            len = ALIGN(len, huge_page_size(hstate_file(file)));
        } else if (unlikely(flags & MAP_HUGETLB)) {
            retval = -EINVAL;
            goto out_fput;
        }
    } else if (flags & MAP_HUGETLB) {
        struct ucounts * ucounts = NULL;
        struct hstate * hs;
        hs = hstate_sizelog((flags >> MAP_HUGE_SHIFT) & MAP_HUGE_MASK);
        if (!hs)
            return -EINVAL;
        len = ALIGN(len, huge_page_size(hs));
        file = hugetlb_file_setup(HUGETLB_ANON_FILE, len,
                VM_NORESERVE,
                &ucounts, HUGETLB_ANONHUGE_INODE,
                (flags >> MAP_HUGE_SHIFT) & MAP_HUGE_MASK);
        if (IS_ERR(file))
            return PTR_ERR(file);
    }
    retval = vm_mmap_pgoff(file, addr, len, prot, flags, pgoff);
out_fput:
    if (file)
        fput(file);
    return retval;
}
```

可以看到，它最终仍然是调用了 vm_mmap_pgoff 函数，但在此之前对特大内存页面进行了预先处理。而 vm_mmap_pgoff 函数位于 mm/util.c 中，它最重要的操作是调用了另一个 do_mmap 方法来完成实际的内存映射（根据内存管理单元的存在与否也同样有两个实现，这里仅使用存在内存管理单元的情况作为例子）：

```
unsigned long vm_mmap_pgoff(struct file * file, unsigned long addr,
    unsigned long len, unsigned long prot,
    unsigned long flag, unsigned long pgoff)
{
    unsigned long ret;
    struct mm_struct * mm = current->mm;
    unsigned long populate;
    LIST_HEAD(uf);
    ret = security_mmap_file(file, prot, flag);
    if (!ret) {
```

```
    if (mmap_write_lock_killable(mm))
        return -EINTR;
    ret = do_mmap(file, addr, len, prot, flag, pgoff, &populate,
            &uf);
    mmap_write_unlock(mm);
    userfaultfd_unmap_complete(mm, &uf);
    if (populate)
        mm_populate(ret, populate);
    }
    return ret;
}
```

经过对内存区域的检验和映射，用户态的内存空间就可以使用从 addr 开始（实际上有可能这里的 addr 会因为对齐等原因被改变，最终并不一定是初始的地址了）、长度为 len 字节的内存空间了，其中最终的内存空间起始地址会被当作系统调用的返回值传回。

而对于 RISC-V 平台，则在 arch/riscv/kernel/sys_riscv.c 代码文件中有它自己独特的实现接口：

```
SYSCALL_DEFINE6(mmap, unsigned long, addr, unsigned long, len,
    unsigned long, prot, unsigned long, flags,
    unsigned long, fd, off_t, offset)
{
    return riscv_sys_mmap(addr, len, prot, flags, fd, offset, 0);
}
```

它原样地将参数传入 riscv_sys_mmap 函数中，并在这里进行处理，它的内容如下：

```
static long riscv_sys_mmap(unsigned long addr, unsigned long len,
            unsigned long prot, unsigned long flags,
            unsigned long fd, off_t offset,
            unsigned long page_shift_offset)
{
    if (unlikely(offset & (~PAGE_MASK >> page_shift_offset)))
        return -EINVAL;
    if ((prot & PROT_WRITE) && (prot & PROT_EXEC))
        if (unlikely(!(prot & PROT_READ)))
            return -EINVAL;
    return ksys_mmap_pgoff(addr, len, prot, flags, fd,
            offset >> (PAGE_SHIFT - page_shift_offset));
}
```

可以看到，在经过预先处理后，它也是调用 ksys_mmap_pgoff 这个对于内存管理单元存在与否有两个实现的函数来完成的。

5.2.2 UIO 的用户态 API

在 Linux 内核中，一个硬件设备驱动程序有访问设备内存和处理设备中断两个主要任务。对于第一个任务，UIO 框架的核心部分实现了能够处理物理内存和逻辑虚拟内存的 mmap 系统调用对应的实现，在编写 UIO 驱动时无须再考虑这些细节实现；对于第二个任务，由于设备中断确认回复必须在内核空间中发生，因此内核空间中会有一小段代码用于应答中断和禁止中断，但其余的工作就传递给用户态的应用程序来进行处理。

在用户态的应用程序看来，一个从 Linux 内核中基于 UIO 导出的设备在/dev 目录中就是一个字符文件，对这个字符文件的访问和它在 sysfs 中对应文件的简单访问就是它在用户态的应用程序接口。用户态的应用程序可以使用任何编程语言对这些文件完成读写、内存映射等操作，从而达成与硬件设备进行交互的目的。

在 sysfs 中，通过 UIO 框架导出的 Linux 内核对象在/sys/class/uio<n>目录下，其中<n>是设备在 UIO 中导出的编号。这些目录存放的是与设备有关的信息，每类信息存放在一个文件里，UIO 在 sysfs 中导出的文件名称及其描述如表 5-7 所示。

表 5-7　UIO 在 sysfs 中导出的文件名称及其描述

文　件　名　称	描　　　述
name	UIO 中的名称
version	UIO 中的版本
maps/map<i>/addr	第 i 个内存映射区域的地址
maps/map<i>/size	第 i 个内存映射区域的大小

而对于 udev 导出的/dev 中的字符设备来说，它的文件名是 uio<n>，其中<n>是与 sysfs 中的<n>对应的，表示设备在 UIO 中导出的编号。对这样的字符设备的 read 系统调用是阻塞的，只有当对应的中断发生时才会返回；而对于它的 mmap 系统调用则是可以将硬件设备的内存区域映射到用户态中，可供映射的内存区域的地址和大小可以从上文提到的 sysfs 中与 UIO 有关的文件中读取。

此外 UIO 框架还实现 poll（轮询）系统调用，用户态的应用程序也可以使用 select（选择）系统调用来等待中断发生。这个系统调用有一个超时参数，可用于在有限的时间内等待中断，而不是使用 read 系统调用一直阻塞自身。

同样设备的控制也可以通过读取和写入/sys/class/uio 目录下的各种文件来完成，如对于 uio0 设备，其映射的设备内存文件是/sys/class/uio/uio0/maps/map<i>，直接读取和写入这个文件就是对硬件设备内存的读取和写入了。

下面是一个在用户态的接口使用 UIO 框架的一个例子，我们假设 uio4 映射的是一组嵌入式开发板上的 LED，下面的代码就可以使用 UIO 框架导出的信息和字符设备来控制这组硬件：

```
#include <stdio.h>
#include <stdint.h>
#include <unistd.h>
#include <fcntl.h>
#include <sys/mman.h>
#define UIO_SIZE "/sys/class/uio/uio4/maps/map0/size"
#define UIO_NODE "/dev/uio4"
#define LOOP_CYCLES 8
int main( int argc, char ** argv ) {
        int uio_fd;
        unsigned int uio_size;
        FILE * size_fp;
        uint32_t * uio_map;
        int cycle;
```

```
// 映射 UIO 设备
uio_fd = open(UIO_NODE, O_RDWR);
size_fp = fopen(UIO_SIZE, "r");
fscanf(size_fp, "0x%016X", &uio_size);
uio_map = mmap(0, uio_size,
                PROT_READ | PROT_WRITE,
                MAP_SHARED, uio_fd, 0);
for (cycle = 0; cycle < LOOP_CYCLES; cycle++) {
        uio_map[0] = 0x0; sleep(1);
        uio_map[0] = 0x1; sleep(1);
        uio_map[0] = 0x2; sleep(1);
        uio_map[0] = 0x3; sleep(1);
}
// 解除映射和关闭文件
munmap(uio_map, uio_size);
close(uio_fd);
fclose(size_fp);
}
```

这里的代码首先通过 open 系统调用打开/dev/uio4 这个 UIO 导出的字符设备文件, 将文件描述符存放到 uio_fd 中; 而后打开/sys/class/uio/uio4/maps/map0/size 文件并将数字读取到 uio_size 变量中, 作为需要映射的内存区域的大小; 紧接着使用 mmap 将设备内存地址从 0 开始的 uio_size 大小的空间映射, 并将映射到的用户态中的内存地址存入 uio_map 中 (注意这里我们假定了第一个内存区域是从 0 开始的, 具体取决于一个 UIO 驱动在 Linux 内核中的实现); 最后通过向 uio_map 开始的这段内存写入 0x0～0x3 并每次间隔一秒, 来完成控制 LED 的功能。程序的最后还将已经映射的内存解除映射, 并关闭文件描述符完成清理。

如果在只需要访问硬件设备内存, 而不需要考虑设备中断的情况下来实现一个 Linux 的用户态驱动, 实际上还有另一种方式, 就是使用 udev 导出的 mem 设备文件直接访问内存空间, 达成直接读写硬件设备内存的操作。尽管这种方式在调试阶段会相当方便, 但它是一种非常危险的工作方式, 因为它允许访问整个物理地址空间, 这可能导致出现安全问题和意外的致命错误。出于这个原因, 建议在生产系统中不要包括/dev/mem 驱动和设备节点, 而是可以使用 UIO 来将设备导出, 并通过对应的应用程序接口在用户态应用程序中完成。

5.2.3　基于 UIO 实现的 PCI 设备用户态驱动

在前文, 我们解析了 UIO 完成的功能和在用户空间的操作, 但对于在 Linux 内核中的部分还没有认识。本小节我们将以 PCI 通用设备的用户态驱动为例子 (即前面提到的设备驱动在内核中的一个薄层), 对 UIO 在内核中的部分进行讲解, 同时还会展示微软为 Linux 贡献的 Hyper-V 虚拟机框架对 UIO 的使用, 最后会对 UIO 进行总结。

在 Linux 内核中, UIO 的核心部分和相关驱动的代码都位于 drivers/uio 文件夹中。其中在 drivers/uio/uio.c 中是 UIO 基础的函数实现, 这些函数的声明和与这些函数有关的类型位于 include/linux/uio_driver.h 头文件中, 其中最重要的是 struct uio_info 类型, 它用来描述 UIO 设备可以完成的操作, 它的声明如下:

```
struct uio_info {
    struct uio_device * uio_dev;
```

```
    const char        * name;
    const char        * version;
    struct uio_mem      mem[MAX_UIO_MAPS];
    struct uio_port     port[MAX_UIO_PORT_REGIONS];
    long     irq;
    unsigned long     irq_flags;
    void     * priv;
    irqreturn_t (* handler)(int irq, struct uio_info * dev_info);
    int (* mmap)(struct uio_info * info, struct vm_area_struct * vma);
    int (* open)(struct uio_info * info, struct inode * inode);
    int (* release)(struct uio_info * info, struct inode * inode);
    int (* irqcontrol)(struct uio_info * info, s32 irq_on);
};
```

其中，uio_dev 字段是当前 struct uio_info 类型实例所属的 UIO 设备结构体，即当前 struct uio_info 类型实例就是用来描述这个设备可以完成的操作（本小节稍后对其 struct uio_device 类型进行解析）；在 name 字段中存储的是 UIO 设备的名称；而 version 字段记录了这个 UIO 设备驱动的版本；在 mem 和 port 字段中分别存储了一个 struct uio_mem 类型和一个 struct uio_port 类型的结构体数组，用来描述可供映射的内存区域和端口（由于我们只关注内存区域的映射，对 struct uio_mem 类型也会在后文进行介绍，对端口输入输出的映射留给感兴趣的读者自行探索）；在 irq 字段中存储的是对应的中断编号，也可以是 UIO_IRQ_CUSTOM 或者 UIO_IRQ_NONE 这两个常量，分别用来表示自行处理中断和不处理中断；在 irq_flags 字段中是一组标识，会在后文介绍的 request_irq 函数中使用；priv 字段则是可选的私有数据；在 handler 字段中可以存储一个回调函数，它是对设备发出的中断进行处理的程序；而 mmap 和 open 两个字段分别是对应的系统调用被触发时需要调用的回调函数，用来完成系统调用期望在设备上产生的操作；release 字段则是释放时的操作；最后的 irqcontrol 字段是用来接收/dev/uio<n>的写入事件的，当 0 或者 1 写入时会调用这个字段指向的回调函数来禁用或者启用中断。

前面结构体中的 struct uio_device 类型也是在 include/linux/uio_driver.h 中定义的，它的声明如下：

```
struct uio_device {
    struct module       * owner;
    struct device       dev;
    int                 minor;
    /* 中略 */
    struct uio_info     * info;
    struct mutex        info_lock;
    struct kobject      * map_dir;
    struct kobject      * portio_dir;
};
```

如同其他设备一样，其中的 owner 和 dev 字段分别是设备所属模块的指针和作为基础的通用设备 struct device 类型；minor 字段是该设备的副设备号，主设备号已经由 UIO 确定了；info 字段是当前 UIO 设备所持有的设备功能的信息和描述；info_lock 字段则是负责防止并发修改 info 字段中的信息；而最后的 map_dir 和 portio_dir 字段则是将内存映射和端口输入输出映射导出到 sysfs 所在目录对应的内核对象。

我们再回到 struct uio_mem 类型，它负责描述 UIO 中可以映射的内存区域，定义如下：

```
struct uio_mem {
    const char              * name;
    phys_addr_t             addr;
    unsigned long           offs;
    resource_size_t          size;
    int            memtype;
    void __iomem            * internal_addr;
    struct uio_map           * map;
};
#define MAX_UIO_MAPS    5
```

其中 name 字段用于表示内存区域的名称；addr 字段是设备的内存地址，它是 phys_addr 类型的（但并不总是表示物理内存地址，使用它是因为 phys_addr_t 应该总是足够大以处理任何地址类型，包括逻辑地址、虚拟地址或者物理地址，这里的地址需要被对齐到内存页面的大小）；offs 字段则记录了内存页面内设备内存的偏移量，作为可以映射的内存区域的起始；size 字段是可供读写区域的大小，为页面大小的整倍数；memtype 字段则是内存地址的类型，包括物理地址（UIO_MEM_PHYS）、逻辑地址（UIO_MEM_LOGICAL）和虚拟地址（UIO_MEM_VIRTUAL）等；internal_addr 字段则是供驱动内部使用的输入输出重映射版本的地址；最后的 map 字段仅供 UIO 核心使用（稍后我们可以看到）。

要完成用户态应用程序通过 UIO 控制硬件设备的操作，需要开发者在 Linux 内核中置入一个小模块，是一个非常薄（即没有很多代码）的 UIO 驱动程序，用来探测（probe）和注册 UIO 设备。注册后这样的设备会被 Linux 内核在 sysfs 导出设备名称、属性等信息，并由 udev 将 UIO 设备导出为/dev/uio<n>处的字符设备。

在 UIO 的 Linux 内核部分中，当 Linux 内核触发对应的模块探测时，UIO 的核心部分就会创建一个新的 struct uio_device 类型结构体，设置一系列属性和回调函数等，并注册 UIO 设备。对于 UIO 设备的注册有两个函数：uio_register_device 和 devm_uio_register_device，它们都是宏展开到对应的以__为前缀的实现函数，并且参数都是 struct device 类型的父级设备的指针和一个 struct uio_info 类型的、对 UIO 驱动的硬件设备的功能描述，它们的声明在另一个头文件 include/linux/uio_driver.h 中：

```
#define uio_register_device(parent, info)  \
    __uio_register_device(THIS_MODULE, parent, info)
extern int __must_check
    __uio_register_device(struct module * owner,
                    struct device * parent,
                    struct uio_info * info);
#define devm_uio_register_device(parent, info)  \
    __devm_uio_register_device(THIS_MODULE, parent, info)
extern int __must_check
    __devm_uio_register_device(struct module * owner,
                    struct device * parent,
                    struct uio_info * info);
```

这两种注册 UIO 设备的函数的区别在于，在 Linux 内核中使用到的资源由谁来管理。如果驱动程序不需要有一个释放资源的过程，那么使用到的资源（主要是 struct uio_info 类型的数据）就需要由内核来进行释放，就需要使用 devm_uio_register_device 函数来注册，其中的 devm 就是设备管理的前缀，否则可以直接交由 uio_register_device 函数来注册 UIO 设备，并在设备注销的时候对资源进行释放。下面是 devm_uio_register_device 函数的定义（它属于 UIO 的核心函数，定义在 drivers/uio/uio.c 中）：

```c
int __devm_uio_register_device(struct module *owner,
                   struct device *parent,
                   struct uio_info *info)
{
    struct uio_info **ptr;
    int ret;
    ptr = devres_alloc(devm_uio_unregister_device, sizeof(*ptr),
               GFP_KERNEL);
    if (!ptr)
        return -ENOMEM;
    *ptr = info;
    ret = __uio_register_device(owner, parent, info);
    if (ret) {
        devres_free(ptr);
        return ret;
    }
    devres_add(parent, ptr);
    return 0;
}
```

我们可以看到，它实际上只是在 Linux 内核中使用 devres_alloc 函数为设备分配了一个指针大小的空间，并将 devm_uio_unregister_device 函数作为回调函数传入，在释放时就只需要 Linux 内核自行处理即可。而在完成设备资源分配和释放用的回调函数的配置之后，它同样也去调用了 __uio_register_device 函数来完成实际的 UIO 设备注册的操作。这个函数也属于 UIO 的核心功能，定义在 drivers/uio/uio.c 中：

```c
int __uio_register_device(struct module *owner,
            struct device *parent,
            struct uio_info *info)
{
    struct uio_device *idev;
    int ret = 0;
    /* 中略，判断 UIO 功能是否启用与参数检查 */
    info->uio_dev = NULL;
    idev = kzalloc(sizeof(*idev), GFP_KERNEL);
    /* 中略，返回值检查 */
    idev->owner = owner;
    idev->info = info;
    /* 中略 */
    ret = uio_get_minor(idev);
    /* 中略，返回值检查 */
    device_initialize(&idev->dev);
    idev->dev.devt = MKDEV(uio_major, idev->minor);
    idev->dev.class = &uio_class;
```

```
    idev->dev.parent = parent;
    idev->dev.release = uio_device_release;
    dev_set_drvdata(&idev->dev, idev);
    ret = dev_set_name(&idev->dev, "uio%d", idev->minor);
    /* 中略,返回值检查 */
    ret = device_add(&idev->dev);
    /* 中略,返回值检查 */
    ret = uio_dev_add_attributes(idev);
    /* 中略,返回值检查 */
    info->uio_dev = idev;
    if (info->irq && (info->irq != UIO_IRQ_CUSTOM)) {
        ret = request_irq(info->irq, uio_interrupt,
                    info->irq_flags, info->name, idev);
        if (ret) {
            info->uio_dev = NULL;
            goto err_request_irq;
        }
    }
    return 0;
    /* 中略,错误处理与返回 */
    return ret;
}
```

在 __uio_register_device 函数中，Linux 内核首先初始化一个 struct uio_device 类型的结构体来表示 UIO 的设备，并对其设置模块名称，将传入的 struct uio_info 类型的结构体与其关联。之后 Linux 内核获取到一个副设备号并设置给当前 UIO 设备，再使用这些信息填充 UIO 设备描述的结构体中通用设备的部分，包括主副设备号、类别、名称等，其中一个 UIO 设备的名称就是 uio 加上这个设备的副设备号。然后使用 device_add 函数将当前设备添加到 Linux 内核中，并通过调用 uio_dev_add_attributes 函数在 sysfs 中将可映射的内存区域和端口导出。最后，如果在 struct uio_info 类型的参数中设置了中断号，并且不等于声明中断需要自行处理的 UIO_IRQ_CUSTOM 宏，就调用 request_irq 函数通知 Linux 内核的中断处理部分，将中断号对应的中断和当前 UIO 设备联系起来，并使用 uio_interrupt 函数作为处理中断的回调函数。uio_interrupt 函数同样存在于 UIO 的核心部分中，其定义如下：

```
static irqreturn_t uio_interrupt(int irq, void *dev_id)
{
    struct uio_device *idev = (struct uio_device *)dev_id;
    irqreturn_t ret;
    ret = idev->info->handler(irq, idev->info);
    if (ret == IRQ_HANDLED)
        uio_event_notify(idev->info);
    return ret;
}
```

它首先调用在 structuio_info 类型结构体中的 handler 回调函数进行处理，如果已经处理了（返回值是 IRQ_HANDLED），说明是当前 UIO 设备想要的中断，那么就调用 uio_event_notify 函数来通知用户态的应用程序部分。

此外，还有一些操作是在 UIO 核心部分所在的模块初始化时配置的，这个模块的初始化和退出代码如下：

```
static int __init uio_init(void)
{
    return init_uio_class();
}
static void __exit uio_exit(void)
{
    release_uio_class();
    idr_destroy(&uio_idr);
}
module_init(uio_init)
module_exit(uio_exit)
```

它的初始化函数简单地调用了 init_uio_class 函数，用来初始化 UIO 这一大设备类型，它的定义如下：

```
static int init_uio_class(void)
{
    int ret;
    /* This is the first time in here, set everything up properly */
    ret = uio_major_init();
    if (ret)
        goto exit;
    ret = class_register(&uio_class);
    if (ret) {
        printk(KERN_ERR "class_register failed for uio\n");
        goto err_class_register;
    }
    uio_class_registered = true;
    return 0;
err_class_register:
    uio_major_cleanup();
exit:
    return ret;
}
```

初始化 UIO 设备类别的函数调用了 uio_major_init 和 class_register 函数来初始化和注册设备类别，注册完成后将 uio_class_registered 置为 true 表明 UIO 设备类别可用。和 UIO 设备有关的操作全部在 uio_major_init 函数中，它的定义同样在 UIO 的核心部分中，其定义如下：

```
static int uio_major_init(void)
{
    static const char name[] = "uio";
    struct cdev * cdev = NULL;
    dev_t uio_dev = 0;
    int result;
    result = alloc_chrdev_region(&uio_dev, 0, UIO_MAX_DEVICES, name);
    if (result)
        goto out;
    result = -ENOMEM;
    cdev = cdev_alloc();
```

```
    if (!cdev)
        goto out_unregister;
    cdev->owner = THIS_MODULE;
    cdev->ops = &uio_fops;
    kobject_set_name(&cdev->kobj, "%s", name);
    result = cdev_add(cdev, uio_dev, UIO_MAX_DEVICES);
    if (result)
        goto out_put;
    uio_major = MAJOR(uio_dev);
    uio_cdev = cdev;
    return 0;
out_put:
    kobject_put(&cdev->kobj);
out_unregister:
    unregister_chrdev_region(uio_dev, UIO_MAX_DEVICES);
out:
    return result;
}
```

我们可以看到，它首先通过 alloc_chrdev_region 函数来分配了一组字符设备的储存区域，然后将 uio_fops 作为这类字符设备的文件操作响应，最终调用 cdev_alloc 为 UIO 通过 cdev_add 创建了字符设备。与前文中所提到的字符设备一样，这里的 uio_fops 同样是 struct file_operations 类型的一组函数集合，负责响应由用户态传来的、对这类 UIO 中的字符文件触发的系统调用，它的定义如下：

```
static const struct file_operations uio_fops = {
    .owner    = THIS_MODULE,
    .open     = uio_open,
    .release  = uio_release,
    .read     = uio_read,
    .write    = uio_write,
    .mmap     = uio_mmap,
    .poll     = uio_poll,
    .fasync   = uio_fasync,
    .llseek   = noop_llseek,
};
```

它支持打开（open）、释放（release）、读取（read）、写入（write）、内存映射（mmap）、轮询（poll）等操作，实际上这些操作大多会被转发到具体的 UIO 设备上，由它们进行处理并返回，但也有特殊的通用操作（如 mmap）会直接使用 UIO 核心部分的实现。如对于 UIO 在 udev 中导出的字符设备的 write 调用，就会触发在 UIO 核心部分的 uio_write 函数，其定义如下：

```
static ssize_t uio_write(struct file *filep, const char __user *buf,
                size_t count, loff_t *ppos)
{
    struct uio_listener *listener = filep->private_data;
    struct uio_device *idev = listener->dev;
    ssize_t retval;
    s32 irq_on;
```

```
    if (count != sizeof(s32))
        return -EINVAL;
    if (copy_from_user(&irq_on, buf, count))
        return -EFAULT;
    mutex_lock(&idev->info_lock);
    if (!idev->info) {
        retval = -EINVAL;
        goto out;
    }
    if (!idev->info->irq) {
        retval = -EIO;
        goto out;
    }
    if (!idev->info->irqcontrol) {
        retval = -ENOSYS;
        goto out;
    }
    retval = idev->info->irqcontrol(idev->info, irq_on);
out:
    mutex_unlock(&idev->info_lock);
    return retval ? retval : sizeof(s32);
}
```

它的重点在于调用具体 UIO 设备的 irqcontrol 函数,来控制设备是否响应中断,当然在它的前后还有很多参数与环境的检查和清理工作。

下面我们就来分析在 Linux 内核中基于 UIO 的设备驱动。首先来看的是 PCI (Peripheral Component Interconnect,外设组件互连) 硬件设备通用驱动,即 uio_pci_generic 模块的实现,在第 6 章中,这个模块也有被高性能的用户态网卡驱动使用。PCI 是早在 1991 年由英特尔 (Intel) 公司推出的用于定义局部总线的标准,它的一大特点是即插即用,并且可以在外部设备之间共享中断。在 21 世纪初又发布了高速版本的外设组件互联标准 (PCI Express, PCIe),根据接口数量的不同,信号的传输频率可以达到数 GHz。即插即用是指当 PCI 硬件设备插入时,在 Linux 内核中的 PCI 总线驱动会自动对硬件设备所需资源进行分配,如基址、中断号等,并自动寻找相应的驱动程序。而中断的共享是指通过分配同一个中断号,并让驱动程序与 PCI 总线上的设备通信,来确认是哪一个设备触发了这次中断。

在 Linux 内核,PCI 的核心实现在 drivers/pci 中,最基础的是 struct pci_driver 类型的结构体,它的声明在 include/linux/pci.h 中,其主要字段的解释在代码后的注释中:

```
struct pci_driver {
    struct list_head        node;
    const char              *name;
    const struct pci_device_id *id_table;/* 必须是非 NULL 的,否则不会调用 probe 方法 */
    int     (*probe)(struct pci_dev *dev, const struct pci_device_id *id);  /* 新的设备插入 */
    void    (*remove)(struct pci_dev *dev);/* 设备移除(如果不是一个热插拔设备则为 NULL) */
    int     (*suspend)(struct pci_dev *dev, pm_message_t state);    /* 设备挂起 */
    int     (*resume)(struct pci_dev *dev);                         /* 设备唤醒 */
    void    (*shutdown)(struct pci_dev *dev);                       /* 设备关闭 */
    int     (*sriov_configure)(struct pci_dev *dev, int num_vfs);
    int     (*sriov_set_msix_vec_count)(struct pci_dev *vf, int msix_vec_count);
```

```
u32   (*sriov_get_vf_total_msix)(struct pci_dev *pf);
const struct pci_error_handlers *err_handler;
const struct attribute_group **groups;
const struct attribute_group **dev_groups;
struct device_driver  driver;
struct pci_dynids  dynids;
};
```

在 Linux 内核的 PCI 设备驱动中，由于描述驱动的结构体是使用列表连接起来的，因此 node 字段存储的是它所在列表的头部，而 name 字段则是对驱动名称的描述，在 id_table 字段中则是当前驱动对应的 PCI 硬件设备的标识符列表（用来匹配驱动程序和 PCI 设备）。其余的字段我们在这里不进行详述，先回到 UIO 中通用 PCI 设备驱动的实现。

在 UIO 中通用 PCI 设备驱动的实现位于 drivers/uio/uio_pci_generic.c 文件中，也是作为一个 PCI 设备的驱动注册到 Linux 内核中的，它的声明如下：

```
static struct pci_driver uio_pci_driver = {
    .name = "uio_pci_generic",
    .id_table = NULL, /* 只使用动态设备标识符 */
    .probe = probe,
};
module_pci_driver(uio_pci_driver);
```

我们可以看到，它的名称被赋为了 uio_pci_generic，而 id_table 是 NULL，那么在探测设备的时候这个 UIO 通用 PCI 设备驱动的 probe 指向的回调函数就不会被调用了。如果想要使用这个通用驱动来驱动一个设备，就需要自行分配标识符，并将对应标识符的硬件设备手动绑定到这个通用驱动。下面的例子是由 UIO 的 PCI 通用驱动源代码的注释给出的：

```
# echo "8086 10f5" > /sys/bus/pci/drivers/uio_pci_generic/new_id
# echo -n 0000:00:19.0 > /sys/bus/pci/drivers/e1000e/unbind
# echo -n 0000:00:19.0 > /sys/bus/pci/drivers/uio_pci_generic/bind
# ls -l /sys/bus/pci/devices/0000:00:19.0/driver
.../0000:00:19.0/driver -> ../../../bus/pci/drivers/uio_pci_generic
```

它首先为通用驱动添加了一个值为 "8086 10f5" 的设备标识符，当驱动检测到拥有这个标识符的设备后就会尝试驱动该硬件设备。然后它将 PCI 总线上地址为 0000:00:19.0 的 PCI 网卡设备与 e1000e 这个驱动程序解除绑定，并将这个 PCI 网卡设备与 uio_pci_generic 驱动绑定。这时 UIO 的 PCI 通用驱动就可以成功将其驱动，用户态的应用程序便能够通过前面描述的 UIO 用户态接口与之进行交互，将设备控制的功能放在用户态完成了。

但这个 UIO 的 PCI 通用驱动程序不会绑定到不支持 PCI2.3 的特性设备，这种特性要求命令寄存器中拥有中断禁用位。一个 PCI 设备的特性由设备中的一组寄存器（Configuration Space，配置空间）来描述，它用来存放基址、内存地址以及中断等信息。这些信息都有统一的标准，因此通用驱动可以根据标准自动探测基址、配置内存和中断。以内存地址为例，当通电时，PCI 设备从自身的固件中读取固定的值放在设备的寄存器中，对应的内存放置的是需要分配的内存字节数等信息。而 Linux 内核根据这些信息分配内存，并在分配成功后，在设备相应的寄存器中填入内存的起始地址，同时对中断的分配也与此类似。鉴于本章是对 UIO 的解释，我们不对这些 PCI 的信息进行详细描述。

在 Linux 内核中，前面看到的 uio_pci_driver 这个 struct pci_driver 类型的结构体被传入到 module_pci_driver 宏中，它的声明在 include/linux/pci.h 中，内容如下：

```
#define module_pci_driver(__pci_driver)   \
    module_driver(__pci_driver, pci_register_driver, pci_unregister_driver)
```

它展开到我们之前解释过的 module_driver 宏，会被作为参数传入注册 pci_register_driver 和注销 pci_unregister_driver 驱动的实现中。实际上，pci_register_driver 也是宏，它展开到 __pci_register_driver函数的实现如下：

```
#define pci_register_driver(driver)       \
    __pci_register_driver(driver, THIS_MODULE, KBUILD_MODNAME)
```

它负责将 PCI 驱动程序 struct pci_driver 类型的结构体添加到已注册的 PCI 驱动程序列表里，其定义在 drivers/pci/pci-driver.c 中。

回到 UIO 的 PCI 通用驱动中的 probe 探测部分，它的定义如下：

```
static int probe(struct pci_dev *pdev,
                 const struct pci_device_id *id)
{
    struct uio_pci_generic_dev *gdev;
    struct uio_mem *uiomem;
    int err;
    int i;
    err = pcim_enable_device(pdev);
    if (err) {
        dev_err(&pdev->dev, "%s: pci_enable_device failed: %d\n",
            __func__, err);
        return err;
    }
    if (pdev->irq && !pci_intx_mask_supported(pdev))
        return -ENODEV;
    gdev = devm_kzalloc(&pdev->dev, sizeof(struct uio_pci_generic_dev), GFP_KERNEL);
    if (!gdev)
        return -ENOMEM;
    gdev->info.name = "uio_pci_generic";
    gdev->info.version = DRIVER_VERSION;
    gdev->info.release = release;
    gdev->pdev = pdev;
    if (pdev->irq && (pdev->irq != IRQ_NOTCONNECTED)) {
        gdev->info.irq = pdev->irq;
        gdev->info.irq_flags = IRQF_SHARED;
        gdev->info.handler = irqhandler;
    } else {
        dev_warn(&pdev->dev, "No IRQ assigned to device: "
            "no support for interrupts? \n");
    }
    uiomem = &gdev->info.mem[0];
    for (i = 0; i < MAX_UIO_MAPS; ++i) {
        struct resource *r = &pdev->resource[i];
        if (r->flags != (IORESOURCE_SIZEALIGN | IORESOURCE_MEM))
            continue;
```

```
    if (uiomem >= &gdev->info.mem[MAX_UIO_MAPS]) {
        dev_warn(
            &pdev->dev,
            "device has more than " __stringify(
                MAX_UIO_MAPS) " I/O memory resources.\n");
            break;
        }
        uiomem->memtype = UIO_MEM_PHYS;
        uiomem->addr = r->start & PAGE_MASK;
        uiomem->offs = r->start & ~PAGE_MASK;
        uiomem->size =
            (uiomem->offs + resource_size(r) + PAGE_SIZE - 1) &
            PAGE_MASK;
        uiomem->name = r->name;
        ++uiomem;
    }
    while (uiomem < &gdev->info.mem[MAX_UIO_MAPS]) {
        uiomem->size = 0;
        ++uiomem;
    }
    return devm_uio_register_device(&pdev->dev, &gdev->info);
}
```

它首先尝试调用 pcim_enable_device 函数来启用 PCI 设备，如果这个设备拥有一个中断号，那么就调用 pci_intx_mask_supported 来检测它是否支持中断禁用位。

然后，驱动程序使用 devm_kzalloc 函数来为 PCI 通用设备分配内存空间并存入 gdev 中。它是一个 struct uio_pci_generic_dev 类型的结构体，这个结构体类型只有 info 这个 struct uio_info 类型的字段和一个 pdev 字段指向 PCI 的设备，它的声明如下：

```
struct uio_pci_generic_dev {
    struct uio_info info;
    struct pci_dev *pdev;
};
```

驱动程序将 uio_pci_generic 作为驱动名称存入 info 的 name 字段，version 字段中是当前驱动的版本，release 字段指向 UIO 驱动中的 release 函数。如果有对应的中断号，则将其赋值到 info 中的 irq 字段，并将 info 中的 irq_flags 设置成 IRQF_SHARED，即表明这个中断可能是多个设备共享的中断，不能只交由一个设备处理。而中断处理的 irqhandler 函数则被存入了 handler 字段中，它的定义如下：

```
static irqreturn_t irqhandler(int irq, struct uio_info *info)
{
    struct uio_pci_generic_dev *gdev = to_uio_pci_generic_dev(info);
    if (!pci_check_and_mask_intx(gdev->pdev))
        return IRQ_NONE;
    /* UIO 核心会通知用户进程 */
    return IRQ_HANDLED;
}
```

它调用 pci_check_and_mask_intx 函数来查询是否为当前驱动关联的设备触发的中断，如果不是则返回 IRQ_NONE。这时对应的用户态应用程序不会接收到中断，否则 IRQ_HANDLED 的返回值会导致 UIO 核心将当前设备的中断信息发送到用户态的应用程序中。

紧接着 UIO 驱动程序将 PCI 设备中内存映射相关信息存放到 info 的 mem 数组中，其中内存映射的类型是物理映射（UIO_MEM_PHYS），并将 mem 数组中剩余未使用的内存区域大小设置为 0。

最后驱动程序的探测部分调用前文中解释过的 devm_uio_register_device 函数，使用 gdev 中存储的 info 字段作为 UIO 设备的可用功能的描述，来创建一个 UIO 设备。在这期间，sysfs 中的 UIO 相关信息会被导出，而 udev 在检测到设备的状态改变后也会在/dev 中添加对应的 uio 设备。

而另一个微软的 Hyper-V 通用的 UIO 驱动的声明如下：

```
static struct hv_driver hv_uio_drv = {
    .name = "uio_hv_generic",
    .id_table = NULL, /* 仅使用动态的设备标识符 */
    .probe = hv_uio_probe,
    .remove = hv_uio_remove,
};
module_pci_driver(uio_pci_driver);
```

它是一个 Hyper-V 的设备使用的 struct hv_driver 类型，用来描述一个 Hyper-V 的设备。由于这个驱动本身也没有声明任何设备标识符，所以也需要手动分配设备标识符并将设备绑定到驱动。例如将网络设备的 GUID 与 UIO 设备关联，并重新绑定的操作如下：

```
# echo "f8615163-df3e-46c5-913f-f2d2f965ed0e"    \
> /sys/bus/vmbus/drivers/uio_hv_generic/new_id
# echo -n "ed963694-e847-4b2a-85af-bc9cfc11d6f3"    \
> /sys/bus/vmbus/drivers/hv_netvsc/unbind
# echo -n "ed963694-e847-4b2a-85af-bc9cfc11d6f3"    \
> /sys/bus/vmbus/drivers/uio_hv_generic/bind
```

在 hv_uio_probe 这个 Hyper-V 通用设备的 UIO 驱动的设备探测实现中，存在大量与 Hyper-V 技术实现细节相关的代码。由于篇幅限制，我们在这里仅关注 UIO 核心中的功能：

```
static int
hv_uio_probe(struct hv_device *dev,
        const struct hv_vmbus_device_id *dev_id)
{
    struct vmbus_channel *channel = dev->channel;
    struct hv_uio_private_data *pdata;
    void *ring_buffer;
    int ret;
    /* 中略 */
    pdata = devm_kzalloc(&dev->device, sizeof(*pdata), GFP_KERNEL);
    if (!pdata)
        return -ENOMEM;
    /* 中略 */
    /* 填充通用的 UIO 信息 */
    pdata->info.name = "uio_hv_generic";
    pdata->info.version = DRIVER_VERSION;
```

```
    pdata->info.irqcontrol = hv_uio_irqcontrol;
    pdata->info.open = hv_uio_open;
    pdata->info.release = hv_uio_release;
    pdata->info.irq = UIO_IRQ_CUSTOM;
    atomic_set(&pdata->refcnt, 0);
    /* 内存资源 */
    pdata->info.mem[TXRX_RING_MAP].name = "txrx_rings";
    ring_buffer = page_address(channel->ringbuffer_page);
    pdata->info.mem[TXRX_RING_MAP].addr
        = (uintptr_t)virt_to_phys(ring_buffer);
    pdata->info.mem[TXRX_RING_MAP].size
        = channel->ringbuffer_pagecount << PAGE_SHIFT;
    pdata->info.mem[TXRX_RING_MAP].memtype = UIO_MEM_IOVA;
    pdata->info.mem[INT_PAGE_MAP].name = "int_page";
    pdata->info.mem[INT_PAGE_MAP].addr
        = (uintptr_t)vmbus_connection.int_page;
    pdata->info.mem[INT_PAGE_MAP].size = PAGE_SIZE;
    pdata->info.mem[INT_PAGE_MAP].memtype = UIO_MEM_LOGICAL;
    pdata->info.mem[MON_PAGE_MAP].name = "monitor_page";
    pdata->info.mem[MON_PAGE_MAP].addr
        = (uintptr_t)vmbus_connection.monitor_pages[1];
    pdata->info.mem[MON_PAGE_MAP].size = PAGE_SIZE;
    pdata->info.mem[MON_PAGE_MAP].memtype = UIO_MEM_LOGICAL;
    /* 中略 */
    pdata->info.mem[RECV_BUF_MAP].name = pdata->recv_name;
    pdata->info.mem[RECV_BUF_MAP].addr
        = (uintptr_t)pdata->recv_buf;
    pdata->info.mem[RECV_BUF_MAP].size = RECV_BUFFER_SIZE;
    pdata->info.mem[RECV_BUF_MAP].memtype = UIO_MEM_VIRTUAL;
    /* 中略 */
    pdata->info.mem[SEND_BUF_MAP].name = pdata->send_name;
    pdata->info.mem[SEND_BUF_MAP].addr
    = (uintptr_t)pdata->send_buf;
    pdata->info.mem[SEND_BUF_MAP].size = SEND_BUFFER_SIZE;
    pdata->info.mem[SEND_BUF_MAP].memtype = UIO_MEM_VIRTUAL;
    pdata->info.priv = pdata;
    pdata->device = dev;
    ret = uio_register_device(&dev->device, &pdata->info);
    if (ret) {
        dev_err(&dev->device, "hv_uio register failed\n");
        goto fail_close;
    }
    /* 中略 */
    return 0;
fail_close:
    hv_uio_cleanup(dev, pdata);
fail_free_ring:
    vmbus_free_ring(dev->channel);
    return ret;
}
```

在探测过程中，如同 UIO 中的 PCI 通用驱动一样，它首先为设备描述分配地址，填充相关的信息。因为它 info 中的 irq 字段存储了 UIO_IRQ_CUSTOM，因此 UIO 的核心不会去处理相关的中断，而是交由设备自己处理。接着它为各功能区创建了内存映射区域。最后，由于在这个驱动里已经有了释放时的清理函数，因此分配的内存都可以通过清理函数释放。因此，它直接调用了 uio_register_device 函数来注册 UIO 设备，这是与 UIO 中 PCI 通用驱动不同的地方。

在 UIO 的性能方面，也有研究者进行了研究并发表了文章。综合来说，在 Linux 内核的系统中使用内核态的硬件设备时，使用 ioctl 系统调用来进行设备控制并不是一个直接的过程。这个系统调用还需要使用虚拟文件系统（VFS）分发用户传来的控制值到硬件设备，如果有返回值，也会反向地逐层传回。而在 UIO 中这样的操作是可以直接通过 mmap 系统调用映射设备内存，而后直接读写寄存器来控制设备实现的。由于在 UIO 中是直接写入设备，在代码实现层面就是访问一个普通的数组，这让通过使用 UIO 对应的用户态驱动来控制硬件设备更加高效，并且代码更加易读。而在中断方面，文章[一]测试了 uio_event_notify 函数被调用到读取 UIO 设备返回的时间，一般在 16~32ms。在早期的 ARM11 设备上，使用 90% 的 CPU 占用也能够完成每秒 1000 次的中断，就算是在带有实时限制的嵌入式设备中，这样的延迟和响应速度也是可接受的。

总结来说，使用 UIO 框架写入的内核部分的驱动非常小和容易维护，因此想在 Linux 的主线内核代码中审阅和添加这个驱动薄层不是很难的事情。而在 UIO 中也会避免用户态应用程序去映射不属于这个硬件设备的内存，因此在内存层面也是相当安全的。

5.3 用户态驱动接口 VFIO

在 UIO 中只提供了在 Linux 内核层面的、针对用户态的应用程序的内存权限控制，而对于硬件设备层面来说，则需要更加精细的、设备可见的主内存控制。这样的操作可以由输入输出内存管理单元（Input-Output Memory Management Unit，IOMMU）来完成，它是一种特殊的内存管理单元。但与主要负责处理将虚拟地址转换为物理地址的 MMU 不同，它可以把具有内存直接访问能力（Direct Memory Access，DMA）的输入输出总线连接至主内存，并且将输入输出设备可见的虚拟地址（或者称为设备地址、输入输出地址）映射到主内存的物理地址。IOMMU 还可以为主内存提供保护，从而防止出现故障时的错误访问，或恶意的设备输入输出。

内存直接访问的能力是由 DMA 控制器来控制的，它允许不同速度的硬件设备之间直接互相通信，而不需要依赖处理器进行过多操作。例如，在使用内存直接将一个内存区域向一个设备复制或者从一个设备取出时，需要由处理器初始化一个传输的操作，而传输操作本身是由 DMA 控制器来完成的；否则，处理器需要从主内存把每一个资料片段复制到设备的寄存器，或者将设备寄存器中的数据复制到主内存；在这期间，处理器忙于数据的复制，就无法处理其他的操作。通过 DMA 进行这样的操作，可以让处理器不需要忙于内存数据的复制，使其可以被重新调度从而去处理其他的工作，因此它对于高性能嵌入式系统和网络设备来说是很重要的。举例来说，在 Intel 的 x86 架构的计算机中，在 ISA 总线上的 DMA 控制器提供了 8 个 DMA 通道，其中的 7 个通道可以由计算机的处理器使用。每一个 DMA 通道都有一个 16 位地址寄存器和一个 16 位计数寄存器，在初始化资料传输时，设备驱动程序需要设置 DMA 通道的地址、计数寄存器和资料传输的方向（可以是读取或写入）。然后指示 DMA 控制器开始传输，在传输结束的时候，设备就会通过发起中断的方式通知处理器：内存直接读写完成。而在现代系统中的 PCI 总线上，则拥有其自身提供的额外的 DMA 单元。图 5-7 所示为未使用输入输出内存管理单元的系统中的内存访问方式。

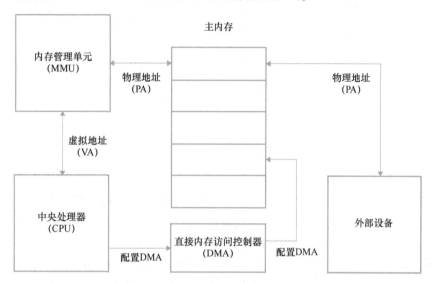

图 5-7   未使用输入输出内存管理单元的系统中的内存访问方式

在拥有 IOMMU 的系统中，一般会拥有以下特性和优势：

1）在分配大容量的内存区域时，可以不使用连续的物理内存，因为通过 IOMMU 硬件，系统可以直接将连续的虚拟地址映射到底层中分段的物理地址。因此，有时可以避免使用向量化的输入输出列表，即替代在 POSIX 接口和 Linux 内核中使用的输入输出向量描述的多段内存。

2）对于不支持寻址整个物理内存长度的硬件设备，也可以通过 IOMMU 访问整个内存。例如在使用 x86 平台的计算机中，可以用 x86 处理器中的物理地址扩展（PAE）功能访问超过 4GB 的内存，但是同时，普通的 32 位 PCI 设备无法寻址访问 4GB 范围外的内存。如果没有 IOMMU 硬件，操作系统将不得不实现更加耗时的双重缓冲区来作为主内存和 PCI 设备之间的桥梁，而 IOMMU 可以通过直接转换外围设备和主内存的地址，避免与外围设备的可寻址内存空间复制缓冲区有关的开销。

3）同 MMU 类似，IOMMU 也可以为内存提供保护，可以通过为一个外围设备配置一段主内存的权限，从而让尝试使用 DMA 特性进行攻击的恶意设备，或尝试传输错误内存的故障设备无权读写没有明确分配或权限不足的内存。

4）在某些架构中，IOMMU 也可以执行硬件中断事件的重映射，工作方式类似标准的内存地址重映射。

图 5-8 所示为使用输入输出内存管理单元的系统中的内存访问方式。

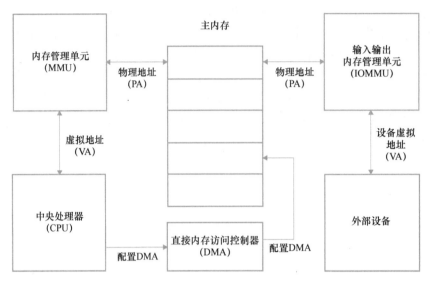

图 5-8　使用输入输出内存管理单元的系统中的内存访问方式

　　除此之外，在使用虚拟化技术的虚拟机的操作系统中，如果可以直接使用真实硬件，比如使用 DMA 直接访问内存的显卡等硬件，而不是使用模拟出来的一些专供虚拟机使用的虚拟设备，通常虚拟机可以有更好的性能，这时因为真实硬件的性能通常更加强劲。但是，在虚拟环境中，所有内存地址都会被虚拟机软件重映射，从而导致 DMA 设备无法这样被使用。如果虚拟机系统尝试用虚拟机的物理地址进行直接存储器访问（DMA）来配置硬件，其可能会损坏主内存的数据，这是因为真实硬件不知道给定虚拟机的物理地址与主机物理地址之间的映射关系。在没有硬件的情况下要解决这个问题，需要由虚拟机的管理程序或主机操作系统介入和内存地址有关的操作来进行地址翻译，从而可以避免损坏，但会增加相关操作的延迟和主机的负担；而在虚拟化中，IOMMU 硬件可以依靠将客户机物理地址映射到主机物理地址的相同或兼容转换表重映射硬件访问地址，从而解决延迟问题，通过利用 IOMMU 硬件快速处理这种重映射，从而允许在虚拟机的操作系统中，使用内核的设备驱动程序对硬件直接进行驱动。

　　但与在主内存中的直接物理寻址相比，使用 IOMMU 硬件也存在缺点，比如性能因翻译和管理开销（如页表变动）有所下降，增加的输入输出标签页表（转换表）消耗一些物理内存。

　　使用 IOMMU 的例子是，Intel 和 AMD 系统上使用的（Accelerated Graphics Port，AGP）和 PCI Express（PCIe）显卡所使用的图形地址映射表（Graphics Address Remapping Translation，GART）。时至今日，Intel 和 AMD 公司都发布了各自的 IOMMU 技术规范，ARM 则将其 IOMMU 版本定义为系统内存管理单元（System Memory Management Unit，SMMU），Apple 公司则使用自己的 IOMMU 规范和实现，被称为 Apple DART（Device Address Resolution Table）设备。在 Intel 和 AMD 平台上的 IOMMU 虚拟化需要芯片组和处理器支持 IOMMU 虚拟化，Intel 基于 IOMMU 虚拟化的技术也被称为 VT-d，而 AMD 基于 IOMMU 的虚拟化则被称为 AMD-Vi。

　　VFIO 驱动是一个 IOMMU/设备无关的框架，在一个安全的、受 IOMMU 保护的环境中，将设备访问直接暴露给用户空间，也就是允许使用安全的、非特权的用户空间驱动程序。

　　我们为什么需要这样的用户态驱动程序呢？当需要最大的输入输出性能时，虚拟机经常会利用直接设备访问或设备分配功能来最大化利用设备的能力，从设备和主机的角度来看，这只是把虚拟机变成了一个用户空间驱动程序，其好处是大大降低了延迟，提高了带宽，并直接使用裸机设备驱动程序。另外，有一些应用，特别是在高性能计算领域，也会从用户空间的低开销、直接设备访问中受益，如网卡设备和计算加速设备。在 VFIO 出现之前，这些驱动必须经过完整的开发周期才能成为合适的上游 Linux 驱动，或者在 Linux 内核项目之外进行单独维护。它可能使用 UIO 框架，在 UIO 中没有 IOMMU 保护的概念，对系统中断的支持有限，并且需要 root 权限来访问 PCI 配置空间以对设备进行配置。而 VFIO 驱动框架就可以将这些统一起来，从而提供一个比 UIO 更安全、更有特色的用户空间驱动环境。

5.3.1　VFIO 与硬件无关 IOMMU 的重映射

在 VFIO 中，有几个核心的抽象概念，分别是设备、组、容器。在本小节中，我们会对这些概念以及 VFIO 中 IOMMU 的重映射进行介绍。

设备是任何输入输出驱动的主要目标。Linux 内核通常会为设备创建一个由输入输出访问、设备中断和 DMA 组成的编程接口。其中 DMA 是迄今为止维护安全环境最关键的方面，因为任何允许设备对系统内存进行的直接读写访问，都会给整个系统的完整性带来巨大的风险。为了减轻这种风险，许多现代的 IOMMU 都将引入了隔离的特性，即设备之间可以相互隔离，并且禁止任意的内存访问，从而可以安全地直接将设备分配到虚拟机中。实际上，IOMMU 的解决方法就是引入了一个用于地址转换的接口，而这个接口是负责解决具有有限地址空间设备的寻址问题的。

不过，这种隔离并不总是在单个设备的粒度上。即使 IOMMU 能够做到这一点，设备与设备之间的互联和 IOMMU 的拓扑结构也会减少这种隔离：例如，一个单独的设备可能是一个更大的封装起来的多功能设备的一部分。虽然 IOMMU 可能也可以区分一组封装的多功能设备，但如果多功能设备不要求在这组设备之间的事件传递到 IOMMU，那么也会很大程度地限制 IOMMU 的功能。这方面的例子有很多：例如一个多功能的 PCI 设备，在各个功能之间有不会被文档描述的信息传递，这样的设备也可以是一个非 PCI-ACS（访问控制服务）的 PCI 桥（PCI Bridge），它允许重定向事件，但事件不会到达 IOMMU 硬件处。在隐藏设备方面，拓扑结构起到一定作用的例子有：一个 PCI 到 PCI 网桥可以掩盖它后面的设备，使事件看起来像是来自网桥本身。因此，虽然在大多数情况下，IOMMU 可能都有设备级别的控制粒度，但任何系统都容易受到尺度降低的影响。所以在设计 IOMMU 接口的时候支持了 IOMMU 组的概念：一个组代表一组设备，可与系统中所有其他设备隔离，如果要将设备直通到虚拟机中，这时的最小尺度就必须是组了。组从而也变成了使用 VFIO 时的所有权单位，每个组中的各个设备之间总是可以互相访问的。

虽然组是为确保用户安全访问而必须使用的最小尺度，但它不一定是首选的，在不同的组之间也可以共享同一组地址翻译，从而减少系统的开销。与之对应的就是 VFIO 中使用的容器概念，它可以容纳一个或多个组。就容器本身而言，它提供的功能很少，除了几个版本和扩展查询接口外，其他的都被锁定了。VFIO 的用户需要在容器中添加一个组，才能获得下一级（即组级别）的功能。

在 Linux 的 VFIO 中，最基础的使用方法就是使用 vfio-pci 这个 Linux 内核驱动，从而不使用 PCI 设备原有驱动来直接驱动硬件设备，而是通过使用 VFIO 的接口，由用户态的应用程序来对其进行驱动。因此，一般情况下要对一个 PCI 设备通过 VFIO 使用用户态应用程序时都需要先将内核驱动和硬件设备解绑。在 Linux 内核的操作系统中，这一操作可以通过 sysfs 为 PCI 设备导出的 unbind 接口完成。例如，假设用户想访问地址为 0000:06:0d.0 的 PCI 设备，它首先需要知道这个设备所在的 IOMMU 组，在命令行中通过 readlink 命令读取 sysfs 导出的对应设备的信息就可以获得组的编号：

```
$readlink /sys/bus/pci/devices/0000:06:0d.0/iommu_group
../../../../kernel/iommu_groups/26
```

因此，这个设备属于 IOMMU 的第 26 组，我们可以使用 vfio-pci 来管理该组，即使用 vfio-pci 来驱动。在 Linux 中，同样可以直接通过 sysfs 将这个设备绑定到 vfio-pci 驱动上，这样的操作需要知道 PCI 设备的标识符和地址，地址已经给定了，就可以通过 lspci 命令先获取设备对应的供应商标识符和设备标识符：

```
$lspci -n -s 0000:06:0d.0
06:0d.0 0401: 1102:0002 (rev 08)
```

在得到了标识符的情况下，就可以先移除给定地址对应的 PCI 设备原有的 Linux 内核驱动，再将标识符传入 vfio-pci 驱动中，让该驱动为其创建对应的 VFIO 组（注意这里需要根用户权限）：

```
# echo 0000:06:0d.0 > /sys/bus/pci/devices/0000:06:0d.0/driver/unbind
# echo 1102 0002 > /sys/bus/pci/drivers/vfio-pci/new_id
```

这样的操作也会为对应的 IOMMU 组（在这里是编号为 26 的 IOMMU 组）创建对应的 VFIO 组的字符设备，这样的字符设备会被导出到/dev/vfio 中。

需要注意的是，对于同一个 IOMMU 组的设备，我们也需要将其释放以供 VFIO 使用，可以使用下面的命令通过 sysfs 来获取当前组中的所有设备：

```
$ls -l /sys/bus/pci/devices/0000:06:0d.0/iommu_group/devices
total 0
lrwxrwxrwx. 1 root root 0 Apr 23 16:13 0000:00:1e.0 ->
        ../../../../devices/pci0000:00/0000:00:1e.0
lrwxrwxrwx. 1 root root 0 Apr 23 16:13 0000:06:0d.0 ->
        ../../../../devices/pci0000:00/0000:00:1e.0/0000:06:0d.0
lrwxrwxrwx. 1 root root 0 Apr 23 16:13 0000:06:0d.1 ->
        ../../../../devices/pci0000:00/0000:00:1e.0/0000:06:0d.1
```

在这种情况下，说明存在地址为 0000:06:0d.0 和 0000:06:0d.1 的两个设备位于同一个 PCI 桥之下，这个 PCI 桥的地址为 0000:00:1e.0。因此，来自这两个设备任一功能的事务对于 IOMMU 来说都是无法区分的，这种情况下的拓扑结构可以表示如下：

```
-[0000:00]-+-1e.0-[06]--+-0d.0
                        \-0d.1
00:1e.0 PCI bridge: Intel Corporation 82801 PCI Bridge (rev 90)
```

因此，我们还需要重复上面的操作，将设备 0000:06:0d.1 也添加到组中，而地址为 0000:00:1e.0 的设备是一个目前没有主机驱动的 PCI 桥，因此我们并不需要将这个设备绑定到 vfio-pci 驱动上。

最后，如果用户态的应用程序是需要在特权的操作下运行的，则还需要给对应的用户提

供对该 VFIO 组对应的文件访问权限:

```
# chown user:user /dev/vfio/26
```

需要注意的是,之后会用来创建 VFIO 容器的/dev/vfio/vfio 文件本身,而不提供任何其他高级操作,因此预计 Linux 发行版的系统会将其设置为所有人都可读可写的 666 模式。

在有了 IOMMU 组对应的 VFIO 组之后,就可以开始编写用户态应用程序了。第一步就是要打开一个 VFIO 容器和一个 VFIO 组来进行操作,需要先通过 open 系统调用打开对应的文件获取文件描述符:

```
int vfio_container_fd = open("/dev/vfio/vfio", O_RDWR);
int vfio_group_fd = open("/dev/vfio/26", O_RDWR);
```

如果对应的文件描述符不为 0,则可以继续进行操作,通过 ioctl 系统调用为这个 VFIO 组设置一个 VFIO 容器:

```
ioctl(vfio_group_fd, VFIO_GROUP_SET_CONTAINER, &vfio_container_fd);
```

并为 VFIO 容器指定对应的 IOMMU 类型,在 Intel 和 AMD 的 x86 和 x86_64 的机器上,这里所使用的 IOMMU 类型为 VFIO_TYPE1_IOMMU,这样的代码如下:

```
ioctl(vfio_container_fd, VFIO_SET_IOMMU, VFIO_TYPE1_IOMMU);
```

最后,可以通过以下代码从 VFIO 组描述符中获取到对应的设备描述符:

```
int vfio_fd = ioctl(vfio_group_fd, VFIO_GROUP_GET_DEVICE_FD, pci_addr);
```

在获取到 vfio_fd 这个设备的描述符后,就可以对设备进行操作了。例如,通过发起 ioctl 系统调用和对应组的描述符 VFIO_DEVICE_GET_REGION_INFO 常量,就可以获取到 VFIO 设备可用的内存区域信息:

```
ioctl(vfio_fd, VFIO_DEVICE_GET_REGION_INFO, &region_info);
```

其中 region_info 对应的结构体是 struct vfio_region_info 类型,这个结构体类型和代码使用到的 VFIO_DEVICE_GET_REGION_INFO 常量都是由 include/uapi/linux/vfio.h 导出到用户态中的,结构体类型的定义如下:

```
struct vfio_region_info {
    __u32    argsz;
    __u32    flags;
#define VFIO_REGION_INFO_FLAG_READ      (1 << 0) /* 区域支持读取 */
#define VFIO_REGION_INFO_FLAG_WRITE     (1 << 1) /* 区域支持写入 */
#define VFIO_REGION_INFO_FLAG_MMAP      (1 << 2) /* 区域支持 mmap 操作 */
#define VFIO_REGION_INFO_FLAG_CAPS      (1 << 3) /* 消息支持 Linux capabilities */
    __u32    index;          /* 区域的索引 */
    __u32    cap_offset;     /* 在信息结构中的第一个 Linux 能力(Linux capabilities) */
    __u64    size;           /* 区域的大小(以字节计算) */
    __u64    offset;         /* 从设备描述符开始计算的区域偏移值 */
};
```

它包含了一些关于 VFIO 设备的区域信息,其中 argsz 描述结构体本身(即参数本身)的大小,以字节为单位;flags 是一个标志位字段,包含以下标志位:

1) VFIO_REGION_INFO_FLAG_READ:表示该区域支持读操作。

2）VFIO_REGION_INFO_FLAG_WRITE：表示该区域支持写操作。

3）VFIO_REGION_INFO_FLAG_MMAP：表示该区域支持内存映射 mmap 操作。

4）VFIO_REGION_INFO_FLAG_CAPS：表示该区域支持 Linux 能力（Linux capabilities）。

剩余的字段中，index 字段记录了该区域的索引，是在调用前需要传入的参数。在之后的设备信息介绍中，我们可以获取到可用的索引范围；cap_offset 字段描述了第一个 Linux 能力在该结构体中的偏移量；size 描述了该区域以字节为单位的大小，而 offset 字段为该区域相对于设备文件描述符开头的偏移量，同样以字节为单位。

在获取到一个支持内存映射的区域后，可以使用下面的操作将内存区域映射。这样的操作会将 VFIO 管理的 IOMMU 分配的其中一段设备可以直接访问的内存映射到文件上：

```
mmap(NULL, region_info.size, PROT_READ | PROT_WRITE, MAP_SHARED, vfio_fd, region_info.offset);
```

这样，对这片内存区域读写的数据就可以直接被 VFIO 的设备访问到了。

通过 ioctl 系统调用，与 VFIO_DEVICE_GET_REGION_INFO 常量用法类似的还有：

1）通过 VFIO_DEVICE_GET_INFO 常量和 struct vfio_device_info 结构体可以获取到设备信息。

2）通过 VFIO_DEVICE_GET_IRQ_INFO 常量和描述中断的 struct vfio_irq_info 结构体类型可以获取到 IRQ（中断）信息。

3）通过 VFIO_DEVICE_GET_PCI_HOT_RESET_INFO 常量和对应的结构体类型可以获取到设备的 PCI 热重置信息。

4）通过 VFIO_IOMMU_GET_INFO 和 VFIO_IOMMU_SPAPR_TCE_GET_INFO 常量可以获取到两种不同的 IOMMU 信息。

其中的 struct vfio_device_info 结构体和 struct vfio_irq_info 结构体类型也都是通过 include/uapi/linux/vfio.h 头文件定义并导出的，分别用来描述 VFIO 设备信息和 VFIO 中断信息。

我们首先来看 struct vfio_device_info 类型，用户态的应用程序需要它才能获取到设备可用区域对应的索引范围，它的定义如下：

```
struct vfio_device_info {
    __u32    argsz;
    __u32    flags;
#define VFIO_DEVICE_FLAGS_RESET    (1 << 0)        /* 设备支持重置 */
#define VFIO_DEVICE_FLAGS_PCI      (1 << 1)        /* vfio-pci 设备 */
#define VFIO_DEVICE_FLAGS_PLATFORM (1 << 2)        /* vfio-platform 设备 */
#define VFIO_DEVICE_FLAGS_AMBA     (1 << 3)        /* vfio-amba 设备 */
#define VFIO_DEVICE_FLAGS_CCW      (1 << 4)        /* vfio-ccw 设备 */
#define VFIO_DEVICE_FLAGS_AP       (1 << 5)        /* vfio-ap 设备 */
#define VFIO_DEVICE_FLAGS_FSL_MC   (1 << 6)        /* vfio-fsl-mc 设备 */
#define VFIO_DEVICE_FLAGS_CAPS     (1 << 7)        /* 信息支持 Linux 能力 */
    __u32    num_regions;                          /* 最大的区域索引+1 */
    __u32    num_irqs;                             /* 最大的中断索引+1 */
    __u32    cap_offset;                           /* 第一个 Linux 能力在信息结构体中的偏移 */
};
```

这是一个用于描述 VFIO 设备信息的结构体，其中 argsz 字段是一个无符号 32 位整数，表示该结构体本身（即参数本身）的大小，以字节为单位。而 flags 字段是一个无符号 32 位整数，表示该设备的特性和能力，包括以下标志位：

1）VFIO_DEVICE_FLAGS_RESET：表示该设备支持重置操作。

2）VFIO_DEVICE_FLAGS_PCI：表示该设备是 vfio-pci 设备，可以使用前文中提到的 vfio-pci 设备驱动。

3）VFIO_DEVICE_FLAGS_PLATFORM：表示该设备是 vfio-platform 设备。

4）VFIO_DEVICE_FLAGS_AMBA：表示该设备是 vfio-amba 设备。

5）VFIO_DEVICE_FLAGS_CCW：表示该设备是 vfio-ccw 设备。

6）VFIO_DEVICE_FLAGS_AP：表示该设备是 vfio-ap 设备。

7）VFIO_DEVICE_FLAGS_FSL_MC：表示该设备是 vfio-fsl-mc 设备。

8）VFIO_DEVICE_FLAGS_CAPS：表示该设备支持 Linux 能力。

之后的 num_regions 字段表示该设备的区域数，即该设备包含多少个区域，是最大的区域索引值加 1；而与之对应的 num_irqs 字段表示该设备的中断数，即该设备包含多少个中断描述；cap_offset 字段则是一个无符号 32 位整数，表示第一个 Linux 能力在该结构体中的偏移量，以字节为单位。

而 struct vfio_irq_info 类型就是用于描述 VFIO 设备中中断信息的结构体了：

```
struct vfio_irq_info {
    __u32    argsz;
    __u32    flags;
#define VFIO_IRQ_INFO_EVENTFD      (1 << 0)
#define VFIO_IRQ_INFO_MASKABLE     (1 << 1)
#define VFIO_IRQ_INFO_AUTOMASKED   (1 << 2)
#define VFIO_IRQ_INFO_NORESIZE     (1 << 3)
    __u32    index;    /* IRQ 索引 */
    __u32    count;    /* 在这个索引所包含的 IRQ 个数 */
};
```

其中，argsz 字段仍然表示结构体本身（即参数本身）的大小，以字节为单位；flags 是一个标志位字段，包含以下标志位：

1）VFIO_IRQ_INFO_EVENTFD：表示该中断支持使用事件文件描述符（在轮询模块中使用的结构）进行通知。

2）VFIO_IRQ_INFO_MASKABLE：表示该中断可以被屏蔽。

3）VFIO_IRQ_INFO_AUTOMASKED：表示该中断在触发后会自动被屏蔽。

4）VFIO_IRQ_INFO_NORESIZE：表示该中断的数量不能被改变。

在剩余的字段中，index 字段表示该中断的索引，在调用时需要传入该值作为参数，从而获取到对应的终端信息；count 字段表示该中断索引下包含的中断数量。

通过 struct vfio_irq_info 结构体获取到的 VFIO 中的中断信息，可以被使用在 ioctl 系统调用中，以完成对应的 VFIO 设备的中断重映射功能（Interrupt Remapping）。要完成这样的功能，我们需要使用 struct vfio_irq_set 结构体类型来对中断进行配置，它同样位于 include/uapi/linux/vfio.h 头文件中，其定义如下：

```
struct vfio_irq_set {
    __u32      argsz;
    __u32      flags;
#define VFIO_IRQ_SET_DATA_NONE     (1 << 0)     /* 数据不存在 */
```

```
#define VFIO_IRQ_SET_DATA_BOOL        (1 << 1)    /* 数据是布尔类型 */
#define VFIO_IRQ_SET_DATA_EVENTFD     (1 << 2)    /* 数据是事件文件描述符 */
#define VFIO_IRQ_SET_ACTION_MASK      (1 << 3)    /* 屏蔽中断 */
#define VFIO_IRQ_SET_ACTION_UNMASK    (1 << 4)    /* 解除屏蔽中断 */
#define VFIO_IRQ_SET_ACTION_TRIGGER   (1 << 5)    /* 触发中断 */
    __u32    index;
    __u32    start;
    __u32    count;
    __u8     data[];
};
```

上述 struct vfio_irq_set 类型就是用于设置 VFIO 设备中断的结构体，它描述了在某个设备中断索引中，如何启用、禁用和通知中断处理程序的方式。其中 argsz 字段照常表示结构体本身的大小，以字节为单位；flags 字段是一组标识，用于描述此结构体中包含的 VFIO 中断集的类型；index 字段是要设置中断的索引号；start 字段是中断的起始号码（因为一个索引可能对应着多个中断）；count 字段是要设置中断的数量；data 字段是一个指针，用来指向中断的描述符的数组，这些描述符在数据中包含中断信息和处理函数指针。

通过设置 struct vfio_irq_set 中的各个字段，可以指定设备中断的相关信息，如中断的类型、索引、数量、起始中断号码等。例如：irqfd 是一个中断文件描述符，下面的代码就可以为中断号从 114 开始的一个中断设置 irqfd 这个事件描述符：

```
// 配置中断
irq_set.argsz = sizeof(irq_set);
irq_set.index = 0; // 第一个中断
irq_set.start = 114;
irq_set.count = 1; // 总共一个中断
irq_set.flags = VFIO_IRQ_SET_DATA_EVENTFD; // 事件描述符
irqfd = eventfd(0, 0);
irq_set.data = irqfd; // 将事件描述符与中断关联
```

在设置 struct vfio_irq_set 类型中的字段后，可以将其作为 ioctl 系统调用的参数和 VFIO_DEVICE_SET_IRQS 宏一起传递给 VFIO 来设置中断：

```
ioctl(device_fd, VFIO_DEVICE_SET_IRQS, &irq_set);
```

在设置完成后，就可以通过与 UIO 中类似的操作，通过读取中断文件描述符来等待中断了：

```
// 等待中断
read(irqfd, &event, sizeof(event)) < 0);
```

这样就完成了对原本在 Linux 内核中的中断事件在用户态的重映射。

针对上述在 VFIO 中大量使用到的 ioctl 调用在 Linux 内核中的实现，我们将会放在下一小节中分析。在此之前，我们先来解析一下 IOMMU 在 Linux 内核中的实现和相应的类型。

在 Linux 内核中，VFIO 将 IOMMU 分为几大类，其中 Type1 是一种硬件级别的 IOMMU，通过硬件方式支持 DMA 映射和内存保护。当 VFIO 的 Type 1 类型 IOMMU 用于虚拟机中时，可以将 IOMMU 直接映射到虚拟机，从而将虚拟机与宿主机隔离开来。这使得虚拟机能够获得更好的性能，同时保持与宿主机的安全隔离。在 VFIO 中，它被使用 VFIO_TYPE1_IOMMU

来表示，这个宏被定义在 include/uapi/linux/vfio.h 中。与之并列的还有 VFIO_SPAPR_TCE_IOMMU 常量，它所表示的 IOMMU 类别是用于 PowerPC 体系结构，它实现了 SPAPR（System Planning for Application Performance in Reducing）规范中定义的 TCE（Translation Control Entry）功能，用于将虚拟地址映射到物理地址，并管理设备对主机内存的访问。

这两个宏就是前文中 VFIO_IOMMU_GET_INFO 和 VFIO_IOMMU_SPAPR_TCE_GET_INFO 这两个用来获取对应类型 IOMMU 的信息时，需要传入的常量。

除此之外，在 include/uapi/linux/vfio.h 中还有 VFIO_TYPE1v2_IOMMU、VFIO_TYPE1_NESTING_IOMMU 和 VFIO_SPAPR_TCE_v2_IOMMU 宏，这三个都是与虚拟化相关的 IOMMU 类型。其中，VFIO_TYPE1v2_IOMMU 支持硬件 IOMMU 转换，并支持多级分页，而 VFIO_TYPE1_NESTING_IOMMU 则在此基础上提供了嵌套虚拟化支持。VFIO_SPAPR_TCE_v2_IOMMU 是 VFIO_SPAPR_TCE_IOMMU 的升级版本，使用 64 位的 TCE，可以支持更大的地址空间和更高的精度，从而提供更好的性能和可靠性。

由于本书不涉及虚拟化和 PowerPC 平台的内容，因此本小节接下来的部分只对 type1 并且没有嵌套虚拟化的 IOMMU 类型进行解析。

在 VFIO 中，type1 的 IOMMU 是由 drivers/vfio/vfio_iommu_type1.c 来定义和实现的。其中最基础与最重要的就是 struct vfio_iommu 结构体，它用来描述一个 VFIO 的 IOMMU 上下文，它的定义如下：

```
struct vfio_iommu {
    struct list_head    domain_list;
    struct list_head    iova_list;
    struct vfio_domain * external_domain;
    struct mutex        lock;
    struct rb_root      dma_list;
    struct blocking_notifier_head notifier;
    unsigned int        dma_avail;
    unsigned int        vaddr_invalid_count;
    uint64_t            pgsize_bitmap;
    uint64_t            num_non_pinned_groups;
    wait_queue_head_t   vaddr_wait;
    bool                v2;
    bool                nesting;
    bool                dirty_page_tracking;
    bool                container_open;
};
```

其中 domain_list 字段是一个 IOMMU 域（IOMMU domain，稍后会对其进行解释）的列表，包含所有已创建的域；而 iova_list 字段是一个描述输入输出虚拟地址的链表，包含在该 IOMMU 实例上分配的所有输入输出虚拟地址的区域；external_domain 字段是一个指向外部 IOMMU 域的指针，用在 IOMMU 多层嵌套结构中；lock 字段是一个锁，用于保护这个结构体中的数据以避免并发访问；dma_list 字段是一个红黑树结构，用于跟踪正在使用的 DMA 区域；notifier 字段是一个阻塞通知器头（链表头部），用于管理阻塞通知链表；dma_avail 字段记录了可用的 DMA 区域数量；vaddr_invalid_count 字段则是一个用于跟踪因某些原因而无效的虚拟地址数量的计数器；pgsize_bitmap 字段是一个位映射，用于跟踪支持的页面大小；

num_non_pinned_groups 字段是在该 IOMMU 上未固定的 IOMMU 组的数量；vaddr_wait 字段是等待虚拟地址可用的等待队列头；v2 字段是一个用来表示该 IOMMU 是否支持 VFIO 的 v2 接口标识；nesting 字段也是一个标识，表示该 IOMMU 是否支持嵌套的 IOMMU 层次结构；而最后的 dirty_page_tracking 字段和 container_open 字段都是标识，分别表示是否启用了脏页跟踪和该 IOMMU 是否位于打开的容器中。

在这个结构体中使用到的类型有 struct vfio_iova，它同样是在 drivers/vfio/vfio_iommu_type1.c 中被定义的，仅供 VFIO 中 type1 的 IOMMU 内部使用，其字段如下：

```
struct vfio_iova {
    struct list_head       list;
    dma_addr_t             start;
    dma_addr_t             end;
};
```

list 字段是列表头的引用，指向它所属的 struct vfio_iommu 结构体实例，而 start 和 end 字段是输入输出虚拟地址的开始和结束。

除此之外，在 struct vfio_iommu 结构中还有 struct vfio_domain 类型的结构体，其字段如下：

```
struct vfio_domain {
    struct iommu_domain    *domain;
    struct list_head  next;
    struct list_head  group_list;
    int       prot;            /* IOMMU_CACHE */
    bool      fgsp;
};
```

它存储了 VFIO 域的相关信息，可以用于管理 VFIO 设备的内存映射和访问控制。其中 domain 字段是指向 Linux 内核中描述 IOMMU 域的 struct iommu_domain 结构体的指针，我们会在接下来的部分对其进行介绍；next 字段指向 VFIO 域链表中下一个 VFIO 域的指针，它是在 struct vfio_iommu 类型中的 domain_list 字段这个链表中使用的；而 group_list 字段是指向 VFIO 设备组链表的指针，它负责存储一组 struct vfio_iommu_group 类型的结构体实例，也就是 VFIO 组概念对应的结构体，我们也会在本节稍后对其进行介绍；prot 字段是一个整数值，表示 IOMMU 缓存的保护设置，它决定了对缓存的访问级别，如只读、读写、禁止访问等；最后的 fgsp 字段是一个布尔值，表示是否启用了细粒度超级页面（Fine-Grained Super Pages，FGSP）特性，这是一种提高虚拟内存映射效率的技术，在 IOMMU 中使用可以提高性能。在 domain_list 字段和 external_domain 字段都用到了 struct vfio_domain 结构体类型。

在 struct vfio_domain 类型中的 struct iommu_domain 类型，定义在 include/linux/iommu.h 文件中，它的字段如下：

```
struct iommu_domain {
    unsigned type;
    const struct iommu_ops * ops;
    unsigned long pgsize_bitmap;
    iommu_fault_handler_t handler;
    void * handler_token;
```

```
    struct iommu_domain_geometry geometry;
    struct iommu_dma_cookie *iova_cookie;
};
```

它表示一个 IOMMU 域，是由 IOMMU 设备管理的一系列物理内存地址区域，它们被映射到相应的设备上，使得设备只能访问允许的内存区域。其中，type 字段表示这个地址转换的类型；ops 指向一个 struct iommu_ops 类型结构体，描述了 IOMMU 驱动程序提供 IOMMU 的操作函数；pgsize_bitmap 字段表示 IOMMU 支持的页表大小；handler 和 handler_token 字段是用于处理 IOMMU 异常的；geometry 字段描述了 IOMMU 的几何属性，为 struct iommu_domain_geometry 类型；iova_cookie 字段则是 struct iommu_dma_cookie 类型的，用于管理 DMA 映射所使用的输入输出虚拟地址。

```
struct iommu_domain_geometry {
    dma_addr_t aperture_start;     /* 可以被映射的第一个地址 */
    dma_addr_t aperture_end;       /* 可以被映射的最后一个地址 */
    bool force_aperture;           /* DMA 是否只允许可映射的范围 */
};
```

struct iommu_domain_geometry 类型描述了 IOMMU 域的几何属性，包括地址映射的起始和结束地址以及 DMA 是否只允许在可映射的范围内进行。具体来说，aperture_start 和 aperture_end 字段描述了物理地址范围，其中这个范围内的 DMA 的访问应该被映射到 IOMMU 域中。force_aperture 字段是一个标识，用于指示是否限制 DMA 访问只能在可映射的地址范围内进行，如果设置为 true，则只允许 DMA 访问映射到 aperture_start 和 aperture_end 之间的地址范围内。在一些需要保证 DMA 数据完整性和安全性的场景下比较常见。

而 struct iommu_dma_cookie 类型与 DMA 相关，因此被定义在 drivers/iommu/dma-iommu.c 文件中，它的字段如下：

```
struct iommu_dma_cookie {
    enum iommu_dma_cookie_type   type;
    union {
        struct iova_domain iovad;
        dma_addr_t         msi_iova;
    };
    struct list_head    msi_page_list;
    struct iommu_domain    *fq_domain;
};
```

它是 IOMMU 对 DMA 管理时使用的凭证数据结构，用于跟踪分配的 DMA 内存或输入输出虚拟地址。其中的 type 字段是 enum iommu_dma_cookie_type 类型，这个类型描述了凭证的类型：可以是 IOMMU_DMA_IOVA_COOKIE 或 IOMMU_DMA_MSI_COOKIE，分别对应两种类型的 DMA 分配器，其中 IOMMU_DMA_IOVA_COOKIE 是用于输入输出虚拟地址（IOVA）分配器的完整分配器，而 IOMMU_DMA_MSI_COOKIE 是用于 MSI（Message Signaled Interrupt）消息的简单线性页面分配器。

MSI 是一种中断传递机制。它是传统中断（使用 IRQ 线）的一种替代方案：当设备需要中断服务时，它会将一个特定的消息（包括中断号和其他参数）写入 PCI 总线上的一个特定寄存器中。这个消息会被传送到处理器，而不需要使用中断。这个消息会被操作系统的中断处理程序所捕获，并根据消息中包含的中断号和参数进行相应的中断处理。相比传统中断，MSI 的主要优势在于它的响应速度更快，因为它不需要等待 IRQ 线上的信号传输，使用的类型取决于硬件本身和驱动程序。

接下来的联合体针对这样的两个类型给定了两种类型：

1）对于 IOMMU_DMA_IOVA_COOKIE，使用了一个完整的输入输出虚拟地址的域分配器 iovad，用于跟踪 DMA 内存的分配和释放。

2）对于 IOMMU_DMA_MSI_COOKIE，则使用了一个简单的线性页分配器，只需使用 msi_iova 字段来直接跟踪分配的输入输出虚拟地址。

此外，msi_page_list 字段也用于记录分配给 MSI 的页框，以便在释放 MSI 时使用。

最后的 fq_domain 字段指向一个 IOMMU 域，用于标识一个 DMA 要使用的数据缓冲序列，如果没有使用这样的队列，则此指针为 NULL。

在 struct iommu_domain 类型中的 ops 字段是一个 struct iommu_ops 类型的指针，这是一个 Linux 内核中代表 IOMMU 的操作和能力的数据结构。它包括了一组函数指针，其中包括了一些操作，如分配和释放 IOMMU 域、将设备附加到 IOMMU 域，以及将物理内存区域映射到 IOMMU 域。这个结构体还提供了一些函数，可以帮助处理与 IOMMU 相关的设备和域，以及一些其他操作，如缓存失效和传输请求响应处理等。这层抽象也就是 IOMMU 接口与硬件无关的原因，限于篇幅限制，我们不对其进行详解。

我们只需了解，这个字段是被 bus_set_iommu 函数设置到一个描述总线类型的结构体上，然后在 IOMMU 域被创建时传递到 struct iommu_domain 类型中的 ops 字段中的。这个函数被定义在 drivers/iommu/iommu.c 文件中，即 IOMMU 的通用实现部分：

```
int bus_set_iommu(struct bus_type *bus, const struct iommu_ops *ops)
{
    int err;
    if (ops == NULL) {
        bus->iommu_ops = NULL;
        return 0;
    }
    if (bus->iommu_ops != NULL)
        return -EBUSY;
    bus->iommu_ops = ops;
    /* 为这个总线类型完成 IOMMU 特定设置 */
    err = iommu_bus_init(bus, ops);
    if (err)
        bus->iommu_ops = NULL;
    return err;
}
```

这个函数会被 IOMMU 驱动程序调用，以设置特定总线使用的 IOMMU 操作的回调函数。在这些操作被注册之后，该总线上的设备驱动程序就可以使用 IOMMU 接口了。

例如，在 drivers/iommu/intel/iommu.c 文件中，Intel 的 IOMMU 驱动程序就存在以下代码：

```
bus_set_iommu(&pci_bus_type, &intel_iommu_ops);
```

它为 PCI 总线类型设置了 intel_iommu_ops 这组回调函数。

而在 drivers/iommu/apple-dart.c 文件中，Apple 设备中名为 DART 的 IOMMU 驱动程序为

平台设备总线类型和 PCI 总线类型设置了对应的回调函数：

```
static int apple_dart_set_bus_ops(const struct iommu_ops * ops)
{
    int ret;
    if (!iommu_present(&platform_bus_type)) {
        ret = bus_set_iommu(&platform_bus_type, ops);
        if (ret)
            return ret;
    }
#ifdef CONFIG_PCI
    if (!iommu_present(&pci_bus_type)) {
        ret = bus_set_iommu(&pci_bus_type, ops);
        if (ret) {
            bus_set_iommu(&platform_bus_type, NULL);
            return ret;
        }
    }
#endif
    return 0;
}
```

接下来，让我们回到 struct vfio_domain 中的 group_list 字段，它存储的是 struct vfio_iommu_group 类型，定义在 drivers/vfio/vfio_iommu_type1.c 文件中：

```
struct vfio_iommu_group {
    struct iommu_group * iommu_group;
    struct list_head  next;
    bool      mdev_group;
    bool      pinned_page_dirty_scope;
};
```

简单来说，这个结构体用于管理在 VFIO 中的 IOMMU 分组，并提供一些额外的元数据，如标识位和链表结构。其中 iommu_group 字段指向在 IOMMU 模块中 IOMMU 分组的指针，是一个 struct iommu_group 类型的结构体；next 字段则用于将该结构体与其他 VFIO 中的 IOMMU 结构体链接在一起，形成链表结构；mdev_group 字段是一个标识变量，表示该分组是否为虚拟设备分组；pinned_page_dirty_scope 字段也是一个标识变量，表示该分组中的页是否被固定，并且是否已经被修改。

而 struct iommu_group 类型的定义位于 drivers/iommu/iommu.c 文件中，属于 IOMMU 模块中通用功能的内部结构体，它的字段如下：

```
struct iommu_group {
    struct kobject kobj;
    struct kobject * devices_kobj;
    struct list_head devices;
    struct mutex mutex;
    struct blocking_notifier_head notifier;
    void * iommu_data;
    void ( * iommu_data_release)(void * iommu_data);
    char * name;
    int id;
```

```
    struct iommu_domain * default_domain;
    struct iommu_domain * domain;
    struct list_head entry;
};
```

这是一个用来描述 IOMMU 组的数据结构，这个结构体包含了一个内核对象、一个设备的内核对象、一个设备列表、一个互斥锁、一个阻塞通知链表、一个 IOMMU 数据指针和一个指向 IOMMU 数据释放回调函数的指针。此外，它还有一个名称、一个标识符、一个默认的 IOMMU 域的指针和一个 IOMMU 域的指针。

IOMMU 组是一组共享相同 IOMMU 的设备，IOMMU 组可以由平台或者用户空间创建，用于将设备组织起来，以便它们可以共享同一个 IOMMU 域。当设备共享同一个 IOMMU 域时，可以有效地减少 IOMMU 的硬件开销，提高系统的性能。

在 IOMMU 模块中的一个 IOMMU 组是由 iommu_group_alloc 函数创建的，它属于 IOMMU 模块中的通用部分，位于 drivers/iommu/iommu.c 文件中，其代码如下：

```
struct iommu_group * iommu_group_alloc(void)
{
    struct iommu_group * group;
    int ret;
    group = kzalloc(sizeof(* group), GFP_KERNEL);
    if (!group)
        return ERR_PTR(-ENOMEM);
    group->kobj.kset = iommu_group_kset;
    mutex_init(&group->mutex);
    INIT_LIST_HEAD(&group->devices);
    INIT_LIST_HEAD(&group->entry);
    BLOCKING_INIT_NOTIFIER_HEAD(&group->notifier);
    ret = ida_simple_get(&iommu_group_ida, 0, 0, GFP_KERNEL);
    if (ret < 0) {
        kfree(group);
        return ERR_PTR(ret);
    }
    group->id = ret;
    ret = kobject_init_and_add(&group->kobj, &iommu_group_ktype,
                NULL, "%d", group->id);
    if (ret) {
        ida_simple_remove(&iommu_group_ida, group->id);
        kobject_put(&group->kobj);
        return ERR_PTR(ret);
    }
    group->devices_kobj = kobject_create_and_add("devices", &group->kobj);
    if (!group->devices_kobj) {
        kobject_put(&group->kobj);
        return ERR_PTR(-ENOMEM);
    }
    kobject_put(&group->kobj);
    ret = iommu_group_create_file(group,
                    &iommu_group_attr_reserved_regions);
    if (ret)
```

```
        return ERR_PTR(ret);
    ret = iommu_group_create_file(group, &iommu_group_attr_type);
    if (ret)
        return ERR_PTR(ret);
    pr_debug("Allocated group %d\n", group->id);
    return group;
}
EXPORT_SYMBOL_GPL(iommu_group_alloc);
```

它为 IOMMU 组分配一个 struct iommu_group 类型的空间，从 Linux 内核中获取一个唯一的标识符，作为 IOMMU 组的编号；之后调用 kobject_init_and_add 为这个 IOMMU 初始化并添加 Linux 内核对象。在创建了对应的文件后，将新创建的 IOMMU 组的指针返回。

对于 VFIO 中 type1 的 IOMMU 来说，VFIO 中 IOMMU 组的字段都是基于传入的 struct iommu_group 类型的 IOMMU 组，在 vfio_iommu_type1_attach_group 函数中被初始化的。这个函数是被放置在 VFIO 中一个 struct vfio_iommu_driver_ops 类型的实例中导出、被注册成 VFIO 可用的 IOMMU 驱动的，它的定义如下：

```
static const struct vfio_iommu_driver_ops vfio_iommu_driver_ops_type1 = {
    .name                   = "vfio-iommu-type1",
    .owner                  = THIS_MODULE,
    .open                   = vfio_iommu_type1_open,
    .release                = vfio_iommu_type1_release,
    .ioctl                  = vfio_iommu_type1_ioctl,
    .attach_group           = vfio_iommu_type1_attach_group,
    .detach_group           = vfio_iommu_type1_detach_group,
    .pin_pages              = vfio_iommu_type1_pin_pages,
    .unpin_pages            = vfio_iommu_type1_unpin_pages,
    .register_notifier      = vfio_iommu_type1_register_notifier,
    .unregister_notifier    = vfio_iommu_type1_unregister_notifier,
    .dma_rw                 = vfio_iommu_type1_dma_rw,
    .group_iommu_domain     = vfio_iommu_type1_group_iommu_domain,
    .notify                 = vfio_iommu_type1_notify,
};
```

每个函数指针都指向了一个用于 VFIO 设备映射操作的回调函数。这些操作包括：

1）open：打开 VFIO IOMMU 设备。

2）release：释放 VFIO IOMMU 设备。

3）ioctl：处理 ioctl 操作。

4）attach_group：将 IOMMU 组附加到 VFIO 的 IOMMU 上下文中。

5）detach_group：将 IOMMU 组从 VFIO 的 IOMMU 上下文中分离。

6）pin_pages：锁定一个或多个内存页面以供 DMA 使用。

7）unpin_pages：取消页面锁定。

8）register_notifier：注册 VFIO IOMMU 事件通知程序。

9）unregister_notifier：注销 VFIO IOMMU 事件通知程序。

10）dma_rw：执行 DMA 读写操作。

11）group_iommu_domain：获取 IOMMU 组所在的 IOMMU 域。

12）notify：通知 VFIO IOMMU 设备发生了某个事件。

这样的操作集合会被填充到 struct vfio_iommu_driver 类型中：

```
struct vfio_iommu_driver {
    const struct vfio_iommu_driver_ops    * ops;
    struct list_head          vfio_next;
};
```

然后注册给 VFIO 模块，加入到 VFIO 可用的 IOMMU 驱动列表上。

我们目前只需要关注 vfio_iommu_type1_attach_group 这个函数，它的函数签名如下：

```
static int vfio_iommu_type1_attach_group(void * iommu_data,
                      struct iommu_group * iommu_group);
```

第一个参数 iommu_data 是一个任意类型的指针，实际上它指向的是一个 struct vfio_iommu 类型的数据，在上文对字段的解释中我们将其称为 VFIO 的上下文；而第二个参数是一个 struct iommu_group 类型描述的 IOMMU 组，这个实现函数的作用就是将这个 IOMMU 组附加到给定的 VFIO 的 IOMMU 上下文中。

由于篇幅限制，这里我们仅选取与 IOMMU 模块和与 VFIO 中 IOMMU 组和 IOMMU 域有关的代码进行解释。

它首先为 struct vfio_iommu_group 和 struct vfio_domain 类型的指针 group 和 domain 分配内存空间：

```
group = kzalloc(sizeof( * group), GFP_KERNEL);
domain = kzalloc(sizeof( * domain), GFP_KERNEL);
```

然后将新创建的 VFIO 中的 IOMMU 组与传入的 IOMMU 组关联起来：

```
group->iommu_group = iommu_group;
```

接下来它调用 iommu_group_for_each_dev 函数，来对传入的 IOMMU 组中的每一个设备执行 vfio_bus_type 函数：

```
ret = iommu_group_for_each_dev(iommu_group, &bus, vfio_bus_type);
```

实际上，vfio_bus_type 会尝试找到第一个有效的 struct bus_type 描述的总线类型，在找到之后，就会令 iommu_group_for_each_dev 返回：

```
static int vfio_bus_type(struct device * dev, void * data)
{
    struct bus_type ** bus = data;
    if ( * bus && * bus != dev->bus)
        return -EINVAL;
    * bus = dev->bus;
    return 0;
}
```

紧接着，vfio_iommu_type1_attach_group 函数会为 VFIO 中的 IOMMU 域分配对应的 IOMMU 模块中的域，这一过程是通过 iommu_domain_alloc 函数实现的：

```
domain->domain = iommu_domain_alloc(bus);
```

这个函数接受找到的总线类型作为参数，它被定义在 drivers/iommu/iommu.c 文件中：

```
struct iommu_domain *iommu_domain_alloc(struct bus_type *bus)
{
    return __iommu_domain_alloc(bus, IOMMU_DOMAIN_UNMANAGED);
}
EXPORT_SYMBOL_GPL(iommu_domain_alloc);
```

可以看到，它去调用了在同个文件中的__iommu_domain_alloc 来进行实际的分配，并添加了 IOMMU_DOMAIN_UNMANAGED 参数，表明这个新分配的 IOMMU 域是由调用者来管理的，不需要驱动程序或者 DMA 来进行管理。在我们的情况中，这个调用者是 VFIO 模块，这个函数的定义如下：

```
static struct iommu_domain *__iommu_domain_alloc(struct bus_type *bus,
                        unsigned type)
{
    struct iommu_domain *domain;
    if (bus == NULL || bus->iommu_ops == NULL)
        return NULL;
    domain = bus->iommu_ops->domain_alloc(type);
    if (!domain)
        return NULL;
    domain->ops  = bus->iommu_ops;
    domain->type = type;
    domain->pgsize_bitmap  = bus->iommu_ops->pgsize_bitmap;
    if (iommu_is_dma_domain(domain) && !domain->iova_cookie && iommu_get_dma_cookie(domain)) {
        iommu_domain_free(domain);
        domain = NULL;
    }
    return domain;
}
```

可以看到，它调用的实际上是 bus 的 IOMMU 回调函数操作集合中的 domain_alloc 函数来进行分配的。这个操作是由对应的 IOMMU 驱动程序提供的，比如对于 Intel 的 IOMMU 来说就是 intel_iommu_domain_alloc 函数。之后它进行了一系列的设置，包括将 IOMMU 域中的 IOMMU 操作赋值为对应的总线类型的 IOMMU 操作。

在 VFIO 中的 IOMMU 组和 IOMMU 域都准备完毕后，它就会调用 vfio_iommu_attach_group 函数，将 VFIO 中的 IOMMU 组附加到新创建的 IOMMU 域中：

```
ret = vfio_iommu_attach_group(domain, group);
```

这个函数负责在非 mdev 设备（非 mdev 设备意思是：mediated device，即将物理设备切分或者在物理设备上虚拟设备的情况）的情况下，直接调用 iommu_attach_group 函数：

```
static int vfio_iommu_attach_group(struct vfio_domain *domain,
                    struct vfio_iommu_group *group)
{
    if (group->mdev_group)
        return iommu_group_for_each_dev(group->iommu_group,
                        domain->domain,
                        vfio_mdev_attach_domain);
    else
```

```
    return iommu_attach_group(domain->domain, group->iommu_group);
}
```

这个函数位于 IOMMU 模块的 drivers/iommu/iommu.c 文件中：

```
int iommu_attach_group(struct iommu_domain * domain, struct iommu_group * group)
{
    int ret;
    mutex_lock(&group->mutex);
    ret = __iommu_attach_group(domain, group);
    mutex_unlock(&group->mutex);
    return ret;
}
```

可以看到，它在为 IOMMU 组加锁后，调用了 __iommu_attach_group 函数来完成操作：

```
static int __iommu_attach_group(struct iommu_domain * domain,
                struct iommu_group * group)
{
    int ret;
    if (group->default_domain && group->domain != group->default_domain)
        return -EBUSY;
    ret = __iommu_group_for_each_dev(group, domain,
                    iommu_group_do_attach_device);
    if (ret == 0)
        group->domain = domain;
    return ret;
}
```

对于 IOMMU 组中的每个设备，它都会调用 iommu_group_do_attach_device 函数来附加到对应的 IOMMU 域中，从而可以共同访问一系列相同的 IOMMU 地址：

```
static int iommu_group_do_attach_device(struct device * dev, void * data)
{
    struct iommu_domain * domain = data;
    return __iommu_attach_device(domain, dev);
}
```

这也就是需要将一个总线下 IOMMU 组中的每个设备都分配给同一个 VFIO 中的 IOMMU 组，并使用 VFIO 驱动的原因了。

在实际进行操作的 __iommu_attach_device 函数中，它是通过 IOMMU 域中 ops 字段存储的 attach_dev 函数操作完成的：

```
static int __iommu_attach_device(struct iommu_domain * domain,
                struct device * dev)
{
    int ret;
    if (unlikely(domain->ops->attach_dev == NULL))
        return -ENODEV;
    ret = domain->ops->attach_dev(domain, dev);
    if (!ret)
        trace_attach_device_to_domain(dev);
    return ret;
}
```

这里的 ops 字段就是在分配 IOMMU 组时，从总线类型中继承来的。也就是对应总线使用 IOMMU 驱动提供的 attach_dev 操作，对 Intel 的 IOMMU 驱动来说，是位于 drivers/iommu/intel/iommu.c 文件中的 intel_iommu_attach_device 函数。

而剩下的 VFIO 上下文中的字段也会在这之后逐一设置，本小节就仅停留在 IOMMU 组和 IOMMU 域的层面上。

在用户态中，这些操作暴露出最重要的 IOMMU 接口就是前面解释过的设置 IOMMU 类型了：

```
ioctl(cfd, VFIO_SET_IOMMU, VFIO_TYPE1_IOMMU);
```

在设置成功后，上文中描述的对应 IOMMU 组和 IOMMU 域的操作就会被执行，从而允许从 VFIO 接口中访问该 IOMMU 组下的硬件设备。

在本小节，我们介绍了 VFIO 的架构和 vfio-pci 驱动的使用方法，并对 Linux 内核中 IOMMU 通用部分的实现进行了简述。除了 vfio-pci 之外，在 5.15 版本的 Linux 内核中还提供了 ARM 中常见的 AMBA 总线设备的 VFIO 驱动、将物理设备切分或在物理设备上虚拟设备的 mdev 的 VFIO 驱动等，本书不对这些驱动进行详述。在下一小节，我们会简要解析vfio-pci 中涉及的代码，并对 VFIO 中整体架构的实现，以及对设备和组的操作进行详解。

5.3.2 ■ 使用 VFIO 实现 PCI 设备的用户态驱动

在本小节，我们从 vfio-pci 设备驱动的实现开始，解析在使用 VFIO 接口的时候发生了什么，尤其是上一小节中的一组 ioctl 操作。

在对 vfio-pci 驱动解析之前，我们先对之前涉及的一系列 ioctl 操作进行解析。回想一下，在用户态的操作中，应用程序首先要通过打开/dev/vfio/vfio 字符设备来创建一个容器，这个设备的定义位于 Linux 内核的 drivers/vfio/vfio.c 中：

```
static struct miscdevice vfio_dev = {
    .minor = VFIO_MINOR,
    .name = "vfio",
    .fops = &vfio_fops,
    .nodename = "vfio/vfio",
    .mode = S_IRUGO | S_IWUGO,
};
```

在描述辅助设备的结构体 vfio_dev 中，文件操作的回调函数是由 vfio_fops 结构体来提供的。这个结构体的定义在同一个文件中，如下：

```
static const struct file_operations vfio_fops = {
    .owner          = THIS_MODULE,
    .open           = vfio_fops_open,
    .release        = vfio_fops_release,
    .read           = vfio_fops_read,
    .write          = vfio_fops_write,
    .unlocked_ioctl   = vfio_fops_unl_ioctl,
    .compat_ioctl   = compat_ptr_ioctl,
    .mmap           = vfio_fops_mmap,
};
```

打开/dev/vfio/vfio 文件获取到的是一个 VFIO 中的容器文件描述符，因此我们只需要关心 open 和 ioctl 系统调用产生时的回调函数（即上面的 open 字段和 unlocked_ioctl 字段）即可。

其中的 open 字段指向 vfio_fops_open 函数，它负责创建一个 VFIO 的容器并返回对应的文件描述符，其代码如下：

```
static int vfio_fops_open(struct inode * inode, struct file * filep)
{
    struct vfio_container * container;
    container = kzalloc(sizeof(* container), GFP_KERNEL);
    if (!container)
        return -ENOMEM;
    INIT_LIST_HEAD(&container->group_list);
    init_rwsem(&container->group_lock);
    kref_init(&container->kref);
    filep->private_data = container;
    return 0;
}
```

我们可以看到，它首先为一个 struct vfio_container 类型的结构体指针分配内存，并初始化其中的字段。然后把容器和打开的文件关联起来，在没有出错的情况下，分配的文件描述符就会被返回到用户态中。

这个描述容器的 struct vfio_container 类型的声明如下，它是一个 VFIO 内部的类型，因此也被直接定义在 drivers/vfio/vfio.c 文件中，它的字段如下：

```
struct vfio_container {
    struct kref                 kref;
    struct list_head            group_list;
    struct rw_semaphore         group_lock;
    struct vfio_iommu_driver    * iommu_driver;
    void                        * iommu_data;
    bool                        noiommu;
};
```

可以看到，除了内核对象的引用之外，它有一个组列表 group_list 字段和修改这个列表时使用的锁 group_lock 字段，它们就是在初始化时被设置的字段；而剩余的 iommu_driver、iommu_data 和 noiommu 字段分别用来指示当前容器关联的 VFIO 中的 IOMMU 驱动、IOMMU 中所使用的数据和硬件 IOMMU 是否存在。这些字段需要在一个容器与真实的设备（在 VFIO 中为组的概念）相关联后才能够赋值。

剩余的赋值操作就是通过 ioctl 系统调用操作返回文件描述符的时候，在 unlocked_ioctl 字段指向的 vfio_fops_unl_ioctl 函数中完成的，它的定义如下：

```
static long vfio_fops_unl_ioctl(struct file * filep,
                    unsigned int cmd, unsigned long arg)
{
    struct vfio_container * container = filep->private_data;
    struct vfio_iommu_driver * driver;
    void * data;
```

```
long ret = -EINVAL;
if (!container)
    return ret;
switch (cmd) {
case VFIO_GET_API_VERSION:
    ret = VFIO_API_VERSION;
    break;
case VFIO_CHECK_EXTENSION:
    ret = vfio_ioctl_check_extension(container, arg);
    break;
case VFIO_SET_IOMMU:
    ret = vfio_ioctl_set_iommu(container, arg);
    break;
default:
    driver = container->iommu_driver;
    data = container->iommu_data;
    if (driver) /* 传递所有未识别的 ioctl 操作 */
        ret = driver->ops->ioctl(data, cmd, arg);
}
return ret;
}
```

可以看到，它首先根据文件获取对应的容器，然后通过判断传入的输入输出控制命令进行不同的操作。其中它能够识别的命令有获取 VFIO 的接口版本（VFIO_GET_API_VERSION 命令）、检查 VFIO 拓展（VFIO_CHECK_EXTENSION 命令）和设置 IOMMU 类型（VFIO_SET_IOMMU 命令），而剩余的命令则传递给它所关联的 IOMMU 驱动来处理（如果已经设置过驱动）。

接下来，我们先对 VFIO 的组操作进行介绍，然后再回到 VFIO 组和容器关联的操作上来。

在 VFIO 中的组是由 struct vfio_group 类型描述的，它仅仅在 VFIO 内部使用，因此这个结构体的定义在 drivers/vfio/vfio.c 文件中（需要注意的是，这里的 struct vfio_group 类型与前文中介绍的 struct vfio_iommu_group 类型不同，后者是仅仅在不同类型 IOMMU 的代码中使用的结构体），它的字段如下：

```
struct vfio_group {
    struct kref             kref;
    int                     minor;
    atomic_t                container_users;
    struct iommu_group      *iommu_group;
    struct vfio_container    *container;
    struct list_head        device_list;
    struct mutex            device_lock;
    struct device           *dev;
    struct notifier_block   nb;
    struct list_head        vfio_next;
    struct list_head        container_next;
    struct list_head        unbound_list;
    struct mutex            unbound_lock;
```

```
    atomic_t                     opened;
    wait_queue_head_t            container_q;
    bool                         noiommu;
    unsigned int                 dev_counter;
    struct kvm                   *kvm;
    struct blocking_notifier_head    notifier;
};
```

其中 kref 字段是用于引用计数的计数器；minor 字段是设备组的次设备号，用于和 VFIO 设备文件的路径相关联，即导出到/dev/vfio 中的 VFIO 组编号；container_users 字段是计数器，记录当前有多少个 VFIO 容器在使用这个设备组；iommu_group 字段是指向对应的 IOMMU 组的指针；container 字段是一个指针，指向当前 VFIO 组关联的 VFIO 容器（如果存在的话）；device_list 字段是存放该设备组中所有 VFIO 设备的链表，而 device_lock 字段用于对设备链表进行修改加锁的互斥量；dev 字段则指向设备组本身 struct device 类型的设备描述结构体；nb 字段是指向 struct notifier_block 结构体的指针，用于监听容器的销毁事件；vfio_next 字段用于存放 VFIO 设备组的链表；container_next 字段用于存放 VFIO 容器的链表；在 unbound_list 字段存放未绑定到任何 VFIO 容器的设备组链表，unbound_lock 字段是用于对未绑定设备组链表进行加锁的互斥体。

opened 字段是一个计数器，记录该设备组当前有多少个 VFIO 设备被打开；container_q 字段用来存储一个等待容器释放的等待队列头；noiommu 字段标记该设备组是否绑定到了 IOMMU；dev_counter 字段用于分配 VFIO 设备的标识符；kvm 字段指向一个 struct kvm 类型结构体的指针，在 KVM 虚拟机的 VFIO 中使用；notifier 字段则是在 VFIO 容器中注册通知事件的阻塞式通知器的第一个元素。

实际上，VFIO 组中的 struct vfio_group 类型是在 vfio_register_group_dev 中被添加的，这个函数使用一个 struct vfio_device 类型作为参数。我们稍后在 vfio-pci 驱动的分析中再对这个类型进行介绍，因为这样的设备实际上是在 vfio-pci 的驱动中创建的。在这里，我们将创建 struct vfio_group 类型的实例代码单独抽取出来：

```
struct iommu_group *iommu_group;
struct vfio_group *group;
/* 中略 */
group = vfio_group_get_from_iommu(iommu_group);
if (!group) {
    group = vfio_create_group(iommu_group);
    if (IS_ERR(group)) {
        iommu_group_put(iommu_group);
        return PTR_ERR(group);
    }
} else {
    iommu_group_put(iommu_group);
}
```

它首先尝试从一个 IOMMU 组获取它所关联的 VFIO 组，这一过程是通过 vfio_group_get_from_iommu 函数完成的，这个函数定义在 drivers/vfio/vfio.c 文件中：

```
static
struct vfio_group *vfio_group_get_from_iommu(struct iommu_group *iommu_group)
```

```
{
    struct vfio_group * group;
    mutex_lock(&vfio.group_lock);
    list_for_each_entry(group, &vfio.group_list, vfio_next) {
        if (group->iommu_group == iommu_group) {
            vfio_group_get(group);
            mutex_unlock(&vfio.group_lock);
            return group;
        }
    }
    mutex_unlock(&vfio.group_lock);
    return NULL;
}
```

它遍历一个结构体的 group_list 字段指向的一个链表，通过比较每个链表中已经存储的 VFIO 组中的 IOMMU 组和给定的 IOMMU 组。如果找到第一个匹配的值，就将其返回，如果这样的 VFIO 组还没被创建并加入，则会返回 NULL。

实际上，在 drivers/vfio/vfio.c 文件中，有一个 struct vfio 类型，名为 vfio 的全局变量，用来存储和 VFIO 模块有关的数据：

```
static struct vfio {
    struct class           * class;
    struct list_head       iommu_drivers_list;
    struct mutex           iommu_drivers_lock;
    struct list_head       group_list;
    struct idr             group_idr;
    struct mutex           group_lock;
    struct cdev            group_cdev;
    dev_t                  group_devt;
} vfio;
```

它包括了 class 字段，用于指向 VFIO 对应类别结构体的指针，这个结构体是在 Linux 内核中用来注册 VFIO 设备的；iommu_drivers_list 字段就是用于存储所有已注册的 VFIO 中的 IOMMU 驱动程序的一个链表，在注册 IOMMU 驱动时（内核调用一个名为 vifo register iommu driver 函数时）添加到这个链表中，而 iommu_drivers_lock 字段是一个用于保护 iommu_drivers_list 链表的访问互斥锁；group_list 字段也是一个链表，它用于存储所有 VFIO 组对象，在一个 VFIO 组被创建后，就会被加入到这个列表中，而 vfio_group_get_from_iommu 函数也是从其中查找给定 IOMMU 组对应 VFIO 组的；之后的 group_idr 字段是一个标识符管理器，用于管理 VFIO 组对象的标识符；group_lock 字段是用于保护 group_list 字段和 group_idr 字段的访问互斥锁。

最后的 group_cdev 字段则是一个字符设备，可以用于在用户空间创建 VFIO 组设备文件（即/dev/vfio/目录中对应 VFIO 组的文件），而 group_devt 字段用于保存 VFIO 组设备的设备号。在后面介绍 vfio-pci 驱动之前，我们会对这个结构体的初始化代码进行介绍。

在 vfio_group_get_from_iommu 返回后，如果没有找到对应的 VFIO 组的话，就使用传入的 IOMMU 组来创建一个，创建的函数同样在 drivers/vfio/vfio.c 文件中，为 vfio_create_group 函数，它的函数签名如下：

```
static struct vfio_group * vfio_create_group(struct iommu_group * iommu_group);
```

它接收一个 IOMMU 组的指针，通过 IOMMU 组创建一个 VFIO 组。

```
struct vfio_group * group, * tmp;
struct device * dev;
int ret, minor;
group = kzalloc(sizeof(* group), GFP_KERNEL);
if (!group)
    return ERR_PTR(-ENOMEM);
```

vfio_create_group 函数首先为 group 变量分配一片内存空间，接下来初始化其中的字段：

```
kref_init(&group->kref);
INIT_LIST_HEAD(&group->device_list);
mutex_init(&group->device_lock);
INIT_LIST_HEAD(&group->unbound_list);
mutex_init(&group->unbound_lock);
atomic_set(&group->container_users, 0);
atomic_set(&group->opened, 0);
init_waitqueue_head(&group->container_q);
group->iommu_group = iommu_group;
#ifdef CONFIG_VFIO_NOIOMMU
    group->noiommu = (iommu_group_get_iommudata(iommu_group) == &noiommu);
#endif
    /* 中略,初始化一个通知 */
```

可以看到，它将其中的 iommu_group 字段指向传入的 IOMMU 组，这样在之后再调用 vfio_group_get_from_iommu 函数来查找 IOMMU 组是否有对应的 VFIO 组时，就可以通过这个字段进行比较了。

接下来，它将全局变量 vfio 的 group_lock 字段上锁，准备将创建的 VFIO 组添加到全局变量中的组列表中：

```
mutex_lock(&vfio.group_lock);
/* 是否创建 VFIO 组产生竞争了? */
list_for_each_entry(tmp, &vfio.group_list, vfio_next) {
    if (tmp->iommu_group == iommu_group) {
        vfio_group_get(tmp);
        vfio_group_unlock_and_free(group);
        return tmp;
    }
}
```

它检测了在 vfio 全局变量的 VFIO 组列表中是否已经有当前 IOMMU 组对应的 VFIO 组来避免竞争，如果已经有了，则将当前函数中创建出的 VFIO 组释放并直接返回。否则，这个函数会继续执行，用来创建 VFIO 组对应的设备文件：

```
minor = vfio_alloc_group_minor(group);
if (minor < 0) {
    vfio_group_unlock_and_free(group);
    return ERR_PTR(minor);
}
```

```
dev = device_create(vfio.class, NULL,
        MKDEV(MAJOR(vfio.group_devt), minor),
        group, "%s%d", group->noiommu ? "noiommu-" : "",
        iommu_group_id(iommu_group));
if (IS_ERR(dev)) {
    vfio_free_group_minor(minor);
    vfio_group_unlock_and_free(group);
    return ERR_CAST(dev);
}
group->minor = minor;
group->dev = dev;
```

它首先调用 vfio_alloc_group_minor 函数，来获取一个可用的副设备号，然后调用 device_create 函数，在 VFIO 类别下创建一个设备，并将副设备号和设备描述存储到 VFIO 组的结构体实例中。这个设备的名称对应的就是 IOMMU 对应的标识符（通过 iommu_group_id 函数获取），但如果 VFIO 是在没有 IOMMU 的情况下使用的，则会在之前添加一个 "noiommu-" 前缀。这个设备会被 devfs 导出到/dev/vfio 目录下，也就是我们在上一小节中打开的 VFIO 组文件。

然后，这个创建出的 VFIO 组会被添加到全局变量 vfio 的 group_list 字段管理的 VFIO 组列表中，供以后查询：

```
list_add(&group->vfio_next, &vfio.group_list);
mutex_unlock(&vfio.group_lock);
```

最后，vfio_create_group 函数将创建出的 VFIO 组返回。

对于创建 VFIO 组的操作是从全局变量 vfio 中 group_cdev 字段对应的字符设备继承的，并使用副设备号区分不同的 VFIO 组，这个文件的操作定义如下：

```
static const struct file_operations vfio_group_fops = {
    .owner          = THIS_MODULE,
    .unlocked_ioctl = vfio_group_fops_unl_ioctl,
    .compat_ioctl   = compat_ptr_ioctl,
    .open           = vfio_group_fops_open,
    .release        = vfio_group_fops_release,
};
```

它是在 drivers/vfio/vfio.c 文件中被定义的，相应地以 vfio_group_ 为前缀的回调函数实现也一样。我们仍然重点来看 open 系统调用对应的 open 操作和 ioctl 系统调用对应的 unlocked_ioctl 操作。

响应 open 系统调用的是 vfio_group_fops_open 函数，它的实现如下：

```
static int vfio_group_fops_open(struct inode * inode, struct file * filep)
{
    struct vfio_group * group;
    int opened;
    group = vfio_group_get_from_minor(iminor(inode));
    if (!group)
        return -ENODEV;
    if (group->noiommu && !capable(CAP_SYS_RAWIO)) {
```

```
        vfio_group_put(group);
        return -EPERM;
    }
    opened = atomic_cmpxchg(&group->opened, 0, 1);
    if (opened) {
        vfio_group_put(group);
        return -EBUSY;
    }
    if (group->container) {
        atomic_dec(&group->opened);
        vfio_group_put(group);
        return -EBUSY;
    }
    if (WARN_ON(group->notifier.head))
        BLOCKING_INIT_NOTIFIER_HEAD(&group->notifier);
    filep->private_data = group;
    return 0;
}
```

它首先通过调用 vfio_group_get_from_minor 函数, 通过副设备号来获取一个 VFIO 组的实例。然后原子化地检测这个实例中的 opened 字段是否已经被打开过了, 它接着检测 VFIO 组中的 container 字段是否已经被分配给一个 VFIO 容器了。最后, 如果没有出现问题则返回, 这时对应的文件描述符就会被返回到用户态的应用程序中。

用户态的应用程序紧接着就可以使用 ioctl 系统调用, 来为文件描述符对应的 VFIO 组分配到一个 VFIO 容器中。这个操作的响应是 vfio_group_fops_unl_ioctl 函数, 其部分代码如下:

```
static long vfio_group_fops_unl_ioctl(struct file *filep,
                    unsigned int cmd, unsigned long arg)
{
    struct vfio_group *group = filep->private_data;
    long ret = -ENOTTY;
    switch (cmd) {
    case VFIO_GROUP_GET_STATUS:
    {
        /* 中略,获取 VFIO 组的状态 */
    }
    case VFIO_GROUP_SET_CONTAINER:
    {
        int fd;
        if (get_user(fd, (int __user *)arg))
            return -EFAULT;
        if (fd < 0)
            return -EINVAL;
        ret = vfio_group_set_container(group, fd);
        break;
    }
    case VFIO_GROUP_UNSET_CONTAINER:
        ret = vfio_group_unset_container(group);
        break;
    case VFIO_GROUP_GET_DEVICE_FD:
```

```
{
    char *buf;
    buf = strndup_user((const char __user *)arg, PAGE_SIZE);
    if (IS_ERR(buf))
        return PTR_ERR(buf);
    ret = vfio_group_get_device_fd(group, buf);
    kfree(buf);
    break;
    }
    }
    return ret;
}
```

其中 VFIO_GROUP_SET_CONTAINER 就是在上一小节中，我们在关联 VFIO 容器和 VFIO 组时完成的操作。而通过 VFIO_GROUP_GET_DEVICE_FD 对应的 ioctl 操作，则可以在设置完 VFIO 容器的 IOMMU 类型之后获取到 VFIO 设备的文件描述符，从而进行设备内存映射、中断重映射等操作。鉴于读者对 VFIO 设备的构成还不了解，接下来我们先按照 VFIO 中的操作顺序，对 VFIO 容器与 VFIO 组的关联和 VFIO 容器的 IOMMU 类型设置进行解释。最后在介绍完 vfio-pci 驱动后，再对 VFIO_GROUP_GET_DEVICE_FD 的操作进行详解。

负责响应 VFIO_GROUP_SET_CONTAINER 的 ioctl 操作的就是 vfio_group_set_container 函数，它的函数签名如下：

```
static int vfio_group_set_container(struct vfio_group *group, int container_fd);
```

这个函数接收一个 VFIO 组的描述和一个打开了的 VFIO 容器的文件描述符作为参数。它首先获取 VFIO 容器的文件描述符对应的文件，并同时对 VFIO 组和这个文件进行了一系列检查：

```
if (atomic_read(&group->container_users))
    return -EINVAL;
if (group->noiommu && !capable(CAP_SYS_RAWIO))
    return -EPERM;
f = fdget(container_fd);
if (!f.file)
    return -EBADF;
/* 健康检查,是否是 VFIO 创建的文件描述符 */
if (f.file->f_op != &vfio_fops) {
    fdput(f);
    return -EINVAL;
}
container = f.file->private_data;
WARN_ON(!container);
```

检查通过后，从关联的文件中取出 VFIO 容器的指针，并开始准备为 VFIO 组设置该 VFIO 容器：

```
down_write(&container->group_lock);
/* 真实 VFIO 组和不使用 IOMMU 的虚拟组不可以一起使用 */
if (!list_empty(&container->group_list) &&
    container->noiommu != group->noiommu) {
```

```
        ret = -EPERM;
        goto unlock_out;
    }
    driver = container->iommu_driver;
    if (driver) {
        ret = driver->ops->attach_group(container->iommu_data,
                        group->iommu_group);
        if (ret)
            goto unlock_out;
    }
    group->container = container;
    container->noiommu = group->noiommu;
    list_add(&group->container_next, &container->group_list);
```

可以看到，核心部分是获取 VFIO 容器对应的 IOMMU 驱动，它是一个 struct vfio_iommu_driver 类型的实例。如果存在驱动，调用其中 attach_group 操作对应的回调函数，例如在上一小节提到 type1 的 IOMMU 驱动中，这个操作就是 vfio_iommu_type1_attach_group 函数。紧接着，这部分代码将 VFIO 组的 container 字段指向 VFIO 容器，将 noiommu 字段同步到 VFIO 容器中，并将 VFIO 组添加到 VFIO 容器的 VFIO 组列表中。

```
    /* 获取一个 VFIO 容器的引用,并在 VFIO 组中标记一个用户 */
    vfio_container_get(container);
    atomic_inc(&group->container_users);
unlock_out:
    up_write(&container->group_lock);
    fdput(f);
    return ret;
```

最后，这段程序将 VFIO 容器引用数加 1，并为 VFIO 组增加一个容器的计数。

接下来，先回到 VFIO 容器部分。因为在关联 VFIO 组和 VFIO 容器后，下一个需要进行的操作是对 VFIO 容器设置 IOMMU 类型，即 ioctl 的 VFIO_SET_IOMMU 操作。回顾 vfio_fops_unl_ioctl 函数，实际上，这个操作会在设置 IOMMU 类型的时候，找到 VFIO 对应的 IOMMU 类型驱动，将这个驱动与当前的 IOMMU 容器关联起来。

负责设置驱动的函数是 vfio_ioctl_set_iommu，它将 VFIO 容器和传入的 ioctl 参数原样传入，这里的 ioctl 参数就是 IOMMU 类型（如 VFIO_TYPE1_IOMMU 宏），这个函数的定义在 drivers/vfio/vfio.c 文件中：

```
static long vfio_ioctl_set_iommu(struct vfio_container *container,
            unsigned long arg)
{
    struct vfio_iommu_driver *driver;
    long ret = -ENODEV;
    down_write(&container->group_lock);
    if (list_empty(&container->group_list) || container->iommu_driver) {
        up_write(&container->group_lock);
        return -EINVAL;
    }
    /* 核心部分 */
    up_write(&container->group_lock);
```

```
        return ret;
}
```

它首先为 VFIO 容器关联的 VFIO 组的列表上锁，防止在设置期间有其他 VFIO 组加入或移除，如果没有设置过 VFIO 组或者已经设置过了 IOMMU 驱动，则不会重复设置。在执行完核心部分后，程序将 VFIO 组的列表解锁，允许进行修改。

在核心部分，vfio_ioctl_set_iommu 函数先为全局变量 vfio 中的 IOMMU 驱动列表加锁，以防止在此期间被修改，紧接着使用 list_for_each_entry 宏对其中的 IOMMU 驱动列表进行遍历：

```
    mutex_lock(&vfio.iommu_drivers_lock);
    list_for_each_entry(driver, &vfio.iommu_drivers_list, vfio_next) {
        void * data;
#ifdef CONFIG_VFIO_NOIOMMU
        if (container->noiommu != (driver->ops == &vfio_noiommu_ops))
            continue;
#endif
        if (!try_module_get(driver->ops->owner))
            continue;
        if (driver->ops->ioctl(NULL, VFIO_CHECK_EXTENSION, arg) <= 0) {
            module_put(driver->ops->owner);
            continue;
        }
        data = driver->ops->open(arg);
        if (IS_ERR(data)) {
            ret = PTR_ERR(data);
            module_put(driver->ops->owner);
            continue;
        }
        ret = __vfio_container_attach_groups(container, driver, data);
        if (ret) {
            driver->ops->release(data);
            module_put(driver->ops->owner);
            continue;
        }
        container->iommu_driver = driver;
        container->iommu_data = data;
        break;
    }
    mutex_unlock(&vfio.iommu_drivers_lock);
```

它首先调用 IOMMU 驱动中的 ioctl 回调函数检测兼容性，如果兼容，则调用其中的 open 回调函数。在成功后，调用 __vfio_container_attach_groups 函数来将其中的 IOMMU 组附加到 VFIO 容器中。如果都成功了，最后会将 VFIO 容器的 iommu_driver 字段设置为找到的 IOMMU 驱动，而 iommu_data 字段设置为 open 回调函数返回的数据。在循环执行完毕之后，就可以为全局变量 vfio 中的 IOMMU 驱动列表解锁了。

在上一小节中，VFIO 的 type1 的 IOMMU 驱动对应的 open 回调函数是 vfio_iommu_type1_open 函数，它接收 ioctl 传入的 IOMMU 类型，并根据不同类型进行不同的设置：

```
static void * vfio_iommu_type1_open(unsigned long arg)
{
    struct vfio_iommu * iommu;
    iommu = kzalloc(sizeof(* iommu), GFP_KERNEL);
    if (!iommu)
        return ERR_PTR(-ENOMEM);
    switch (arg) {
    case VFIO_TYPE1_IOMMU:
        break;
    case VFIO_TYPE1_NESTING_IOMMU:
        iommu->nesting = true;
        fallthrough;
    case VFIO_TYPE1v2_IOMMU:
        iommu->v2 = true;
        break;
    default:
        kfree(iommu);
        return ERR_PTR(-EINVAL);
    }
    INIT_LIST_HEAD(&iommu->domain_list);
    INIT_LIST_HEAD(&iommu->iova_list);
    iommu->dma_list = RB_ROOT;
    iommu->dma_avail = dma_entry_limit;
    iommu->container_open = true;
    mutex_init(&iommu->lock);
    BLOCKING_INIT_NOTIFIER_HEAD(&iommu->notifier);
    init_waitqueue_head(&iommu->vaddr_wait);
    return iommu;
}
```

它分配并初始化了一个 struct vfio_iommu 类型，经过赋值之后作为数据返回。在调用 type1 的 IOMMU 回调函数时，这个数据可以和其他参数一起传入。

而针对 __vfio_container_attach_groups 函数的调用，会将当前 VFIO 容器中的每一个 VFIO 组对应的 IOMMU 组都通过 VFIO 的 IOMMU 驱动附加到 struct vfio_iommu 类型中：

```
static int __vfio_container_attach_groups(struct vfio_container * container,
                      struct vfio_iommu_driver * driver,
                      void * data)
{
    struct vfio_group * group;
    int ret = -ENODEV;
    list_for_each_entry(group, &container->group_list, container_next) {
        ret = driver->ops->attach_group(data, group->iommu_group);
        if (ret)
            goto unwind;
    }
    return ret;
unwind:
    list_for_each_entry_continue_reverse(group, &container->group_list,
                       container_next) {
```

```
        driver->ops->detach_group(data, group->iommu_group);
    }
    return ret;
}
```

在这一过程中，VFIO 组中描述 struct vfio_group 类型的 struct iommu_group 会被包装为在 VFIO 中 type1 的 IOMMU 驱动内部使用的 struct vfio_iommu_group 类型，创建一个对应的 IOMMU 域，存入 struct vfio_iommu 类型中 domain_list 字段存储的链表中。

至此为止，针对 VFIO 组和 VFIO 容器之间的交互的解析就完成了。目前我们已经清楚了 VFIO 容器是通过打开/dev/vfio/vfio 文件来创建的，而 VFIO 组是从 vfio 全局变量的 group _list 字段中取出的，那么这些 VFIO 组是由谁创建并添加到 vfio 全局变量中的呢？答案是设备的驱动程序。这样的 VFIO 组是与 VFIO 设备相关联的，在一个设备由 VFIO 模块中的某个驱动程序驱动后，就会创建对应的 VFIO 设备，并将 IOMMU 组对应的 VFIO 组创建出来。下面我们就以上一小节中使用过的 vfio-pci 驱动为例，来解析这一过程。

vfio-pci 驱动的代码位于 drivers/vfio/pci 目录中，也是作为一个 Linux 模块提供的。它的模块初始化函数和退出函数分别是 vfio_pci_init 和 vfio_pci_cleanup，它的实现位于 drivers/vfio/pci/vfio_pci.c 文件中，具体如下：

```
static int __init vfio_pci_init(void)
{
    int ret;
    bool is_disable_vga = true;
#ifdef CONFIG_VFIO_PCI_VGA
    is_disable_vga = disable_vga;
#endif
    vfio_pci_core_set_params(nointxmask, is_disable_vga, disable_idle_d3);
    /* 注册和扫描设备 */
    ret = pci_register_driver(&vfio_pci_driver);
    if (ret)
        return ret;
    vfio_pci_fill_ids();
    if (disable_denylist)
        pr_warn("device denylist disabled.\n");
    return 0;
}
static void __exit vfio_pci_cleanup(void)
{
    pci_unregister_driver(&vfio_pci_driver);
}
```

在初始化函数中，它首先将模块中的参数通过 vfio_pci_core_set_params 传入 VFIO 的 PCI 驱动的核心模块，这个函数的声明位于 include/linux/vfio_pci_core.h 文件中，并且在 drivers/vfio/pci/vfio_pci_core.c 文件中实现，我们稍后再对 VFIO 的 PCI 驱动的核心模块进行解析。在设置参数之后，初始化函数调用 pci_register_driver 函数来为 vfio-pci 的驱动在 PCI 总线上注册；而模块的退出函数则对称地调用 pci_unregister_driver 函数将函数取消注册。

在 UIO 中，我们已经介绍过了 struct pci_driver 类型，在 UIO 的模块里是使用一个宏来自动生成对应的模块初始化和退出函数，用来自动调用 PCI 驱动注册和注销函数。而这里由于初始化函数中有了其他操作，因此需要额外添加 VFIO 的 PCI 驱动核心部分的代码，然后再手动调用 PCI 驱动的注册和注销函数。

vfio_pci_driver 驱动描述被定义在 drivers/vfio/pci/vfio_pci.c 文件中：

```
static struct pci_driver vfio_pci_driver = {
    .name               = "vfio-pci",
    .id_table           = vfio_pci_table,
    .probe              = vfio_pci_probe,
    .remove             = vfio_pci_remove,
    .sriov_configure    = vfio_pci_sriov_configure,
    .err_handler        = &vfio_pci_core_err_handlers,
};
```

可以看到，它的驱动名称就是 vfio-pci，匹配的 PCI 标识符的表为 vfio_pci_table，它默认可以支持匹配所有的 PCI 设备：

```
static const struct pci_device_id vfio_pci_table[] = {
    { PCI_DRIVER_OVERRIDE_DEVICE_VFIO(PCI_ANY_ID, PCI_ANY_ID) },
    {}
};
```

探测设备的 vfio_pci_probe 函数部分的代码也位于同一个代码文件中：

```
static int vfio_pci_probe(struct pci_dev *pdev, const struct pci_device_id *id)
{
    struct vfio_pci_core_device *vdev;
    int ret;
    if (vfio_pci_is_denylisted(pdev))
        return -EINVAL;
    vdev = kzalloc(sizeof(*vdev), GFP_KERNEL);
    if (!vdev)
        return -ENOMEM;
    vfio_pci_core_init_device(vdev, pdev, &vfio_pci_ops);
    ret = vfio_pci_core_register_device(vdev);
    if (ret)
        goto out_free;
    dev_set_drvdata(&pdev->dev, vdev);
    return 0;
out_free:
    vfio_pci_core_uninit_device(vdev);
    kfree(vdev);
    return ret;
}
```

它首先调用 vfio_pci_is_denylisted 函数来检测当前设备是否在 VFIO 的 PCI 驱动的拒绝列表中。如果不在，则为一个新的 struct vfio_pci_core_device 类型设备分配内存，并调用 vfio_pci_core_init_device 函数对其进行初始化。初始化完成后，调用 vfio_pci_core_register_device 函数注册设备，如果没有出错，则将 VFIO 的 PCI 驱动作为 PCI 驱动的数据，通过 dev_set_drvdata 函数存入对应 PCI 设备的结构体中。

以上与 VFIO 的 PCI 驱动核心部分相关的函数都是以 vfio_pci_core_ 为前缀的，也包括在 vfio-pci 驱动初始化中调用的 vfio_pci_core_set_params 函数，这一系列函数都是在 drivers/

vfio/pci/vfio_pci_core.c 文件中定义的。

我们首先来看 vfio_pci_core_init_device 函数，它的定义如下：

```
void vfio_pci_core_init_device(struct vfio_pci_core_device *vdev,
                  struct pci_dev *pdev,
                  const struct vfio_device_ops *vfio_pci_ops)
{
    vfio_init_group_dev(&vdev->vdev, &pdev->dev, vfio_pci_ops);
    vdev->pdev = pdev;
    vdev->irq_type = VFIO_PCI_NUM_IRQS;
    mutex_init(&vdev->igate);
    spin_lock_init(&vdev->irqlock);
    mutex_init(&vdev->ioeventfds_lock);
    INIT_LIST_HEAD(&vdev->dummy_resources_list);
    INIT_LIST_HEAD(&vdev->ioeventfds_list);
    mutex_init(&vdev->vma_lock);
    INIT_LIST_HEAD(&vdev->vma_list);
    init_rwsem(&vdev->memory_lock);
}
EXPORT_SYMBOL_GPL(vfio_pci_core_init_device);
```

它接收三个参数：第一个参数 vdev 是一个指向 struct vfio_pci_core_device 结构体类型的指针，该结构体包含了 VFIO 的 PCI 设备的基本信息和操作，即为刚刚在设备探测代码中创建的结构体；第二个参数 pdev 是一个指向 struct pci_dev 结构体类型的指针，该结构体包含了 PCI 设备的硬件信息和配置，它是在探测时被传入的，需要探测的 PCI 设备描述；最后一个参数 vfio_pci_ops 是一个指向 struct vfio_device_ops 结构体的常量指针，该结构体定义了 VFIO PCI 设备支持的操作函数。

其中的 struct vfio_pci_core_device 类型被定义在 include/linux/vfio_pci_core.h 文件中：

```
struct vfio_pci_core_device {
    struct vfio_device   vdev;
    struct pci_dev       *pdev;
    void __iomem         *barmap[PCI_STD_NUM_BARS];
    bool        bar_mmap_supported[PCI_STD_NUM_BARS];
    u8          *pci_config_map;
    u8          *vconfig;
    struct perm_bits     *msi_perm;
    spinlock_t           irqlock;
    struct mutex         igate;
    struct vfio_pci_irq_ctx *ctx;
    int       num_ctx;
    int       irq_type;
    int       num_regions;
    struct vfio_pci_region   *region;
    u8          msi_qmax;
    u8          msix_bar;
    u16         msix_size;
    u32         msix_offset;
    u32         rbar[7];
    bool        pci_2_3;
```

```
    bool          virq_disabled;
    bool          reset_works;
    bool          extended_caps;
    bool          bardirty;
    bool          has_vga;
    bool          needs_reset;
    bool          nointx;
    bool          needs_pm_restore;
    struct pci_saved_state *pci_saved_state;
    struct pci_saved_state *pm_save;
    int           ioeventfds_nr;
    struct eventfd_ctx *err_trigger;
    struct eventfd_ctx *req_trigger;
    struct list_head  dummy_resources_list;
    struct mutex      ioeventfds_lock;
    struct list_head  ioeventfds_list;
    struct vfio_pci_vf_token    *vf_token;
    struct notifier_block    nb;
    struct mutex      vma_lock;
    struct list_head  vma_list;
    struct rw_semaphore    memory_lock;
};
```

我们首先来看其中的 pdev、vdev 和 irq_type 字段，其余的字段会在涉及的时候进行解释。

在 vfio_pci_core_init_device 函数中的代码中，它首先调用了 vfio_init_group_dev 函数，用于初始化 VFIO 组中的设备，这个函数设置了 vdev 字段中的值。之后的代码将 pdev 字段指向传入的 PCI 设备，并将 irq_type 字段成员赋值为 VFIO_PCI_NUM_IRQS 宏。而剩余部分的代码负责初始化 struct vfio_pci_core_device 类型实例中的互斥锁、自旋锁、链表和信号量等。

其中的 vdev 字段是 struct vfio_device 类型，这个类型被定义在 include/linux/vfio.h 文件中，其字段如下：

```
struct vfio_device {
    struct device *dev;
    const struct vfio_device_ops *ops;
    struct vfio_group *group;
    struct vfio_device_set *dev_set;
    struct list_head dev_set_list;
    /* 下面的成员是私有的,不为驱动所使用 */
    refcount_t refcount;
    unsigned int open_count;
    struct completion comp;
    struct list_head group_next;
};
```

它被用来在 VFIO 模块中表示一个 VFIO 设备的结构体，dev 字段指向该 VFIO 设备对应的 struct device 类型结构体；ops 字段则是指向响应 VFIO 设备操作函数的结构体；group 字段指向了该 VFIO 设备所属的 VFIO 组的 struct vfio_group 结构体，这个结构体在上一小节中已经介绍过了，是包含了设备所属的 IOMMU 组的一个结构；dev_set 字段是一个指针，指向了描述当前 VFIO 设备所在 VFIO 设备集合的 struct vfio_device_set 类型结构体，它是一个简

单的结构体，用来描述 VFIO 的设备集合；而 dev_set_list 字段则是用于将该 VFIO 设备链接
到 VFIO 设备集合中的链表，这个类型的定义如下：

```
struct vfio_device_set {
    void * set_id;
    struct mutex lock;
    struct list_head device_list;
    unsigned int device_count;
};
```

而在 struct vfio_device 中剩余的字段都是由 VFIO 管理的，其中 refcount 字段记录的是该
VFIO 设备的引用计数；open_count 字段是该 VFIO 设备当前被打开的计数；comp 字段用于
等待 VFIO 设备操作完成的回调函数；group_next 字段则是用于链接在同一个 VFIO 组中的
VFIO 设备的链表，用来将当前设备存入 struct vfio_group 的设备列表中。

在 vfio_pci_core_init_device 函数中，传入的 struct vfio_pci_core_device 类型的 vdev 字段、
PCI 设备的 dev 字段和传入的描述设备操作的 struct vfio_device_ops 类型被作为参数，进一步
传给 vfio_init_group_dev 函数。这个函数的定义如下：

```
void vfio_init_group_dev(struct vfio_device * device, struct device * dev,
            const struct vfio_device_ops * ops)
{
    init_completion(&device->comp);
    device->dev = dev;
    device->ops = ops;
}
EXPORT_SYMBOL_GPL(vfio_init_group_dev);
```

可以看到，它初始化了 VFIO 设备操作完成后调用的回调函数，以便之后进行使用，并
将其中的 dev 字段指向 PCI 设备中存储的设备描述，ops 操作字段设置成传入的 VFIO 设备
操作。

这个 VFIO 设备操作是从 vfio_pci_probe 函数一层一层传入的，在 drivers/vfio/pci/vfio_pci.c
文件中定义的 vfio_pci_ops 是一个在 include/linux/vfio.h 文件中定义的 struct vfio_device_ops
类型的实例。这个类型是回调函数的集合，和其他文件类似，包括设备打开、读取、映射等
操作。在 vfio_pci_ops 中，这些操作的回调函数被定义如下：

```
static const struct vfio_device_ops vfio_pci_ops = {
    .name           = "vfio-pci",
    .open_device    = vfio_pci_open_device,
    .close_device   = vfio_pci_core_close_device,
    .ioctl          = vfio_pci_core_ioctl,
    .read           = vfio_pci_core_read,
    .write          = vfio_pci_core_write,
    .mmap           = vfio_pci_core_mmap,
    .request        = vfio_pci_core_request,
    .match          = vfio_pci_core_match,
};
```

可以看到，它们都是以 vfio_pci_core_ 为前缀的函数，这些函数都被定义在 drivers/vfio/
pci/vfio_pci_core.c 文件中。我们目前不对这些函数进行解释，在之后涉及的时候再进行展

开描述。

在进行 vfio-pci 的设备探测和初始化后，vfio_pci_probe 函数在最后调用了 vfio_pci_core_register_device 函数，来将创建出来的 VFIO 的 PCI 设备注册到 VFIO 模块全局的 vfio 成员中。这个函数位于 drivers/vfio/pci/vfio-pci-core.c 代码文件中，其函数签名为：

```
int vfio_pci_core_register_device(struct vfio_pci_core_device *vdev);
```

它通过调用 VFIO 通用接口的一系列函数，将对应的设备注册到 VFIO 模块中：

```
struct pci_dev *pdev = vdev->pdev;
struct iommu_group *group;
/* 中略 */
group = vfio_iommu_group_get(&pdev->dev);
    /* 中略 */
    if (pci_is_root_bus(pdev->bus)) {
        ret = vfio_assign_device_set(&vdev->vdev, vdev);
    } else if (!pci_probe_reset_slot(pdev->slot)) {
        ret = vfio_assign_device_set(&vdev->vdev, pdev->slot);
    } else {
        ret = vfio_assign_device_set(&vdev->vdev, pdev->bus);
    }
    /* 中略 */
ret = vfio_register_group_dev(&vdev->vdev);
```

可以看到，它首先调用 vfio_iommu_group_get 函数来通过 PCI 设备的设备描述字段获取一个 IOMMU 组；然后根据 PCI 总线的类型，为 VFIO 设备分配设备集合；最后调用 vfio_register_group_dev 函数来在 VFIO 中注册这个 VFIO 设备。

在有 IOMMU 存在的情况下，vfio_iommu_group_get 函数会去调用 IOMMU 模块中的 iommu_group_get 接口函数来获取设备对应的 IOMMU 组并返回，它的代码位于 drivers/vfio/vfio.c 文件中，其部分内容如下：

```
struct iommu_group *vfio_iommu_group_get(struct device *dev)
{
    struct iommu_group *group;
    int __maybe_unused ret;
    group = iommu_group_get(dev);
#ifdef CONFIG_VFIO_NOIOMMU
    /* 中略,配置为没有 IOMMU 时创建虚拟 IOMMU 组的代码 */
#endif
    return group;
}
EXPORT_SYMBOL_GPL(vfio_iommu_group_get);
```

其中使用到的 iommu_group_get 函数是由 IOMMU 模块通过 include/linux/iommu.h 导出的接口，它的实现在 drivers/iommu/iommu.c 代码文件中，内容如下：

```
struct iommu_group *iommu_group_get(struct device *dev)
{
    struct iommu_group *group = dev->iommu_group;
    if (group)
        kobject_get(group->devices_kobj);
```

```
    return group;
}
EXPORT_SYMBOL_GPL(iommu_group_get);
```

它简单地从设备中取出对应的 IOMMU 组，如果存在，则为其引用计数加 1，防止在 VFIO 使用中这个 IOMMU 组就被释放了。

对于 PCI 设备来说，在 IOMMU 模块中的 IOMMU 组可以通过 pci_device_group 函数来创建，它被定义在 IOMMU 的通用代码文件 drivers/iommu/iommu.c 中，其代码如下：

```
struct iommu_group *pci_device_group(struct device *dev)
{
    struct pci_dev *pdev = to_pci_dev(dev);
    struct group_for_pci_data data;
    struct pci_bus *bus;
    struct iommu_group *group = NULL;
    u64 devfns[4] = { 0 };
    if (WARN_ON(!dev_is_pci(dev)))
        return ERR_PTR(-EINVAL);
    if (pci_for_each_dma_alias(pdev, get_pci_alias_or_group, &data))
        return data.group;
    pdev = data.pdev;
    for (bus = pdev->bus; !pci_is_root_bus(bus); bus = bus->parent) {
        if (!bus->self)
            continue;
        if (pci_acs_path_enabled(bus->self, NULL, REQ_ACS_FLAGS))
            break;
        pdev = bus->self;
        group = iommu_group_get(&pdev->dev);
        if (group)
            return group;
    }
    group = get_pci_alias_group(pdev, (unsigned long *)devfns);
    if (group)
        return group;
    group = get_pci_function_alias_group(pdev, (unsigned long *)devfns);
    if (group)
        return group;
    /* 没有找到共享的组,分配一个新的 */
    return iommu_group_alloc();
}
EXPORT_SYMBOL_GPL(pci_device_group);
```

它会检测传入的设备描述是否是一个 PCI 设备，然后对非根的总线和不同的别名，查找是否已经有了对应的 IOMMU 组，如果没有找到则创建一个新的 IOMMU 组。

在 Intel 的 IOMMU 驱动中，这个函数是在 intel_iommu_device_group 函数中被调用的，它的实现如下：

```
static struct iommu_group *intel_iommu_device_group(struct device *dev)
{
    if (dev_is_pci(dev))
```

```
        return pci_device_group(dev);
    return generic_device_group(dev);
}
```

而 intel_iommu_device_group 函数又是作为 Intel 的 IOMMU 驱动的 device_group 回调函数提供的，它负责决定给定的设备描述所属的 IOMMU 组，这个回调函数会被 iommu_group_get_for_dev 调用。在获取到一个有效的 IOMMU 组后，它会调用 iommu_group_add_device 函数将设备添加到这个 IOMMU 组下。这段代码位于 drivers/iommu/iommu.c 文件中，其实现如下：

```
static struct iommu_group *iommu_group_get_for_dev(struct device *dev)
{
    const struct iommu_ops *ops = dev->bus->iommu_ops;
    struct iommu_group *group;
    int ret;
    group = iommu_group_get(dev);
    if (group)
        return group;
    if (!ops)
        return ERR_PTR(-EINVAL);
    group = ops->device_group(dev);
    if (WARN_ON_ONCE(group == NULL))
        return ERR_PTR(-EINVAL);
    if (IS_ERR(group))
        return group;
    ret = iommu_group_add_device(group, dev);
    if (ret)
        goto out_put_group;
    return group;
out_put_group:
    iommu_group_put(group);
    return ERR_PTR(ret);
}
```

在这样的操作后，至少同一个非根的 PCI 总线下的一组设备都共享同一个 IOMMU 组。因此，对同一个 IOMMU 组的来说，如果想使用 vfio-pci 驱动，那么就要全部都使用 vfio-pci 驱动程序。

在获取当前 PCI 设备的 IOMMU 模块中的 IOMMU 组之后，对 IOMMU 组进行封装的 VFIO 组的初始化就是在前文中介绍过的 vfio_register_group_dev 函数中完成的。我们在这里仅仅解析在前面没有涉及的部分，代码如下：

```
int vfio_register_group_dev(struct vfio_device *device)
{
    struct vfio_device *existing_device;
    struct iommu_group *iommu_group;
    struct vfio_group *group;
    if (!device->dev_set)
        vfio_assign_device_set(device, device);
    /* 中略,按需创建VFIO中的IOMMU组 */
    existing_device = vfio_group_get_device(group, device->dev);
    if (existing_device) {
```

```
        dev_WARN(device->dev, "Device already exists on group %d\n",
            iommu_group_id(iommu_group));
        vfio_device_put(existing_device);
        vfio_group_put(group);
        return -EBUSY;
    }
    device->group = group;
    refcount_set(&device->refcount, 1);
    mutex_lock(&group->device_lock);
    list_add(&device->group_next, &group->device_list);
    group->dev_counter++;
    mutex_unlock(&group->device_lock);
    return 0;
}
```

首先，对于没有设备集合的设备，它会自成一个集合；紧接着就是对 VFIO 组的检测，如果针对当前设备的 IOMMU 组还没有对应的 VFIO 组，则会创建一个新的；之后，对于创建过的或者获取到的 VFIO 组，vfio_register_group_dev 函数会检测当前 VFIO 设备是否已经被添加到了这个组中，如果没有，则会将 VFIO 设备的 group 字段指向这个 VFIO 组，并设置 VFIO 设备的引用计数为 1，表明被当前组所引用；最后，这个函数会先将 VFIO 组中的设备列表加锁，然后将当前 VFIO 设备添加到 device_list 字段指定的链表中，并将设备计数增加，然后解除设备列表的锁。

这样，VFIO 设备和 VFIO 组就关联了起来，而对应的 VFIO 组也在创建过程中被添加到了 VFIO 全局变量 vfio 的组列表字段中。

在 VFIO 容器和 VFIO 组都设置完毕后，用户态的应用程序就可以从 VFIO 组中通过 ioctl 系统调用获取一个设备的文件描述了。回顾一下，在 VFIO 组的 ioctl 操作回调函数中，对于 VFIO_GROUP_GET_DEVICE_FD 参数，它会去调用 vfio_group_get_device_fd 函数来获取设备的文件描述符，这段代码如下：

```
case VFIO_GROUP_GET_DEVICE_FD:
    {
        char *buf;
        buf = strndup_user((const char __user *)arg, PAGE_SIZE);
        if (IS_ERR(buf))
            return PTR_ERR(buf);
        ret = vfio_group_get_device_fd(group, buf);
        kfree(buf);
        break;
    }
```

可以看到，它将用户态传入的数据复制到 Linux 的内核态，并作为第二个参数传入 vfio_group_get_device_fd 函数来获取 VFIO 组内的一个设备的文件描述符，实际上，这个参数就是要获取的 PCI 设备的地址。这个函数照常位于 drivers/vfio/vfio.c 文件中，其主要部分实现如下：

```
static int vfio_group_get_device_fd(struct vfio_group *group, char *buf)
{
    struct vfio_device *device;
```

```
    struct file * filep;
    int fdno;
    int ret = 0;
    /* 中略,错误检查 */
    device = vfio_device_get_from_name(group, buf);
    if (IS_ERR(device))
        return PTR_ERR(device);
    if (!try_module_get(device->dev->driver->owner)) {
        ret = -ENODEV;
        goto err_device_put;
    }
    mutex_lock(&device->dev_set->lock);
    device->open_count++;
    if (device->open_count == 1 && device->ops->open_device) {
        ret = device->ops->open_device(device);
        if (ret)
            goto err_undo_count;
    }
    mutex_unlock(&device->dev_set->lock);
    fdno = ret = get_unused_fd_flags(O_CLOEXEC);
    if (ret < 0)
        goto err_close_device;
    filep = anon_inode_getfile("[vfio-device]", &vfio_device_fops,
                    device, O_RDWR);
    if (IS_ERR(filep)) {
        ret = PTR_ERR(filep);
        goto err_fd;
    }
    filep->f_mode |= (FMODE_LSEEK | FMODE_PREAD | FMODE_PWRITE);
    atomic_inc(&group->container_users);
    fd_install(fdno, filep);
    if (group->noiommu)
        dev_warn(device->dev, "vfio-noiommu device opened by user "
            "(%s:%d) \n", current->comm, task_pid_nr(current));
    return fdno;
err_fd:
    put_unused_fd(fdno);
err_close_device:
    mutex_lock(&device->dev_set->lock);
    if (device->open_count == 1 && device->ops->close_device)
        device->ops->close_device(device);
err_undo_count:
    device->open_count--;
    mutex_unlock(&device->dev_set->lock);
    module_put(device->dev->driver->owner);
err_device_put:
    vfio_device_put(device);
    return ret;
}
```

这个 vfio_group_get_device_fd 函数首先调用 vfio_device_get_from_name 函数, 尝试通过传入的信息获取设备, 再通过 open_device 方法打开设备 (仅在当前设备第一次打开时调用)。然后它会获取一个文件描述符并创建一个匿名的文件描述结构体, 这个结构体针对文件操作的回调函数是由 vfio_device_fops 提供的, 在安装到 Linux 内核中并设置相应的模式后, 将文件描述符返回。

其中的 vfio_device_get_from_name 函数会匹配设备名称, 并将对应的 struct vfio_device 类型设备取出:

```
static struct vfio_device *vfio_device_get_from_name(struct vfio_group *group,
                                     char *buf)
{
    struct vfio_device *it, *device = ERR_PTR(-ENODEV);
    mutex_lock(&group->device_lock);
    list_for_each_entry(it, &group->device_list, group_next) {
        int ret;
        if (it->ops->match) {
            ret = it->ops->match(it, buf);
            if (ret < 0) {
                device = ERR_PTR(ret);
                break;
            }
        } else {
            ret = !strcmp(dev_name(it->dev), buf);
        }
        if (ret && vfio_device_try_get(it)) {
            device = it;
            break;
        }
    }
    mutex_unlock(&group->device_lock);
    return device;
}
```

这个结构体会被存储在要返回的设备文件描述符的私有部分。

而 vfio_device_fops 是在 drivers/vfio/vfio.c 文件中的一个文件操作回调函数的集合, 它的定义如下:

```
static const struct file_operations vfio_device_fops = {
    .owner          = THIS_MODULE,
    .release        = vfio_device_fops_release,
    .read           = vfio_device_fops_read,
    .write          = vfio_device_fops_write,
    .unlocked_ioctl = vfio_device_fops_unl_ioctl,
    .compat_ioctl   = compat_ptr_ioctl,
    .mmap           = vfio_device_fops_mmap,
};
```

我们在这里仅以 mmap 内存映射操作为例, 它同样位于 drivers/vfio/vfio.c 文件中:

```
static int vfio_device_fops_mmap(struct file *filep, struct vm_area_struct *vma)
{
```

```
    struct vfio_device * device = filep->private_data;
    if (unlikely(!device->ops->mmap))
        return -EINVAL;
    return device->ops->mmap(device, vma);
}
```

它先从文件描述符的 private_data 字段获取 VFIO 设备，并调用其中的 mmap 方法，交给这个设备的实现去完成。

以上就是 VFIO 中 PCI 设备驱动实现的主要部分。在这里我们对 VFIO 中涉及的操作和结构体的基本关系进行一个总结作为本章的结束，如图 5-9 所示。

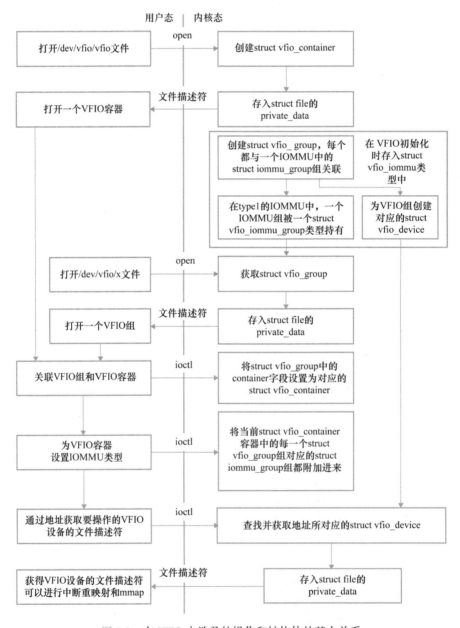

图 5-9　在 VFIO 中涉及的操作和结构体的基本关系

第6章

Linux系统用户态高性能
网卡驱动分析

在本章中，我们以网卡设备的用户态驱动程序为例，对 Linux 系统中用户态驱动的实现方法进行分析和讲解，其中网卡设备则是基于 PCI 的 sysfs 用户态接口或基于 VFIO 的用户态接口实现的。

在 Linux 内核中，网卡硬件一般是通过 PCI 总线连接到计算机系统中的，而它的传统驱动也是在内核态中实现的。因此，对于每个完整的网络包，网卡硬件都会在完全接收到之后产生一个中断。这个中断会由 Linux 内核注册的中断处理程序接收，并查询相应的硬件驱动。如果存在注册了对应中断号的驱动程序，则会将中断分发到驱动程序中进行处理。在这一处理过程中，需要处理器核心切换到 Linux 内核对应驱动程序的上下文中，从而从硬件中读取网络数据包（实际上，一般会由网卡硬件通过 Direct Memory Access 技术控制的内存直接读写，直接写入内存中，然后直接告知处理器这段内存的位置）到 Linux 内核使用的内核的内存地址空间。当用户态的应用程序需要使用对应的数据包时，Linux 内核还需要将数据包复制到用户态应用程序可以访问的用户地址空间。

对于单核心的处理器来说，这些操作需要占用一段处理器时间来进行处理，因而会造成计算机响应慢、卡死、内存占用高等现象；对于多核心的处理器来说，则一般不会出现响应上的问题，但也会由于上下文切换造成系统计算资源的浪费、网络数据包复制导致内存资源的浪费等情况。与此同时，对于网卡来说，如果有大量的数据包要在短时间内进行收发，也会导致吞吐量的下降、网络包延迟的升高的情况。

而在如今的互联网时代中，随着各种对带宽、实时性要求高的音频、图像、视频等服务的发展（如直播等），再加上 5G 以及未来对低延迟通信的需求，因特网（Internet）和其他互联网基础设施需要承载的通信量和要求的响应速度也在持续增长和变化，同时也促进了针对不同服务的服务质量（Quality of Service，QoS）需求的增长。为了应对这种增长，TCP/IP 体系结构发展了 QoS 以支持各种类型的、拥有各种服务质量需求的通信量。

在 QoS 中，提出了三种平面（Plane），分别是控制平面（Control Plane）、数据平面（Data Plane）和管理平面（Management Plane）。其中控制平面负责流量的进出控制、QoS 路由和资源保留等操作；而数据平面则负责数据的缓冲区管理、避免拥塞、数据包的标记、数据包的排队、数据包的调度、流量分类、流量监管和流量整形等；最后的管理平面则负责对上面的两个平面进行计量和记录，并可以控制前两个平面的执行策略和模式。

在高性能网卡和操作系统内核层面，可监测性对管理平面十分重要，而驱动程序的性能则在数据平面中对提高网络通信的效率起着至关重要的作用，因为它需要处理大量网络包的操作。本书所关注的用户态高性能网卡驱动，则可以解决部分传统网卡驱动中可能存在的性能问题，因此我们重点关注的是数据平面的操作。

在数据平面层面上，有一个由 Intel 公司创建、如今作为 Linux 基金会所属的一个名为数据平面开发套件（Data Plane Development Kit，DPDK）的项目。它是一组用户空间库和驱动程序，可以加速在所有主流处理器架构上运行的网络数据包处理工作的负载。DPDK 在推动通用处理器（相对于使用另外的专用加速电路等硬件）在高性能环境中的使用方面发挥了重要作用，这样的用途不仅会出现在企业数据中心、公共云中，还会出现在存在大量流量（比如电信运营商）的网络中。

DPDK 的主要目标，是在数据平面应用中为高速数据包处理提供一个简单而完善的架构。其中，DPDK 架构通过创建一个环境抽象层（Environment Abstraction Layer，EAL），这个环境抽象层可以为不同的工作负载提供函数库集，在创建后，开发者即可把自己的应用与函数库进行链接。DPDK 的环境抽象层向应用与函数库隐藏了底层硬件和操作系统环境的细节，因而能扩展到任何处理器架构上使用，并且它还提供了对 Linux 和 FreeBSD 内核的支持。此外，DPDK 还包含了跟踪调试、PCIe 总线的接入等功能。在 DPDK 中，硬件驱动使用了轮询（Polling）而不是产生中断来通知处理器对到达的数据包进行处理：在收到数据包时，经 DPDK 重载的网卡驱动不会通过中断通知处理器，而是直接将数据包存入内存，从而直接交给应用层的软件；这些软件可以通过 DPDK 提供的接口来对其进行直接处理，这样就可以从处理器的中断处理和数据包从内核态到用户态的内存复制中节省大量的时间。我们将在稍后的 6.1 节对 DPDK 的架构进行讲解。

作为一个框架，DPDK 抽象程度较高，对于我们所关注的用户态网卡硬件驱动方面，它隐藏了过多的细节。因此在本章中，我们还会对一个与 DPDK 类型、但实现更简单的用户态网卡驱动，它的名字叫 ixy，是保罗·艾默里奇（Paul Emmerich）博士于 2019 年在慕尼黑工业大学（Technische Universität München）任研究人员期间，基于他们团队发表的《用户态网络驱动》论文实现的用户态网卡驱动的核心代码，它为 Intel 的 ixgbe 千兆及以上网卡系列提供用户态实现的硬件驱动。同时，它还包含了 virtio 实现的半虚拟化网卡直通虚拟机功能的虚拟网卡驱动。它的核心包含了一个完整的驱动程序和一个数据包转发器，其中的驱动程序部分支持使用 mmap 系统调用对 PCI 设备的设备内存进行在用户态的直接映射，或者可以基于 VFIO 这一用户态驱动程序接口，进行基于 IOMMU 的、更加安全的内存控制以及硬件设备的中断重映射。其中，仅使用 mmap 系统调用的驱动部分的 C 语言代码少于 1000 行，其并未包含 virtio 和基于 VFIO 框架实现的代码。除了在使用 VFIO 用户态驱动程序接口时所需的 vfio-pci 模块之外，ixy 也不需要加载或使用其他额外的内核模块，并可以在使用 VFIO 框架的情况下不适用 root 用户权限进行操作。这个 ixy 用户态网卡驱动程序的代码基于 BSD 许可证开源，可以在 GitHub 网站上的 emmericp 用户（即艾默里奇博士的账户）的 ixy 项目中找到。

在 ixy 和 DPDK 这两个项目中，它们在 Linux 的用户态中对网卡的驱动都是基于 UIO（或仅仅使用 mmap 映射 PCI 设备内存）和 VFIO 这些用户态驱动程序框架提供的，但 ixy 对硬件的支持更少、代码更加精简。因此，在接下来的小节中，我们会主要基于 DPDK 来介绍在用户态中实现网卡驱动的架构，并且基于 ixy 作为用户态网卡驱动的实例来进行解析和分析。

6.1 | Intel 网卡用户态驱动的架构

在本小节中，我们对 DPDK 的架构进行简要的介绍，并对其中的用户态驱动程序部分所使用的技术进行探究。图 6-1 展示了 DPDK 的实现架构与用户态应用程序、Linux 内核和硬件设备之间的关系。

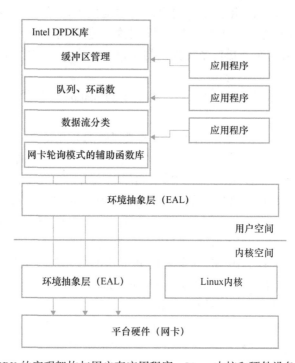

图 6-1 DPDK 的实现架构与用户态应用程序、Linux 内核和硬件设备之间的关系

它的核心可以分为两个部分：环境抽象层（Environment Abstraction Layer，EAL）和 DPDK 库。其中在 DPDK 的架构中，最基础也是最重要的就是它的环境抽象层。它主要负责对计算机底层，包括硬件和内存空间在内的资源访问，并对提供给 DPDK 的用户（也就是程序设计人员）的接口进行了实现细节的封装。而在 DPDK 库中，则提供了缓冲区管理、普通队列或者环状队列这些数据结构及其操作接口、数据流分类和网卡轮询模式的辅助函数库等功能。

我们首先来介绍在 DPDK 中的环境抽象层 EAL，它提供了一系列通用的接口，可对要使用 DPDK 的应用程序和库，隐藏底层的硬件和操作系统环境细节。它提供的服务包括但不限于：

1）DPDK 的加载和启动：因为 DPDK 通常会被当作一个库，链接到对应的用户态应用程序中，因此需要通过某种方式对 DPDK 进行加载。

2）多进程和多线程执行的抽象：DPDK 中的 EAL 会基于 pthread 或者其他系统线程库进行封装，提供操作系统独立的、仅在 DPDK 中使用的线程接口。

3）程序在多核心情况下的调整和分配。

4）系统主内存的分配和释放：通过 EAL 提供的函数，可以为预留不同的内存区域提供便利，如用于与设备交互，进行 DMA 的主内存中的物理内存区域。

5）原子化操作和锁操作：包括在 C 语言标准库中没有提供的自旋锁和原子计数器，以便使用 DPDK 的用户态应用程序在使用多线程时防止数据竞争。

6）PCI 总线访问：EAL 提供了 PCI 总线访问的封装，包括访问 PCI 地址空间的接口等。

7）DPDK 中的跟踪和调试功能：包括日志和在崩溃情况下的堆栈转储等。

8）处理器特性的识别和启用：EAL 提供的实用函数支持在运行时确定处理器是否支持特定特性，从而确定当前处理器是否支持编译产生的二进制指令集。

9）中断处理：EAL 封装了操作系统提供的接口，允许为特定中断源注册或注销并设置回调函数。

10）用户态使用内存的分配管理：EAL 提供了与 malloc 类似的，但仅在 DPDK 中使用的内存分配和管理函数。

对于更加详细和完备的信息，读者可以参考最新版的 DPDK 文档。下面我们来重点解析在 Linux 系统中（即基于 Linux 内核的操作系统），EAL 几个重点功能实现的方法。

在 Linux 系统的用户空间环境中，DPDK 应用程序使用了 pthread 库作为用户空间应用程序运行的多线程库，从而利用现代计算机中多个处理器的并行特性。在内存方面则使用 Linux 内核的大内存页面（Huge Page）功能所提供的 hugetlbfs，通过 mmap 执行物理内存分配，大内存页面可以通过减少缺页中断等的发生来提高性能，这样的内存页面会被 DPDK 提供给服务层的组件。在 DPDK 中的时间参考由处理器的时间戳计数器（Timestamp Counter，TSC）或高精度事件定时器（High Precision Event Timer，HPET）的 Linux 内核接口，通过 mmap 映射到基于 DPDK 开发的应用程序中来提供。

在一个 DPDK 应用程序的代码运行之前，需要进行 DPDK 服务的初始化，才能使用 DPDK 的功能，这一初始化过程的核心部分位于 DPDK 提供的 rte_eal_init 函数中，即 EAL 的初始化函数。在 EAL 的初始化函数中，它会调用 rte_eal_memory_init 函数初始化 EAL 中所使用的内存抽象（包括使用大内存页面提供的内存池和内存段等）功能、调用 rte_eal_logs_init 函数初始化 EAL 中的日志功能、调用 rte_eal_pci_init 函数初始化 EAL 中的 PCI 功能等。然后，EAL 的初始化函数会为每个可用的处理器核心（可自行配置数量）创建 pthread 线程。每个线程都对应一个逻辑处理器核心，在 DPDK 中被称为 lcore（即 logical core），并等待这些线程创建完毕。接下来，应用程序需要对要使用的库和驱动等程序进行初始化，并且可以通过 rte_eal_remote_launch 函数将要执行的代码传递给每个 lcore。这部分代码既可以是 DPDK 应用程序的核心部分代码，也可以是每个 lcore 上为运行 DPDK 应用程序核心部分做准备而进行初始化的代码。图 6-2 展示了这一流程，其中 per_lcore_app_init 函数是可以由开发者提供的任意代码。

接下来我们简要介绍部分在 DPDK 中提供的核心库和核心组件，这些核心组件都直接或间接依赖于 EAL，创建它们的核心目的在于高性能地处理网络包，它们的依赖关系如图 6-3 所示。

其中 rte_ring 库提供了一个环形结构，允许在有限大小的表中提供多生产者、多消费者的先进先出队列接口。这样的队列不需要多线程锁，因此在 DPDK 的多线程（多个 lcore）情况下，它可以防止多线程访问时需要加锁导致的速度变慢，此外，它还更易于实现，适应批

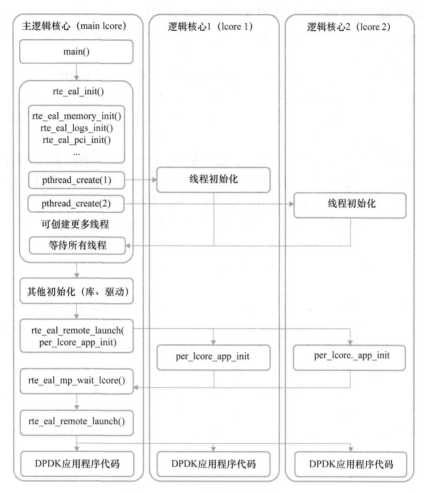

图 6-2　DPDK 的初始化与执行流程

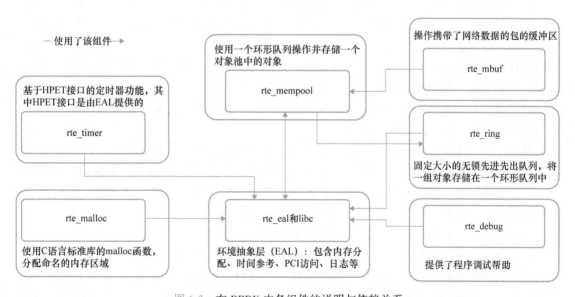

图 6-3　在 DPDK 中各组件的说明与依赖关系

量操作且速度更快。这样的环形结构由 rte_mempool 库中的内存池管理器使用，可用作处理器物理核心或在逻辑核心上连接在一起的执行块之间的通用通信机制。内存池管理器主要负责在内存中分配对象池。

基于内存池库的 rte_mbuf 库提供了创建和销毁缓冲区的功能，DPDK 应用程序可以使用这些缓冲区来存储消息（或网络包的数据）。消息缓冲区在启动时创建，并通过 DPDK 内存池库存储在内存池中。它提供了一组接口来分配和释放缓冲区，操作用于承载网络数据包的数据包缓冲区。

在 rte_timer 库中提供了定时器的服务，提供异步执行功能的能力，要执行的代码可以是周期性的函数调用，或者单次调用。它的定时器就基于 EAL 提供的计时器接口来获取精确的时间参考，并且可以根据需要在每个物理或者逻辑核心的基础上启动。

除此之外，在 DPDK 中，还存在其他包含网络、驱动和辅助功能在内的库。例如，在 rte_net 库包含了 IP 协议定义的集合，它基于 FreeBSD 中 IP 网络栈的代码，包含 IP 标头中的协议标识符、IP 相关宏定义、IPv4/IPv6 的标头结构以及 TCP、UDP 和 SCTP 标头结构及相关定义。

而在驱动方面，DPDK 将网络驱动程序分为真实物理设备和虚拟的模拟设备两类。在 DPDK 中通过 ethdev（以太网设备）抽象层暴露了一组接口来使用这些设备的网络功能，但限于用户态驱动程序的特性，仅有驱动的下半部分可以由 DPDK 中的驱动程序实现，而作为驱动的上半部分的处理仍留存在 Linux 内核中，因此会有一些功能可能无法实现。在 DPDK 中的驱动采用了轮询的模式，它包括千兆级物理设备和半虚拟化抽象层的轮询模式驱动（Poll Mode Driver，PMD）。

所有的 PMD 都暴露出一组 ethdev 抽象层的应用程序接口，其中包含了驱动真实硬件部分的代码，例如 Intel 的 ixegb 设备的 DPDK 用户态网卡驱动是基于 FreeBSD 中的内核驱动程序提供的。但是在这里的"内核"代码实际上会运行在用户态中，用以配置设备和它们各自的处理队列。

在 PMD 的架构中，抛弃了基于中断的异步信号发送机制，从而可以避免网卡设备在每次接收到数据时触发中断导致的性能瓶颈。这为 DPDK 架构带来很大的开销节省，是 DPDK 提升数据包处理速度的关键之一。除了链路状态改变中断之外，DPDK 用户态网卡驱动需要在没有任何中断的情况下直接访问接收（RX）和发送（TX）描述符，以便在用户态的应用程序中快速接收、处理和传送数据包。

对于数据包的处理，在 DPDK 中存在两种数据包处理的模型：运行至完成（run-to-completion）模型和管道（pipeline）模型。

其中运行至完成是一个同步模型，每个分配给 DPDK 的逻辑核心都执行一个处理网络包的循环。在这个循环中，每个逻辑核心首先通过 PMD 导出的接收用接口来获取网络数据包，然后根据转发与否，逐一处理接收到的数据包。最后，针对需要被转发或者发送的数据包，通过 PMD 导出的发送用接口将要发送的数据包放入设备内存。注意，在这种模型中，一个数据包的接收、处理和发送都在同一个处理器核心上被处理。

而管道模型是一个异步模型，与运行至完成模型相反。在这种模型中，有的逻辑核心只执行数据包提取操作，而有的只执行处理操作，收到的数据包在这些逻辑核心之间通过环状队列来传递。在执行数据包提取操作的逻辑核心上，会先通过 PMD 导出的接收用接口来提取输出数据包，然后通过环状队列提供数据包给执行处理操作的逻辑核心；而在执行处理操作的逻辑核心上，则是先从环状队列中提取数据包。如果这个数据包需要转发，则在处理数据包的过程中，将需要的字段进行更新，并放入设备内存对应的发送队列中。

总结来说，DPDK 通过利用操作系统内核的 mmap 内存映射，将网卡设备内存映射到 DPDK 的用户态应用程序中，并在用户态应用程序中基于原本内核态的驱动程序将设备驱动，并导出 DPDK 架构兼容的接口。DPDK 通过环形队列和对设备内存的直接读写绕开操作系统内核，来避免原本的内核态驱动程序由于设计本身导致的性能瓶颈，从而在用户态实现高性能驱动网卡的功能。在 Linux 内核的操作系统中，使用与不使用 DPDK 驱动网卡（网络控制器）的架构如图 6-4 所示。

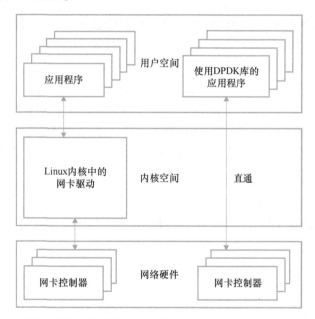

图 6-4 在 Linux 内核的操作系统中使用与不使用 DPDK 驱动网卡（网络控制器）的架构

6.2 Intel 网卡用户态驱动 ixy 的核心实现

鉴于 DPDK 的复杂性和通用性，它的具体实现值得进行更为深入的讨论。而在本书中，我们重点关注于它所使用的 UIO 或 VFIO 这两种允许用户态实现驱动的技术的使用。因此，本书选取 ixy 这个基于同样的技术原理（更确切地说是使用 mmap 系统调用进行硬件设备内存映射或 VFIO 这一用户态驱动程序框架）的用户态网卡驱动作为具体的核心实现分析。

作为一个独立于 DPDK 之外的用户态网卡驱动，ixy 拥有更加简单的实现，实际上它仅有 1000 多行的代码，但它对设备的支持更少、通用性更差。它所支持的设备主要是 Intel 公司生产的千兆级以上级别的 ixgbe 网卡家族，其中包括 82599ES（也被称为 Intel X520）、X540 和 X550 系列。

在 ixy 中，它的核心部分是使用 Linux 内核中的 IOMMU 和 VFIO 功能来实现的。更具体地来说，它依赖于在 Linux 内核中的 vfio-pci 驱动程序，并通过这个驱动使用 IOMMU 功能，同时 VFIO 也需要启用中断支持。因此要使用 ixy，则需要在 BIOS 中启用 IOMMU 功能，在大部分 Intel 的机器上，启用这项功能的设置项被称为 VT-d 技术，即 Intel 虚拟化技术；同时，还需要为 Linux 内核启用 IOMMU 功能，在 Intel 的机器上需要将"intel_iommu = on"添加到 Linux 内核的命令行中。在大部分 x86-64 平台的发行版中，这个功能一般都是打开的。在满足了这些条件后，就可以在 Linux 内核的操作系统中为在某些网卡上使用 ixy 用户态驱动进行准备了。

首先，要使用 ixy 需要了解使用的网卡对应设备的 PCI 地址等信息，系统内发现的 PCI 总线中的网卡设备可以通过下面的命令获取：

```
lspci -nn | grep Ether
```

这样的命令会返回类似于以下的设备信息（示例信息来自 ixy 项目文档）：

```
05:00.0 Ethernet controller [0200]: Intel Corporation Ethernet Controller 10-Gigabit X540-AT2
[8086:1528] (rev 01)
```

这条设备信息包括了设备的 PCI 地址、供应商标识符和设备标识符等信息，其中"05：00.0"是设备的 PCI 地址，而 8086 和 1528 分别是供应商和设备的标识符。

有了上面的信息，我们就可以继续接下来的步骤，来解除设备与已经存在驱动程序之间的绑定，即一次性地禁用 Linux 内核中该网卡的驱动程序。这一操作是通过 Linux 内核暴露的 sysfs 实现的，命令如下：

```
echo $PCI_ADDRESS > /sys/bus/pci/devices/$PCI_ADDRESS/driver/unbind
```

其中 PCI_ADDRESS 变量是准备在 ixy 中使用的网卡的 PCI 地址。

接下来就可以启用 vfio-pci 驱动程序，并将设备绑定到 vfio-pci 驱动程序中，以便通过 VFIO 的 IOMMU 功能控制这样的网卡设备。这样的操作可以通过以下指令完成：

```
modprobe vfio-pci
echo $VENDOR_ID $DEVICE_ID > /sys/bus/pci/drivers/vfio-pci/new_id
```

其中 VENDOR_ID 和 DEVICE_ID 分别是前面获取到的设备的供应商标识符和设备自身的标识符。这两个信息通过 sysfs 传递给 VFIO 驱动，用来寻找和发现设备。

最后，还有很重要的一点，就是需要为当前用户提供设备的访问权限。在这里我们粗略地将所有 VFIO 设备设置为当前用户和当前用户组可访问的，这样的命令如下：

```
chown $USER:$GROUP /dev/vfio/*
```

在对每个想要使用 ixy 进行驱动的设备进行相同的配置后，至此为止，运行 ixy 的准备就已经完成了。接下来就可以编译和运行 ixy 来对这些设备进行驱动了。

这个项目的代码位于 GitHub 网站上的 emmericp/ixy 目录中，它的基础设施的代码组织结构如下：

```
src/pci.c
src/memory.c
src/stats.c
src/interrupts.c
src/libixy-vfio.c
```

根据文件名可知，它包含了 PCI、内存、统计、中断和 ixy 针对 VFIO 驱动的实现代码。

此外，对于硬件设备来说，设备的抽象和驱动程序位于 src/driver 目录下，其中核心实现的代码文件如下：

```
src/driver/device.c
src/driver/ixgbe.c
src/driver/virtio.c
```

此外，ixy 项目中还拥有一个 src/app 目录，里面有三个被用作示例的用户态应用程序的代码：

```
ixy-fwd.c
ixy-pcap.c
ixy-pktgen.c
```

其中 ixy-fwd 程序可以驱动两张网卡，并在其中起到网络包转发的作用；而 ixy-pcap 程序可以驱动一张网卡，并在网卡上捕捉若干个网络包，并存储为 Wireshark 等网络包分析工具使用的 pcap 格式；最后的 ixy-pktgen 程序则负责直接生成一个底层网络包，并通过一张被 ixy 驱动的网卡将其发送出去。

鉴于前两个示例中，要使用的网卡的数量和将网络包导出成特定格式带来的复杂度，让我们从最后一个 ixy-pktgen 程序开始，对 ixy 的核心实现进行分析。这个程序的主函数如下：

```
int main(int argc, char * argv[]) {
    if (argc != 2) {
        printf("Usage: %s <pci bus id>\n", argv[0]);
        return 1;
    }
    struct ixy_device * dev = ixy_init(argv[1], 1, 1, 0);
    struct mempool * mempool = init_mempool();
    uint64_t last_stats_printed = monotonic_time();
    uint64_t counter = 0;
    struct device_stats stats_old, stats;
    stats_init(&stats, dev);
    stats_init(&stats_old, dev);
    uint32_t seq_num = 0;
    // 一个批次要发出的缓冲区数组
    struct pkt_buf * bufs[BATCH_SIZE];
    // 发送循环
    while (true) {
        // 不能立即循环使用包,需要每次分配新的包
        // 因为旧的包可能仍在被网卡使用;发送是硬件完成的异步操作
        pkt_buf_alloc_batch(mempool, bufs, BATCH_SIZE);
        for (uint32_t i = 0; i < BATCH_SIZE; i++) {
            // 包可以在这里被修改,当修改 IP 头的时候需要更新校验码
            * (uint32_t *) (bufs[i]->data + PKT_SIZE - 4) = seq_num++;
        }
        // 包可以在这里被修改以产生多个流
        ixy_tx_batch_busy_wait(dev, 0, bufs, BATCH_SIZE);
        // 不要检查每个包的时间,这样可以带来10%的性能优势
        if ((counter++ & 0xFFF) == 0) {
            uint64_t time = monotonic_time();
            if (time - last_stats_printed > 1000 * 1000 * 1000) {
```

```
        // 每秒刷新
        ixy_read_stats(dev, &stats);
        print_stats_diff(&stats, &stats_old, time - last_stats_printed);
        stats_old = stats;
        last_stats_printed = time;
        }
    }
  }
}
```

这里的主函数主要可以分为三个部分，第一部分是对网卡设备和内存的初始化：

```
if (argc != 2) {
    printf("Usage: %s <pci bus id>\n", argv[0]);
    return 1;
}
struct ixy_device * dev = ixy_init(argv[1], 1, 1, 0);
struct mempool * mempool = init_mempool();
```

可以看到，主函数将要使用的网卡在 PCI 总线上的标识符传入 ixy_init 函数，初始化并创建一个 struct ixy_device 类型的变量，用来描述一个 ixy 中的设备。然后调用 init_mempool 函数初始化一个内存池，用来在之后为要发送的网络包分配数据缓冲区。

第二部分是在循环开始前的部分，负责初始化一些变量，包括获取设备状态的 struct device_stats 类型变量等。同时它也创建了一个包含了 BATCH_SIZE 个 struct pkt_buf 类型的指针的数组，作为接收分配的缓冲区的变量。

第三部分则是包的处理部分，在这里它的核心代码只有下面几行：

```
pkt_buf_alloc_batch(mempool, bufs, BATCH_SIZE);
for (uint32_t i = 0; i < BATCH_SIZE; i++) {
    // 包可以在这里被修改，当修改 IP 头的时候需要更新校验码
    * (uint32_t *)(bufs[i]->data + PKT_SIZE - 4) = seq_num++;
}
// 包可以在这里被修改以产生多个流
ixy_tx_batch_busy_wait(dev, 0, bufs, BATCH_SIZE);
```

它首先调用 pkt_buf_alloc_batch 函数，从 mempool 内存池中分配 BATCH_SIZE 个单元存入 bufs 中。稍后我们会看到，每个单元的大小是由内存池来指定的，在这里每个单元都代表一个要发送的网络包。对于每个单元，这里的循环将最后 4 个字节修改为当前的包的序号。最后，调用 ixy_tx_batch_busy_wait 函数通过驱动的 dev 网卡设备将这 BATCH_SIZE 个网络包放入发送队列，网卡设备会在接收到指令之后将其发送出去。在执行结束后，循环内还会按照一定的频率获取设备的统计信息，并打印出来。

接下来，我们首先对这个 ixy 的示例程序中使用到的基础结构体进行分析，然后再对涉及的函数进行解析。

首先最核心的就是 struct ixy_device 结构体类型，它在 ixy 中表示一个被驱动的设备。这个设备既可以是一个虚拟网卡设备，也可以是一个真实的物理网卡设备，它被定义在 src/driver/device.h 头文件中，其声明如下：

```
struct ixy_device {
    const char * pci_addr;
```

```
    const char * driver_name;
    uint16_t num_rx_queues;
    uint16_t num_tx_queues;
    uint32_t (* rx_batch) (struct ixy_device * dev, uint16_t queue_id, struct pkt_buf * bufs[],
uint32_t num_bufs);
    uint32_t (* tx_batch) (struct ixy_device * dev, uint16_t queue_id, struct pkt_buf * bufs[],
uint32_t num_bufs);
    void (* read_stats) (struct ixy_device * dev, struct device_stats * stats);
    void (* set_promisc) (struct ixy_device * dev, bool enabled);
    uint32_t (* get_link_speed) (const struct ixy_device * dev);
    struct mac_address (* get_mac_addr) (const struct ixy_device * dev);
    void (* set_mac_addr) (struct ixy_device * dev, struct mac_address mac);
    bool vfio;
    int vfio_fd; // 设备文件描述符
    struct interrupts interrupts;
};
```

其中 pci_addr 和 driver_name 字段都可以指向一个字符串，分别表示设备的 PCI 地址和使用的驱动名称；num_rx_queues 和 num_tx_queues 字段分别负责存储为该设备所创建的接收和发送队列的个数；rx_batch 和 tx_batch 字段则指向两个回调函数，分别负责处理一个批次的网络数据包的接收和发送；read_stats 字段指向负责读取设备统计信息的回调函数；set_promisc字段则是设备开启混杂模式的回调函数（即接收发给任意设备的数据包）；通过 get_link_speed 字段指向的回调函数可以获取到连接的速度；get_mac_addr 和 set_mac_addr 字段分别指向负责获取和设置 MAC 地址的实现函数，它们的参数和返回值都涉及了 struct mac_address字段，它仅仅是包装了一个 6 字节数据的 MAC 地址描述：

```
struct __attribute__ ((__packed__)) mac_address {
    uint8_t    addr[6];
};
```

接下来的 vfio 和 vfio_fd 字段则记录当前设备是否使用了 Linux 的 VFIO 框架，以及在 VFIO 中打开设备文件的文件描述符；最后的 interrupts 字段是一个结构体，用来描述在 VFIO 中与设备中断相关的信息，其声明如下：

```
struct interrupts {
    bool interrupts_enabled; // 这个设备的中断是否启用
    uint32_t itr_rate; // 中断的限流率
    struct interrupt_queues * queues; // 每个队列的中断设置
    uint8_t interrupt_type; // 中断的类型:MSI 或 MSIX
    int timeout_ms; // 以毫秒记的中断超时时间(-1 表示禁用超时)
};
```

每个字段的含义都在紧随其后的注释中进行了解释，其中 struct interrupt_queues 类型的定义如下：

```
struct interrupt_queues {
    int vfio_event_fd; // VFIO 事件的文件描述符
    int vfio_epoll_fd; // 使用 epoll 系统调用时的文件描述符
    bool interrupt_enabled; // 记录是否为这个队列开启了中断
    uint64_t last_time_checked; // 中断标识最近一次被检查的时间
```

```
    uint64_t instr_counter; // 指令计数器,避免不必要调用 monotonic_time 函数
    uint64_t rx_pkts; // 从上次检查开始接收到的包数量
    uint64_t interval; // 检查中断标识的间隔
    struct interrupt_moving_avg moving_avg; // 混合中断的移动平均
};
```

当一个设备被成功驱动时，会创建一个 struct ixy_device 类型的变量，其中对应的信息和回调函数会被设置，之后的调用就可以使用这个变量作为参数，从而完成对特定设备的操作。

在内存部分，则涉及了表示内存池的 struct mempool 类型和描述包数据缓冲区的 struct pkt_buf 类型，每个包数据缓冲区都使用属于某内存池的一片内存，与一个内存池相关联。因此，都有一个指向内存池的指针，在这里先对 struct mempool 类型的内存池进行介绍，它的定义如下：

```
struct mempool {
    void * base_addr;
    uint32_t buf_size;
    uint32_t num_entries;
    // 内存是由一个简单的栈管理的
    // 使用一个无锁队列或者栈可以让其线程安全
    uint32_t free_stack_top;
    // 包含了项目的标识符,其中 base_addr + entry_id * buf_size 是缓冲区的地址
    uint32_t free_stack[];
};
```

第一个 base_addr 字段的指针记录一个虚拟地址，作为当前内存池的开始地址；buf_size 字段记录当前内存池负责分配的缓冲区大小；num_entries 字段记录了已经分配的缓冲区入口的个数；在这个内存池中，使用了一个较为简化的内存池实现，它使用一个简单的栈进行管理，其中 free_stack_top 字段用来描述当前内存池中的栈顶指针，也就是剩余可分配的缓冲区个数；free_stack 则是一个数组，用来存储栈中的每个缓冲区入口的标识符。

而每个包缓冲区包含了以下字段：

```
struct pkt_buf {
    // 传递缓冲区给网卡的物理地址
    uintptr_t buf_addr_phy;
    struct mempool * mempool;
    uint32_t mempool_idx;
    uint32_t size;
    uint8_t head_room[SIZE_PKT_BUF_HEADROOM];
    uint8_t data[] __attribute__((aligned(64)));
};
```

其中 buf_addr_phy 字段是当前包缓冲区对应的物理地址；mempool 字段指向它所属的内存池；mempool_idx 字段则记录了当前包缓冲区在内存池中的序号；size 字段描述了当前包缓冲区实际使用的数据大小；在 head_room 字段中预先占用了一部分内存，由于这个字段仅仅在 ixy 的 virtio 实现中使用，本书不对其进行详述；最后的 data 字段则指向了从 struct pkt_buf 类型之后开始，在内存池中对应单元剩余的内存部分。

对于内存池中虚拟地址和缓冲区中物理地址的映射，ixy 则使用了 struct dma_memory 类

型来描述，它被用来描述由直接内存访问（DMA）返回的定义如下：

```
struct dma_memory {
    void * virt;
    uintptr_t phy;
};
```

可以看到，它只有 virt 字段用来记录虚拟地址，而 phy 字段则用来记录对应的物理地址。在 ixy 中 Linux 的虚拟地址到物理地址的映射是通过 procfs 实现的，这部分的代码位于 memory.c 文件中，它的实现如下：

```
// 通过/proc/self/pagemap 将虚拟地址翻译为物理地址
static uintptr_t virt_to_phys(void * virt) {
    long pagesize = sysconf(_SC_PAGESIZE);
    int fd = check_err(open("/proc/self/pagemap", O_RDONLY), "getting pagemap");
    // 对于每个正常大小的页面来说,pagemap 是一个指针数组
    check_err(lseek(fd, (uintptr_t) virt / pagesize * sizeof(uintptr_t), SEEK_SET), "getting
pagemap");
    uintptr_t phy = 0;
    check_err(read(fd, &phy, sizeof(phy)), "translating address");
    close(fd);
    if (!phy) {
        error("failed to translate virtual address %p to physical address", virt);
    }
    // 第 0~54 位是页面号码
    return (phy & 0x7fffffffffffffULL) * pagesize + ((uintptr_t) virt) % pagesize;
}
```

它首先通过 sysconf 系统调用获取在当前 Linux 内核中使用的内存页面大小，存储到 pagesize 变量中，获取真实物理地址的核心在于 procfs 中的/proc/self/pagemap 文件。它提供的是 Linux 内核负责导出的页面映射，在文件中的数据结构是一个指针数组，数组中的每个元素都是虚拟地址的内存页面所对应的物理地址的内存页面的号码。在物理地址对应的内存页面内的偏移则可以通过虚拟地址的偏移得到，例如：

```
虚拟地址:0x7FFCAB67D8A0
物理地址页内偏移:0x8A0
```

因此在 virt_to_phys 函数中，这一读取过程为：

1）通过 open 系统调用打开/proc/self/pagemap 文件。

2）计算虚拟地址对应的内存页面的个数，通过 lseek 系统调用偏移对应数量的元素。

3）通过 read 系统调用获取对应物理地址的页面编号。

4）发起 close 系统调用关闭文件。

可以看到最终的物理地址就会被计算并返回。

在第三部分获取统计信息的代码中，使用了 struct device_stats 类型，同时它也在第二部分中被初始化了，它被定义在 ixy 的 stats.h 头文件中：

```
struct device_stats {
    struct ixy_device * device;
    size_t rx_pkts;
    size_t tx_pkts;
```

```
    size_t rx_bytes;
    size_t tx_bytes;
};
```

它仅仅包含了这个统计信息所属的 ixy 设备指针、接收或发送的包个数、接收或发送的字节数等字段。

接下来我们开始解析在示例程序中出现的函数实现。按代码顺序，第一个 init_mempool 函数，它是在示例程序中定义的，负责初始化内存池和内存池中的数据，其代码如下：

```
static struct mempool * init_mempool() {
    const int NUM_BUFS = 2048;
    struct mempool * mempool = memory_allocate_mempool(NUM_BUFS, 0);
    struct pkt_buf * bufs[NUM_BUFS];
    for (int buf_id = 0; buf_id < NUM_BUFS; buf_id++) {
        struct pkt_buf * buf = pkt_buf_alloc(mempool);
        buf->size = PKT_SIZE;
        memcpy(buf->data, pkt_data, sizeof(pkt_data));
        * (uint16_t *) (buf->data + 24) = calc_ip_checksum(buf->data + 14, 20);
        bufs[buf_id] = buf;
    }
    for (int buf_id = 0; buf_id < NUM_BUFS; buf_id++) {
        pkt_buf_free(bufs[buf_id]);
    }
    return mempool;
}
```

它首先调用 memory_allocate_mempool 函数创建一个包含 NUM_BUFS(2048)个单元的内存池。接着，在 NUM_BUFS 个循环中，从创建的内存池中，通过调用 pkt_buf_alloc 函数分配 NUM_BUFS 个包缓冲区，并将 pkt_data 的内容复制到包缓冲区类型的 data 数据字段中。这里使用到的包内数据是一个基于 IP 协议的 UDP 网络协议的包，其内容和各部分的含义如下：

```
static const uint8_t pkt_data[] = {
    0x01, 0x02, 0x03, 0x04, 0x05, 0x06, // MAC 的目标地址
    0x10, 0x10, 0x10, 0x10, 0x10, 0x10, // MAC 的来源地址
    0x08, 0x00,                          // 以太网包类型:IPv4
    0x45, 0x00,                          // 版本等信息
    (PKT_SIZE - 14) >> 8,                // 除去以太网信息的 IP 包长度(高位)
    (PKT_SIZE - 14) & 0xFF,              // 除去以太网信息的 IP 包长度(低位)
    0x00, 0x00, 0x00, 0x00,              // 标识符、标识和分段
    0x40, 0x11, 0x00, 0x00,              // TTL (64)、UDP 协议、校验码
    0x0A, 0x00, 0x00, 0x01,              // 来源 IP 地址(10.0.0.1)
    0x0A, 0x00, 0x00, 0x02,              // 目标 IP 地址(10.0.0.2)
    0x00, 0x2A, 0x05, 0x39,              // 来源和目标端口号(从 42 到 1337)
    (PKT_SIZE - 20 - 14) >> 8,           // 除去以太网和 IP 的 UDP 包长度(高位)
    (PKT_SIZE - 20 - 14) & 0xFF,         // 除去以太网和 IP 的 UDP 包长度(低位)
    0x00, 0x00,                          // UDP 校验码,可选
    'i', 'x', 'y'                        // 荷载数据
    // 荷载的剩余部分由 0 填充,因为内存池可以确保包缓冲区的剩余部分是空的
};
```

然后 init_mempool 函数会调用 calc_ip_checksum 函数计算 IP 包的校验码，它将从数据的第 14 个字节开始，直到 10 个字节之后，计算 IP 包头部的校验码。这个函数的代码由于只是校验码的计算算法，本书略去不表。在计算结束之后，再将校验码填充到数据的第 24 个字节开始的 16 位，即在上面的注释中显示的 IP 包的校验码所在位置。

这些包缓冲区的数据会被全部返回到内存池中。实际上，这时在内存池中就预先填充了一模一样的 UDP 包数据模板，在稍后的代码中可以修改，在之后的使用中每次新分配的包缓冲区并不会修改这些模板数据。相反，所有未来的包缓冲区分配都将返回上述数据的包模板，后续的代码可以只修改包的内容，这样可以保证每次发出的包是不同的。

在预先填充结束后，它调用 pkt_buf_free 函数来对包缓冲区进行释放，方便后续程序直接使用这个内存池来分配带有包数据模板的包缓冲区。

在 memory_allocate_mempool 函数为内存池分配内存时，它接收两个参数，按顺序分别是包缓冲区的入口数和每个包含包缓冲区信息的包缓冲区大小。在 init_mempool 函数中，传入的这两个参数分别是 NUM_BUFS 和 0，也就是会分配 2048 个包缓冲区使用的空间，每个缓冲区的大小为 0。但实际上这里会使用默认值，即 2048 个字节，这部分代码实现就位于 memory_allocate_mempool 函数的开头，它的完整的函数定义如下：

```
struct mempool * memory_allocate_mempool(uint32_t num_entries, uint32_t entry_size) {
    entry_size = entry_size ? entry_size : 2048;
    if ((VFIO_CONTAINER_FILE_DESCRIPTOR == -1) && HUGE_PAGE_SIZE % entry_size) {
        error("entry size must be a divisor of the huge page size (%d)", HUGE_PAGE_SIZE);
    }
    struct mempool * mempool = (struct mempool *) malloc(sizeof(struct mempool) + num_entries *
sizeof(uint32_t));
    struct dma_memory mem = memory_allocate_dma(num_entries * entry_size, false);
    mempool->num_entries = num_entries;
    mempool->buf_size = entry_size;
    mempool->base_addr = mem.virt;
    mempool->free_stack_top = num_entries;
    for (uint32_t i = 0; i < num_entries; i++) {
        mempool->free_stack[i] = i;
        struct pkt_buf * buf = (struct pkt_buf *) (((uint8_t *) mempool->base_addr) + i * entry_size);
        if (VFIO_CONTAINER_FILE_DESCRIPTOR != -1) {
            // 在 VFIO 中，"物理"内存是唯一映射到虚拟地址的输入输出虚拟地址
            buf->buf_addr_phy = (uintptr_t) buf;
        } else {
            // 否则一个内存池内的物理地址可能不是连续的
            // 我们需要知晓映射关系：对每个内存页面仅需一次
            buf->buf_addr_phy = virt_to_phys(buf);
        }
        buf->mempool_idx = i;
        buf->mempool = mempool;
        buf->size = 0;
    }
    return mempool;
}
```

一个包缓冲区的内存空间的默认值是 2048 字节，ixy 支持使用或者不使用 VFIO 来进行内存分配，这是根据 VFIO_CONTAINER_FILE_DESCRIPTOR 全局变量来判断的：如果这个

全局变量不为–1，说明启用了 VFIO，在这种情况下内存页面的对齐是由 VFIO 完成的，ixy 本身不需要主动进行修改；否则表示没有启用 VFIO，使用的是 Linux 内核中的大内存页面特性来进行分配，在这种情况下需要手动进行页面对齐，需要判断大页面大小 HUGE_PAGE _SIZE 是否是包缓冲区大小的整数倍。针对从 struct mempool 类型中的 base_addr 基址字段开始的每个缓冲区的结构，在这个函数中相关的信息也被预先填充，并且在之后被分配时不会再被修改，包括包缓冲区在内存池中的下标 mempool_idx、所属的内存池 mempool 和包缓冲区所对应的物理内存地址 buf_addr_phy。除此之外，每个包缓冲区的 size 字段被预先设置为 0，之后在分配时可以再对这个字段进行修改。

而内存池中所使用到的内存分配和基址是调用 memory_allocate_dma 函数完成和获取的，它也根据是否使用 VFIO 拥有两种实现，这个函数的定义如下：

```c
struct dma_memory memory_allocate_dma(size_t size, bool require_contiguous) {
    if (VFIO_CONTAINER_FILE_DESCRIPTOR != -1) {
        // VFIO 为-1 意味着 VFIO 或者 IOMMU 没有激活
        debug("allocating dma memory via VFIO");
        void* virt_addr = (void*) check_err(mmap(NULL, size, PROT_READ | PROT_WRITE, MAP_
SHARED | MAP_ANONYMOUS | MAP_HUGETLB | MAP_HUGE_2MB, -1, 0), "mmap hugepage");
        // 创建 IOMMU 映射
        uint64_t iova = (uint64_t) vfio_map_dma(virt_addr, size);
        return (struct dma_memory){
            .virt = virt_addr,
            .phy = iova
        };
    } else {
        debug("allocating dma memory via huge page");
        if (size % HUGE_PAGE_SIZE) {
            size = ((size >> HUGE_PAGE_BITS) + 1) << HUGE_PAGE_BITS;
        }
        if (require_contiguous && size > HUGE_PAGE_SIZE) {
            // 如果需要,在这里实现更大的连续物理映射
            error("could not map physically contiguous memory");
        }
        // 产生一个唯一的文件名
        // 在 C11 标准中的 stdatomic.h 只在近期版本的 gcc 中才可以使用
        // 我们希望支持 gcc 4.8,因此在这里使用 __sync_fetch_and_add 函数
        uint32_t id = __sync_fetch_and_add(&huge_pg_id, 1);
        char path[PATH_MAX];
        snprintf(path, PATH_MAX, "/mnt/huge/ixy-%d-%d", getpid(), id);
        // 临时文件,会被删除用来避免永久页面的溢出
        int fd = check_err(open(path, O_CREAT | O_RDWR, S_IRWXU), "open hugetlbfs file, check
that /mnt/huge is mounted");
        check_err(ftruncate(fd, (off_t) size), "allocate huge page memory, check hugetlbfs con-
figuration");
        void* virt_addr = (void*) check_err(mmap(NULL, size, PROT_READ | PROT_WRITE, MAP_
SHARED | MAP_HUGETLB, fd, 0), "mmap hugepage");
        // 不要将 DMA 分配的内存页面换走
        check_err(mlock(virt_addr, size), "disable swap for DMA memory");
```

```
    // 不要将其在 hugetlbfs 中保留
    close(fd);
    unlink(path);
    return (struct dma_memory) {
        .virt = virt_addr,
        .phy = virt_to_phys(virt_addr)
    };
    }
}
```

对于 VFIO_CONTAINER_FILE_DESCRIPTOR 不为-1 的情况下，说明 VFIO 已经启用，可以直接使用 VFIO 提供的 IOMMU 功能。在这个实现中，这个程序首先发起 mmap 调用分配给定大小的内存空间，它的起始地址存储在 virt_addr 变量中，并传递给 vfio_map_dma 函数，将其在 VFIO 的 IOMMU 中建立映射。这个函数被定义在 libixy-vfio.c 文件中：

```
uint64_t vfio_map_dma(void * vaddr, uint32_t size) {
// 将输入输出虚拟地址和当前进程中的虚拟地址联系起来
    uint64_t iova = (uint64_t) vaddr;
    struct vfio_iommu_type1_dma_map dma_map = {
        .vaddr = (uint64_t) vaddr,
        .iova = iova,
        .size = size < MIN_DMA_MEMORY ? MIN_DMA_MEMORY : size,
        .argsz = sizeof(dma_map),
        .flags = VFIO_DMA_MAP_FLAG_READ | VFIO_DMA_MAP_FLAG_WRITE};
    int cfd = get_vfio_container();
    check_err(ioctl(cfd, VFIO_IOMMU_MAP_DMA, &dma_map), "IOMMU Map DMA Memory");
    return iova;
}
```

它创建了一个 VFIO 中的 struct vfio_iommu_type1_dma_map 类型，将虚拟地址和该虚拟地址对应的输入输出虚拟地址 iova 存入，然后发起 ioctl 系统调用，让操作系统将这两个地址映射起来。在 ixy 中，这里的 iova 和 vaddr 使用了同样的值，它们一般也是不同的值。最后，虚拟地址和 IOMMU 中的输入输出虚拟地址分别被当作虚拟地址和物理地址返回。

而在没有启用 VFIO（即 VFIO_CONTAINER_FILE_DESCRIPTOR 为-1）的情况下，内存的分配是使用大内存页面 hugetlbfs 来创建的。对于必须连续的内存，在 ixy 中的实现目前只支持最大为 HUGE_PAGE_SIZE 的空间，即在同一个大内存页面内的，而不需要连续的内存则没有这个限制。在 ixy 的 memory_allocate_mempool 函数中，由于分配到的内存是可以分块的，因此传递来的参数并不要求为内存池分配的内存是连续的。

在使用 hugetlbfs 时，memory_allocate_dma 函数会创建并打开/mnt/huge 目录中以 ixy-为前缀的临时文件，然后调用 ftruncate 函数调整这个文件的大小为给定的 size，接着调用 mmap 函数将这个临时文件映射到当前进程中，它会返回一个虚拟地址 virt_addr。为了保留这段内存，还需要使用 mlock 系统调用将这段内存锁定。最后将临时文件关闭并删除，并将分配的虚拟地址和对应的物理地址返回。

在内存池中为一批包缓冲区分配内存时，需要调用的是 pkt_buf_alloc_batch 函数，它接收一个 struct mempool 类型的指针、一个 strcut pkt_buf 类型指针数组和一个用来描述所需要的包缓冲区个数的整数作为参数，其中第一个参数是要使用的内存池，第二个参数用来返回

一组分配的包缓冲区指针。它的定义如下:

```
uint32_t pkt_buf_alloc_batch(struct mempool * mempool, struct pkt_buf * bufs[], uint32_t num_
bufs) {
    if (mempool->free_stack_top < num_bufs) {
        warn("memory pool %p only has %d free bufs, requested %d", mempool, mempool->free_stack
_top, num_bufs);
        num_bufs = mempool->free_stack_top;
    }
    for (uint32_t i = 0; i < num_bufs; i++) {
        uint32_t entry_id = mempool->free_stack[--mempool->free_stack_top];
        bufs[i] = (struct pkt_buf *) (((uint8_t *) mempool->base_addr) + entry_id * mempool->buf_size);
    }
    return num_bufs;
}
```

可以看到，它在循环中不断更新内存池中的可用单元，将第二个参数中的缓冲区数组更新并返回。在 ixy 这个示例的主函数中，如同前面提到的，每次循环都分配并使用一个批次的包缓冲区（BATCH_SIZE 为 64 个），而不是重复利用同样的缓冲区，这是因为在网卡硬件中发送不是立即完成的，其中一些缓冲区可能还在等待网卡读取并发送，因此我们不能立即重用之前的缓冲区，在每个批次使用的包缓冲区个数远小于内存池中包缓冲区的总数，所以大部分情况都是能够保证缓冲区利用完毕后才被循环利用的。

接下来，让我们先回到在主函数中调用的、对 ixy 进行初始化的函数中，它包含了设备的初始化和设备表示的创建:

```
struct ixy_device * dev = ixy_init(argv[1], 1, 1, 0);
```

这个初始化函数 ixy_init 被定义在 driver/device.c 文件中，其中第一个参数是一个字符串，代表要打开的 PCI 设备的地址，第二、第三个参数分别表示要打开的接收和发送队列的个数，最后一个参数表示中断的超时时间。这里传入的分别是运行程序的命令行参数中的第一个参数、使用一个接收队列和一个发送队列，超时时间为 0（之后我们会看到，超时时间设置为 0 的时候意味着禁用设备中断）。这个函数的定义如下:

```
struct ixy_device * ixy_init(const char * pci_addr, uint16_t rx_queues, uint16_t tx_queues, int
interrupt_timeout) {
    int config = pci_open_resource(pci_addr, "config", O_RDONLY);
    uint16_t vendor_id = read_io16(config, 0);
    uint16_t device_id = read_io16(config, 2);
    uint32_t class_id = read_io32(config, 8) >> 24;
    close(config);
    if (class_id != 2) {
        error("Device %s is not a NIC", pci_addr);
    }
    if (vendor_id == 0x1af4 && device_id >= 0x1000) {
        return virtio_init(pci_addr, rx_queues, tx_queues);
    } else {
        // 尝试使用 ixgbe
        return ixgbe_init(pci_addr, rx_queues, tx_queues, interrupt_timeout);
    }
}
```

它通过 pci_open_resource 函数打开 sysfs 中导出的 PCI 设备的配置空间，并通过以 read_io 为前缀的辅助函数读取供应商标识符、设备标识符和设备类别。打开这一配置空间的函数实现如下：

```
int pci_open_resource(const char * pci_addr, const char * resource, int flags) {
    char path[PATH_MAX];
    snprintf(path, PATH_MAX, "/sys/bus/pci/devices/%s/%s", pci_addr, resource);
    debug("Opening PCI resource at %s", path);
    int fd = check_err(open(path, flags), "open pci resource");
    return fd;
}
```

可以看到，在 ixy 中它打开的是在 sysfs 中的 PCI 总线下设备地址为传入的 PCI 地址的设备。而具体要打开的文件是通过第二个参数 resource 确定的，它是一个字符串，在 ixy_init 函数中这个字符串为"config"，即由 sysfs 导出的 PCI 设备配置空间对应的文件。在打开后，对应的文件描述符被返回给上层，从而被用来读取上述的信息。

紧接着，这些信息被用来判断设备是否为一个网卡设备（设备类别的标识符为 2），并根据供应商标识符和设备标识符判断是否为一个 virtio 的设备。本书不对这一技术进行详述，因此我们只在判断不是 virtio 的情况下，针对 ixgbe 设备的初始化进行分析。

初始化 ixgbe 的是 ixgbe_init 函数，它原样接收 ixy_init 函数的参数。其中第一个参数 pci_addr 仍为设备的 PCI 地址；第二个参数 rx_queues 是接收队列的数量；而第三个参数 tx_queues 是发送队列的数量，最后的 interrupt_timeout 仍为以毫秒计算的中断超时时长，但如果设置为 -1，则中断超时被禁用，如果设置为 0，则中断被完全禁用。因此，实际上在 ixgbe 的设备驱动中，设备的中断是完全被禁用的，本章也就不再关心设备中断相关的设置和操作。针对参数和执行环境，在 ixgbe_init 函数中的开头先进行了如下检查：

```
if (getuid()) {
    warn("Not running as root, this will probably fail");
}
if (rx_queues > MAX_QUEUES) {
    error("cannot configure %d rx queues: limit is %d", rx_queues, MAX_QUEUES);
}
if (tx_queues > MAX_QUEUES) {
    error("cannot configure %d tx queues: limit is %d", tx_queues, MAX_QUEUES);
}
```

它确保当前运行的用户是根用户，并且需要的队列数量没有超过最大限制。

此后，初始化函数 ixgbe_init 会分配一段内存空间，为创建代表 ixgbe 物理设备的 struct ixgbe_device 类型使用：

```
// 为 ixgbe 设备分配内存,其中的 struct ixy_device 之后会被返回
struct ixgbe_device * dev = (struct ixgbe_device *) malloc(sizeof(struct ixgbe_device));
```

在这个类型中，包含了以下字段：

```
struct ixgbe_device {
    struct ixy_device ixy;
    uint8_t * addr;
```

```
    void * rx_queues;
    void * tx_queues;
};
```

其中最主要的就是第一个 struct ixy_device 类型的字段，它会在初始化结束后被返回给上一层；而第二个 addr 字段是一个指针，指向可以通过内存访问 ixgbe 设备的基础地址；第三个 rx_queues 和 tx_queues 字段指向接收和发送队列的表示，它们的初始化如下：

```
// 映射 BAR0 区域
if (dev->ixy.vfio) {
    debug("mapping BAR0 region via VFIO...");
    dev->addr =
vfio_map_region(dev->ixy.vfio_fd, VFIO_PCI_BAR0_REGION_INDEX);
    // 为这个设备初始化中断
    setup_interrupts(dev);
} else {
    debug("mapping BAR0 region via pci file...");
    dev->addr = pci_map_resource(pci_addr);
}
dev->rx_queues = calloc(rx_queues, sizeof(struct ixgbe_rx_queue) + sizeof(void *) * MAX_RX_
QUEUE_ENTRIES);
dev->tx_queues = calloc(tx_queues, sizeof(struct ixgbe_tx_queue) + sizeof(void *) * MAX_TX_
QUEUE_ENTRIES);
```

在启用了 VFIO 的情况下，addr 字段由 vfio_map_region 函数映射并返回，它的两个参数分别是 VFIO 的文件描述符和要映射的内存区域的序号，即 VFIO 中的 BAR0 区域。它首先通过 VFIO 的 struct vfio_region_info 类型，将区域的序号传入到 VFIO 中，并通过发起 ioctl 系统调用从 VFIO 的文件描述符获取到对应区域的信息，包括区域在 VFIO 文件描述符中的偏移和大小等信息，这部分代码的实现如下：

```
uint8_t * vfio_map_region(int vfio_fd, int region_index) {
    struct vfio_region_info region_info = {.argsz = sizeof(region_info)};
    region_info.index = region_index;
    int ret = ioctl(vfio_fd, VFIO_DEVICE_GET_REGION_INFO, &region_info);
    if (ret == -1) {
        // 设置 IOMMU 类型失败
        return MAP_FAILED; // MAP_FAILED == ((void *) -1)
    }
    return (uint8_t *) check_err(mmap(NULL, region_info.size, PROT_READ | PROT_WRITE, MAP_
SHARED, vfio_fd, region_info.offset), "mmap vfio bar0 resource");
}
```

紧接着，对于 VFIO 启用的设备，它还调用了 setup_interrupts 函数来设置中断，鉴于从上层函数传入的中断超时时长的值总为 0，即中断被禁用，因此这个函数并不会产生任何效果，而是会直接返回，这里不再对其进行详述。

在没有启用 VFIO 的设备上，则会调用 pci_map_resource 函数来对设备的 BAR0 区域进行映射，它是通过 sysfs 导出的 PCI 设备完成的，所以只需要 PCI 地址一个参数，用来找到对应的设备。这个函数的实现如下：

```
uint8_t * pci_map_resource(const char * pci_addr) {
    char path[PATH_MAX];
```

```
    snprintf(path, PATH_MAX, "/sys/bus/pci/devices/%s/resource0", pci_addr);
    debug("Mapping PCI resource at %s", path);
    remove_driver(pci_addr);
    enable_dma(pci_addr);
    int fd = check_err(open(path, O_RDWR), "open pci resource");
    struct stat stat;
    check_err(fstat(fd, &stat), "stat pci resource");
    uint8_t * hw = (uint8_t *) check_err(mmap(NULL, stat.st_size, PROT_READ | PROT_WRITE, MAP_
SHARED, fd, 0), "mmap pci resource");
    check_err(close(fd), "close pci resource");
    return hw;
}
```

它通过 sysfs 中导出的 PCI 总线下的 PCI 设备对应的 resource0 文件来进行映射。这个文件使用 open 系统调用打开，使用 fstat 获取文件信息，然后利用 mmap 系统调用将对应大小的文件映射到当前进程的内存中，最后将映射到的进程虚拟内存返回，作为 ixgbe 设备的 PCI 起始地址使用。而其中的 remove_driver 和 enable_dma 函数也是利用 sysfs 中导出的 PCI 总线设备文件，从而移除 Linux 内核中原有的内核态驱动，并启用 DMA 功能。

是否启用 VFIO 是根据当前的 PCI 设备是否在一个 IOMMU 组来确定的，这段代码如下：

```
// 检查是否使用 VFIO 的功能
char path[PATH_MAX];
snprintf(path, PATH_MAX, "/sys/bus/pci/devices/%s/iommu_group", pci_addr);
struct stat buffer;
dev->ixy.vfio = stat(path, &buffer) == 0;
if (dev->ixy.vfio) {
    // 为这个设备初始化 IOMMU
    dev->ixy.vfio_fd = vfio_init(pci_addr);
    if (dev->ixy.vfio_fd < 0) {
        error("could not initialize the IOMMU for device %s", pci_addr);
    }
}
```

可以看到，它根据 sysfs 导出的 PCI 总线上对应的设备是否拥有 IOMMU 组（iommu_group 文件）来确定它们是否可以使用 VFIO 的功能，从而更新内嵌 struct ixy_device 类型中的 vfio 字段。如果可以启用 VFIO，则调用 vfio_init 函数，这个函数负责为当前 PCI 设备初始化 VFIO，并打开一个 VFIO 的描述符。我们对这里的代码进行分段解析。

它的函数声明位于 ixy 的 libixy-vfio.h 文件中，如下：

```
int vfio_init(const char * pci_addr);
```

它的函数实现位于 libixy-vfio.c 文件中，这是一个为 ixy 提供 VFIO 库的实现，它对 VFIO 的函数进行了一定程度的封装。在 vfio_init 函数中，程序会首先查看在 sysfs 中导出的当前设备是否存在给定 PCI 地址所对应的设备。如果存在，则在 sysfs 中的路径后添加 iommu_group，发起 readlink 系统调用读取这个 PCI 设备所在的 IOMMU 组，如果读取成功，说明这个设备存在一个 IOMMU 组中：

```
int vfio_init(const char * pci_addr) {
    // `readlink /sys/bus/pci/device/<segn:busn:devn.funcn>/iommu_group`
```

```
    char path[PATH_MAX], iommu_group_path[PATH_MAX];
    struct stat st;
    snprintf(path, sizeof(path), "/sys/bus/pci/devices/%s/", pci_addr);
    int ret = stat(path, &st);
    if (ret < 0) {
        return -1;      // 没有这样的设备
    }
    strncat(path, "iommu_group", sizeof(path) - strlen(path) - 1);
    int len =
check_err(readlink(path, iommu_group_path, sizeof(iommu_group_path)),
"find the iommu_group for the device");
    iommu_group_path[len] = '\0'; // 在字符的最后添加 0x00 结束
    char * group_name = basename(iommu_group_path);
    int groupid;
    check_err(sscanf(group_name, "%d", &groupid), "convert group id to int");
```

读取成功后的路径最后一项就是对应的 IOMMU 组（在这里实际上是由 VFIO 使用了，因此记为 VFIO 组）的标识符。在本函数中它调用 basename 函数获取标识符的字符串，并通过 C 标准库的 sscanf 函数从字符串读取到 groupid 变量中。

接下来，这个函数通过 get_vfio_container 函数获取并检查在当前进程中是否有已经打开的 VFIO 容器，如果没有，则通过 VFIO 创建一个新的容器：

```
    int firstsetup = 0; // 需要确定只设置容器一次
    int cfd = get_vfio_container();
    if (cfd == -1) {
        firstsetup = 1;
        // 打开 VFIO 文件来创建新的 VFIO 容器
        cfd =
check_err(open("/dev/vfio/vfio", O_RDWR), "open /dev/vfio/vfio");
        set_vfio_container(cfd);
        // 检查容器的接口版本是否与 VFIO 一致
        check_err((ioctl(cfd, VFIO_GET_API_VERSION) == VFIO_API_VERSION) - 1,
"get a valid API version from the container");
        // 检查是否支持 type1 的 IOMMU
        check_err((
ioctl(cfd, VFIO_CHECK_EXTENSION, VFIO_TYPE1_IOMMU) == 1) - 1,
"get Type1 IOMMU support from the IOMMU container");
    }
```

可以看到，它打开了/dev/vfio 目录中的 vfio 文件，这个文件会返回一个描述 VFIO 容器的文件描述符，之后调用 set_vfio_container 函数将文件描述符设置到一个当前进程全局可访问到的变量，因此当前进程的其他线程和其他部分就可以重复使用这个 VFIO 容器。此外，它还通过 ioctl 函数获取并检查了 VFIO 的版本和 IOMMU 的类型（需要为 type1，即 Intel 或 AMD 的 IOMMU 技术）。

接着，为了将给定 PCI 设备的所属 VFIO 组添加到当前进程的 VFIO 容器中，它先根据 VFIO 的组标识符打开在/dev 目录中导出的 VFIO 组文件，从而获取一个 VFIO 组的描述符：

```
// 打开包含当前设备的 VFIO 组
snprintf(path, sizeof(path), "/dev/vfio/%d", groupid);
```

```
int vfio_gfd = check_err(open(path, O_RDWR), "open vfio group");
// 检查 VFIO 组是否可用
struct vfio_group_status group_status = {.argsz = sizeof(group_status)};
check_err(ioctl(vfio_gfd, VFIO_GROUP_GET_STATUS, &group_status),
"get VFIO group status");
check_err(((group_status.flags & VFIO_GROUP_FLAGS_VIABLE) > 0) - 1,
"get viable VFIO group - are all devices in the group bound to the VFIO driver?");
```

它还获取了 VFIO 组的状态，并检查相应的标识符。在检查完毕后，它就可以发起 ioctl 系统调用，将给定 PCI 设备的 VFIO 组和 VFIO 容器的文件描述符传入，从而为其设置相应的 VFIO 容器：

```
// 将 VFIO 组添加到容器中
check_err(ioctl(vfio_gfd, VFIO_GROUP_SET_CONTAINER, &cfd), "set container");
if (firstsetup != 0) {
    // 为容器设置 VFIO 类型(type1 是类似于 VT-d 或 AMD-Vi 技术的 IOMMU)
    // 只能在至少有一个 IOMMU 组在容器中之后，才能设置 IOMMU 类型
    ret = check_err(ioctl(cfd, VFIO_SET_IOMMU, VFIO_TYPE1_IOMMU), "set IOMMU type");
}
```

如果容器是第一次设置（即上述代码中的 firstsetup 不为 0），则还需要将设备的 IOMMU 类型传递到容器中进行设置。

最后，在容器设置完成后，它通过 ioctl 函数从 VFIO 组中获取到 pci_addr 地址对应的 VFIO 设备文件描述符，对其启用 DMA 并将文件描述符返回。这一文件描述符就会被存储在初始化时创建出来的 struct ixy_device 类型的 vfio_fd 字段中，这部分的代码如下：

```
// 获取设备的文件描述符
int vfio_fd = check_err(ioctl(vfio_gfd, VFIO_GROUP_GET_DEVICE_FD, pci_addr), "get device fd");
// 启用 DMA
vfio_enable_dma(vfio_fd);
return vfio_fd;
```

启用 VFIO 中 DMA 的函数也同样被定义在 libixy-vfio.c 文件中：

```
void vfio_enable_dma(int device_fd) {
    // 在 PCIe 配置空间中写入命令寄存器(偏移为 4)
    int command_register_offset = 4;
    int bus_master_enable_bit = 2;
    // 获取配置区域的区域信息
    struct vfio_region_info conf_reg = {.argsz = sizeof(conf_reg)};
    conf_reg.index = VFIO_PCI_CONFIG_REGION_INDEX;
    check_err(ioctl(device_fd, VFIO_DEVICE_GET_REGION_INFO, &conf_reg), "get vfio config region info");
    uint16_t dma = 0;
    assert(pread(device_fd, &dma, 2,
conf_reg.offset + command_register_offset) == 2);
    dma |= 1 << bus_master_enable_bit;
    assert(pwrite(device_fd, &dma, 2,
conf_reg.offset + command_register_offset) == 2);
}
```

它主要负责获取这个 PCI 设备的 VFIO 配置区域信息，并向配置区域中写入命令寄存器对应的内存，从而开启这个设备的 DMA 功能。

在描述 ixgbe 的结构体内嵌的 struct ixy_device 结构中，剩余的字段也同样是在 ixgbe_init 函数中初始化的，这部分代码如下：

```
dev->ixy.pci_addr = strdup(pci_addr);
/* 中略 */
dev->ixy.driver_name = driver_name;
dev->ixy.num_rx_queues = rx_queues;
dev->ixy.num_tx_queues = tx_queues;
/* 中略 */
dev->ixy.interrupts.interrupts_enabled = interrupt_timeout != 0;
// 0x028 (10ys) => 97600 INT/s
dev->ixy.interrupts.itr_rate = 0x028;
dev->ixy.interrupts.timeout_ms = interrupt_timeout;
/* 中略 */
if (!dev->ixy.vfio && interrupt_timeout != 0) {
    warn("Interrupts requested but VFIO not available: Disabling Interrupts!");
    dev->ixy.interrupts.interrupts_enabled = false;
}
```

它记录了 PCI 设备的地址、驱动名称（在这里为 ixgbe 驱动中的"ixy-ixgbe"）、队列数量和中断相关的字段等。除此之外，在设备初始化之后，对于发生特定事件的回调函数同样是在初始化期间提供的：

```
dev->ixy.rx_batch = ixgbe_rx_batch;
dev->ixy.tx_batch = ixgbe_tx_batch;
dev->ixy.read_stats = ixgbe_read_stats;
dev->ixy.set_promisc = ixgbe_set_promisc;
dev->ixy.get_link_speed = ixgbe_get_link_speed;
dev->ixy.get_mac_addr = ixgbe_get_mac_addr;
dev->ixy.set_mac_addr = ixgbe_set_mac_addr;
```

我们仅仅对读取设备统计信息 ixgbe_read_stats 的回调函数进行详解，同时在之后使用到 ixgbe_get_link_speed 回调函数的部分也会对这个函数进行展示，对其他回调函数实现感兴趣的读者可以参考 ixy 的源代码和硬件文档。它们拥有类似的模式，都是与硬件设备进行通信并将 DMA 中的内存直接提供给硬件设备使用，从而避免数据在硬件、内核和用户态之间的复制，进而提高用户态网卡驱动的效率。负责获取统计信息的 ixgbe_read_stats 函数的定义如下：

```
void ixgbe_read_stats(struct ixy_device * ixy, struct device_stats * stats) {
    struct ixgbe_device * dev = IXY_TO_IXGBE(ixy);
    uint32_t rx_pkts = get_reg32(dev->addr, IXGBE_GPRC);
    uint32_t tx_pkts = get_reg32(dev->addr, IXGBE_GPTC);
    uint64_t rx_bytes = get_reg32(dev->addr, IXGBE_GORCL) + (((uint64_t) get_reg32(dev->addr,
IXGBE_GORCH)) << 32);
    uint64_t tx_bytes = get_reg32(dev->addr, IXGBE_GOTCL) + (((uint64_t) get_reg32(dev->addr,
IXGBE_GOTCH)) << 32);
    if (stats) {
        stats->rx_pkts += rx_pkts;
```

```
    stats->tx_pkts += tx_pkts;
    stats->rx_bytes += rx_bytes;
    stats->tx_bytes += tx_bytes;
  }
}
```

它首先从给定的 struct ixy_device 结构体获取包含 struct ixgbe_device 类型的结构体，然后调用 get_reg32 函数。在设备的 BAR0 区域，基于 ixgbe 设备中记录的起始地址和要获取的值的偏移 IXGBE_GPRC、IXGBE_GPTC、IXGBE_GORCL 和 IXGBE_GOTCL，分别可以获取从上次获取或者重置到本次获取时为止接收的网络包、发送的网络包、接收的字节数和发送的字节数。这些偏移都是由硬件设备的文档所描述的，而取出的信息被叠加在传入的设备统计信息中。

最后，初始化函数将设备重置，并将 ixgbe 创建的设备描述中的 struct ixy_device 类型的字段返回：

```
reset_and_init(dev);
return &dev->ixy;
```

由于在 reset_and_init 函数中，大部分操作都是 Intel 的 ixgbe 家族中 82599 这个 10GB 以太网控制器的文档中所描述的初始化过程，这里就不对这一过程进行详述了，感兴趣的读者可以查阅它的公开文档。在这里我们仅以其中的最后一步（即等待网络连接建立）为例，这个函数为 wait_for_link，同样位于 driver/ixgbe.c 中：

```
static void wait_for_link(const struct ixgbe_device * dev) {
    info("Waiting for link...");
    int32_t max_wait = 10000000; // 用微秒表示的 10 秒
    uint32_t poll_interval = 100000; // 用微秒表示的 10 毫秒
    while (!(ixgbe_get_link_speed(&dev->ixy)) && max_wait > 0) {
        usleep(poll_interval);
        max_wait -= poll_interval;
    }
    info("Link speed is %d Mbit/s", ixgbe_get_link_speed(&dev->ixy));
}
```

它在一个循环中不断等待，直到 ixgbe_get_link_speed 函数返回一个非 0 的值，或者超过 10s 的等待限制，而 ixgbe_get_link_speed 函数则负责从设备的 BAR0 区域读取连接信息，并转换成对应的连接速度，其代码如下：

```
uint32_t ixgbe_get_link_speed(const struct ixy_device * ixy) {
    struct ixgbe_device * dev = IXY_TO_IXGBE(ixy);
    uint32_t links = get_reg32(dev->addr, IXGBE_LINKS);
    if (!(links & IXGBE_LINKS_UP)) {
        return 0;
    }
    switch (links & IXGBE_LINKS_SPEED_82599) {
        case IXGBE_LINKS_SPEED_100_82599:
            return 100;
        case IXGBE_LINKS_SPEED_1G_82599:
            return 1000;
        case IXGBE_LINKS_SPEED_10G_82599:
```

```
        return 10000;
    default:
        return 0;
    }
}
```

　　到此为止，本章针对 ixy 这一用户态网卡驱动的主要部分的解析就结束了，它涵盖了类似于 DPDK 的架构和数据类型。但 ixy 只提供了 ixgbe 和 virtio 两种基础驱动，本章则主要介绍了 ixgbe 的实现，对于理解用户态的网卡驱动来说应当已经足够了，对于其他的详细内容，读者可以对 DPDK 进行更为深入的研究。

第7章

Linux系统用户态文件系统FUSE分析

在 Linux 内核中，作为 UNIX 的后继者，它对资源的管理都符合 UNIX 哲学中"一切都是文件"的原则。在前面的章节中，我们已经体验到了 Linux 内核将驱动起来的硬件设备、内核中的抽象对象与配置都导出成文件的操作。通过 open、read 等系统调用（统一的接口），在用户态的开发者或者用户就可以与硬件交互、配置系统甚至为硬件设备提供驱动。在使用统一的系统调用接口时，实际的操作是由各子系统来完成的，如在 sysfs 中的文件操作是由 Linux 内核的 sysfs 模块完成的。而一个普通文件则可能是通过一个文件系统组织、由硬盘中的某些扇区提供文件内容的。

一个 FUSE 文件系统需要操作系统内核部分的支持，当操作系统内核接收到文件读写请求时，FUSE 在内核中的部分需要将这个请求发送到负责处理请求的用户态应用程序，请求的格式由特定的操作系统内核决定。为了不依赖单独的操作系统内核，一个提供 FUSE 文件系统的应用程序通常会与一个名为 libfuse 的库连接，它是用 C 语言写成的库，开发者将其托管在 GitHub 网站上的 libfuse/libfuse 中进行维护，提供了挂载文件系统、卸载文件系统、从内核读取请求以及发送响应等功能的实用函数。同时也存在基于 libfuse 库编写的多种 C 语言之外的编程语言的绑定库，可以为其他语言提供实现基于 FUSE 的用户态文件系统的功能。

作为用户态应用程序的一部分，libfuse 库提供了两种应用程序的接口：高抽象层级（高级）的同步应用程序接口和低抽象层级（低级）的异步应用程序接口。在这两种模式下，来自操作系统内核的请求都会使用回调函数传递给应用态的主程序。但在使用高级应用程序接口时，回调函数可以直接使用文件名和路径来操作，而不是操作系统内核使用的文件节点类型（如在 Linux 内核中的 inode 类型），并且在回调函数返回时会立刻完成请求的处理，因此称为同步接口。而在使用低级应用程序接口时，回调函数必须与操作系统内核使用的文件节点类型一起使用，并且必须使用一组单独的函数显式地手动发送响应。需要注意的是：libfuse 只是提供了与 FUSE 在内核中部分的跨平台参考实现，也同样存在其他的 FUSE 在用户态中的库。

在 Linux 内核中，存在一系列 Linux 的内核模块，负责创建 FUSE 设备、控制 FUSE 设备等功能，它们的源代码在 fs/fuse 目录中，包括用户态文件系统（fuse）、用户态字符设备（cuse）和 virtio 文件系统（一个在虚拟化平台中使用的文件系统）。在稍后的章节中，我们将会对 fuse 和 cuse 这两个内核模块进行详细介绍。

在 Linux 内核的操作系统中，一般情况下 FUSE 用户态文件系统由一个 Linux 内核模块（fuse.ko）、一个用户空间库（libfuse.*）和一个用户态的文件系统挂载实用程序（fusermount）

组成。它也是通过触发 mount 系统调用来挂载文件系统的，只不过对目录、文件的操作是由用户态文件系统来提供的。在使用用户态文件系统时，传递给 mount 系统调用的文件系统类型可以是以下两种之一：

1）fuse 类型是挂载 FUSE 用户态文件系统的常用方法。在这种情况下，触发 mount 系统调用时的第一个参数可以包含任意字符串，Linux 内核不会对这个字符串进行解释，而是会传递给用户态的文件系统，由它来进行处理。

2）fuseblk 类型的文件系统是基于块设备的。在这种情况下，mount 系统调用的第一个参数被解释为设备的名称。

为了区分，本章使用小写的 fuse 来表示在 Linux 内核中模块的相关描述，而大写的 FUSE 表示与用户态相关的内容。

在 FUSE 的架构中，用户态的应用程序本身是提供文件系统的数据和元数据的进程，在文件系统被挂载之后，它就作为文件系统守护程序建立起与 Linux 内核之间的连接。这个连接会一直存在，直到守护程序被关闭或文件系统被卸载。

7.1 FUSE 在内核中的实现模块

与 FUSE 有关的 Linux 内核模块是在内核版本 2.6.14 中合并到主流 Linux 内核树中的，但实际上，通过单独发布的 Linux 内核模块可以最早支持到 Linux 内核的 2.4.21 版本。在当前版本（仍旧以 5.15 版本为例）的 Linux 内核中，这个模块相关的代码存放在 fs/fuse 目录中。其中用户态文件系统（fuse 模块）和用户态字符设备（cuse 模块）分别位于 inode.c 和 cuse.c 文件中。

在 inode.c 中声明并定义了 fuse 模块初始化和退出的函数：

```
module_init(fuse_init);
module_exit(fuse_exit);
```

在 fuse 模块初始化的时候，fuse_init 函数负责初始化 FUSE 与用户态应用程序建立通信连接的列表 fuse_conn_list，并调用 fuse_fs_init、fuse_dev_init、fuse_sysfs_init 和 fuse_ctl_init 函数，对 fuse 文件系统（包括 sysfs 中的目录项和 fuse 中的控制功能在内）进行初始化：

```
static int __init fuse_init(void)
{
    int res;
    pr_info("init (API version %i.%i)\n",
        FUSE_KERNEL_VERSION, FUSE_KERNEL_MINOR_VERSION);
    INIT_LIST_HEAD(&fuse_conn_list);
    res = fuse_fs_init();
    /* 中略,错误处理 */
    res = fuse_dev_init();
    /* 中略,错误处理 */
    res = fuse_sysfs_init();
    /* 中略,错误处理 */
    res = fuse_ctl_init();
    /* 中略,错误处理 */
    sanitize_global_limit(&max_user_bgreq);
    sanitize_global_limit(&max_user_congthresh);
```

```
    return 0;
err_sysfs_cleanup:
    fuse_sysfs_cleanup();
err_dev_cleanup:
    fuse_dev_cleanup();
err_fs_cleanup:
    fuse_fs_cleanup();
err:
    return res;
}
```

在 fuse_fs_init 初始化函数中，它首先为需要在 fuse 中使用的 inode 创建缓存区域，然后再向 Linux 内核注册 fuse 和 fuseblk 两种文件系统的模块：

```
static int __init fuse_fs_init(void)
{
    int err;
    fuse_inode_cachep = kmem_cache_create("fuse_inode",
            sizeof(struct fuse_inode), 0,
            SLAB_HWCACHE_ALIGN |SLAB_ACCOUNT |SLAB_RECLAIM_ACCOUNT,
            fuse_inode_init_once);
    err = -ENOMEM;
    if (!fuse_inode_cachep)
        goto out;
    err = register_fuseblk();
    if (err)
        goto out2;
    err = register_filesystem(&fuse_fs_type);
    if (err)
        goto out3;
    return 0;
out3:
    unregister_fuseblk();
out2:
    kmem_cache_destroy(fuse_inode_cachep);
out:
    return err;
}
```

其中注册 fuse 时直接调用 register_filesystem 函数，并传入以下的 fuse_fs_type 文件系统类型结构体：

```
static struct file_system_type fuse_fs_type = {
    .owner       = THIS_MODULE,
    .name        = "fuse",
    .fs_flags= FS_HAS_SUBTYPE | FS_USERNS_MOUNT,
    .init_fs_context = fuse_init_fs_context,
    .parameters    = fuse_fs_parameters,
    .kill_sb = fuse_kill_sb_anon,
};
MODULE_ALIAS_FS("fuse");
```

223

而 register_fuseblk 函数只有在启用了 CONFIG_BLOCK 配置项时，才会传入 fuseblk_fs_type 调用 register_filesystem 函数来注册，否则 register_fuseblk 函数将会是一个空的、没有产生任何作用的函数：

```
static struct file_system_type fuseblk_fs_type = {
    .owner          = THIS_MODULE,
    .name           = "fuseblk",
    .init_fs_context = fuse_init_fs_context,
    .parameters     = fuse_fs_parameters,
    .kill_sb        = fuse_kill_sb_blk,
    .fs_flags       = FS_REQUIRES_DEV | FS_HAS_SUBTYPE,
};
MODULE_ALIAS_FS("fuseblk");
static inline int register_fuseblk(void)
{
    return register_filesystem(&fuseblk_fs_type);
}
```

可以看到，无论是 fuse 还是 fuseblk 文件系统，都提供了 fuse_init_fs_context 函数作为初始化文件系统上下文的回调函数，而 fuse_fs_parameters 是解析参数时的参数描述，对于删除超级块的回调函数两者则有所不同：fuse 文件系统提供了 fuse_kill_sb_anon 函数，而 fuseblk 则提供了 fuse_kill_sb_blk 函数。

在 fuse 文件系统关闭或者卸载时调用的函数为

```
static void fuse_kill_sb_anon(struct super_block * sb)
{
    fuse_sb_destroy(sb);
    kill_anon_super(sb);
    fuse_mount_destroy(get_fuse_mount_super(sb));
}
```

对于 fuseblk 文件系统关闭或者卸载时来说则是

```
static void fuse_kill_sb_blk(struct super_block * sb)
{
    fuse_sb_destroy(sb);
    kill_block_super(sb);
    fuse_mount_destroy(get_fuse_mount_super(sb));
}
```

而 fuse 和 fuseblk 两个文件系统共同支持的参数有

```
static const struct fs_parameter_spec fuse_fs_parameters[] = {
    fsparam_string    ("source",      OPT_SOURCE),
    fsparam_u32       ("fd",      OPT_FD),
    fsparam_u32oct    ("rootmode",    OPT_ROOTMODE),
    fsparam_u32       ("user_id",    OPT_USER_ID),
    fsparam_u32       ("group_id",    OPT_GROUP_ID),
    fsparam_flag      ("default_permissions",OPT_DEFAULT_PERMISSIONS),
    fsparam_flag      ("allow_other",         OPT_ALLOW_OTHER),
    fsparam_u32       ("max_read",      OPT_MAX_READ),
    fsparam_u32       ("blksize",       OPT_BLKSIZE),
```

```
    fsparam_string ("subtype",          OPT_SUBTYPE),
    {}
};
```

文件系统上下文初始化函数 fuse_init_fs_context 也在同一个代码文件中：

```
static int fuse_init_fs_context(struct fs_context * fsc)
{
    struct fuse_fs_context * ctx;
    ctx = kzalloc(sizeof(struct fuse_fs_context), GFP_KERNEL);
    if (!ctx)
        return -ENOMEM;
    ctx->max_read = ~0;
    ctx->blksize = FUSE_DEFAULT_BLKSIZE;
    ctx->legacy_opts_show = true;
#ifdef CONFIG_BLOCK
    if (fsc->fs_type == &fuseblk_fs_type) {
        ctx->is_bdev = true;
        ctx->destroy = true;
    }
#endif
    fsc->fs_private = ctx;
    fsc->ops = &fuse_context_ops;
    return 0;
}
```

这个函数总会创建一个 structfuse_fs_context 类型的结构体，设置其中的一些字段，并作为 fuse 的特定文件系统上下文（即在 fs_private 字段中）存储。而负责文件系统上下文操作的是 fuse_context_ops 结构体，而当 fsc->fs_type 字段中是 fuseblk 对应的类型声明时，它还会将 is_bdev 和 destroy 字段设置为对应的值。

在 fuse_context_ops 中存储有 fuse 或者 fuseblk 这两种文件系统对应的操作，它的声明同样在 fs/fuse/inode.c 文件中，它提供了 free、parse_param、reconfigure 和 get_tree 四个字段对应的函数实现：

```
static const struct fs_context_operations fuse_context_ops = {
    .free           = fuse_free_fsc,
    .parse_param    = fuse_parse_param,
    .reconfigure    = fuse_reconfigure,
    .get_tree= fuse_get_tree,
};
```

下面重点来看 fuse_reconfigure 和 fuse_get_tree 这两个函数。其中，在 fuse_reconfigure 函数中，会重新配置文件系统，包括设置一些标识和设置超级块中的一些内容。它主要负责获取文件系统的根超级块，并用这个超级块作为参数，调用 VFS 子系统中的 sync_filesystem 函数来同步文件系统和设备：

```
static int fuse_reconfigure(struct fs_context * fsc)
{
    struct super_block * sb = fsc->root->d_sb;
    sync_filesystem(sb);
```

```
    if (fsc->sb_flags & SB_MANDLOCK)
        return -EINVAL;
    return 0;
}
```

而对于 fuse_get_tree 函数来说，正如前文所描述的，它需要为当前的文件系统上下文创建一个根和对应的新的目录入口点，其实现如下：

```
static int fuse_get_tree(struct fs_context * fsc)
{
    struct fuse_fs_context * ctx = fsc->fs_private;
    struct fuse_dev * fud;
    struct fuse_conn * fc;
    struct fuse_mount * fm;
    struct super_block * sb;
    int err;
    fc = kmalloc(sizeof( * fc), GFP_KERNEL);
    if (!fc)
        return -ENOMEM;
    fm = kzalloc(sizeof( * fm), GFP_KERNEL);
    if (!fm) {
        kfree(fc);
        return -ENOMEM;
    }
    fuse_conn_init(fc, fm, fsc->user_ns, &fuse_dev_fiq_ops, NULL);
    fc->release = fuse_free_conn;
    fsc->s_fs_info = fm;
    if (ctx->fd_present)
        ctx->file = fget(ctx->fd);
    if (IS_ENABLED(CONFIG_BLOCK) && ctx->is_bdev) {
        err = get_tree_bdev(fsc, fuse_fill_super);
        goto out;
    }
    /*
     * 块设备挂载可以使用一个虚拟的设备描述符进行初始化
     * 由设备名称查找，但普通的 fuse 挂载不行
     */
    err = -EINVAL;
    if (!ctx->file)
        goto out;
    /*
     * 允许使用一个已经初始化的 fuse 连接创建一个 fuse 挂载
     */
    fud = READ_ONCE(ctx->file->private_data);
    if (ctx->file->f_op == &fuse_dev_operations && fud) {
        fsc->sget_key = fud->fc;
        sb = sget_fc(fsc, fuse_test_super, fuse_set_no_super);
        err = PTR_ERR_OR_ZERO(sb);
        if (!IS_ERR(sb))
            fsc->root = dget(sb->s_root);
    } else {
```

```
        err = get_tree_nodev(fsc, fuse_fill_super);
    }
out:
    if (fsc->s_fs_info)
        fuse_mount_destroy(fm);
    if (ctx->file)
        fput(ctx->file);
    return err;
}
```

上面的代码主要完成了以下几步操作：

1）从文件系统上下文中的 fs_private 字段获取 fuse 特定的 struct fuse_fs_context 类型的文件系统上下文描述，稍后再看里面存储的信息。

2）为 struct fuse_mount 类型的 fm 变量和 struct fuse_conn 类型的 fc 变量分配内存，其中前者是用来描述一个 fuse 的挂载类型，而后者是用来描述 fuse 的 Linux 内核部分和用户态部分进行通信要使用的连接，并调用 fuse_conn_init 函数对连接进行初始化。

3）如果存在一个传入的文件描述符，会调用 fget 函数来获取对应的文件描述结构体，存入 fuse 特定的文件系统上下文的 file 字段中。这时获取的文件描述结构体对象应当是 fuse 设备，一般情况下它会被导出到/dev/fuse 路径；如果是 fuseblk 文件系统的初始化，在 fs/super.c 代码文件中的通用的块设备 get_tree 函数——get_tree_bdev 会被调用，并使用 fuse_fill _super 来填充一个新的超级块，然后直接结束操作；否则是 fuse 文件系统的挂载，将进入后续步骤。

4）对于 fuse 文件系统来说，它需要检查 fuse 设备对应的文件描述结构体不为空，并检测其中 private_data 字段存储的 struct fuse_dev 类型的结构体是否为空。如果不为空则可以直接复用，通过 sget_fc 直接获得一个已经创建过 fuse 连接对应的超级块；否则，需要调用 get _tree_nodev 函数，并使用 fuse_fill_super 来填充一个新的超级块。

其中一直使用的用于描述 fuse 文件系统特定的设备上下文的 struct fuse_fs_context 类型的字段如下：

```
struct fuse_fs_context {
    int fd;
    struct file * file;
    unsigned int rootmode;
    kuid_t user_id;
    kgid_t group_id;
    bool is_bdev:1;
    bool fd_present:1;
    bool rootmode_present:1;
    bool user_id_present:1;
    bool group_id_present:1;
    bool default_permissions:1;
    bool allow_other:1;
    bool destroy:1;
    bool no_control:1;
    bool no_force_umount:1;
    bool legacy_opts_show:1;
```

```
    bool dax:1;
    unsigned int max_read;
    unsigned int blksize;
    const char * subtype;
    /* 直接内存访问(DAX)设备,可能为 NULL */
    struct dax_device * dax_dev;
    /* 需要被填充的 fuse_dev 指针,在初始化时应当为 NULL */
    void ** fudptr;
};
```

鉴于这个类型对希望在用户态编写驱动的读者用处不大，并且大部分字段都可以通过名称直接自解释，这里不对其进行详述。在 Linux 内核的 fuse 模块中最核心和基础的类型是 struct fuse_conn 类型，它负责描述一个 Linux 内核的 fuse 模块与提供实际文件系统的用户态应用程序的通信连接，部分字段如下：

```
struct fuse_conn {
    /** 保护对这个结构体成员进行访问的锁 */
    spinlock_t lock;
    /** 引用计数 */
    refcount_t count;
    /** fuse 设备的数量 */
    atomic_t dev_count;
    /** 中略 */
    /** 当前挂载的用户标识符 */
    kuid_t user_id;
    /** 当前挂载的组标识符 */
    kgid_t group_id;
    /** 当前挂载的进程标识符的命名空间 */
    struct pid_namespace *pid_ns;
    /** 当前挂载的用户命名空间 */
    struct user_namespace * user_ns;
    /** 最大的读取量 */
    unsigned max_read;
    /** 最大的写入量 */
    unsigned max_write;
    /** 在单个请求中能够被使用的最大页数量 */
    unsigned int max_pages;
    /** 在特性协商期间将 max_pages 限制为该值 */
    unsigned int max_pages_limit;
    /** 输入队列 */
    struct fuse_iqueue iq;
    /** 中略 */
    /** 向 Linux 内核外发送的最大请求数 */
    unsigned max_background;
    /** 拥塞开始时的后台请求数 */
    unsigned congestion_threshold;
    /** 当前在后台的请求数 */
    unsigned num_background;
    /** 当前排队等待用户空间的后台请求数 */
    unsigned active_background;
    /** 为之后要入队的后台请求留出的列表 */
```

```
    struct list_head bg_queue;
    /** 锁,用来保护 max_background、congestion_threshold、num_background、
     * active_background、bg_queue、blocked 这些后台相关字段 */
    spinlock_t bg_lock;
    /** 指示已收到连接初始化回复的标识,分配的任何 fuse 请求都将被暂停 */
    int initialized;
    /** 指示连接是否被阻止的标识,在收到连接初始化的回复之前,如果后台的请求太多,会出现阻塞的情况 */
    int blocked;
    /** 阻塞的连接等待队列 */
    wait_queue_head_t blocked_waitq;
    /** 连接建立,在卸载、连接中止和设备释放时清除 */
    unsigned connected;
    /** 一系列特性和状态标识,详见表 7-1 */
    /** 等待完成的请求数量 */
    atomic_t num_waiting;
    /** 协商过后的 minor 版本 */
    unsigned minor;
    /** 在 fuse_mount_list 挂载列表的入口点 */
    struct list_head entry;
    /** 来自根级超级块的设备标识符 */
    dev_t dev;
    /** 在 fusectl 控制文件系统中的目录入口点 */
    struct dentry *ctl_dentry[FUSE_CTL_NUM_DENTRIES];
    /** 在上面的数组中被使用的目录入口点的个数 */
    int ctl_ndents;
    /** Key for lock owner ID scrambling */
    u32 scramble_key[4];
    /** 属性更改的版本计数 */
    atomic64_t attr_version;
    /** 在最后一个引用被释放的时候被调用 */
    void (*release)(struct fuse_conn *);
    /** 中略 */
    /** 属于这个连接的设备实例列表 */
    struct list_head devices;
#ifdef CONFIG_FUSE_DAX
    /* 和设备内存直接访问相关的连接数据,在特性开启的时候非空 */
    struct fuse_conn_dax *dax;
#endif
    /** 使用这个连接的文件系统列表 */
    struct list_head mounts;
    /* 新的写页面操作会进入这个操作同步桶中,在 sync_fs 时会生效 */
    struct fuse_sync_bucket __rcu *curr_bucket;
};
```

除了上述的字段,中间还有一些描述 fuse 连接状态或者文件系统特性的标识,如表 7-1
所示。

表 7-1　FUSE 文件系统可用的挂载标识

标　　识	标 识 说 明
aborted	通过 sysfs 中止连接
conn_error	当因为版本不匹配而连接失败时设置,无法同时设置其他位,因为它在任何其他请求之前,在初始化连接过程中设置一次,并且永远不会被清除

（续）

标　　识	标　识　说　明
conn_init	当连接成功时设置，仅在初始化连接过程中设置
async_read	读取页面是否为异步的，仅在初始化连接过程中设置
abort_err	中止后返回一个唯一的读取错误，仅在初始化连接过程中设置
atomic_o_trunc	指示原子化的 O_TRUNC 操作
export_support	文件系统是否支持 NFS 导出，仅在初始化连接过程中设置
writeback_cache	是否启用回写缓存策略（默认策略为直接写回）
parallel_dirops	允许并行地查找和 readdir 读取目录（默认是序列化的）
handle_killpriv	文件系统是否在处理 write/chown/trunc 时停止 suid/sgid/cap，使用第一个版本的实现
handle_killpriv_v2	文件系统是否在处理 write/chown/trunc 时停止 suid/sgid/cap，使用第二个版本的实现
legacy_opts_show	是否显示传统的挂载选项
no_open	指示文件系统是否没有实现 open 或者 release
no_opendir	指示文件系统是否没有实现 opendir 或者 releasedir
no_fsync	指示文件系统是否没有实现 fsync
no_fsyncdir	指示文件系统是否没有实现 fsyncdir
no_flush	指示文件系统是否没有实现 flush
no_setxattr	指示文件系统是否没有实现 setxattr
setxattr_ext	文件系统是否支持扩展的 setxattr
no_getxattr	指示文件系统是否没有实现 getxattr
no_listxattr	指示文件系统是否没有实现 listxattr
no_removexattr	指示文件系统是否没有实现 removexattr
no_lock	指示文件系统是否没有实现 lock
no_access	指示文件系统是否没有实现 access
no_create	指示文件系统是否没有实现 create
no_interrupt	指示文件系统是否没有实现 interrupt
no_bmap	指示文件系统是否没有实现 bmap
no_poll	指示文件系统是否没有实现 poll
big_writes	文件系统是否支持多页缓存写入
dont_mask	指示文件系统是否不要将 umask 应用于创建文件或目录
no_flock	指示文件系统是否没有实现 flock
no_fallocate	指示文件系统是否没有实现 fallocate
no_rename2	指示文件系统是否没有实现 rename2
auto_inval_data	文件系统是否使用增强/自动页面缓存失效
explicit_inval_data	文件系统是否完全负责页面缓存失效
do_readdirplus	文件系统是否支持 readdirplus
readdirplus_auto	文件系统是否需要自适应 readdirplus
async_dio	文件系统是否支持异步的直接输入输出的提交

（续）

标　　识	标　识　说　明
no_lseek	指示文件系统是否没有实现 lseek
posix_acl	文件系统是否支持 POSIX 的访问控制
default_permissions	是否根据文件模式检查权限
allow_other	是否允许挂载者以外的用户访问该文件系统
no_copy_file_range	指示文件系统是否支持 copy_file_range 特性
destroy	是否发送 destroy 请求
delete_stale	是否删除过时的目录
no_control	指示不要在 fusectl 文件系统中创建条目
no_force_umount	指示是否不允许强制卸载
auto_submounts	自动挂载文件系统说明的子挂载
sync_fs	将 syncfs 传给文件系统

比较重要的是 struct fuse_iqueue 类型，它用来描述的是对于用户态 FUSE 应用程序来说的输入队列。而对于 Linux 内核中的 fuse 模块来说，它是负责将模块接收的文件读写请求通过连接发送出去，它的全部字段如下：

```
struct fuse_iqueue {
    /** 连接已经建立 */
    unsigned connected;
    /** 保护对这个结构体中成员进行访问的锁 */
    spinlock_t lock;
    /** 这个输入队列的等待队列 */
    wait_queue_head_t waitq;
    /** 在这个队列中下一个唯一的请求标识符 */
    u64 reqctr;
    /** 正在等待的请求列表 */
    struct list_head pending;
    /** 正在等待的中断列表 */
    struct list_head interrupts;
    /** 待处理的遗忘队列(属于不需要回复的请求) */
    struct fuse_forget_link forget_list_head;
    struct fuse_forget_link *forget_list_tail;
    /** 遗忘请求的批处理(正数表示可以进行批处理) */
    int forget_batch;
    /** 异步请求(有 O_ASYNC 标识的)相关 */
    struct fasync_struct *fasync;
    /** 设备特定的回调函数 */
    const struct fuse_iqueue_ops *ops;
    /** 设备特定状态 */
    void *priv;
};
```

在注释中附带的解释之外，我们重点来看 reqctr 字段和 ops 字段。在每个 fuse 连接中，从 Linux 内核发出的消息会被包装成一个 fuse 请求（稍后会看到负责描述它的类型），其中

reqctr 字段会被一个名为 fuse_get_unique 的函数使用，来为每个请求队列中的请求分配一个在这个队列中唯一的请求标识符。而 ops 是 struct fuse_iqueue_ops 类型的指针，负责描述 fuse 设备特定的输入队列需要使用的回调函数集合，这个类型的定义如下：

```
struct fuse_iqueue_ops {
    /** 发送"丢弃已在队列中的请求"的信号 */
    void (*wake_forget_and_unlock)(struct fuse_iqueue *fiq)
        __releases(fiq->lock);
    /** 发送"中断已在队列中的请求"的信号 */
    void (*wake_interrupt_and_unlock)(struct fuse_iqueue *fiq)
        __releases(fiq->lock);
    /** 发送"请求已在队列中"的信号 */
    void (*wake_pending_and_unlock)(struct fuse_iqueue *fiq)
        __releases(fiq->lock);
    /** fuse 输入队列销毁时进行清理 */
    void (*release)(struct fuse_iqueue *fiq);
};
```

输入队列的信号是设备特定的，例如，从 FUSE 导出到/dev/fuse 的文件会使用 waitq 和 fasync 来唤醒等待队列已经就绪了的进程，这些回调函数允许其他设备类型响应输入队列活动。如在 fuse 模块中的 fuse_dev_fiq_ops 的所有信号都是由 fuse_dev_wake_and_unlock 函数来处理的，其定义如下：

```
static void fuse_dev_wake_and_unlock(struct fuse_iqueue *fiq)
__releases(fiq->lock)
{
    wake_up(&fiq->waitq);
    kill_fasync(&fiq->fasync, SIGIO, POLL_IN);
    spin_unlock(&fiq->lock);
}
const struct fuse_iqueue_ops fuse_dev_fiq_ops = {
    .wake_forget_and_unlock    = fuse_dev_wake_and_unlock,
    .wake_interrupt_and_unlock = fuse_dev_wake_and_unlock,
    .wake_pending_and_unlock   = fuse_dev_wake_and_unlock,
};
```

这些定义都出现在 fs/fuse/dev.c 代码文件中，是与 Linux 内核中的 fuse 设备息息相关的，而前文中提到的 struct fuse_dev 类型是用来表示一个 fuse 中的设备的，它只有以下三个字段：

```
struct fuse_dev {
    struct fuse_conn *fc;
    struct fuse_pqueue pq;
    struct list_head entry;
};
```

其中 fc 字段指向一个 struct fuse_conn 类型的结构体，是用来记录当前设备的；pq 字段则是一个 struct fuse_pqueue 类型的结构体，它负责描述在 fuse 中请求的处理队列，对于非同步的请求会先放入这个队列中，然后再由内核进行处理，并在结束后调用对应的回调函数；entry 字段则是所有 struct fuse_dev 类型组成的设备列表的入口点。

一个 struct fuse_mount 类型表示一个已挂载的文件系统或者子挂载，它也有三个字段，如下所示：

```
struct fuse_mount {
    struct fuse_conn * fc;
    struct super_block * sb;
    struct list_head fc_entry;
};
```

在 struct fuse_mount 类型中，fc 字段指向一个 struct fuse_conn 类型的结构体，用来记录连接到 fuse 服务器的底层连接，它允许在单独的挂载之间共享同一个 struct fuse_conn 类型的实例，以允许子挂载具有专用的超级块，从而实现单独的设备标识符；sb 字段则指向当前挂载的超级块，同时它也是当前挂载对应的连接关联到的超级块；fc_entry 则是所有 struct fuse_mount 类型组成的列表入口点。

在 fuse_get_tree 函数被调用来创建超级块之后，对于没有复用连接的情况，会调用 fuse_fill_super 函数来填充超级块的信息：

```
static int fuse_fill_super(struct super_block * sb, struct fs_context * fsc)
{
    struct fuse_fs_context * ctx = fsc->fs_private;
    int err;
    if (!ctx->file || !ctx->rootmode_present ||
        !ctx->user_id_present || !ctx->group_id_present)
        return -EINVAL;
    /*
     * 要求从打开/dev/fuse 的同一用户命名空间进行挂载，以防止潜在的攻击
     */
    if ((ctx->file->f_op != &fuse_dev_operations) ||
        (ctx->file->f_cred->user_ns != sb->s_user_ns))
        return -EINVAL;
    ctx->fudptr = &ctx->file->private_data;
    err = fuse_fill_super_common(sb, ctx);
    if (err)
        return err;
    /* file 的 private_data 字段在这之后应当对所有 CPU 都是可见的 */
    smp_mb();
    fuse_send_init(get_fuse_mount_super(sb));
    return 0;
}
```

它首先检测文件系统上下文中的一些标识，并对命名空间进行检测，如果出现问题则会返回 -EINVAL；然后，它调用的 fuse_fill_super_common 函数负责设置绝大部分超级块的字段，也同样包括超级块中 inode 的相关操作和超级块中目录入口点的相关操作，这部分内容在介绍完初始化连接后会对其进行介绍；最后，它负责调用 fuse_send_init 函数来向用户态的 fuse 程序发送初始化连接的请求，并接收对应的回复。鉴于 fuse_send_init 函数主要负责初始化连接的信息，其大量代码都涉及 struct fuse_init_args 类型。下面首先来介绍这个类型及其包含的类型：

```
struct fuse_init_args {
    struct fuse_args args;
```

```
    struct fuse_init_in in;
    struct fuse_init_out out;
};
```

可以看到它包含了一个 struct fuse_args 类型的 args 字段、一个 struct fuse_init_in 类型的 in 字段和一个 struct fuse_init_out 类型的 out 字段。其中 struct fuse_args 类型可以描述参数的类型等信息，它的所有字段如下：

```
struct fuse_args {
    uint64_t nodeid;
    uint32_t opcode;
    unsigned short in_numargs;
    unsigned short out_numargs;
    bool force:1;
    bool noreply:1;
    bool nocreds:1;
    bool in_pages:1;
    bool out_pages:1;
    bool out_argvar:1;
    bool page_zeroing:1;
    bool page_replace:1;
    bool may_block:1;
    struct fuse_in_arg in_args[3];
    struct fuse_arg out_args[2];
    void (*end)(struct fuse_mount *fm, struct fuse_args *args, int error);
};
```

其中 nodeid 字段是在 Linux 内核和 FUSE 的用户态应用程序之间共享的 inode 标识符；opcode 字段是一组枚举值，用来编码当前的 FUSE 操作是什么，例如在初始化连接的时候这个值就是 FUSE_INIT，其他可能的值也可以在 include/uapi/linux/fuse.h 文件中找到，通过 uapi 路径可以看到，这一系列值是导出给用户态应用程序使用的；接下来的 in_numargs 字段和 out_numargs 字段分别被用来描述在 in_args 字段和 out_args 字段中的参数个数；而从 force 字段开始的一系列标识描述了这个操作的特性；末尾的 end 字段可以指向一个函数，它可以在非同步的情况下接收请求的结果，并对由 FUSE 用户态应用程序传来的参数进行处理。

前文中提到的 in_args 和 out_args 两个字段分别是 struct fuse_in_arg 类型和 struct fuse_arg 类型的数组。这两个类型都描述了参数所使用的内存空间大小和内存地址，不过前者是从 Linux 内核传到 FUSE 用户态应用程序的参数，因此它的指针指向的是一个不可变的值。而反过来的值是需要 FUSE 的用户态应用程序修改的，因此为可变。这两个类型的声明如下：

```
struct fuse_in_arg {
    unsigned size;
    const void *value;
};
struct fuse_arg {
    unsigned size;
    void *value;
};
```

对于 fuse 的初始化连接过程来说，输入和输出各只有一个参数，分别使用 struct fuse_init_in 类型和 struct fuse_init_out 类型描述。其中对于 FUSE 在用户态的应用程序来说，它的输入是从 Linux 内核传来的参数，使用 struct fuse_init_in 类型来描述，而它的输出就是用另一个类型来描述的。下面首先来看 struct fuse_init_in 类型的定义：

```
struct fuse_init_in {
    uint32_t major;
    uint32_t minor;
    uint32_t max_readahead;
    uint32_t flags;
};
```

其中 major 和 minor 字段分别是在 Linux 内核中的 FUSE 版本，max_readahead 是读取时，当前 Linux 内核允许的预读数据的大小，而 flags 是一系列标识，用来描述 FUSE 支持的其他特性。再来看 struct fuse_init_out 类型中也有同样的四个字段，但它们是从 FUSE 的用户态应用程序传来的。一般用户态应用程序是由 libfuse 的版本来决定的，除此之外它还有其他的字段，如下：

```
struct fuse_init_out {
    uint32_t major;
    uint32_t minor;
    uint32_t max_readahead;
    uint32_t flags;
    uint16_t max_background;
    uint16_t congestion_threshold;
    uint32_t max_write;
    uint32_t time_gran;
    uint16_t max_pages;
    uint16_t map_alignment;
    uint32_t unused[8];
};
```

其中除了前四个与输入相同的参数之外，后续的 max_background 字段规定了允许的最大后台请求数；congestion_threshold 字段是拥塞阈值；max_write 字段是最大的写入量，以字节为单位；time_gran 字段记录了 FUSE 用户态应用程序提供的时间粒度；max_pages 字段描述了最大的内存页数；而 map_alignment 字段则定义了在 FUSE 进行直接内存访问时内存映射对齐的大小。

在 struct fuse_init_in 和 struct fuse_init_out 两个类型中，它们的前两个字段 major 和 minor 是用来描述支持的用户态文件系统的版本的，其中 Linux 内核和用户态 FUSE 应用程序都分别在初始化连接的请求（使用 struct fuse_init_in 类型描述）和回复（使用 struct fuse_init_out 类型描述）中发送了它们支持的版本：如果 major 版本匹配，则两者都应使用最小的用于通信的两个 minor 版本；而如果 Linux 内核支持更大的主版本，那么用户态 FUSE 应用程序应该回复它支持的 major 版本并忽略其余的初始化连接消息，等待一个来自 Linux 内核的具有匹配 major 版本的新的初始化连接消息；如果用户态 FUSE 应用程序支持更大的 major 版本，那么它将回退到 Linux 内核发送的 FUSE 通信协议的 major 版本进行通信并回复该 major 版本（以及任意支持的 minor 版本）。

下面再回到发送初始化连接请求的 fuse_send_init 函数，这个函数的定义如下：

```
void fuse_send_init(struct fuse_mount * fm)
{
    struct fuse_init_args * ia;
    ia = kzalloc(sizeof(* ia), GFP_KERNEL | __GFP_NOFAIL);
    ia->in.major = FUSE_KERNEL_VERSION;
    ia->in.minor = FUSE_KERNEL_MINOR_VERSION;
    ia->in.max_readahead = fm->sb->s_bdi->ra_pages * PAGE_SIZE;
    ia->in.flags |=
        FUSE_ASYNC_READ | FUSE_POSIX_LOCKS | FUSE_ATOMIC_O_TRUNC |
        FUSE_EXPORT_SUPPORT | FUSE_BIG_WRITES | FUSE_DONT_MASK |
        FUSE_SPLICE_WRITE | FUSE_SPLICE_MOVE | FUSE_SPLICE_READ |
        FUSE_FLOCK_LOCKS | FUSE_HAS_IOCTL_DIR | FUSE_AUTO_INVAL_DATA |
        FUSE_DO_READDIRPLUS | FUSE_READDIRPLUS_AUTO | FUSE_ASYNC_DIO |
        FUSE_WRITEBACK_CACHE | FUSE_NO_OPEN_SUPPORT |
        FUSE_PARALLEL_DIROPS | FUSE_HANDLE_KILLPRIV | FUSE_POSIX_ACL |
        FUSE_ABORT_ERROR | FUSE_MAX_PAGES | FUSE_CACHE_SYMLINKS |
        FUSE_NO_OPENDIR_SUPPORT | FUSE_EXPLICIT_INVAL_DATA |
        FUSE_HANDLE_KILLPRIV_V2 | FUSE_SETXATTR_EXT;
#ifdef CONFIG_FUSE_DAX
    if (fm->fc->dax)
        ia->in.flags |= FUSE_MAP_ALIGNMENT;
#endif
    if (fm->fc->auto_submounts)
        ia->in.flags |= FUSE_SUBMOUNTS;
    ia->args.opcode = FUSE_INIT;
    ia->args.in_numargs = 1;
    ia->args.in_args[0].size = sizeof(ia->in);
    ia->args.in_args[0].value = &ia->in;
    ia->args.out_numargs = 1;
    /* 可变长度参数用于向后兼容接口版本<7.5。init_out 的其余部分由 do_get_request 清零,因此简短的回
复不是问题 */
    ia->args.out_argvar = true;
    ia->args.out_args[0].size = sizeof(ia->out);
    ia->args.out_args[0].value = &ia->out;
    ia->args.force = true;
    ia->args.nocreds = true;
    ia->args.end = process_init_reply;
    if (fuse_simple_background(fm, &ia->args, GFP_KERNEL) != 0)
        process_init_reply(fm, &ia->args, -ENOTCONN);
}
```

它分配并创建了一个 struct fuse_init_args 类型存入 ia 变量中，然后先对由 Linux 内核提供的初始化参数部分进行赋值，ia 中 in 的 major 和 minor 字段分别被设置成 Linux 内核中的 fuse 模块的主版本和副版本，而 max_readahead 字段是支持的预读页面数乘以页面的大小，flags 字段则被以 FUSE_为前缀的、用来描述 Linux 内核部分 fuse 模块能力和特性的标识填充。然后在 args 中的 opcode 字段被设置为初始化操作码（即 FUSE_INIT）；in_numargs 字段和 out_numargs 字段都被设置成 1，并将 in_args 和 out_args 这两个数组字段的第一个元素的 value 字段指向对应参数的内存地址（实际上还是在同一个 struct fuse_init_args 类型的结构体

中）；size 字段设置为对应的 struct fuse_init_in 和 struct fuse_init_out 类型的大小；force 和 nocreds字段被设置为真，稍后会看到它们的作用。最后，结束后的回调函数被设置为 process_init_reply 函数，参数是通过 fuse_simple_background 函数添加到一个请求中，并置入到队列中，由 Linux 内核决定什么时候进行处理。注意，如果在这一过程中失败了（即 fuse_simple_background 函数返回值不是 0），process_init_reply 函数会被立即调用，并传入-ENOTCONN作为描述失败原因的错误码。

下面继续来追踪 fuse_simple_background 函数，它的定义在 fs/fuse/dev.c 文件中：

```c
int fuse_simple_background(struct fuse_mount * fm, struct fuse_args * args,gfp_t gfp_flags)
{
    struct fuse_req * req;
    if (args->force) {
        WARN_ON(!args->nocreds);
        req = fuse_request_alloc(fm, gfp_flags);
        if (!req)
            return -ENOMEM;
        __set_bit(FR_BACKGROUND, &req->flags);
    } else {
        WARN_ON(args->nocreds);
        req = fuse_get_req(fm, true);
        if (IS_ERR(req))
            return PTR_ERR(req);
    }
    fuse_args_to_req(req, args);
    if (!fuse_request_queue_background(req)) {
        fuse_put_request(req);
        return -ENOTCONN;
    }
    return 0;
}
```

在 Linux 内核 fuse 模块发送初始化连接信息的调用链中，由于 args 参数中的 force 字段被设置为真，因此上面的代码会调用 fuse_request_alloc 函数来分配一个 struct fuse_req 类型存入 req 变量中，并将请求设置为强制后台执行（即将 FR_BACKGROUND 对应的位置设置为 1）。然后 fuse_args_to_req 函数负责将 args 参数转换并存储到前面分配的 struct fuse_req 类型的请求中，最后调用 fuse_request_queue_background 添加到后台的请求队列（即 struct fuse_conn 类型实例中的 bg_queue 字段）中。

首先来看 struct fuse_req 标识要发送请求的类型，它位于 fs/fuse/fuse_i.h 文件中：

```c
struct fuse_req {
    /** 可以是正在等待处理的请求,或是在 fuse 连接中的列表 */
    struct list_head list;
    /** 中断列表的入口 */
    struct list_head intr_entry;
    /* 输入或者输出的参数 */
    struct fuse_args * args;
    /** 引用计数 refcount */
    refcount_t count;
    /* 请求标识,需要使用 test/set/clear_bit 等辅助函数设置 */
```

```
    unsigned long flags;
    /* 请求的输入(由 Linux 内核产生,作为用户态 FUSE 应用程序的输入)头 */
    struct {
        struct fuse_in_header h;
    } in;
    /* 请求的输出(用户态 FUSE 应用程序的输出)头 */
    struct {
        struct fuse_out_header h;
    } out;
    /** 在请求完成后用来唤醒任务等待 */
    wait_queue_head_t waitq;
#if IS_ENABLED(CONFIG_VIRTIO_FS)
    /** virtio-fs 中输入和输出参数使用的、在物理内存中连续的缓冲区 */
    void * argbuf;
#endif
    /** 这个请求所属的 struct fuse_mount 类型的实例 */
    struct fuse_mount * fm;
};
```

每个字段都在注释中有对应的解释，这里重点来看 in 和 out 两个字段，它们分别是包含了 struct fuse_in_header 类型和 struct fuse_out_header 类型的匿名结构体。与前文中描述请求的 struct fuse_req 类型不同，这两个类型是在 include/uapi/linux/fuse.h 文件中被定义的，从而导出到了用户态，它们的定义如下：

```
struct fuse_in_header {
    uint32_t   len;
    uint32_t   opcode;
    uint64_t   unique;
    uint64_t   nodeid;
    uint32_t   uid;
    uint32_t   gid;
    uint32_t   pid;
    uint32_t   padding;
};
struct fuse_out_header {
    uint32_t   len;
    int32_t    error;
    uint64_t   unique;
};
```

其中 len 字段和 unique 字段是两者都有的，分别记录了请求的长度和请求在队列中的唯一标识符，唯一标识符可以通过 fuse_get_unique 函数获取；opcode 字段记录了 Linux 内核提供的操作码，error 字段记录了用户态 FUSE 应用程序返回的错误代码；nodeid 字段的作用和前文中提到的一样，是请求涉及的 inode 标识符；uid、gid 和 pid 字段是当前进程的用户标识符、组标识符和进程标识符；最后的 padding 字段未被使用。

正如前面代码所展示的，在发送后台请求之前的准备过程中，由 Linux 内核提供的参数是由 fuse_args_to_req 函数来设置的，其代码如下：

```
static void fuse_args_to_req(struct fuse_req * req, struct fuse_args * args)
{
```

```
    req->in.h.opcode = args->opcode;
    req->in.h.nodeid = args->nodeid;
    req->args = args;
    if (args->end)
        __set_bit(FR_ASYNC, &req->flags);
}
```

它将传入的 struct fuse_args 类型参数中的操作码 opcode 字段和 nodeid 字段，存入请求中的输入头，并将它的 args 字段指向传入的参数 args。如果有结束后的回调函数（即 end 字段被设置），还会为请求的标识添加 FR_ASYNC 标识。

我们暂且不看在 Linux 内核中异步请求这一环节，因为这属于 Linux 内核的异步话题了。在 Linux 内核经过异步调度，成功将初始化连接的请求发送之后，收到的用户态 FUSE 应用程序的回复也是在 process_init_reply 回调函数中处理的。它根据收到的回复，更新 struct fuse_mount 类型的 fuse 挂载和 fuse 连接，它的部分代码如下：

```
static void process_init_reply(struct fuse_mount * fm, struct fuse_args * args,
                int error)
{
    struct fuse_conn * fc = fm->fc;
    struct fuse_init_args * ia = container_of(args, typeof(*ia), args);
    struct fuse_init_out * arg = &ia->out;
    bool ok = true;
    if (error || arg->major != FUSE_KERNEL_VERSION)
        ok = false;
    else {
        unsigned long ra_pages;
        process_init_limits(fc, arg);
        if (arg->minor >= 6) {
            ra_pages = arg->max_readahead / PAGE_SIZE;
            /* 中略，根据回复更新 fuse 连接中的属性 */
        } else {
            ra_pages = fc->max_read / PAGE_SIZE;
            fc->no_lock = 1;
            fc->no_flock = 1;
        }
        fm->sb->s_bdi->ra_pages =
                min(fm->sb->s_bdi->ra_pages, ra_pages);
        fc->minor = arg->minor;
        fc->max_write = arg->minor < 5 ? 4096 : arg->max_write;
        fc->max_write = max_t(unsigned, 4096, fc->max_write);
        fc->conn_init = 1;
    }
    kfree(ia);
    if (!ok) {
        fc->conn_init = 0;
        fc->conn_error = 1;
    }
    fuse_set_initialized(fc);
    wake_up_all(&fc->blocked_waitq);
}
```

可以看到 fuse 连接的 minor 字段就被更新成了从用户态 FUSE 应用程序传来的版本，ra_pages 字段也根据传入的值进行计算并实时更新。在没有出现错误的情况下，fuse 连接中的 conn_init 和 initialized 标识也被更新为真。

对于剩余的 fuse 请求发送以及相应的事件部分内容，我们将在后文再来解析，现在先转回到 fuse_init 这个初始化 fuse 模块的后面部分。

在 fuse_init 函数中，接下来的初始化函数 fuse_dev_init 位于 fs/fuse/dev.c 文件中，负责初始化 fuse 模块相关的 Linux 内核中的设备，它的代码如下：

```
int __init fuse_dev_init(void)
{
    int err = -ENOMEM;
    fuse_req_cachep = kmem_cache_create("fuse_request",
                        sizeof(struct fuse_req),
                        0, 0, NULL);
    if (!fuse_req_cachep)
        goto out;
    err = misc_register(&fuse_miscdevice);
    if (err)
        goto out_cache_clean;
    return 0;
out_cache_clean:
    kmem_cache_destroy(fuse_req_cachep);
out:
    return err;
}
```

它首先为 fuse 请求创建缓存，然后调用 misc_register 函数注册了一个辅助设备，这个设备的定义如下：

```
static struct miscdevice fuse_miscdevice = {
    .minor = FUSE_MINOR,
    .name  = "fuse",
    .fops = &fuse_dev_operations,
};
```

这个设备是由一个 struct miscdevice 类型描述的，作为 Linux 内核中一类特殊的辅助设备，它的定义在 include/linux/miscdevice.h 文件中：

```
struct miscdevice  {
    int minor;
    const char * name;
    const struct file_operations * fops;
    struct list_head list;
    struct device * parent;
    struct device * this_device;
    const struct attribute_group ** groups;
    const char * nodename;
    umode_t mode;
};
```

在 fuse 中，minor 字段、name 字段和 fops 字段被设置，它们分别记录了要创建的 Linux 内核中设备的副设备号（因为主设备号已经由辅助设备这一类型确定了）、设备名称和作为文件系统中的文件导出之后的文件操作。通过 misc_register 函数就可以自动创建相应的设备了，而 udev 会将它导出到/dev/fuse 路径，该路径就是前文提到过的、会被用户态 FUSE 应用程序使用的、创建 fuse 连接的路径。这个辅助设备导出的文件的相关操作如下：

```c
const struct file_operations fuse_dev_operations = {
    .owner          = THIS_MODULE,
    .open           = fuse_dev_open,
    .llseek         = no_llseek,
    .read_iter      = fuse_dev_read,
    .splice_read    = fuse_dev_splice_read,
    .write_iter     = fuse_dev_write,
    .splice_write   = fuse_dev_splice_write,
    .poll           = fuse_dev_poll,
    .release        = fuse_dev_release,
    .fasync         = fuse_dev_fasync,
    .unlocked_ioctl = fuse_dev_ioctl,
    .compat_ioctl   = compat_ptr_ioctl,
};
```

在这里仅仅看一个简单的 open 实现：

```c
static int fuse_dev_open(struct inode * inode, struct file * file)
{
    file->private_data = NULL;
    return 0;
}
```

它单纯地将当前文件描述结构体的 private_data 字段置为 NULL。这是因为对于 fuse 辅助设备对应文件描述的字段来说，它需要在挂载时用来保存关联的 fuse 连接，从而用来跟踪文件系统是否已经挂载。在文件被打开时置为 NULL，然后在 mount 的过程中，相应的连接就会被前文中所描述的代码创建或者获取，经过初始化后存入。

在 fuse_init 函数中，还要调用 fuse_sysfs_init 函数，对 sysfs 中相关信息进行额外的初始化。这个函数被定义在 inode.c 文件中，其代码如下：

```c
static int fuse_sysfs_init(void)
{
    int err;
    fuse_kobj = kobject_create_and_add("fuse", fs_kobj);
    if (!fuse_kobj) {
        err = -ENOMEM;
        goto out_err;
    }
    err = sysfs_create_mount_point(fuse_kobj, "connections");
    if (err)
        goto out_fuse_unregister;
    return 0;
out_fuse_unregister:
    kobject_put(fuse_kobj);
out_err:
```

```
    return err;
}
```

它首先调用 kobject_create_and_add 函数，以 fs_kobj 为父级对象创建名为 fuse 的 fuse_kobj 对象，并在其中创建一个名为 connections 的挂载点，方便之后 fuse 将创建的 fuse 连接导出。因此，在有 sysfs 挂载的 Linux 发行版中，可以在 /sys/fs/connections 文件中找到所有 fuse 中连接导出的对象。这个对象的导出是由 fuse 本身提供的一个控制文件系统 fustctl 来完成的，它可以通过 mount -t fusectl none /sys/fs/fuse/connections 指令挂载，从而将其挂载到 /sys/fs/fuse/connections 目录下。这个文件系统的注册也就是 fuse_init 函数中初始化部分的最后一步，完成这一步的 fuse_ctl_init 函数被定义在 fs/fuse/control.c 文件中。它单纯地调用 register_filesystem 函数将 fuse_ctl_fs_type 注册为一个文件系统，从而允许上文中的挂载：

```
int __init fuse_ctl_init(void)
{
    return register_filesystem(&fuse_ctl_fs_type);
}
```

涉及的文件系统的声明如下：

```
static struct file_system_type fuse_ctl_fs_type = {
    .owner          = THIS_MODULE,
    .name           = "fusectl",
    .init_fs_context = fuse_ctl_init_fs_context,
    .kill_sb = fuse_ctl_kill_sb,
};
```

其中初始化文件系统上下文过程中，fuse_ctl_init_fs_context 函数会将以下的文件系统上下文相关操作 fuse_ctl_context_ops 传递给当前的文件系统上下文，然后直接返回：

```
static const struct fs_context_operations fuse_ctl_context_ops = {
    .get_tree= fuse_ctl_get_tree,
};
static int fuse_ctl_init_fs_context(struct fs_context * fsc)
{
    fsc->ops = &fuse_ctl_context_ops;
    return 0;
}
```

而在 fuse_ctl_context_ops 中唯一的操作就是 get_tree 的实现：fuse_ctl_get_tree 函数。它调用 get_tree_single 函数，并使用 fuse_ctl_fill_super 函数作为 get_tree 的回调：

```
static int fuse_ctl_get_tree(struct fs_context * fsc)
{
    return get_tree_single(fsc, fuse_ctl_fill_super);
}
```

下面重点观察 fuse_ctl_fill_super 函数：

```
static int fuse_ctl_fill_super(struct super_block * sb, struct fs_context * fsc)
{
    static const struct tree_descr empty_descr = {""};
    struct fuse_conn * fc;
    int err;
```

```
    err = simple_fill_super(sb, FUSE_CTL_SUPER_MAGIC, &empty_descr);
    if (err)
        return err;
    mutex_lock(&fuse_mutex);
    BUG_ON(fuse_control_sb);
    fuse_control_sb = sb;
    list_for_each_entry(fc, &fuse_conn_list, entry) {
        err = fuse_ctl_add_conn(fc);
        if (err) {
            fuse_control_sb = NULL;
            mutex_unlock(&fuse_mutex);
            return err;
        }
    }
    mutex_unlock(&fuse_mutex);
    return 0;
}
```

可以看出，除常规的超级块填充调用，在 fusectl 文件系统的核心是对 fuse_conn_list 这个 fuse 的连接列表进行遍历，并调用 fuse_ctl_add_conn 函数将每一个连接都添加到 fusectl 导出的目录中。这个函数的定义如下：

```
int fuse_ctl_add_conn(struct fuse_conn * fc)
{
    struct dentry * parent;
    char name[32];
    if (!fuse_control_sb)
        return 0;
    parent = fuse_control_sb->s_root;
    inc_nlink(d_inode(parent));
    sprintf(name, "%u", fc->dev);
    parent = fuse_ctl_add_dentry(parent, fc, name, S_IFDIR | 0500, 2,
                    &simple_dir_inode_operations,
                    &simple_dir_operations);
    if (!parent)
        goto err;
    if (!fuse_ctl_add_dentry(parent, fc, "waiting", S_IFREG | 0400, 1,
            NULL, &fuse_ctl_waiting_ops) ||
        !fuse_ctl_add_dentry(parent, fc, "abort", S_IFREG | 0200, 1,
            NULL, &fuse_ctl_abort_ops) ||
        !fuse_ctl_add_dentry(parent, fc, "max_background", S_IFREG | 0600,
            1, NULL, &fuse_conn_max_background_ops) ||
        !fuse_ctl_add_dentry(parent, fc, "congestion_threshold",
            S_IFREG | 0600, 1, NULL,
            &fuse_conn_congestion_threshold_ops))
        goto err;
    return 0;
err:
    fuse_ctl_remove_conn(fc);
    return -ENOMEM;
}
```

我们可以看到，它使用每个 fuse 连接的 dev 字段作为名称，调用 fuse_ctl_add_dentry 为其创建相应的 inode 和目录入口点。并以这个目录为父级目录，将每个连接需要导出的属性，分别使用对应的文件描述操作（以 fuse_ctl_ 为前缀，包括 waiting_ops、abort_ops、max_background_ops 和 congestion_threshold_ops 四个文件描述操作集合）创建相应的入口点。因此，在 fusectl 文件系统下，每个导出的连接都是一个由唯一编号命名的目录，此目录中都存在以下文件：

1）waiting：等待传输到用户空间或由文件系统守护程序处理的请求数，如果没有 fuse 文件系统活动并且 waiting 中的值不为 0，则说明已经挂起或出现了死锁。

2）abort：将任何内容写入此文件都将中止 fuse 文件系统连接。这意味着所有等待的请求都将被中止，并为所有中止的请求和新请求返回连接断开的错误。

3）max_background：可以读取或者配置连接允许的最大后台请求数。

4）congestion_threshold：可以读取或者配置认为出现了拥塞的阈值。

只有挂载的所有者可以读取或写入这些文件，从而直接从用户空间控制 fuse 模块中连接在 Linux 内核中的行为。

至此，在 fuse_init 函数中对 fuse 的初始化过程就解析完成了。接下来回到用户态 FUSE 应用程序和 Linux 内核中 fuse 模块的通信过程，在用户态的 FUSE 应用程序看来，这个通信过程和文件读写过程一样，只不过文件读写的操作是在导出到/dev/fuse 的这个设备文件上进行的。我们还基于内核的角度来看，那么针对这个文件的读取就是通过 fuse 连接从 Linux 内核读取请求，而写入就是向 Linux 内核发送回复。

在前面已经看到了在 fuse_dev_operations 中存在针对各种文件操作的函数，其中最基础的读写操作就是由 fuse_dev_read 和 fuse_dev_write 函数来实现的。首先来看读取的实现函数 fuse_dev_read：

```
static ssize_t fuse_dev_read(struct kiocb * iocb, struct iov_iter * to)
{
    struct fuse_copy_state cs;
    struct file * file = iocb->ki_filp;
    struct fuse_dev * fud = fuse_get_dev(file);
    if (!fud)
        return -EPERM;
    if (!iter_is_iovec(to))
        return -EINVAL;
    fuse_copy_init(&cs, 1, to);
    return fuse_dev_do_read(fud, file, &cs, iov_iter_count(to));
}
```

作为一个 read_iter 实现，它接收一个 struct kiocb 类型名为 iocb 的指针和一个 struct iov_iter 类型名为 to 的指针作为参数，其中前者是作为一个输入输出结束后的回调函数的描述出现的。一般来说，在 Linux 内核真正的异步输入输出中才会使用到，而在 VFS（虚拟文件系统）中如果 read 回调函数不存在的话，会同步调用 read_iter 指向的函数尝试读取，即会先阻塞，等到读取完成再返回。在 fuse 设备，当文件被尝试同步地读取时，VFS 就会采用这种策略。回顾一下，在同步使用 read 指向的函数进行读取的时候，它的输入包括一个缓冲区的起始位置和这个缓冲区的大小。而使用 read_iter 指向的函数则需要对其进行转换，完成这样操作的就是 Linux 内核中的 new_sync_read 辅助函数，它被定义在 fs/read_write.c 代码文件中（也是 VFS 实现读取和写入相关函数的代码文件），其内容如下：

```
static ssize_t new_sync_read(struct file *filp, char __user *buf, size_t len, loff_t *ppos)
{
    struct iovec iov = { .iov_base = buf, .iov_len = len };
    struct kiocb kiocb;
    struct iov_iter iter;
    ssize_t ret;
    init_sync_kiocb(&kiocb, filp);
    kiocb.ki_pos = (ppos ? *ppos : 0);
    iov_iter_init(&iter, READ, &iov, 1, len);
    ret = call_read_iter(filp, &kiocb, &iter);
    BUG_ON(ret == -EIOCBQUEUED);
    if (ppos)
        *ppos = kiocb.ki_pos;
    return ret;
}
```

我们可以看到它将缓冲区的起始指针赋值给一个新的 struct iovec 类型实例的 iov_base 字段，而缓冲区大小则赋值给它的 iov_len 字段。此外，它还创建了仅在本函数内有效的输入输出回调函数的 kiocb 和 iter，用来作为调用 read_iter 指向的函数的临时参数。对于这两个参数的初始化，是由 init_sync_kiocb 和 iov_iter_init 来实现的，其中前者将 struct kiocb 类型的实例初始化成一个供同步调用使用的实例，而后者则使用前面创建的 struct iovec 类型的实例填充 iter，并指定其为读取操作。最后这两个初始化后的实例被当作参数调用 call_read_iter 函数，它实际上就会去调用传入的文件描述结构体对应的操作中 read_iter 指向的函数，在完成后根据需要更新文件指针。

除参数和调用者之外，在 fuse_dev_read 函数中还有一个和 fuse 相关的类型，它就是在函数开头创建的临时变量 cs 对应的 struct fuse_copy_state 类型，它的定义如下：

```
struct fuse_copy_state {
    int write;
    struct fuse_req *req;
    struct iov_iter *iter;
    struct pipe_buffer *pipebufs;
    struct pipe_buffer *currbuf;
    struct pipe_inode_info *pipe;
    unsigned long nr_segs;
    struct page *pg;
    unsigned len;
    unsigned offset;
    unsigned move_pages:1;
};
```

它可以在很多地方被使用到，但在这里只关注 fuse_copy_init 设置的字段。这个函数将其余字段全部置为 0，然后将 write 字段设置为传入的值，表示当前实例描述的是否为写操作。在它的值为 0 的时候表示是一个写操作，而 iter 则是置为传入的 struct iov_iter 类型，其中包含了缓冲区的起始地址和大小：

```
static void fuse_copy_init(struct fuse_copy_state * cs, int write,
            struct iov_iter * iter)
{
    memset(cs, 0, sizeof(* cs));
    cs->write = write;
    cs->iter = iter;
}
```

在最后调用的 fuse_dev_do_read 函数负责将单个请求写入用户空间文件系统的缓冲区，这个函数会等待到一个请求可用，然后将其从待处理列表中删除，并将请求数据复制到在 struct fuse_copy_state 类型的实例中存储的用户空间的缓冲区。如果这个请求是遗忘类型（即操作码是 FORGET，并且不需要回复）或请求已中止或复制过程中出现错误，则会通过调用 fuse_request_end 函数完成请求。否则需要将其添加到处理列表中，并设置已经发送标识，从而等待一个对应的用户态 FUSE 应用程序的回复，这个回复需要应用程序通过写操作完成。

对于 write_iter 指向的写操作来说，它与前面的 fuse_dev_read 函数的结构很类似：

```
static ssize_t fuse_dev_write(struct kiocb * iocb, struct iov_iter * from)
{
    struct fuse_copy_state cs;
    struct fuse_dev * fud = fuse_get_dev(iocb->ki_filp);
    if (!fud)
        return -EPERM;
    if (!iter_is_iovec(from))
        return -EINVAL;
    fuse_copy_init(&cs, 0, from);
    return fuse_dev_do_write(fud, &cs, iov_iter_count(from));
}
```

唯一的区别在于 fuse_copy_init 函数的参数变为了 0，表明当前的 struct fuse_copy_state 类型的实例是一个写入状态。而它最后调用的 fuse_dev_do_write 函数负责写一个对请求的回复，它会首先从写入缓冲区复制请求的头部数据，然后通过在处理列表中寻找头部数据中的唯一标识符搜索该请求。如果找到了就从列表中删除它，并将缓冲区的其余部分复制到请求中。

在了解连接之后，我们回到前面使用到的 fuse_fill_super_common 函数中，它负责为 fuse 文件系统初始化超级块，其代码如下：

```
int fuse_fill_super_common(struct super_block * sb, struct fuse_fs_context * ctx)
{
    struct fuse_dev * fud = NULL;
    struct fuse_mount * fm = get_fuse_mount_super(sb);
    struct fuse_conn * fc = fm->fc;
    struct inode * root;
    struct dentry * root_dentry;
    int err = -EINVAL;
    if (sb->s_flags & SB_MANDLOCK)
        goto err;
    rcu_assign_pointer(fc->curr_bucket, fuse_sync_bucket_alloc());
    fuse_sb_defaults(sb);
    /* 中略,更新文件系统超级块中的变量 */
```

```
        ctx->subtype = NULL;
    if (IS_ENABLED(CONFIG_FUSE_DAX)) {
        err = fuse_dax_conn_alloc(fc, ctx->dax_dev);
        if (err)
            goto err;
    }
    if (ctx->fudptr) {
        err = -ENOMEM;
        fud = fuse_dev_alloc_install(fc);
        if (!fud)
            goto err_free_dax;
    }
    fc->dev = sb->s_dev;
    fm->sb = sb;
    err = fuse_bdi_init(fc, sb);
    if (err)
        goto err_dev_free;
    /* 中略,在 fuse 的代码中设置和处理标识 */
    err = -ENOMEM;
    root = fuse_get_root_inode(sb, ctx->rootmode);
    sb->s_d_op = &fuse_root_dentry_operations;
    root_dentry = d_make_root(root);
    if (!root_dentry)
        goto err_dev_free;
    /* 根级目录入口点没有有效的 d_revalidate 函数 */
    sb->s_d_op = &fuse_dentry_operations;
    mutex_lock(&fuse_mutex);
    err = -EINVAL;
    if (ctx->fudptr && *ctx->fudptr)
        goto err_unlock;
    err = fuse_ctl_add_conn(fc);
    if (err)
        goto err_unlock;
    list_add_tail(&fc->entry, &fuse_conn_list);
    sb->s_root = root_dentry;
    if (ctx->fudptr)
        *ctx->fudptr = fud;
    mutex_unlock(&fuse_mutex);
    return 0;
err_unlock:
    mutex_unlock(&fuse_mutex);
    dput(root_dentry);
err_dev_free:
    if (fud)
        fuse_dev_free(fud);
err_free_dax:
    if (IS_ENABLED(CONFIG_FUSE_DAX))
        fuse_dax_conn_free(fc);
err:
    return err;
}
```

我们可以看到，这个函数首先为文件系统同步分配一个操作桶，并调用 fuse_sb_defaults 函数来为超级块对象设置默认值，接着会按需初始化 fuse 文件系统上下文中的 dax_dev 和 fudptr 字段，这时就有了一个 fuse 设备的实例；紧接着，fuse_bdi_init 函数负责初始化为 fuse 文件系统提供支持的设备信息，对于 fuse 和 fuseblk 两个文件系统来说，在初始化后文件系统对应的超级块会有所不同，这是因为 fuseblk 需要有一个块设备提供支持；然后在文件系统上下文中设置的标识会被传递给与 fuse 挂载关联的 fuse 连接中，并开始初始化 fuse 文件系统的目录入口点，它通过 fuse_get_root_inode 函数获取根目录的 inode，调用 d_make_root 函数创建 inode 对应的目录入口点，这个目录入口点最终会被存入超级块中，作为根级的目录入口点；最后，它调用 fuse_ctl_add_conn 函数将新创建的 fuse 连接添加到 fusectl 文件系统和 fuse_conn_list 这个系统层面的连接列表中。

在这里我们只重点关注超级块相关回调函数的设置：在没有创建出根级目录入口点的时候，它先将超级块的 s_d_op 字段设置为 fuse_root_dentry_operations，以便从当前超级块创建目录入口点的时候，使用这个值作为目录入口点相关操作的默认值。因此，对于创建出的根级目录入口点，它的相关操作就是由下面这个函数集合提供的：

```
const struct dentry_operations fuse_root_dentry_operations = {
#if BITS_PER_LONG < 64
    .d_init        = fuse_dentry_init,
    .d_release     = fuse_dentry_release,
#endif
};
```

而在 d_make_root 函数被调用之后，超级快的 s_d_op 字段被重新设置为下面的函数集合：

```
const struct dentry_operations fuse_dentry_operations = {
    .d_revalidate= fuse_dentry_revalidate,
    .d_delete= fuse_dentry_delete,
#if BITS_PER_LONG < 64
    .d_init         = fuse_dentry_init,
    .d_release      = fuse_dentry_release,
#endif
    .d_automount    = fuse_dentry_automount,
};
```

它包含了 d_revalidate、d_delete 和 d_automount 的实现，而对于 fuse 文件系统的根目录来说，这些实现并不存在。经过这一过程，后续创建出来的目录入口点就会使用 fuse_dentry_operations，而不是 fuse_root_dentry_operations 来作为目录入口点的相关操作集合了，也就是说其中的子级目录都是支持重验证、删除和自动挂载了。

另外，在其中的 fuse_sb_defaults 函数中也设置了一些操作，它的定义如下：

```
static void fuse_sb_defaults(struct super_block * sb)
{
    sb->s_magic = FUSE_SUPER_MAGIC;
    sb->s_op = &fuse_super_operations;
    sb->s_xattr = fuse_xattr_handlers;
    sb->s_maxbytes = MAX_LFS_FILESIZE;
```

```
    sb->s_time_gran = 1;
    sb->s_export_op = &fuse_export_operations;
    sb->s_iflags |= SB_I_IMA_UNVERIFIABLE_SIGNATURE;
    if (sb->s_user_ns != &init_user_ns)
        sb->s_iflags |= SB_I_UNTRUSTED_MOUNTER;
    sb->s_flags &= ~(SB_NOSEC | SB_I_VERSION);
    /*
     * 如果我们不在初始用户命名空间中，POSIX 的访问控制必须被编译
     */
    if (sb->s_user_ns != &init_user_ns)
        sb->s_xattr = fuse_no_acl_xattr_handlers;
}
```

其中，设置了在 s_op 字段中与超级块相关的操作、在 s_xattr 字段中与访问控制相关的操作和与将文件系统导出到网络文件系统操作相关的 s_export_op 字段。我们只来看在 s_op 字段中的 fuse_super_operations 函数集合：

```
static const struct super_operations fuse_super_operations = {
    .alloc_inode    = fuse_alloc_inode,
    .free_inode     = fuse_free_inode,
    .evict_inode    = fuse_evict_inode,
    .write_inode    = fuse_write_inode,
    .drop_inode     = generic_delete_inode,
    .umount_begin   = fuse_umount_begin,
    .statfs         = fuse_statfs,
    .sync_fs = fuse_sync_fs,
    .show_options = fuse_show_options,
};
```

其中负责同步文件系统写操作的 fuse_sync_fs 函数的定义如下：

```
static int fuse_sync_fs(struct super_block * sb, int wait)
{
    struct fuse_mount * fm = get_fuse_mount_super(sb);
    struct fuse_conn * fc = fm->fc;
    struct fuse_syncfs_in inarg;
    FUSE_ARGS(args);
    int err;
    /* 用户态无法处理 wait == 0 的情况，避免无用的往返 */
    if (!wait)
        return 0;
    /* 文件系统正在被卸载，没有需要做的事情 */
    if (!sb->s_root)
    return 0;
    /* 文件系统不支持同步 */
    if (!fc->sync_fs)
        return 0;
    fuse_sync_fs_writes(fc);
    memset(&inarg, 0, sizeof(inarg));
    args.in_numargs = 1;
    args.in_args[0].size = sizeof(inarg);
    args.in_args[0].value = &inarg;
```

```
    args.opcode = FUSE_SYNCFS;
    args.nodeid = get_node_id(sb->s_root->d_inode);
    args.out_numargs = 0;
    err = fuse_simple_request(fm, &args);
    if (err == -ENOSYS) {
        fc->sync_fs = 0;
        err = 0;
    }
    return err;
}
```

这个函数首先创建 struct fuse_syncfs_in 类型的参数，并检查 fuse 文件系统的特性；在 fuse_sync_fs_writes 函数中，当前 fuse 连接中的 curr_bucket 会被分配一个新的桶，等待旧的桶中所有的写操作完成之后，将旧的桶释放；紧接着 fuse_sync_fs 函数初始化一个 struct fuse_syncfs_in 类型的在 fuse 中使用的文件系统同步参数，将操作码设置成 FUSE_SYNCFS、节点标识符设置成 fuse 文件系统根级目录对应的 inode 的标识符；最后调用 fuse_simple_request 函数将上面的文件系统同步参数发送到用户态 FUSE 应用程序，再进行通知。与 fuse 连接初始化过程不同，这一过程是阻塞的、同步的，在确认完成发送，并且如果需要回复、收到回复后才会返回，这些操作是由 fuse_simple_request 函数完成的，其定义如下：

```
ssize_t fuse_simple_request(struct fuse_mount * fm, struct fuse_args * args)
{
    struct fuse_conn * fc = fm->fc;
    struct fuse_req * req;
    ssize_t ret;
    if (args->force) {
        atomic_inc(&fc->num_waiting);
        req = fuse_request_alloc(fm, GFP_KERNEL | __GFP_NOFAIL);
        if (!args->nocreds)
            fuse_force_creds(req);
        __set_bit(FR_WAITING, &req->flags);
        __set_bit(FR_FORCE, &req->flags);
    } else {
        WARN_ON(args->nocreds);
        req = fuse_get_req(fm, false);
        if (IS_ERR(req))
            return PTR_ERR(req);
    }
    /* 需要在 fuse_get_req 函数调用后完成,令 fuse 连接的 minor 字段是有效的 */
    fuse_adjust_compat(fc, args);
    fuse_args_to_req(req, args);
    if (!args->noreply)
        __set_bit(FR_ISREPLY, &req->flags);
    __fuse_request_send(req);
    ret = req->out.h.error;
    if (!ret && args->out_argvar) {
        BUG_ON(args->out_numargs == 0);
        ret = args->out_args[args->out_numargs - 1].size;
    }
```

```
fuse_put_request(req);
return ret;
}
```

它首先会为新的请求分配一块内存空间，并根据标识对请求中的字段进行调整，如，其中 FR_FORCE 会被设置用来指示当前的请求是不考虑中断的；紧接着调用 fuse_adjust_compat 和 fuse_args_to_req 函数来调整请求结构体中的参数，其中前者负责调整 fuse 的 minor 版本以便拥有更好的兼容性，后者则是将 struct fuse_args 类型的参数结构体放入请求中；最后调用__fuse_request_send 函数来发送请求，并等待回复。这个函数的实现如下：

```
static void __fuse_request_send(struct fuse_req *req)
{
    struct fuse_iqueue *fiq = &req->fm->fc->iq;
    BUG_ON(test_bit(FR_BACKGROUND, &req->flags));
    spin_lock(&fiq->lock);
    if (!fiq->connected) {
        spin_unlock(&fiq->lock);
        req->out.h.error = -ENOTCONN;
    } else {
        req->in.h.unique = fuse_get_unique(fiq);
        /* 获取额外的引用,因为在调用 fuse_request_end 后仍需要这个请求 */
        __fuse_get_request(req);
        queue_request_and_unlock(fiq, req);
        request_wait_answer(req);
        /* 与 fuse_request_end 函数中的 smp_wmb 函数调用配对 */
        smp_rmb();
    }
}
```

在 fuse 连接已建立的情况下，它会调用 queue_request_and_unlock 函数将当前请求添加到请求队列的尾部，然后调用 request_wait_answer 函数进入等待。这个函数的执行方式与前面介绍的后台运行不同，它会一直等待，直到当前请求的标识中 FR_FINISHED 被置位，这个函数的完整定义如下：

```
static void request_wait_answer(struct fuse_req *req)
{
    struct fuse_conn *fc = req->fm->fc;
    struct fuse_iqueue *fiq = &fc->iq;
    int err;
    if (!fc->no_interrupt) {
        /* 任何信号都可能中断执行 */
        err = wait_event_interruptible(req->waitq,
                test_bit(FR_FINISHED, &req->flags));
        if (!err)
            return;
        set_bit(FR_INTERRUPTED, &req->flags);
        /* 匹配在 fuse_dev_do_read 中调用的对称多处理的内存同步操作 */
        smp_mb__after_atomic();
        if (test_bit(FR_SENT, &req->flags))
```

```
            queue_interrupt(req);
    }
    if (!test_bit(FR_FORCE, &req->flags)) {
        /* 只有致命信号会中断这个过程 */
        err = wait_event_killable(req->waitq,
                test_bit(FR_FINISHED, &req->flags));
        if (!err)
            return;
        spin_lock(&fiq->lock);
        /* 请求仍没到达用户空间中,停止运行 */
        if (test_bit(FR_PENDING, &req->flags)) {
            list_del(&req->list);
            spin_unlock(&fiq->lock);
            __fuse_put_request(req);
            req->out.h.error = -EINTR;
            return;
        }
        spin_unlock(&fiq->lock);
    }
    /*
     * 这时要么请求已经在用户空间了,要么属于一个 force 被置位的请求,等待结束
     */
    wait_event(req->waitq, test_bit(FR_FINISHED, &req->flags));
}
```

　　首先，对于一个没有声明为不可中断的 fuse 连接，会使用 wait_event_interruptible 来尝试等待 FR_FINISHED 被设置，如果成功等到则函数会直接返回，否则说明等待被中断，需要之后继续进行处理。然后，如果请求中的 FR_FORCE 标识被设置，那么 wait_event_killable 会被使用来尝试等待 FR_FINISHED 被设置。同样地，如果失败了说明被中断了，需要继续执行。在函数的最后，它调用 wait_event 来进行最后的可能会更加漫长的等待，直到完成。

　　到这里，同步 fuse 请求发送的过程也就很清楚了，且 fuse 中对文件系统同步的内核部分也就解析完毕了。下面再来看另一个例子，这个操作的实现是在 fuse_init_dir 函数中被初始化的。这个函数负责对表示一个目录的 inode 进行初始化，其代码如下：

```
void fuse_init_dir(struct inode *inode)
{
    struct fuse_inode *fi = get_fuse_inode(inode);
    inode->i_op = &fuse_dir_inode_operations;
    inode->i_fop = &fuse_dir_operations;
    spin_lock_init(&fi->rdc.lock);
    fi->rdc.cached = false;
    fi->rdc.size = 0;
    fi->rdc.pos = 0;
    fi->rdc.version = 0;
}
```

　　其中对 inode 进行操作的函数实现是由 fuse_dir_inode_operations 函数集合来提供的，而与文件描述相关的操作则是由 fuse_dir_operations 负责的：

```
static const struct inode_operations fuse_dir_inode_operations = {
    .lookup          = fuse_lookup,
    .mkdir           = fuse_mkdir,
    .symlink         = fuse_symlink,
    .unlink          = fuse_unlink,
    .rmdir           = fuse_rmdir,
    .rename          = fuse_rename2,
    .link            = fuse_link,
    .setattr         = fuse_setattr,
    .create          = fuse_create,
    .atomic_open     = fuse_atomic_open,
    .mknod           = fuse_mknod,
    .permission      = fuse_permission,
    .getattr         = fuse_getattr,
    .listxattr       = fuse_listxattr,
    .get_acl         = fuse_get_acl,
    .set_acl         = fuse_set_acl,
    .fileattr_get    = fuse_fileattr_get,
    .fileattr_set    = fuse_fileattr_set,
};
static const struct file_operations fuse_dir_operations = {
    .llseek          = generic_file_llseek,
    .read            = generic_read_dir,
    .iterate_shared  = fuse_readdir,
    .open            = fuse_dir_open,
    .release         = fuse_dir_release,
    .fsync           = fuse_dir_fsync,
    .unlocked_ioctl  = fuse_dir_ioctl,
    .compat_ioctl    = fuse_dir_compat_ioctl,
};
```

这里我们选取 inode 的 lookup 字段指向的 fuse_lookup 函数，它负责在一个目录 inode 中查找一个目录入口点。其中三个参数中，struct inode 类型的 dir 是要进行查找的目录，struct dentry 类型的 entry 参数是要被查找的目录入口点。如果不存在的话，它就是一个无效的目录入口点。第三个参数 flags 是在查找时需要考虑的一些标识。这个函数的完整代码如下：

```
static struct dentry * fuse_lookup (struct inode * dir, struct dentry * entry, unsigned int
flags)
{
    int err;
    struct fuse_entry_out outarg;
    struct inode *inode;
    struct dentry *newent;
    bool outarg_valid = true;
    bool locked;
    if (fuse_is_bad(dir))
        return ERR_PTR(-EIO);
    locked = fuse_lock_inode(dir);
    err = fuse_lookup_name(dir->i_sb, get_node_id(dir), &entry->d_name,
```

```
            &outarg, &inode);
    fuse_unlock_inode(dir, locked);
    if (err == -ENOENT) {
        outarg_valid = false;
        err = 0;
    }
    if (err)
        goto out_err;
    err = -EIO;
    if (inode && get_node_id(inode) == FUSE_ROOT_ID)
        goto out_iput;
    newent = d_splice_alias(inode, entry);
    err = PTR_ERR(newent);
    if (IS_ERR(newent))
        goto out_err;
    entry = newent ? newent : entry;
    if (outarg_valid)
        fuse_change_entry_timeout(entry, &outarg);
    else
        fuse_invalidate_entry_cache(entry);
    if (inode)
        fuse_advise_use_readdirplus(dir);
    return newent;
out_iput:
    iput(inode);
out_err:
    return ERR_PTR(err);
}
```

它的核心是调用 fuse_lookup_name 函数来进行查找，然后检查这个函数的返回值、来自用户态 FUSE 应用程序对请求的回复（通过 outarg 变量取出）和确定找到后有效的 inode 对象（通过 inode 变量取出）。对于有效回复会调用 fuse_change_entry_timeout 函数设置查找到的目录入口点的过期事件，否则会直接调用 fuse_invalidate_entry_cache 函数无效化查找的目录入口点。其中 fuse_lookup_name 函数的定义如下：

```
int fuse_lookup_name(struct super_block *sb, u64 nodeid, const struct qstr *name,
            struct fuse_entry_out *outarg, struct inode **inode)
{
    struct fuse_mount *fm = get_fuse_mount_super(sb);
    FUSE_ARGS(args);
    struct fuse_forget_link *forget;
    u64 attr_version;
    int err;
    *inode = NULL;
    err = -ENAMETOOLONG;
    if (name->len > FUSE_NAME_MAX)
        goto out;
    forget = fuse_alloc_forget();
    err = -ENOMEM;
    if (!forget)
```

```
        goto out;
    attr_version = fuse_get_attr_version(fm->fc);
    fuse_lookup_init(fm->fc, &args, nodeid, name, outarg);
    err = fuse_simple_request(fm, &args);
    /* 为 0 的节点标识符与-ENOENT 错误含义相同,但是具有有效的过期时间 */
    if (err || !outarg->nodeid)
        goto out_put_forget;
    err = -EIO;
    if (!outarg->nodeid)
        goto out_put_forget;
    if (fuse_invalid_attr(&outarg->attr))
        goto out_put_forget;
    *inode = fuse_iget(sb, outarg->nodeid, outarg->generation,
            &outarg->attr, entry_attr_timeout(outarg),
            attr_version);
    err = -ENOMEM;
    if (!*inode) {
        fuse_queue_forget(fm->fc, forget, outarg->nodeid, 1);
        goto out;
    }
    err = 0;
out_put_forget:
    kfree(forget);
out:
    return err;
}
```

　　这个函数的重点在于 fuse_lookup_init 的函数调用中,它负责初始化查找的请求,然后也将这个请求通过 fuse_simple_request 函数发送到用户态 FUSE 应用程序。在没有出现问题的情况下,接下来的 fuse_iget 函数会尝试利用收到的回复中的信息创建一个 inode。如果没有创建 inode,则说明这个目录入口并不存在,那么就会调用 fuse_queue_forget 函数发送一个遗忘请求,使用户态 FUSE 应用程序不再存储这个 inode 的标识符对应的相关信息;最后清理 forget 变量,并将出现的错误返回。

　　在 fuse_lookup_init 函数中,struct fuse_args 类型的第二个参数 args 是会被发送出去的内容,它的操作码被设置成 FUSE_LOOKUP,nodeid 字段设置为要查找的标识符,输入参数只有一个,就是要查找的目录入口点的名称,它也同样为输出参数创建了一块空间:

```
static void fuse_lookup_init(struct fuse_conn *fc, struct fuse_args *args,
            u64 nodeid, const struct qstr *name,
            struct fuse_entry_out *outarg)
{
    memset(outarg, 0, sizeof(struct fuse_entry_out));
    args->opcode = FUSE_LOOKUP;
    args->nodeid = nodeid;
    args->in_numargs = 1;
    args->in_args[0].size = name->len + 1;
    args->in_args[0].value = name->name;
    args->out_numargs = 1;
    args->out_args[0].size = sizeof(struct fuse_entry_out);
```

```
    args->out_args[0].value = outarg;
}
```

可以看出，我们已经分析的两个 fuse（fuse init 和 fuse lookup）中的函数实现其实大同小异，它们的差别在于在 fuse 连接上发送请求的操作码不同，参数类型、参数个数和大小不同，但总体上，其余目录操作对应的函数实现也都大体是这样，有兴趣的读者可以自行浏览剩余函数实现的源代码。

下面回到 fuse_iget 这个负责创建 fuse 文件系统中 inode 的函数中，调用 fuse_init_inode 函数用来初始化一个 inode 的实例，并且它会根据 inode 的类型为其分配不同的操作：

```
static void fuse_init_inode(struct inode * inode, struct fuse_attr * attr)
{
    inode->i_mode = attr->mode & S_IFMT;
    inode->i_size = attr->size;
    inode->i_mtime.tv_sec  = attr->mtime;
    inode->i_mtime.tv_nsec = attr->mtimensec;
    inode->i_ctime.tv_sec  = attr->ctime;
    inode->i_ctime.tv_nsec = attr->ctimensec;
    if (S_ISREG(inode->i_mode)) {
        fuse_init_common(inode);
        fuse_init_file_inode(inode);
    } else if (S_ISDIR(inode->i_mode))
        fuse_init_dir(inode);
    else if (S_ISLNK(inode->i_mode))
        fuse_init_symlink(inode);
    else if (S_ISCHR(inode->i_mode) || S_ISBLK(inode->i_mode) ||
        S_ISFIFO(inode->i_mode) || S_ISSOCK(inode->i_mode)) {
        fuse_init_common(inode);
        init_special_inode(inode, inode->i_mode,
                new_decode_dev(attr->rdev));
    } else
        BUG();
}
```

例如，在前面对 fuse 文件系统的 inode 的查找解析过程中，我们就见到了对于一个目录 inode（即 S_ISDIR 判断为真）的初始化函数 fuse_init_dir，以及对目录文件描述相关操作的回调函数集合 fuse_dir_operations 和对目录的 inode 相关操作的回调函数集合 fuse_dir_inode_operations。

对于普通文件（即 S_ISREG 判断为真）则是调用了 fuse_init_common 函数，来为当前 inode 设置了 fuse_common_inode_operations 作为相关操作的回调函数的：

```
void fuse_init_common(struct inode * inode)
{
    inode->i_op = &fuse_common_inode_operations;
}
static const struct inode_operations fuse_common_inode_operations = {
    .setattr     = fuse_setattr,
    .permission  = fuse_permission,
    .getattr     = fuse_getattr,
```

```
    .listxattr        = fuse_listxattr,
    .get_acl          = fuse_get_acl,
    .set_acl          = fuse_set_acl,
    .fileattr_get     = fuse_fileattr_get,
    .fileattr_set     = fuse_fileattr_set,
};
```

并且调用 fuse_init_file_inode 函数初始化了文件相关的字段，并将与文件描述相关的操作交给 fuse_file_operations 中的回调函数处理：

```
void fuse_init_file_inode(struct inode * inode)
{
    struct fuse_inode * fi = get_fuse_inode(inode);
    inode->i_fop = &fuse_file_operations;
    inode->i_data.a_ops = &fuse_file_aops;
    INIT_LIST_HEAD(&fi->write_files);
    INIT_LIST_HEAD(&fi->queued_writes);
    fi->writectr = 0;
    init_waitqueue_head(&fi->page_waitq);
    fi->writepages = RB_ROOT;
    if (IS_ENABLED(CONFIG_FUSE_DAX))
        fuse_dax_inode_init(inode);
}
static const struct file_operations fuse_file_operations = {
    .llseek           = fuse_file_llseek,
    .read_iter        = fuse_file_read_iter,
    .write_iter       = fuse_file_write_iter,
    .mmap             = fuse_file_mmap,
    .open             = fuse_open,
    .flush            = fuse_flush,
    .release          = fuse_release,
    .fsync            = fuse_fsync,
    .lock             = fuse_file_lock,
    .get_unmapped_area = thp_get_unmapped_area,
    .flock            = fuse_file_flock,
    .splice_read      = generic_file_splice_read,
    .splice_write     = iter_file_splice_write,
    .unlocked_ioctl   = fuse_file_ioctl,
    .compat_ioctl     = fuse_file_compat_ioctl,
    .poll             = fuse_file_poll,
    .fallocate        = fuse_file_fallocate,
    .copy_file_range  = fuse_copy_file_range,
};
```

而对于符号链接类型（即 S_ISLNK 判断为真），inode 的初始化是依赖于 fuse_init_symlink 函数的，它会将相应的操作委托给 fuse_symlink_inode_operations 中的函数。由于符号链接不支持文件操作，因此它并不需要为 i_fop 字段赋值：

```
void fuse_init_symlink(struct inode * inode)
{
    inode->i_op = &fuse_symlink_inode_operations;
    inode->i_data.a_ops = &fuse_symlink_aops;
```

```
    inode_nohighmem(inode);
}
static const struct inode_operations fuse_symlink_inode_operations = {
    .setattr    = fuse_setattr,
    .get_link   = fuse_get_link,
    .getattr    = fuse_getattr,
    .listxattr  = fuse_listxattr,
};
```

最后，对于其他类型，包括字符设备、块设备、FIFO 管道和套接字，则是先调用针对普通 inode 的 fuse_init_common 函数，然后调用 init_special_inode 函数初始化这些特殊设备。但它不是由 fuse 提供支持的，而是由 Linux 内核中更加通用的文件系统模块响应的。

以上操作中大部分实现都如同前面详解的 fuse_lookup 和 fuse_sync_fs 函数一样，会通过 fuse 的连接向用户态 FUSE 应用程序发送对应的请求，按需接收对应的回复，剩余的操作都是由用户态的 FUSE 应用程序完成的。对于不同类型的请求唯一不同的就是它们所使用的参数了，例如会在文件或者目录读取请求中使用的 struct fuse_io_args 类型，以及在这个类型和其他各种需要内存页面的请求中需要的 struct fuse_args_pages 类型，对于后者我们会在后续部分讲解。

补充说明：读者可能注意到 inode 中 i_data 字段的 a_ops 也被分配了对应的操作函数集合，在这里它们提供了一些 Linux 内核支持的高级操作，包括直接输入输出、读写内存页面等。作为一个 Linux 内核中的高级话题，我们不在此处的 fuse 模块部分进行讨论。

与此同时，在 Linux 内核中还提供了基于 fuse 的字符设备的驱动，它是一个完整的名为 cuse 的模块，主要代码位于 fs/fuse/cuse.c 文件中，并且它还依赖于 Linux 内核中的 fuse 模块。

这个 cuse 模块的初始化是由其中的 cuse_init 函数完成的：

```
module_init(cuse_init);
module_exit(cuse_exit);
static int __init cuse_init(void)
{
    int i, rc;
    /* 初始化 cuse 连接表 */
    for (i = 0; i < CUSE_CONNTBL_LEN; i++)
        INIT_LIST_HEAD(&cuse_conntbl[i]);
    /* 继承和拓展 fuse_dev_operations 中的操作 */
    cuse_channel_fops            = fuse_dev_operations;
    cuse_channel_fops.owner      = THIS_MODULE;
    cuse_channel_fops.open       = cuse_channel_open;
    cuse_channel_fops.release    = cuse_channel_release;
    /* 但 cuse 不支持 FUSE_DEV_IOC_CLONE 操作 */
    cuse_channel_fops.unlocked_ioctl = NULL;
    cuse_class = class_create(THIS_MODULE, "cuse");
    if (IS_ERR(cuse_class))
        return PTR_ERR(cuse_class);
    cuse_class->dev_groups = cuse_class_dev_groups;
    rc = misc_register(&cuse_miscdev);
    if (rc) {
```

```
        class_destroy(cuse_class);
        return rc;
    }
    return 0;
}
```

它首先初始化 CUSE_CONNTBL_LEN（在 5.15 版本中这个值是 64）个用来存储 cuse 连接的列表。然后将 fuse_dev_operations 中的设备操作复制到 cuse_channel_fops 中，为 cuse 通道提供回调函数。但根据 cuse 和 fuse 的不同，以及所属的模块不同，相应的字段也会被修改，例如操作中的 open 字段就指向了 cuse_channel_open 函数，用来响应通道的打开操作（请注意，这里的 channel 通道就是 fuse 中的设备，在 cuse 中进行处理时，设备会被称为通道以减少混淆），而 release 字段指向了 cuse_channel_release 函数，其余基本与 fuse 模块中的相同。最后，它也调用 misc_register 函数注册了一个辅助设备，其中使用的设备描述是在 cuse 中的 cuse_miscdev，它的定义如下：

```
static struct miscdevice cuse_miscdev = {
    .minor      = CUSE_MINOR,
    .name       = "cuse",
    .fops       = &cuse_channel_fops,
};
```

这个结构体提供了 CUSE_MINOR 作为副设备号，使用 cuse 作为设备名称，从而可以使 udev 将这个 cuse 设备导出到/dev/cuse 路径，而它对应的文件操作就是在 cuse 模块初始化过程中设置的 cuse_channel_fops 函数集合。

如同在 fuse 模块中提到的，就像 fuse 文件系统一样，一个用户态的 FUSE 应用程序可以通过打开/dev/cuse 并回复 Linux 内核发送的初始化请求，来创建一个 cuse 通道。从而允许从用户空间实现字符设备，负责处理通道打开的就是 cuse_channel_open 函数，它负责处理 cuse 通道在 Linux 内核部分的初始化。而另一个 cuse_channel_release 函数则负责在 cuse 通道关闭时，对相应的资源进行释放。除此之外，其余的操作都与 fuse 模块中的非常相似，而实际上，这些其他的操作也是直接复用了大量 fuse 中的函数和类型。

在这两个函数中 cuse 用到的新类型是 struct cuse_conn 类型，它的定义如下：

```
struct cuse_conn {
    struct list_head    list;       /* 在 cuse_conntbl 连接表中的元素 */
    struct fuse_mount   fm;         /* 虚拟的 fuse 挂载,用来为 fuse 连接添加引用 */
    struct fuse_conn    fc;         /* fuse 连接 */
    struct cdev        *cdev;       /* 关联的字符设备 */
    struct device      *dev;        /* 用来表示 cdev 字段的通用设备 */
    /* 初始化参数,只在初始化的时候设置一次 */
    bool                unrestricted_ioctl;
};
```

它的实例包含了一个 struct fuse_conn 类型的 fc 字段，是被用来发送 cuse 请求的、在 fuse 模块定义并提供的 fuse 连接；与之关联的 struct fuse_mount 类型的 fuse 挂载负责提供虚拟的挂载信息，以便在 fuse 模块的相关函数中使用 cuse 的连接而不会出现问题；cdev 字段和 dev 字段分别是这个 cuse 连接关联的、在 Linux 内核中字符设备和相应的通用设备。这个字符设备也会被 udev 导出到/dev 目录下，对它的文件操作就是由用户态的 FUSE 应用程序提供支持的。

在用户态 FUSE 应用程序打开/dev/cuse 时，响应的 cuse_channel_open 函数定义如下：

```
static int cuse_channel_open(struct inode * inode, struct file * file)
{
    struct fuse_dev * fud;
    struct cuse_conn * cc;
    int rc;
    /* 设置 cuse 连接 */
    cc = kzalloc(sizeof(* cc), GFP_KERNEL);
    if (!cc)
        return -ENOMEM;
    fuse_conn_init(&cc->fc, &cc->fm, file->f_cred->user_ns,
                &fuse_dev_fiq_ops, NULL);
    cc->fc.release = cuse_fc_release;
    fud = fuse_dev_alloc_install(&cc->fc);
    fuse_conn_put(&cc->fc);
    if (!fud)
        return -ENOMEM;
    INIT_LIST_HEAD(&cc->list);
    cc->fc.initialized = 1;
    rc = cuse_send_init(cc);
    if (rc) {
        fuse_dev_free(fud);
        return rc;
    }
    file->private_data = fud;
    return 0;
}
```

它首先会为一个 struct cuse_conn 类型的实例分配空间，并调用 fuse_conn_init 函数初始化一个 fuse 连接以便发送初始化信息。然后调用 fuse_dev_alloc_install 函数为其分配一个 fuse 设备，最后调用 cuse_send_init 函数来发送 cuse 的初始化消息。在进一步追踪这个函数前，先来看一看 cuse 中用来描述初始化参数的 struct cuse_init_args 类型：

```
struct cuse_init_args {
    struct fuse_args_pages ap;
    struct cuse_init_in in;
    struct cuse_init_out out;
    struct page * page;
    struct fuse_page_desc desc;
};
```

它包含了一个 struct fuse_args_pages 类型的 ap 字段，用来描述附带内存页面的 fuse 请求参数；in 字段和 out 字段分别是 cuse 中使用的输入和输出参数；page 字段可以指向一个表示内存页面的 struct page 类型的结构体；desc 字段则是 fuse 中使用的对这个内存页面的描述。其中 struct cuse_init_in 和 struct cuse_init_out 类型和前面在 fuse 中使用的初始化参数有些类似：

```
struct cuse_init_in {
    uint32_t  major;
```

```
    uint32_t  minor;
    uint32_t  unused;
    uint32_t  flags;
};
struct cuse_init_out {
    uint32_t  major;
    uint32_t  minor;
    uint32_t  unused;
    uint32_t  flags;
    uint32_t  max_read;
    uint32_t  max_write;
    uint32_t  dev_major;              /* 字符设备主设备号 */
    uint32_t  dev_minor;              /* 字符设备副设备号 */
    uint32_t  spare[10];
};
```

对于前四个字段，它们都分别表示 Linux 内核中 fuse 模块的 major 主版本号、minor 副版本号、未使用的 unused 字段和特性的标识 flags 字段。在 struct cuse_init_out 类型中有更多从用户态 FUSE 应用程序传来的信息，包括要创建的 cuse 字符设备的最大读取量（即 max_read 字段）、最大写入量（max_write 字段）和使用的主副设备号等。

而 struct fuse_args_pages 类型则是附带了数个 Linux 内核中内存页面及其描述的复合 fuse 参数，它同样也被用在了 fuse 的读取文件等操作中，被定义在 fs/fuse/fuse_i.h 文件中：

```
struct fuse_args_pages {
    struct fuse_args args;
    struct page **pages;
    struct fuse_page_desc *descs;
    unsigned int num_pages;
};
```

可以看到 args 字段是 struct fuse_args 类型的结构体，用来存储前文中描述过 fuse 的通用参数，包括操作码和输入输出参数的指针等；pages 字段用来指向分配的内存页面数组；descs 字段用来指向 fuse 特定的对内存页面的描述；num_pages 字段则记录了内存页面数组中页面的个数。

在 cuse 的通信中，这些参数都是由 cuse_send_init 函数来设置并发送的，其定义如下：

```
static int cuse_send_init(struct cuse_conn *cc)
{
    int rc;
    struct page *page;
    struct fuse_mount *fm = &cc->fm;
    struct cuse_init_args *ia;
    struct fuse_args_pages *ap;
    BUILD_BUG_ON(CUSE_INIT_INFO_MAX > PAGE_SIZE);
    rc = -ENOMEM;
    page = alloc_page(GFP_KERNEL | __GFP_ZERO);
    if (!page)
        goto err;
    ia = kzalloc(sizeof(*ia), GFP_KERNEL);
    if (!ia)
```

```
        goto err_free_page;
    ap = &ia->ap;
    /* 中略,设置输入参数 */
    ap->args.opcode = CUSE_INIT;
    ap->args.in_numargs = 1;
    /* 中略,设置输入参数 */
    ap->args.out_numargs = 2;
    /* 中略,设置输出参数 */
    ap->num_pages = 1;
    ap->pages = &ia->page;
    ap->descs = &ia->desc;
    ia->page = page;
    ia->desc.length = ap->args.out_args[1].size;
    ap->args.end = cuse_process_init_reply;
    rc = fuse_simple_background(fm, &ap->args, GFP_KERNEL);
    if (rc) {
        kfree(ia);
err_free_page:
        __free_page(page);
    }
err:
    return rc;
}
```

首先它调用 alloc_page 函数向 page 变量分配一个内存页面,并分配一个 struct cuse_init_args 类型的实例到 ia 变量中,其中就包含了 cuse 初始化使用的输入、输出参数和带内存分页的 fuse 参数。如同在 fuse 中看到的一样,这个函数也是按照类似的格式设置参数和操作码等,其中操作码是 CUSE_INIT,表明这是一个 cuse 初始化参数的请求。除此之外,它将描述内存页面的参数设置,并将处理回复的回调函数设置为 cuse_process_init_reply。最后,它调用 fuse_simple_background 函数,将 cuse 请求中的 fuse 参数交给 Linux 内核在后台完成发送,之后的过程与在 fuse 中类似。

对初始化请求的回复进行处理的 cuse_process_init_reply 函数完成了好几个部分的处理,下面把这个函数拆分开来看。

它首先将 fuse 连接的 minor 副版本设置成用户态 FUSE 应用程序传回的值,并将最大读取量和最大写入量置为回复中的值,但最大限制为 4096 字节:

```
fc->minor = arg->minor;
fc->max_read = max_t(unsigned, arg->max_read, 4096);
fc->max_write = max_t(unsigned, arg->max_write, 4096);
```

下面的代码对 unrestricted_ioctl 字段进行设置,并且调用 cuse_parse_devinfo 函数,从之前分配并由用户态 FUSE 应用程序使用的内存页面中解析设备信息:

```
/* 解析初始化回复 */
cc->unrestricted_ioctl = arg->flags & CUSE_UNRESTRICTED_IOCTL;
rc = cuse_parse_devinfo(page_address(page), ap->args.out_args[1].size,
                &devinfo);
```

在 cuse_parse_devinfo 函数中,它不断尝试从内存页面中解析一个键-值对,直到内存页面结束，内存页面中已使用的值是通过第二个 len 参数传入的，而这个值是用户态 FUSE 应用程序通过 Linux 内核发送 fuse 请求中的输出参数传回内核的。在整个内存页面中，它所需要的是键为 DEVNAME 的对，作为 struct cuse_devinfo 类型中唯一的 name 字段的字符串指向的值，这个值会在之后被用作需要创建的字符设备的名称：

```
/* 确定和保留设备标识符 */
devt = MKDEV(arg->dev_major, arg->dev_minor);
if (!MAJOR(devt))
    rc = alloc_chrdev_region(&devt, MINOR(devt), 1, devinfo.name);
else
    rc = register_chrdev_region(devt, 1, devinfo.name);
if (rc) {
    pr_err("failed to register chrdev region\n");
    goto err;
}
/* 已经确定 devt 了,创建设备 */
rc = -ENOMEM;
dev = kzalloc(sizeof(*dev), GFP_KERNEL);
if (!dev)
    goto err_region;
device_initialize(dev);
dev_set_uevent_suppress(dev, 1);
dev->class = cuse_class;
dev->devt = devt;
dev->release = cuse_gendev_release;
dev_set_drvdata(dev, cc);
dev_set_name(dev, "%s", devinfo.name);
mutex_lock(&cuse_lock);
/* 确保设备名称是唯一的 */
for (i = 0; i < CUSE_CONNTBL_LEN; ++i) {
    list_for_each_entry(pos, &cuse_conntbl[i], list)
        if (!strcmp(dev_name(pos->dev), dev_name(dev)))
            goto err_unlock;
}
rc = device_add(dev);
```

可以看到，它使用输出参数中的 dev_major 和 dev_minor 字段创建并保留一个设备标识符，如果主设备号已经被占用了，就会调用 alloc_chrdev_region 函数分配一块新的字符设备空间（即自动分配主设备号），否则调用 register_chrdev_region 函数注册即可。这时，要创建的设备主副设备号就设置完成了。

在确定了主副设备号之后，cuse_process_init_reply 函数就会分配一个新的通用设备的内存空间，调用 device_initialize 函数来对其进行初始化，并设置相应的 cuse 设备类型、设备标识符和设备名称等属性。在确认 cuse 连接表中没有相同名称的设备后，调用 device_add 函数将创建的设备添加到 Linux 内核中。

在添加了通用设备后，它调用 cdev_alloc 函数分配一个字符设备并设置对应的属性，包括字符设备的所有者和字符设备支持的操作等，最后调用 cdev_add 函数将字符设备添加到 Linux 内核中，并与对应的 cuse 连接关联起来：

```
/* 注册字符设备 */
rc = -ENOMEM;
cdev = cdev_alloc();
if (!cdev)
    goto err_unlock;
cdev->owner = THIS_MODULE;
cdev->ops = &cuse_frontend_fops;
rc = cdev_add(cdev, devt, 1);
if (rc)
    goto err_cdev;
cc->dev = dev;
cc->cdev = cdev;
```

和在 Linux 内核驱动中见到的一样，在 cuse 中字符设备的相关操作也是由一个 struct file_operations 类型的结构体来描述的。对于这个设备的任何文件相关的系统调用，都会映射到对应的名为 cuse_frontend_fops 的文件描述操作上去，它的定义如下：

```
static const struct file_operations cuse_frontend_fops = {
    .owner              = THIS_MODULE,
    .read_iter          = cuse_read_iter,
    .write_iter         = cuse_write_iter,
    .open               = cuse_open,
    .release            = cuse_release,
    .unlocked_ioctl     = cuse_file_ioctl,
    .compat_ioctl       = cuse_file_compat_ioctl,
    .poll               = fuse_file_poll,
    .llseek             = noop_llseek,
};
```

最后，cuse_process_init_reply 函数会将当前的 cuse 连接添加到 cuse 连接表中，并触发 Linux 内核对象的添加事件：

```
/* 使设备可用 */
list_add(&cc->list, cuse_conntbl_head(devt));
mutex_unlock(&cuse_lock);
/* 向用户空间发布设备的可用性 */
dev_set_uevent_suppress(dev, 0);
kobject_uevent(&dev->kobj, KOBJ_ADD);
```

到这里，用户空间的 udev 就会接收到事件，并将新创建的字符设备导出到/dev 目录下，并使用在前面解析出的字符设备名称作为路径名。

当用户态的 FUSE 应用程序退出时，它对应的 cuse 通道会被关闭，从而确定需要移除的字符设备。当 cuse 通道关闭时，前文中提到的 cuse_channel_release 函数会被调用，以进行资源的释放：

```
static int cuse_channel_release(struct inode * inode, struct file * file)
{
    struct fuse_dev * fud = file->private_data;
    struct cuse_conn * cc = fc_to_cc(fud->fc);
    int rc;
    /* 从 conntbl 连接表中移除,从此刻开始不再有访问 */
```

```
    mutex_lock(&cuse_lock);
    list_del_init(&cc->list);
    mutex_unlock(&cuse_lock);
    /* 移除设备 */
    if (cc->dev)
        device_unregister(cc->dev);
    if (cc->cdev) {
        unregister_chrdev_region(cc->cdev->dev, 1);
        cdev_del(cc->cdev);
    }
    rc = fuse_dev_release(inode, file);/* 释放底层引用 */
    return rc;
}
```

其中 cuse 连接会被从 Linux 内核层面的 cuse 连接表中删除，防止来自字符设备的进一步访问，然后字符设备和对应的通用设备也会被删除，并释放相关引用。而此时，在用户空间的 udev 也会收到字符设备的 Linux 内核对象被删除的事件，从而移除在/dev 中的设备节点。

我们展示文件描述操作中 open 字段指向的 cuse_open 函数，来作为 cuse 模块中实现的一个例子，它的代码如下：

```
static int cuse_open(struct inode * inode, struct file * file)
{
    dev_t devt = inode->i_cdev->dev;
    struct cuse_conn * cc = NULL, * pos;
    int rc;
    /* 查找并获取连接 */
    mutex_lock(&cuse_lock);
    list_for_each_entry(pos, cuse_conntbl_head(devt), list)
        if (pos->dev->devt == devt) {
            fuse_conn_get(&pos->fc);
            cc = pos;
            break;
        }
    mutex_unlock(&cuse_lock);
    /* 判断连接是否断开 */
    if (!cc) return -ENODEV;
    /* 通用的权限检查已经由字符设备完成了,可以直接打开 */
    rc = fuse_do_open(&cc->fm, 0, file, 0);
    if (rc)
        fuse_conn_put(&cc->fc);
    return rc;
}
```

它首先会根据设备标识符，在 cuse 连接表中找到对应的 cuse 连接，也就找到了对应的 cuse 通道，然后调用 fuse_do_open 函数来完成文件的打开。这个函数位于 fs/fuse/file.c 文件中，也是 fuse 模块中文件描述的打开实现，它的代码如下：

```
int fuse_do_open(struct fuse_mount * fm, u64 nodeid, struct file * file,
        bool isdir)
```

```
{
    struct fuse_file * ff = fuse_file_open(fm, nodeid, file->f_flags, isdir);
    if (!IS_ERR(ff))
        file->private_data = ff;
    return PTR_ERR_OR_ZERO(ff);
}
```

它简单地调用 fuse_file_open 函数来打开文件，并将返回的 struct fuse_file 类型的结构体 ff，存入 Linux 内核中通用的、struct file 类型的文件描述结构体中的 private_data 字段中。这个类型在 fuse 模块中用来表示一个文件，它记录了通用的 struct file 类型无法描述的、在 fuse 中限定的信息，其中的一部分信息包括：

```
struct fuse_file {
    /** 当前文件的 fuse 连接(包含在 fuse 挂载中) */
    struct fuse_mount * fm;
    /* 为文件释放操作保留的参数空间 */
    struct fuse_release_args * release_args;
    /** 内核中保证唯一的文件标识 */
    u64 kh;
    /** 用户空间使用的文件标识 */
    u64 fh;
    /** 文件的 inode 标识符 */
    u64 nodeid;
    /** 引用计数 */
    refcount_t count;
    /** open 返回的以 FOPEN_ 为前缀的标识 */
    u32 open_flags;
    /** 中略,读取目录相关 */
    /** 中略,文件轮询相关 */
    /** 指示文件锁定操作是否被应用在这个文件上 */
    bool flock:1;
};
```

我们省去了它中间内嵌的、用来读取目录的结构体类型，还有轮询相关的字段，剩余的字段在注释中就被很好地解释了。这个类型在 fuse_do_open 中是负责接收 fuse_file_open 函数的返回结果的，它的实现如下：

```
struct fuse_file * fuse_file_open(struct fuse_mount * fm, u64 nodeid,
                unsigned int open_flags, bool isdir)
{
    struct fuse_conn * fc = fm->fc;
    struct fuse_file * ff;
    int opcode = isdir ? FUSE_OPENDIR : FUSE_OPEN;
    ff = fuse_file_alloc(fm);
    if (!ff)
        return ERR_PTR(-ENOMEM);
    ff->fh = 0;
    /* 对于没有 open 实现的默认标识 */
    ff->open_flags = FOPEN_KEEP_CACHE | (isdir ? FOPEN_CACHE_DIR : 0);
    if (isdir ? !fc->no_opendir : !fc->no_open) {
        struct fuse_open_out outarg;
```

```
    int err;
    err = fuse_send_open(fm, nodeid, open_flags, opcode, &outarg);
    if (!err) {
        ff->fh = outarg.fh;
        ff->open_flags = outarg.open_flags;
    } else if (err != -ENOSYS) {
        fuse_file_free(ff);
        return ERR_PTR(err);
    } else {
        if (isdir)
            fc->no_opendir = 1;
        else
            fc->no_open = 1;
    }
}
if (isdir)
    ff->open_flags &= ~FOPEN_DIRECT_IO;
ff->nodeid = nodeid;
return ff;
}
```

它根据是否为目录，将 opcode 变量设置成 FUSE_OPENDIR 或 FUSE_OPEN 两者之一，分别表示打开一个目录和打开一个文件。然后调用 fuse_file_alloc 函数为要返回的 struct fuse_file 类型的结构体分配空间，并设置对应的标识。如果 fuse 连接的标识集合中表明不支持打开操作（即 no_opendir 或 no_open 被设置），那么不会有任何事情发生，否则会调用 fuse_send_open 函数，并将收到的回复中的输出参数更新到要返回的值中。

接下来进入到 fuse_send_open 函数中：

```
static int fuse_send_open(struct fuse_mount * fm, u64 nodeid, unsigned int open_flags, int
opcode, struct fuse_open_out * outargp)
{
    struct fuse_open_in inarg;
    FUSE_ARGS(args);
    memset(&inarg, 0, sizeof(inarg));
    inarg.flags = open_flags & ~(O_CREAT | O_EXCL | O_NOCTTY);
    if (!fm->fc->atomic_o_trunc)
        inarg.flags &= ~O_TRUNC;
    if (fm->fc->handle_killpriv_v2 &&
        (inarg.flags & O_TRUNC) && !capable(CAP_FSETID)) {
        inarg.open_flags |= FUSE_OPEN_KILL_SUIDGID;
    }
    args.opcode = opcode;
    args.nodeid = nodeid;
    args.in_numargs = 1;
    args.in_args[0].size = sizeof(inarg);
    args.in_args[0].value = &inarg;
    args.out_numargs = 1;
    args.out_args[0].size = sizeof(* outargp);
    args.out_args[0].value = outargp;
```

```
    return fuse_simple_request(fm, &args);
}
```

首先 fuse_send_open 函数创建并清空了一个 struct fuse_open_in 类型的结构体, 这个结构体负责描述 fuse 中打开文件或目录请求的输入参数, 它仅仅包含了 flags 和 open_flags 两个字段, 分别是文件打开的标识和以 FUSE_OPEN_ 为前缀的 fuse 模块特定标识, 后面的代码也对它们进行了设置。紧接着 fuse 请求参数的操作码、inode 标识和输入输出参数被设置, 这里请求的操作码是从上层传入的, 可以是表示打开目录的 FUSE_OPENDIR 或打开文件的 FUSE_OPEN, 在我们追踪的函数调用链中, 它的值是 FUSE_OPEN。最后, 在 fuse_send_open 函数中 fuse_simple_request 函数被调用, 正如在 fuse 模块中见到的, 它会创建并填充一个请求, 将请求添加到通信队列中, 并等待用户态 FUSE 应用程序的回复。

至此, 我们已经对 Linux 内核中 fuse 模块的超级块、目录和文件的处理都有一定的了解和认识了。这是因为在 fuse 模块中追踪了超级块的 sync_fs 操作和目录的 lookup 操作, 在 cuse 模块中则追踪了 open 操作, 而这一操作与打开挂载的 fuse 文件系统中的某个文件操作十分类似。事实上, 它们最终都是调用了前面在 cuse 模块中追踪的 fuse_do_open 函数来完成的。

最后, 同样是在与 fuse 模块相同的目录下, 还有一个提供了前文中提到的 virtiofs 的文件系统的模块。它本身也是基于 FUSE 技术的, 可以将主机的目录共享给使用 kvm 虚拟化技术创建的虚拟机。这个文件系统类型的声明在 fs/fuse/virtio_fs.c 文件中, 内容如下:

```
static struct file_system_type virtio_fs_type = {
    .owner          = THIS_MODULE,
    .name           = "virtiofs",
    .init_fs_context = virtio_fs_init_fs_context,
    .kill_sb= virtio_kill_sb,
};
```

但这里不对 virtiofs 进行详细描述, 感兴趣的读者可以自行查阅与 virtiofs 相关的技术和代码。

7.2 FUSE 在用户态中的 API 与基础示例

大多数情况下, 负责提供 fuse 文件系统的用户态 FUSE 应用程序都会使用 libfuse 作为依赖, 使用它提供的用户态 API 来进行编程。本小节将使用 libfuse 3.10.5 版本的代码作为例子进行分析。

它有两种抽象层级: 底层 (即 Low-Level, LL) 和高层应用程序接口。

1) 在底层接口中, 每个操作的实现都需要直接对 Linux 内核发送来的请求进行处理, 并且在处理结束后手动创建请求的回复并发送。对于文件和目录的处理来说, 需要操作和使用的是与 Linux 内核中 inode 相关联的信息。

2) 对于高层接口来说, 底层的部分直接由 libfuse 库来进行处理, 而对于文件和目录的处理则直接被抽象为对某个路径的操作。

无论对这两种抽象层级的哪一种来说, 在 libfuse 库中最基础的都是 struct fuse_session 类型。它被当作一个 libfuse 的内部类型定义在 lib/fuse_i.h 文件中, 用来描述一个与操作系统内核进行的 FUSE 会话，尽管这个类型也被导出了，但开发者不应当直接访问其中的字段。由于这些字段涉及 libfuse 中函数的实现，本书依然对其进行展示和相应的解释，这些字段如下所示：

```
struct fuse_session {
    char * mountpoint;
    volatile int exited;
    int fd;
    struct mount_opts * mo;
    int debug;
    int deny_others;
    struct fuse_lowlevel_ops op;
    int got_init;
    struct cuse_data * cuse_data;
    void * userdata;
    uid_t owner;
    struct fuse_conn_info conn;
    struct fuse_req list;
    struct fuse_req interrupts;
    pthread_mutex_t lock;
    int got_destroy;
    pthread_key_t pipe_key;
    int broken_splice_nonblock;
    uint64_t notify_ctr;
    struct fuse_notify_req notify_list;
    size_t bufsize;
    int error;
};
```

其中 mountpoint 字段是一个字符串，用来记录当前 fuse 文件系统挂载点的路径信息，这个路径是需要由 Linux 内核告知并存储在这里的；exited 字段是一个标识，用来记录当前 FUSE 会话是否已经结束退出；fd 字段则是在打开 udev 导出的/dev/fuse 或者/dev/cuse 设备，与 Linux 内核建立 fuse 连接时分配的文件描述符。

在 mo 这个 struct mount_opts 类型的字段中，存储了更多的挂载选项，这些挂载选项与 fuse 文件系统在内核中的部分相关密切，因此对于不同内核来说，这个结构体的定义可以不同。实际上，libfuse 库对 BSD 的 UNIX 内核和 Linux 内核对应的结构体定义做了区分，它们分别被定义在 lib/mount_bsd.c 和 lib/mount.c 文件中。对于 Linux 内核来说，这个结构体的定义如下：

```
struct mount_opts {
    int allow_other;
    int flags;
    int auto_unmount;
    int blkdev;
    char * fsname;
    char * subtype;
    char * subtype_opt;
    char * mtab_opts;
    char * fusermount_opts;
```

```
    char * kernel_opts;
    unsigned max_read;
};
```

在 struct fuse_session 类型中，接下来的 debug、deny_others、got_init 和 got_destroy 字段是四个标识，分别用来记录调试、权限、fuse 连接初始化和 FUSE 会话是否被销毁的状态等。

而 struct fuse_lowlevel_ops 类型的 op 字段，是当前 FUSE 会话在接收到相应底层操作之后进行处理的函数集合，我们稍后对它进行详细叙述。同样地，cuse_data 字段是一个 struct cuse_data 类型的结构体，用来记录和 cuse 相关的信息和操作，这个类型的定义如下：

```
struct cuse_data {
    struct cuse_lowlevel_ops        clop;
    unsigned        max_read;
    unsigned        dev_major;
    unsigned        dev_minor;
    unsigned        flags;
    unsigned        dev_info_len;
    char            dev_info[ ];
};
```

可以看到，对于其中大部分字段，都在 Linux 内核的 cuse 模块中存在匹配的信息。而 clop 字段则是一个 struct cuse_lowlevel_ops 类型，它负责对 cuse 相应操作进行处理，也是一个底层操作集合，我们将在 libfuse 的 cuse 部分对其进行解析。

在 struct fuse_session 类型中的 userdata 字段可以存储一些用户态 FUSE 应用程序需要的私有数据；owner 字段则是挂载所有者的用户标识符，由 Linux 内核提供；接下来的 conn 字段是 struct fuse_conn_info 类型的，用来描述 fuse 连接的一些信息，在这个结构体中的字段如下：

```
struct fuse_conn_info {
unsigned proto_major;
unsigned proto_minor;
unsigned max_write;
unsigned max_read;
unsigned max_readahead;
unsigned capable;
unsigned want;
unsigned max_background;
unsigned congestion_threshold;
unsigned time_gran;
unsigned reserved[ 22];
};
```

其中的一部分字段是由 libfuse 在接收到由操作系统内核传来的 fuse 初始化请求的时候，调用 do_init 函数，使用 Linux 内核发送请求中的参数进行填充的。这样的值有 proto_major、proto_minor 和 capable 字段等，它们分别是在 Linux 内核的 fuse 连接上使用的协议的主、副版本和支持的特性或能力。而另一些字段来自默认值或者挂载参数，是既可读也可写的，用户态 FUSE 应用程序可以调整这些字段的值，这样的字段包括 max_write、max_read、 max_background等。我们在 fuse 的 Linux 内核部分的 fuse 连接和输出参数中都见到过相同用途的字段，它们被通过输出参数作为请求的回复发送给 Linux 内核，从而指示其中的 fuse 文件系统使用请求的值。

在 libfuse 中，请求是由 struct fuse_req 类型描述的，它的定义如下：

```
struct fuse_req {
    struct fuse_session * se;
    uint64_t unique;
    int ctr;
    pthread_mutex_t lock;
    struct fuse_ctx ctx;
    struct fuse_chan * ch;
    int interrupted;
    unsigned int ioctl_64bit : 1;
    union {
        struct {
            uint64_t unique;
        } i;
        struct {
            fuse_interrupt_func_t func;
            void * data;
        } ni;
    } u;
    struct fuse_req * next;
    struct fuse_req * prev;
};
```

其中 se 字段是一个指向请求所属的 FUSE 会话的指针；unique 字段是用来记录标识当前请求的唯一标识符；ctr 字段是一个计数器，用于跟踪请求的计数；lock 字段则是在需要修改请求中的字段的时候，使用的互斥锁；ctx 字段和 ch 字段分别是 FUSE 的上下文信息和 FUSE 连接通道，其中包含了有关请求的用户和组身份的信息；interrupted 字段和 ioctl_64bit 字段都是标识，分别用来表示请求是否被中断及是否为 64 位的 ioctl 请求。

接下来的 u 字段是一个联合体，它可以是一个 64 位的唯一标识符，也可以是一个中断函数和相关的数据；而最后的 next 和 prev 字段都是指向其他 struct fuse_req 类型的指针，用来形成一个请求的链表。

在 struct fuse_session 类型中的 list 字段和 interrupts 字段分别对应的是普通请求和中断请求的链表。lock 是负责在修改 struct fuse_session 类型中的字段时，需要启用的互斥锁；pipe_key 字段则负责通过管道沟通交流各个线程；broken_splice_nonblock 字段负责记录是否启用了一个特殊的模式，它用于处理非阻塞的管道操作；而 notify_ctr 字段记录被通知的次数。

接下来的 notify_list 字段是一个 struct fuse_notify_req 类型的函数，它包含了一个唯一标识符、一个需要在通知时调用的回调函数和两个用来链接其他 struct fuse_notify_req 类型结构体实例的链表，它的所有字段如下：

```
struct fuse_notify_req {
    uint64_t unique;
    void (* reply)(struct fuse_notify_req *, fuse_req_t, fuse_ino_t,
            const void *, const struct fuse_buf *);
```

```
    struct fuse_notify_req *next;
    struct fuse_notify_req *prev;
};
```

最后的 bufsize 字段和 error 字段分别负责记录当前请求的缓冲区大小和在处理请求的时候可能出现的错误值。

现在来看 struct fuse_lowlevel_ops 类型，这个类型是一个函数的集合，用来提供 libfuse 中底层应用程序接口层面上的操作对应的回调函数。其中的大多数函数（除了 init 初始化和 destroy 清除操作之外）都接收一个表示请求的 fuse_req_t 类型作为它们的第一个参数。在底层操作的回调函数中，它必须作为在 libfuse 生成的给发送来的请求的回复函数的参数之一。这个回复可以在回调函数调用中完成，也可以在调用返回之后完成，但当前请求在调用回复的函数之前都应当是有效的。实际上，这个参数的 fuse_req_t 类型就是一个指向 struct fuse_req 类型实例的指针。而其他指针参数，包括名称、FUSE 文件信息等，在调用返回之后都会失效，因此如果以后需要它们，就必须复制并手动存储它们的内容。

由 struct fuse_lowlevel_ops 类型描述的底层操作的字段和相应的解释在表 7-2 中。

表 7-2　由 struct fuse_lowlevel_ops 类型描述的底层操作的字段和相应的解释说明

字　　段	回调函数的解释说明
init	这个字段指向的函数负责初始化 fuse 文件系统，当 libfuse 与 fuse 内核模块建立通信并向用户态 FUSE 应用程序发送初始化请求时，libfuse 会调用它对应的实现函数，文件系统应该在实现中使用这个模块来检查、修改 fuse 连接中提供的参数。 　　实现函数接收的第一个参数是创建 FUSE 会话时的用户数据，第二个参数是一个 struct fuse_conn_info 类型的实例，用来读取由当前函数设置的值。 　　在这个函数中不需要手动调用回复函数，也没有对应回复，它的调用者会将 struct fuse_conn_info 类型中对应的参数作为回复发送到 fuse 的内核部分。需要注意的是，某些参数可能会被传递给 FUSE 会话中的选项覆盖，这些选项优先于这个回调函数中设置的值
destroy	这个字段指向的函数负责清理文件系统，它在文件系统退出时被调用，此时与操作系统内核的连接可能已经消失。它只有一个参数，指向在创建 FUSE 会话时的用户数据。 　　它同样不需要手动对请求进行回复，调用者会对其进行处理
lookup	这个字段指向的函数负责按名称查找目录入口点，并获取其属性。实现函数接收请求、父级目录的 inode 标识符和要查找的目录入口点的名称作为参数。 　　在其中可以使用 fuse_reply_entry 或 fuse_reply_err 函数进行回复
forget	这个字段指向的函数负责遗忘一个 inode 实例，当操作系统内核从内部缓存中删除一个 inode 时，这个函数会被调用。实现函数接收请求、要遗忘的 inode 标识符和要减少的查找计数作为参数。 　　在其他函数每次调用 fuse_reply_entry 和 fuse_reply_create 时，inode 的查找计数都会增加。如果导出了当前文件系统，那么 inode 的生命周期需要被延长，甚至会无法进行遗忘操作。而在卸载时，所有 inode 的查找计数都会隐式降至 0，但不保证文件系统会收到所有受影响 inode 的相应遗忘消息。 　　可以使用 fuse_reply_none 进行回复，实际上如在 Linux 内核中所见的，它并不真的需要一个回复
getattr	这个字段指向的函数负责获取文件属性。实现函数可以接收请求、要获取的 inode 标识符和一个 struct fuse_file_info 类型的指针作为参数，最后一个参数是一个在 FUSE 中打开了的文件的信息，包括一些标识、一个在用户态 FUSE 应用程序内部表示文件标识的字段等，简称文件信息。 　　如果启用了写回缓存，操作系统内核可能比 FUSE 文件系统更清楚文件的长度。例如，如果有一个改变了文件大小的写入，但还没有传递到文件系统，这时文件系统提供的记录文件大小的 st_size 值将被忽略。 　　在函数中可以使用 fuse_reply_attr 或者 fuse_reply_err 函数进行回复

（续）

字　　段	回调函数的解释说明
setattr	这个字段指向的函数负责设置文件属性。实现函数可以接收请求、要设置的 inode 标识符、需要设置的属性和文件信息作为参数。 　　在函数中可以使用 fuse_reply_attr 或 fuse_reply_err 函数进行回复
readlink	这个字段指向的函数负责读取符号链接。实现函数可以接收请求和要读取符号链接对应的 inode 标识符作为参数。 　　在函数中可以使用 fuse_reply_readlink 或 fuse_reply_err 函数进行回复
mknod	这个字段指向的函数负责创建文件节点，当操作系统需要创建常规文件、字符设备、块设备、FIFO 管道或套字节点的时候调用。实现函数接收请求、父级目录对应的 inode 标识符、要创建的文件节点名称、文件类型以及模式和设备号（如果是设备的话）作为参数。 　　在实现函数中可以调用 fuse_reply_entry 或 fuse_reply_err 函数回复
mkdir	这个字段指向的函数负责创建目录。实现函数接收请求、父级目录对应的 inode 标识符、要创建的目录节点名称和目录的模式作为参数。 　　在实现函数中可以调用 fuse_reply_entry 或 fuse_reply_err 函数进行回复。
unlink	这个字段指向的函数负责删除文件。实现函数接收请求、父级目录对应的 inode 标识符和要删除的文件节点名称作为参数。 　　如果要删除的这个文件的 inode 对应的查找计数不为 0，则文件系统应该推迟对它 inode 的任何删除操作，直到查找计数达到 0。 　　在实现函数中可以调用 fuse_reply_err 函数来回复
rmdir	这个字段指向的函数负责删除目录。实现函数接收请求、父级目录对应的 inode 标识符和要删除的目录节点名称作为参数。 　　如果要删除的目录的 inode 的查找计数不为 0，则文件系统也会推迟对 inode 的任何删除操作，直到查找计数达到 0。 　　在实现函数中可以调用 fuse_reply_err 函数来回复
symlink	这个字段指向的函数负责创建符号链接。实现函数可以接收请求、要创建的链接指向的路径名、父级目录对应的 inode 标识符和要创建符号链接的名称作为参数。 　　在实现中的有效回复有 fuse_reply_entry 和 fuse_reply_err 两个函数
rename	这个字段指向的函数负责重命名文件。实现函数可以接收请求、要重命名的文件的父级目录对应的 inode 标识符、要重命名的文件名称、新的文件名称所在的父级目录对应的 inode 标识符、新的文件名称和一个标识作为参数。其中这个标识可能是 RENAME_EXCHANGE 或 RENAME_NOREPLACE： 　　对于前者来说，如果新的文件名存在，则文件系统不得覆盖新的文件名称，并应当返回错误；如果指定了 RENAME_EXCHANGE，文件系统则必须自动交换这两个文件，即两者都必须存在并且都不能被删除。 　　在它的实现中支持的有效回复仅有 fuse_reply_err 函数
link	这个字段指向的函数负责创建硬链接。实现函数可以接收请求、要创建硬链接的文件的 inode 标识符、新的硬链接所在的父级目录对应的 inode 标识符和新的硬链接名称作为参数。 　　它支持的有效回复可以通过 fuse_reply_entry 和 fuse_reply_err 两个函数来发送
open	这个字段指向的函数负责打开文件。实现函数可以接收请求、要打开的 inode 标识符和文件信息作为参数，其中打开标志在文件信息的 flags 字段中可用。 　　文件系统还可以在文件信息的 fh 字段中存储任意文件信息（包括指针、索引等），并在所有其他文件操作（如读取、写入、刷新、释放、文件同步等）中使用它。文件系统也可以实现无状态的文件输入输出，即不在 fh 字段中存储任何内容。文件系统还可以在文件信息中设置一些标识，以更改文件打开的方式。 　　在实现中支持的有效回复有 fuse_reply_open 和 fuse_reply_err 函数

（续）

字　　段	回调函数的解释说明
read	这个字段指向的函数负责读取数据。实现函数可以接收请求、要读取的 inode 标识符、要读取的字节数、在文件中的偏移值和文件信息作为参数，其中文件信息中的 fh 将包含由 open 指向的回调函数设置的值，或者如果 open 方法没有设置任何值，则 fh 也可以是未定义的。这个回调函数实现应该准确发送请求的字节数，除了遇到文件结束或出现错误，否则其余数据将被 0 替换。 它支持的有效回复有 fuse_reply_buf、fuse_reply_iov、fuse_reply_data 和 fuse_reply_err 四个函数
write	这个字段指向的函数负责写入数据。实现函数接收请求、要写入的 inode 标识符、写入内容的缓冲区、要写入的字节数、在文件中的偏移值和文件信息作为参数，在文件信息中 fh 字段也可以存储对应的值。负责写入的回调函数应准确返回请求的字节数，但在出现错误的情况中除外。 在函数实现中可以调用 fuse_reply_write 或 fuse_reply_err 进行回复
flush	这个字段指向的函数负责刷新文件，这个回调函数在打开文件的每个 close 系统调用时都会被调用。由于文件描述符可以复制，因此对于一个打开文件的调用，可能会有许多次刷新的调用，文件系统不应该假设在某些写入之后总是会调用刷新。 这个实现函数可以接收请求、要刷新的文件的 inode 标识符和文件信息作为参数，其中文件信息中的 fh 字段可以包含由 open 指向的实现函数设置的值。 需要注意的是，该方法的名称具有误导性，因为它与后面的 fsync 不同，在刷新操作中，文件系统不会强制刷新挂起的写入。 在函数实现中可以调用 fuse_reply_err 函数发送表明出错的回复
release	这个字段指向的函数负责释放打开的文件。当没有更多对打开文件的引用时，会调用此回调函数释放文件，即所有文件描述符都关闭并且所有内存都未映射。对于每个打开文件的调用，都会有一个释放文件的调用，除非文件系统被强制卸载。 这个实现函数接收请求、要释放的文件的 inode 标识符和文件信息作为参数，文件信息中的 fh 字段可以包含由文件打开回调函数设置的值，而 flags 字段将包含与在文件打开时相同的标志。 在实现中可以调用 fuse_reply_err 函数来回复错误，但错误值不会返回到触发释放的 close 或 munmap 系统调用中
fsync	这个字段指向的函数负责同步文件内容。这个实现函数接收请求、需要同步的文件的 inode 标识符、数据同步标识和文件信息作为参数。如果数据同步标识参数不为 0，那么只有用户数据应该被刷新，而不包括元数据。 它支持的有效回复只能通过 fuse_reply_err 函数发送
opendir	这个字段指向的函数负责打开一个目录。这个实现函数接收请求、要打开的目录的 inode 标识符和文件信息作为参数。文件系统可以在文件信息中的 fh 字段存储任意文件信息（如指针、索引等），并在所有其他目录的流操作（如 readdir、releasedir、fsyncdir）中使用它。 此外，如果 opendir 返回 FOPEN_KEEP_CACHE 和 FOPEN_CACHE_DIR 标识，操作系统内核会缓存读取目录 readdir 操作的结果。 在实现中它的有效回复可以由 fuse_reply_open 或 fuse_reply_err 函数发送
readdir	这个字段指向的函数负责读取一个目录。这个实现函数接收请求、要读取的目录的 inode 标识符、可以发送的数据的最大字节数、开始继续读取目录的流的偏移和文件信息作为参数，在文件信息中，fh 字段可以包含由 opendir 实现函数设置的值。 如果偏移值不为 0，则它将对应于 readdir 先前为同一目录返回的偏移值之一，从而继续读取。在这种情况下，它应该跳过由偏移值定义的位置之前的条目。 如果在目录打开时添加或删除条目，那么文件系统可能仍包含已删除的条目，并且可能不会报告已创建的条目。但是，添加或删除条目不能导致 readdir 的实现函数跳过不相关的条目或多次报告它们，这需要 FUSE 文件系统的开发者对这些情况进行考量。这意味着偏移值不能是一个简单的索引，用来枚举已返回的条目，但必须包含足够的信息来唯一地确定要返回的下一个目录条目，即使条目集正在被更改也是如此。 此外，该函数不必报告当前目录"."和父级目录".."条目，但也允许这样做，由 FUSE 文件系统决定，并且它们不会被隐式返回，调用者或者用户可以从返回的结果观察到这种行为。 这个实现函数可以发送使用 fuse_add_direntry 函数填充的缓冲区，其大小不能超过参数中限定的大小，并在流结束时发送一个空缓冲区。从 readdir 返回目录条目不会影响其查找计数。 它支持的有效回复有 fuse_reply_buf、fuse_reply_data 和 fuse_reply_err 三个函数

（续）

字　　段	回调函数的解释说明
releasedir	这个字段指向的函数负责释放一个打开的目录。这个实现函数接收请求、要释放的目录的 inode 标识符和文件信息作为参数，其中文件信息的 fh 字段可以包含在 opendir 实现函数中设置的值。 对于每个打开目录的 opendir 调用，都应当有一个对应的释放目录 releasedir 调用，除非文件系统被强制卸载了。 它支持的有效回复只能通过 fuse_reply_err 函数发送
fsyncdir	这个字段指向的函数负责同步目录内容。这个实现函数接收请求、要同步的目录的 inode 标识符、数据同步的标识和文件信息作为参数。如果 datasync 参数不为 0，则只刷新目录内容，而不包括元数据，文件信息的 fh 字段可以包含在 opendir 实现函数中设置的值。 它支持的有效回复只能通过 fuse_reply_err 函数发送
statfs	这个字段指向的函数负责获取文件系统统计信息。它可以接收请求和要获取统计信息的路径的 inode 标识符作为参数。 在实现中支持调用 fuse_reply_statfs 和 fuse_reply_err 函数发送回复
setxattr	这个字段指向的函数负责设置扩展属性。它接收请求、要设置属性的文件对应的 inode 标识符、要设置的属性名、要设置的属性值、要发送的值的大小和一个标识作为参数。 它支持的有效回复只能通过 fuse_reply_err 函数发送
getxattr	这个字段指向的函数负责获取扩展属性。它接收请求、要获取属性的文件对应的 inode 标识符、要获取的属性名和要发送的值的最大大小 size 作为参数。如果 size 为 0，则应使用 fuse_reply_xattr 函数发送值的大小；如果大小不为 0，且该值能放入缓冲区中，则应调用 fuse_reply_buf 函数发送该值；如果 size 太小，则应通过 fuse_reply_err 函数发送表明 ERANGE 错误的回复。 除此之外，还有 fuse_reply_data 可以被调用用来回复
listxattr	这个字段指向的函数负责列出扩展属性的名称。它接收请求、要列出属性名称的文件对应的 inode 标识符和要发送的列表的最大大小 size 作为参数。如果列表大小为 0，则应使用 fuse_reply_xattr 函数发送属性列表的总大小；如果列表大小不为 0，并且空字符分隔的属性列表适合缓冲区，则应使用 fuse_reply_buf 函数发送列表；如果列表太小，则应通过 fuse_reply_err 函数发送表明 ERANGE 错误的回复。 除此之外，还有 fuse_reply_data 可以被调用用来回复
removexattr	这个字段指向的函数负责删除扩展属性。它接收请求、要移除属性的文件对应的 inode 标识符和要移除的属性名称作为参数。 它支持的有效回复只能通过 fuse_reply_err 函数发送
access	这个字段指向的函数负责检查文件访问权限。它接收请求、要检查的文件对应的 inode 标识符和请求的访问模式作为参数。 它会在 access 和 chdir 系统调用中调用，如果给出了 default_permissions 挂载选项，则不会调用此方法。 它支持的有效回复只能通过 fuse_reply_err 函数发送
create	这个字段指向的函数负责创建并打开文件。它接收请求、要打开的文件的父级目录对应的 inode 标识符、要创建的文件名称、要创建的文件类型和模式作为参数。 如果文件不存在，就会先用指定的模式创建，然后再打开。如果此方法未实现或在低于 2.6.15 的 Linux 内核版本下，则会调用 mknod 和 open 方法来替代。 在实现中它的有效回复可以调用 fuse_reply_create 或 fuse_reply_err 函数来进行发送
getlk	这个字段指向的函数负责测试一个 POSIX 文件锁。这个实现函数接收请求、要测试锁的文件的 inode 标识符、文件信息和锁的区域或类型作为参数。 其中可以调用发送有效回复的函数有 fuse_reply_lock 或 fuse_reply_err

（续）

字　　段	回调函数的解释说明
setlk	这个字段指向的函数负责获取、修改或释放 POSIX 文件锁。这个实现函数接收请求、要修改锁状态的文件的 inode 标识符、文件信息、锁的区域或类型和锁定操作是否可以休眠的标识作为参数。 对于 POSIX 线程来说，进程标识符和所有者之间应当存在一对一的关系，但并非总是如此，如果需要检查锁的所有权，就必须使用文件信息中的 owner 字段。 注意：如果没有实现锁定方法，操作系统内核仍然允许文件锁定在本地工作，因此，这些操作仅对网络文件系统和类似的文件系统有用。 在实现函数中可以发送的有效回复仅有 fuse_reply_err 函数
bmap	这个字段指向的函数负责将文件中的块索引映射到设备中的块索引。这个实现函数接收请求、要映射的文件的 inode 标识符、块大小和文件中的块索引作为参数。 注意：这个操作仅对使用 blkdev 选项挂载的块设备文件系统有意义，它在 Linux 内核中被称为 fuseblk 文件系统。 它的有效回复有 fuse_reply_bmap 和 fuse_reply_err 两个函数
ioctl	这个字段指向的函数负责输入输出控制。这个实现函数接收请求、要控制的 inode 标识符、输入输出控制命令与参数、文件信息、输入输出命令的标识、输入缓冲区的指针及大小和输出缓冲区的大小作为参数。操作系统内核会根据输入输出控制命令中编码的信息准备输入输出数据区。 它支持调用的有效回复有 fuse_reply_ioctl_retry、fuse_reply_ioctl、fuse_reply_ioctl_iov 和 fuse_reply_err 函数
poll	这个字段指向的函数负责轮询。这个实现函数接收请求、要轮询的 inode 标识符、文件信息和一个 struct fuse_pollhandle 类型的指针 ph 作为参数，其中包含了一个由操作系统提供的标识符和 FUSE 会话的指针。 在其中可以调用 fuse_reply_poll 或 fuse_reply_err 函数进行回复
write_buf	这个字段指向的函数负责写入缓冲区中可用的数据，是 write 的更通用版本。这个实现函数接收请求、要写入的 inode 标识符、缓冲区向量、写入开始的偏移值和文件信息作为参数。 在实现中可以发送的有效回复有 fuse_reply_write 和 fuse_reply_err 函数
retrieve_reply	这个字段指向的函数负责检索请求。可用的有效回复仅有 fuse_reply_none 函数
forget_multi	这个字段指向的函数负责遗忘多个 inode。这个实现函数接收请求、要遗忘的 inode 总数和 struct fuse_forget_data 类型的结构体作为参数，每个结构体包含一个 inode 标识符和要减少的查找计数。 它可用的有效回复仅有 fuse_reply_none 函数
flock	这个字段指向的函数负责获取、修改或释放 BSD 风格的文件锁。这个实现函数接收请求、要进行锁操作的文件对应的 inode 标识符、文件信息和锁操作的类型作为参数。 注意：如果没有实现锁定方法，操作系统内核仍然允许文件锁定在本地工作，因此，这些操作仅对网络文件系统和类似的文件系统有用。 在这个实现中可以使用 fuse_reply_err 函数进行回复
fallocate	这个字段指向的函数负责分配请求的空间。这个实现函数接收请求、要分配空间的文件对应的 inode 标识符、开始的偏移、要分配的空间的大小和分配操作的模式作为参数。 如果此函数返回成功，则后续对指定范围的写入不会因文件系统存储介质上的可用空间不足而失败。 在这个实现中可以调用 fuse_reply_err 函数进行回复
readdirplus	这个字段指向的函数负责读取带有属性的目录。它可以发送一个使用 fuse_add_direntry_plus 填充的缓冲区组成的流，其大小不超过请求的大小，在流结束时发送一个空缓冲区。 这个实现函数接收请求、要读取的目录对应的 inode 标识符、最大可以发送的字节数、继续读取流的偏移和文件信息作为参数，其中文件信息的 fh 字段可以包含一个由打开目录操作 opendir 指向的实现函数设置的值。 与前面的 readdir 相比，readdirplus 会对返回的每个条目的查找计数（除了 "." 和 ".." 外）增加一，而前者不影响查找计数。 在这个实现中可以调用 fuse_reply_buf、fuse_reply_data 或 fuse_reply_err 函数发送回复

（续）

字　　段	回调函数的解释说明
copy_file_range	这个字段指向的函数负责将一系列数据从一个文件复制到另一个文件。它可以在两个文件描述符之间执行优化复制，而不需要通过 FUSE 内核模块将数据传输到用户空间中，然后再次返回 FUSE 文件系统的额外成本。如果未实现此方法，则将退回到从源文件读取数据并写入目标文件，即对数据进行低效复制。 它接收请求、源文件对应的 inode 标识符、源文件信息、目标文件对应的 inode 标识符、开始写入目标文件的偏移、目标文件信息、要复制的数据长度和一个由 copy_file_range 系统调用接收到的标识符作为参数。 在这个实现函数中可以调用 fuse_reply_write 或 fuse_reply_err 进行回复
lseek	这个字段指向的函数负责寻找指定偏移后的下一个数据。这个实现函数接收请求、要进行修改的文件的 inode 标识符、开始寻找的文件内偏移、寻找的方式（包括 SEEK_DATA 和 SEEK_HOLE）和文件信息作为参数。 可以调用 fuse_reply_lseek 或 fuse_reply_err 函数来发送回复

在去除注释后，struct fuse_lowlevel_ops 类型的结构体剩余的内容（也就是单纯的函数指针字段的声明和接收的参数类型）如下：

```
struct fuse_lowlevel_ops {
    void (*init) (void *userdata, struct fuse_conn_info *conn);
    void (*destroy) (void *userdata);
    void (*lookup) (fuse_req_t req, fuse_ino_t parent, const char *name);
    void (*forget) (fuse_req_t req, fuse_ino_t ino, uint64_t nlookup);
    void (*getattr) (fuse_req_t req, fuse_ino_t ino,
            struct fuse_file_info *fi);
    void (*setattr) (fuse_req_t req, fuse_ino_t ino, struct stat *attr,
            int to_set, struct fuse_file_info *fi);
    void (*readlink) (fuse_req_t req, fuse_ino_t ino);
    void (*mknod) (fuse_req_t req, fuse_ino_t parent, const char *name,
                mode_t mode, dev_t rdev);
    void (*mkdir) (fuse_req_t req, fuse_ino_t parent, const char *name,
                mode_t mode);
    void (*unlink) (fuse_req_t req, fuse_ino_t parent, const char *name);
    void (*rmdir) (fuse_req_t req, fuse_ino_t parent, const char *name);
    void (*symlink) (fuse_req_t req, const char *link, fuse_ino_t parent,
                const char *name);
    void (*rename) (fuse_req_t req, fuse_ino_t parent, const char *name,
                fuse_ino_t newparent, const char *newname,
                unsigned int flags);
    void (*link) (fuse_req_t req, fuse_ino_t ino, fuse_ino_t newparent,
                const char *newname);
    void (*open) (fuse_req_t req, fuse_ino_t ino,
                struct fuse_file_info *fi);
    void (*read) (fuse_req_t req, fuse_ino_t ino, size_t size, off_t off,
                struct fuse_file_info *fi);
    void (*write) (fuse_req_t req, fuse_ino_t ino, const char *buf,
                size_t size, off_t off, struct fuse_file_info *fi);
    void (*flush) (fuse_req_t req, fuse_ino_t ino,
                struct fuse_file_info *fi);
```

```c
    void (*release) (fuse_req_t req, fuse_ino_t ino,
            struct fuse_file_info *fi);
    void (*fsync) (fuse_req_t req, fuse_ino_t ino, int datasync,
            struct fuse_file_info *fi);
    void (*opendir) (fuse_req_t req, fuse_ino_t ino,
            struct fuse_file_info *fi);
    void (*readdir) (fuse_req_t req, fuse_ino_t ino, size_t size, off_t off,
            struct fuse_file_info *fi);
    void (*releasedir) (fuse_req_t req, fuse_ino_t ino,
            struct fuse_file_info *fi);
    void (*fsyncdir) (fuse_req_t req, fuse_ino_t ino, int datasync,
      struct fuse_file_info *fi);
    void (*statfs) (fuse_req_t req, fuse_ino_t ino);
    void (*setxattr) (fuse_req_t req, fuse_ino_t ino, const char *name,
            const char *value, size_t size, int flags);
    void (*getxattr) (fuse_req_t req, fuse_ino_t ino, const char *name,
            size_t size);
    void (*listxattr) (fuse_req_t req, fuse_ino_t ino, size_t size);
    void (*removexattr) (fuse_req_t req, fuse_ino_t ino, const char *name);
    void (*access) (fuse_req_t req, fuse_ino_t ino, int mask);
    void (*create) (fuse_req_t req, fuse_ino_t parent, const char *name,
            mode_t mode, struct fuse_file_info *fi);
    void (*getlk) (fuse_req_t req, fuse_ino_t ino,
            struct fuse_file_info *fi, struct flock *lock);
    void (*setlk) (fuse_req_t req, fuse_ino_t ino,
            struct fuse_file_info *fi,
            struct flock *lock, int sleep);
    void (*bmap) (fuse_req_t req, fuse_ino_t ino, size_t blocksize,
            uint64_t idx);
#if FUSE_USE_VERSION < 35
    void (*ioctl) (fuse_req_t req, fuse_ino_t ino, int cmd,
            void *arg, struct fuse_file_info *fi, unsigned flags,
            const void *in_buf, size_t in_bufsz, size_t out_bufsz);
#else
    void (*ioctl) (fuse_req_t req, fuse_ino_t ino, unsigned int cmd,
            void *arg, struct fuse_file_info *fi, unsigned flags,
            const void *in_buf, size_t in_bufsz, size_t out_bufsz);
#endif
    void (*poll) (fuse_req_t req, fuse_ino_t ino, struct fuse_file_info *fi,
            struct fuse_pollhandle *ph);
    void (*write_buf) (fuse_req_t req, fuse_ino_t ino,
            struct fuse_bufvec *bufv, off_t off,
            struct fuse_file_info *fi);
    void (*retrieve_reply) (fuse_req_t req, void *cookie, fuse_ino_t ino,
            off_t offset, struct fuse_bufvec *bufv);
    void (*forget_multi) (fuse_req_t req, size_t count,
            struct fuse_forget_data *forgets);
    void (*flock) (fuse_req_t req, fuse_ino_t ino,
            struct fuse_file_info *fi, int op);
    void (*fallocate) (fuse_req_t req, fuse_ino_t ino, int mode,
            off_t offset, off_t length, struct fuse_file_info *fi);
```

```
    void (*readdirplus) (fuse_req_t req, fuse_ino_t ino, size_t size, off_t off,
            struct fuse_file_info *fi);
    void (*copy_file_range) (fuse_req_t req, fuse_ino_t ino_in,
            off_t off_in, struct fuse_file_info *fi_in,
            fuse_ino_t ino_out, off_t off_out,
            struct fuse_file_info *fi_out, size_t len,
            int flags);
    void (*lseek) (fuse_req_t req, fuse_ino_t ino, off_t off, int whence,
            struct fuse_file_info *fi);
};
```

当一个用户态 FUSE 应用程序想要使用这一套底层的应用程序接口时，需要提供这些函数中一些对应的实现。我们使用 libfuse 中自带的使用底层应用程序接口的示例作为例子。这个例子的代码在 example/hello_ll.c 文件中，它提供了查找（lookup 字段）、获取属性（getattr 字段）、读取目录（readdir 字段）、打开（open 字段）和读取（read 字段）总共五个操作：

```
static const struct fuse_lowlevel_ops hello_ll_oper = {
    .lookup     = hello_ll_lookup,
    .getattr    = hello_ll_getattr,
    .readdir    = hello_ll_readdir,
    .open       = hello_ll_open,
    .read       = hello_ll_read,
};
```

通过这些函数，这个用户态的 FUSE 应用程序提供了一个简单的用户态文件系统，它包含了一个 inode 标识符为 2 的常规文件"hello"，其中的文件内容是"Hello World! \ n"。

下面来看一下其中的查找和打开实现：

```
static void hello_ll_lookup(fuse_req_t req, fuse_ino_t parent, const char *name)
{
    struct fuse_entry_param e;
    if (parent != 1 || strcmp(name, hello_name) != 0)
        fuse_reply_err(req, ENOENT);
    else {
        memset(&e, 0, sizeof(e));
        e.ino = 2;
        e.attr_timeout = 1.0;
        e.entry_timeout = 1.0;
        hello_stat(e.ino, &e.attr);
        fuse_reply_entry(req, &e);
    }
}
```

其中在负责查找的 hello_ll_lookup 函数调用过程中，它首先创建一个 struct fuse_entry_param 类型的临时变量 e，然后检查 parent 参数中传入的父目录的 inode 标识符是否为 1，并对表示要查找的名称的 name 参数中的值与在当前文件系统中唯一提供的目录名称"hello"进行比较。如果二者其一存在问题，就会调用 fuse_reply_err 向操作系统内核发送一个错误码为 ENOENT 的回复，表明不存在这样的目录入口点；否则会将 e 中的值置 0，并设置对应的值，包括 inode 标识符、属性的过期时间、目录入口点的过期时间等。实际上，这一类型中包含的完整字段如下：

```
struct fuse_entry_param {
    fuse_ino_t ino;
    uint64_t generation;
    struct stat attr;
    double attr_timeout;
    double entry_timeout;
};
```

其中，generation 字段用来记录文件是第几次被修改，struct stat 类型的 attr 字段则是对应的文件属性，它们都会在 hello_stat 函数中被设置。这个函数会对 inode 标识符为 2 的节点填充 struct stat 类型的结构体中的文件模式（st_mode 字段）、引用个数（st_nlink 字段）和文件大小（st_size 字段）：

```
static int hello_stat(fuse_ino_t ino, struct stat * stbuf)
{
    stbuf->st_ino = ino;
    switch (ino) {
    case 1:
        stbuf->st_mode = S_IFDIR | 0755;
        stbuf->st_nlink = 2;
        break;
    case 2:
        stbuf->st_mode = S_IFREG | 0444;
        stbuf->st_nlink = 1;
        stbuf->st_size = strlen(hello_str);
        break;
    default:
        return -1;
    }
    return 0;
}
```

最终，包含了文件状态的会被当作参数传入 fuse_reply_entry 函数中，从而将操作系统内核请求的目录入口点信息回复回去。

而对于文件的打开，它检测打开的文件的 inode 数值是否为 2，并且打开标识是否为只读（O_RDONLY）。在两者都符合的条件下，它就会调用 fuse_reply_open 函数回复文件已打开，否则会调用 fuse_reply_err 函数回复一个错误，这段实现的代码如下：

```
static void hello_ll_open(fuse_req_t req, fuse_ino_t ino,
             struct fuse_file_info * fi)
{
    if (ino != 2)
        fuse_reply_err(req, EISDIR);
    else if ((fi->flags & O_ACCMODE) != O_RDONLY)
        fuse_reply_err(req, EACCES);
    else
        fuse_reply_open(req, fi);
}
```

对于用户态 FUSE 应用程序来说，如果要使用 libfuse 的底层应用程序接口的话，只需要准备相应的参数，并调用以 fuse_reply_ 为前缀的回复发送函数即可。而每个操作对应的回复发送函数也在对底层操作回调函数集合的分析中提及了，因此，我们就不对这些底层应用程序接口的回复函数进行展开了。

接下来跟随示例程序的主函数，分析一下 libfuse 的底层应用程序接口是如何配置和使用的。首先来到 example/hello_ll.c 文件提供的主函数，在这个主函数中需要使用的参数有：

```
struct fuse_args args = FUSE_ARGS_INIT(argc, argv);
struct fuse_session *se;
struct fuse_cmdline_opts opts;
struct fuse_loop_config config;
int ret = -1;
```

其中 struct fuse_args 类型的 args 变量中简单存储了 main 函数中接收到的 C 语言程序的参数个数和参数字符串指针；se 变量是一个前文提到的 FUSE 会话的指针；在 opts 变量中拥有 struct fuse_cmdline_opts 类型，它负责记录在 libfuse 中允许解析的通用值；config 变量是一个 struct fuse_loop_config 类型的结构体，它负责描述在 libfuse 多线程的事件循环中的配置。为了便于理解，在本章只会涉及 FUSE 会话的单线程事件循环，这个类型并不会被使用，因此不对其进行详述。最后的 ret 变量则被用来存储返回值，如果中间环节出错，它负责记录最后的错误码。

下面来看一下 struct fuse_cmdline_opts 类型中的字段：

```
struct fuse_cmdline_opts {
    int singlethread;
    int foreground;
    int debug;
    int nodefault_subtype;
    char *mountpoint;
    int show_version;
    int show_help;
    int clone_fd;
    unsigned int max_idle_threads;
};
```

在创建了这些变量之后，主函数会调用 fuse_parse_cmdline 函数来将参数解析到 opts 中，其中就包括挂载点字符串、显示版本、显示帮助、单线程和前台的标识等：

```
if (fuse_parse_cmdline(&args, &opts) != 0)
    return 1;
/* 中略,显示帮助、版本等信息 */
```

在解析没有问题的情况下，主函数会继续并使用 args 变量和全局的 hello_ll_oper 操作对应的函数集合调用 fuse_session_new 函数，它负责创建新的 FUSE 会话，并进行初始化：

```
se = fuse_session_new(&args, &hello_ll_oper,
sizeof(hello_ll_oper), NULL);
if (se == NULL)
    goto err_out1;
```

它首先分配一块新的 struct fuse_session 类型大小的内存空间，作为 FUSE 会话的实例，并根据传入的 args 变量更新相应的值。其中在 args 中还有一些是与挂载相关的选项，它们会被解析并返回，最终存储到 FUSE 会话中的 mo 字段，它所支持的参数由 lib/mount.c 文件中的 struct fuse_opt fuse_mount_opts 来定义。在 fuse_session_new 中还初始化了分配的新空间中对应的请求列表字段，最后将其返回。此时在主函数中，se 变量指向 fuse_session_new 函数创建并初始化的 FUSE 会话，接下来它调用 fuse_set_signal_handlers 函数为新创建的会话设置信号量的处理程序：

```
if (fuse_set_signal_handlers(se) != 0)
goto err_out2;
```

这个函数的定义如下：

```
int fuse_set_signal_handlers(struct fuse_session * se)
{
    if (set_one_signal_handler(SIGHUP, exit_handler, 0) == -1 ||
        set_one_signal_handler(SIGINT, exit_handler, 0) == -1 ||
        set_one_signal_handler(SIGTERM, exit_handler, 0) == -1 ||
        set_one_signal_handler(SIGPIPE, do_nothing, 0) == -1)
        return -1;
    fuse_instance = se;
    return 0;
}
```

它将 SIGHUP、SIGINT、SIGTERM 和 SIGPIPE 信号的处理函数都设置为 exit_handler 函数，并将 fuse_instance 全局变量指向创建的 FUSE 会话。当产生对应信号量的时候，它会检测 fuse_instance 是否为空，不为空则调用 fuse_session_exit 函数将 FUSE 会话中的 exited 字段置为 1，并将 error 字段设置为信号量的值：

```
static struct fuse_session * fuse_instance;
static void exit_handler(int sig)
{
    if (fuse_instance) {
        fuse_session_exit(fuse_instance);
        if(sig <= 0) {
            fuse_log(FUSE_LOG_ERR, "assertion error: signal value <= 0 \n");
            abort();
        }
        fuse_instance->error = sig;
    }
}
void fuse_session_exit(struct fuse_session * se)
{
    se->exited = 1;
}
```

紧接着，主函数调用 fuse_session_mount 函数，尝试将 FUSE 会话所描述的文件系统挂载到从程序运行参数中解析出的挂载点上：

```
if (fuse_session_mount(se, opts.mountpoint) != 0)
    goto err_out3;
fuse_daemonize(opts.foreground);
```

在这一过程中会调用 mount 系统调用（或者调用 libfuse 提供的 fusermount 命令）将 FUSE 会话声明的文件系统信息发送给操作系统内核，内核中的 fuse 模块会根据相应信息（包括用户标识符、组标识符和打开/dev/fuse 文件之后产生的文件描述符等）与用户态的 FUSE 应用程序建立 fuse 连接。然后发送初始化请求，这时该请求并不会被处理，而是到用户态 FUSE 应用程序开始读取的时候，才会被取出并传到程序中。而在挂载结束之后，主函数会调用 fuse_daemonize 函数，根据 foreground 选项选择是否将进程当作守护程序放在后台来运行。这两个函数是底层与高层应用程序接口共享的，这里暂且不对它们进行分析，而是放到之后再进行解析。

接下来主函数会进入针对一个 FUSE 会话的事件循环中，接收并解析从操作系统内核发送的请求，做出相应的响应后发送对应的回复。在主函数中这段代码如下：

```
/* 阻塞到 ctrl+c 结束程序或 fusermount -u 卸载文件系统 */
if (opts.singlethread)
    ret = fuse_session_loop(se);
else {
    config.clone_fd = opts.clone_fd;
    config.max_idle_threads = opts.max_idle_threads;
    ret = fuse_session_loop_mt(se, &config);
}
```

它检查了在选项中的 singlethread 字段，对于单线程的，它会调用 fuse_session_loop 开始循环；而对于非单线程、有多线程支持的，它会初始化线程个数并调用 fuse_session_loop_mt 函数。正如之前提到的，为了保持简单性，本章只对单线程的 FUSE 会话循环进行分析，它的实现如下：

```
int fuse_session_loop(struct fuse_session * se)
{
    int res = 0;
    struct fuse_buf fbuf = {
        .mem = NULL,
    };
    while (!fuse_session_exited(se)) {
        res = fuse_session_receive_buf_int(se, &fbuf, NULL);
        if (res == -EINTR)
            continue;
        if (res <= 0)
            break;
        fuse_session_process_buf_int(se, &fbuf, NULL);
    }
    free(fbuf.mem);
    if(res > 0)
        /* 说明没有错误,在 res 中是最近一次读取的请求的长度 */
        res = 0;
    if(se->error != 0)
        res = se->error;
    fuse_session_reset(se);
    return res;
}
```

在 fuse_session_loop 函数的开始，它创建了一个用来存储处理结果的 res 变量和一个 struct fuse_buf 类型的 fbuf 变量，其中后者是一个用来表示在 libfuse 中通用的数据缓冲区的类型，它的字段和相应解释如下：

```
struct fuse_buf {
    /* 以字节计算的数据大小 */
    size_t size;
    /* 在 libfuse 中以 FUSE_BUF_ 为前缀的缓冲区标识 */
    enum fuse_buf_flags flags;
    /* 内存指针,当 FUSE_BUF_IS_FD 标识被设置的时候没有用 */
    void *mem;
    /* 文件描述符,当 FUSE_BUF_IS_FD 标识被设置的时候有用 */
    int fd;
    /* 文件位置,当 FUSE_BUF_FD_SEEK 标识被设置的时候有用 */
    off_t pos;
};
```

在 fuse_session_loop 函数中只有 mem 和 size 两个字段会被使用到，用来存储从操作系统内核的 fuse 模块发送出来的请求，最开始它们的值分别是 NULL 和 0，表示目前没有内容。之后的循环通过 fuse_session_exited 函数检查 FUSE 会话的 exited 标识，在不需要退出的时候接连调用 fuse_session_receive_buf_int 函数和 fuse_session_process_buf_int 函数，前者是用来接收并向缓冲区中更新请求数据的，后者则负责从这个缓冲区中解析可用的 fuse 通信内容。在结束之后会将缓冲区释放，错误代码读取到 res 中并将 res 作为结果返回，同时它还要调用 fuse_session_reset 函数将 FUSE 会话重置。

接下来重点分析 fuse_session_receive_buf_int 和 fuse_session_process_buf_int 这两个函数的实现：

```
int fuse_session_receive_buf_int(struct fuse_session * se, struct fuse_buf * buf,
                struct fuse_chan * ch)
{
    int err;
    ssize_t res;
    if (!buf->mem) {
        buf->mem = malloc(se->bufsize);
        if (!buf->mem) {
            fuse_log(FUSE_LOG_ERR,
                "fuse: failed to allocate read buffer \n");
            return -ENOMEM;
        }
    }
    /* 中略,在 Linux 发行版中还提供了支持 splice_read 的实现 */
restart:
    res = read(ch ? ch->fd : se->fd, buf->mem, se->bufsize);
    err = errno;
    if (fuse_session_exited(se))
        return 0;
    /* 中略,读取的错误处理 */
    if ((size_t) res < sizeof(struct fuse_in_header)) {
        fuse_log(FUSE_LOG_ERR, "short read on fuse device \n");
```

```
        return -EIO;
    }
    buf->size = res;
    return res;
}
```

fuse_session_receive_buf_int 函数首先会在没有为缓冲区分配内存的时候（即 mem 字段为 NULL），调用 malloc 函数为 mem 字段分配一块内存空间，它的大小由 FUSE 会话的 bufsize 字段决定。

之后调用 read 系统调用，从指定的文件描述符对应的文件读取数据到缓冲区中，其中这个文件描述符既可能是最后一个 struct fuse_chan 类型的函数参数携带的，也可能是 FUSE 会话中指定的。在当前调用链中，由于最后一个参数是 NULL，因此这里的文件描述符来自在调用 fuse_session_mount 函数和挂载文件过程中，打开/dev/fuse 文件获取的值，因此实际上是对这个辅助设备的读取。读取结束后，在 res 变量中存储着错误代码或者读取到缓冲区的数据大小，对于后面的情况来说则会被用来更新缓冲区中的 size 字段。

在 fuse_session_receive_buf_int 调用结束之后，在 fuse_session_loop 创建的 fbuf 变量中就有了一个有效的、存储有由操作系统内核发送的 fuse 请求内容的缓冲区了，还附带了请求内容的长度。然后就可以调用 fuse_session_process_buf_int 函数来对这个缓冲区中的请求内容进行解析，下面将这个函数拆分成多个部分来看。

首先是 C89 标准中要求的，对要使用到的临时变量的声明和初始化放在函数的起始部分：

```
const size_t write_header_size = sizeof(struct fuse_in_header) +
        sizeof(struct fuse_write_in);
struct fuse_bufvec bufv = { .buf[0] = *buf, .count = 1 };
struct fuse_bufvec tmpbuf = FUSE_BUFVEC_INIT(write_header_size);
struct fuse_in_header * in;
const void * inarg;
struct fuse_req * req;
void * mbuf = NULL;
int err;
int res;
```

我们只考虑对于非文件描述符的缓冲区，在这种情况中，拥有 struct fuse_bufvec 类型的 bufv 和 tmpbuf 变量并未被使用。而 fuse_session_process_buf_int 函数令 in 指向缓冲区中的 mem 字段，作为接收到的请求的头部内容指针：

```
if (buf->flags & FUSE_BUF_IS_FD) {
    /* 中略,对文件描述符类型的缓冲区处理 */
} else {
    in = buf->mem;
}
```

然后 fuse_ll_alloc_req 函数被调用，用来分配一个请求 req。如果失败，需要向操作系统内核回复一个内存不足的错误，否则就将接收到的请求中相应的字段复制到请求 req 中：

```
req = fuse_ll_alloc_req(se);
if (req == NULL) {
    struct fuse_out_header out = {
```

```
        .unique = in->unique,
        .error = -ENOMEM,
    };
    struct iovec iov = {
        .iov_base = &out,
        .iov_len = sizeof(struct fuse_out_header),
    };
    fuse_send_msg(se, ch, &iov, 1);
    goto clear_pipe;
}
req->unique = in->unique;
req->ctx.uid = in->uid;
req->ctx.gid = in->gid;
req->ctx.pid = in->pid;
req->ch = ch ? fuse_chan_get(ch) : NULL;
```

如果当前的 FUSE 会话没有初始化过，即其中 got_init 字段不为真，则会尝试接收一个操作码为 CUSE_INIT 或者 FUSE_INIT 的请求。在目前的调用链中，这个期待的值应当是 FUSE_INIT，即 fuse 模块初始化的消息：

```
err = EIO;
if (!se->got_init) {
    enum fuse_opcode expected;
    expected = se->cuse_data ? CUSE_INIT : FUSE_INIT;
    if (in->opcode != expected)
        goto reply_err;
} else if (in->opcode == FUSE_INIT || in->opcode == CUSE_INIT)
    goto reply_err;
```

否则如果在初始化之后仍收到初始化消息，就需要报错并跳出。紧接着它检查参数中的用户标识符是否与 FUSE 会话中的一致，以及对应的标识和操作码等：

```
if (se->deny_others && in->uid != se->owner && in->uid != 0 &&
    in->opcode != FUSE_INIT && in->opcode != FUSE_READ &&
    in->opcode != FUSE_WRITE && in->opcode != FUSE_FSYNC &&
    in->opcode != FUSE_RELEASE && in->opcode != FUSE_READDIR &&
    in->opcode != FUSE_FSYNCDIR && in->opcode != FUSE_RELEASEDIR &&
    in->opcode != FUSE_NOTIFY_REPLY &&
    in->opcode != FUSE_READDIRPLUS)
    goto reply_err;
```

需要验证操作码和操作码对应的函数是否存在，并检查操作码是否是用来中断的 FUSE_INTERRUPT，如果不是则需要检测是否存在中断。如果存在中断，那么当前操作需要被再次触发，就会发送 EAGAIN 作为错误代码到回复中，表明需要再试一次：

```
err = ENOSYS;
if (in->opcode >= FUSE_MAXOP || !fuse_ll_ops[in->opcode].func)
    goto reply_err;
if (in->opcode != FUSE_INTERRUPT) {
    struct fuse_req *intr;
    pthread_mutex_lock(&se->lock);
    intr = check_interrupt(se, req);
```

```
    list_add_req(req, &se->list);
    pthread_mutex_unlock(&se->lock);
    if (intr)
        fuse_reply_err(intr, EAGAIN);
}
```

接下来，如果操作码是 FUSE_WRITE 或者 FUSE_NOTIFY_REPLY，那么会交给 do_write_buf
或 do_notify_reply 函数处理，其他情况则会调用 fuse_ll_ops 中对应的函数：

```
if ((buf->flags & FUSE_BUF_IS_FD) && write_header_size < buf->size &&
    (in->opcode != FUSE_WRITE ||!se->op.write_buf) &&
    in->opcode != FUSE_NOTIFY_REPLY) {
    /* 中略,对文件描述符类型的缓冲区处理 */
    in = mbuf;
}
inarg = (void *) &in[1];
if (in->opcode == FUSE_WRITE && se->op.write_buf)
    do_write_buf(req, in->nodeid, inarg, buf);
else if (in->opcode == FUSE_NOTIFY_REPLY)
    do_notify_reply(req, in->nodeid, inarg, buf);
else
    fuse_ll_ops[in->opcode].func(req, in->nodeid, inarg);
```

其中的 fuse_ll_ops 被定义在 lib/fuse_lowlevel.c 文件中，是一个匿名类型的结构体，由一
个回调函数 func 字段和名称 name 字段组成，其中回调函数都接收一个 fuse_req_t 类型表示
请求的参数、一个 fuse_ino_t 类型的 inode 标识符参数和 void * 类型的通用数据参数，并且
以 do_为前缀（除了 NOTIFY_REPLY 对应回调函数的不存在，它在之前就被 do_notify_reply
函数处理了）。在 fuse_ll_ops 中可以通过操作码进行索引，来访问对应的回调函数和操作名
称，它在 libfuse 中完整的定义如下：

```
static struct {
    void (*func)(fuse_req_t, fuse_ino_t, const void *);
    const char *name;
} fuse_ll_ops[] = {
    [FUSE_LOOKUP]    = { do_lookup,    "LOOKUP"   },
    [FUSE_FORGET]    = { do_forget,    "FORGET"   },
    [FUSE_GETATTR]   = { do_getattr,   "GETATTR"  },
    [FUSE_SETATTR]   = { do_setattr,   "SETATTR"  },
    [FUSE_READLINK]  = { do_readlink,  "READLINK" },
    [FUSE_SYMLINK]   = { do_symlink,   "SYMLINK"  },
    [FUSE_MKNOD]     = { do_mknod,     "MKNOD"    },
    [FUSE_MKDIR]     = { do_mkdir,     "MKDIR"    },
    [FUSE_UNLINK]    = { do_unlink,    "UNLINK"   },
    [FUSE_RMDIR]     = { do_rmdir,     "RMDIR"    },
    [FUSE_RENAME]    = { do_rename,    "RENAME"   },
    [FUSE_LINK]      = { do_link,      "LINK"     },
    [FUSE_OPEN]      = { do_open,      "OPEN"     },
    [FUSE_READ]      = { do_read,      "READ"     },
    [FUSE_WRITE]     = { do_write,     "WRITE"    },
    [FUSE_STATFS]    = { do_statfs,    "STATFS"   },
    [FUSE_RELEASE]   = { do_release,   "RELEASE"  },
```

```
    [FUSE_FSYNC]              = { do_fsync,       "FSYNC"      },
    [FUSE_SETXATTR]           = { do_setxattr,    "SETXATTR"   },
    [FUSE_GETXATTR]           = { do_getxattr,    "GETXATTR"   },
    [FUSE_LISTXATTR]          = { do_listxattr,   "LISTXATTR"  },
    [FUSE_REMOVEXATTR]        = { do_removexattr, "REMOVEXATTR" },
    [FUSE_FLUSH]              = { do_flush,       "FLUSH"      },
    [FUSE_INIT]               = { do_init,        "INIT"       },
    [FUSE_OPENDIR]            = { do_opendir,     "OPENDIR"    },
    [FUSE_READDIR]            = { do_readdir,     "READDIR"    },
    [FUSE_RELEASEDIR]         = { do_releasedir,  "RELEASEDIR" },
    [FUSE_FSYNCDIR]           = { do_fsyncdir,    "FSYNCDIR"   },
    [FUSE_GETLK]              = { do_getlk,       "GETLK"      },
    [FUSE_SETLK]              = { do_setlk,       "SETLK"      },
    [FUSE_SETLKW]             = { do_setlkw,      "SETLKW"     },
    [FUSE_ACCESS]             = { do_access,      "ACCESS"     },
    [FUSE_CREATE]             = { do_create,      "CREATE"     },
    [FUSE_INTERRUPT]          = { do_interrupt,   "INTERRUPT"  },
    [FUSE_BMAP]               = { do_bmap,        "BMAP"       },
    [FUSE_IOCTL]              = { do_ioctl,       "IOCTL"      },
    [FUSE_POLL]               = { do_poll,        "POLL"       },
    [FUSE_FALLOCATE]          = { do_fallocate,   "FALLOCATE"  },
    [FUSE_DESTROY]            = { do_destroy,     "DESTROY"    },
    [FUSE_NOTIFY_REPLY]       = { (void *) 1,     "NOTIFY_REPLY" },
    [FUSE_BATCH_FORGET]       = { do_batch_forget, "BATCH_FORGET" },
    [FUSE_READDIRPLUS]        = { do_readdirplus, "READDIRPLUS" },
    [FUSE_RENAME2]            = { do_rename2,     "RENAME2"    },
    [FUSE_COPY_FILE_RANGE]    = { do_copy_file_range, "COPY_FILE_RANGE" },
    [FUSE_LSEEK]              = { do_lseek,       "LSEEK"      },
    [CUSE_INIT]               = { cuse_lowlevel_init, "CUSE_INIT"  },
};
```

在这些回调函数中，它们的最后一个参数可以被转换成任何类型。在目前的调用链中，它会指向缓冲区中 struct fuse_in_header 类型之后的内容，也就是从操作系统内核中发来的请求的内容部分。比如初始化这个例子，它的回调函数是 do_init，而在该函数中最后一个参数被转换成了 struct fuse_init_in 类型，这个类型是我们在 Linux 内核部分中见到的，并导出的初始化要使用的参数类型。

在其他的回调函数中，我们以 do_open 这个负责响应打开一个路径的操作为例，来进行分析：

```
static void do_open(fuse_req_t req, fuse_ino_t nodeid, const void * inarg)
{
    struct fuse_open_in * arg = (struct fuse_open_in *) inarg;
    struct fuse_file_info fi;
    memset(&fi, 0, sizeof(fi));
    fi.flags = arg->flags;
    if (req->se->op.open)
        req->se->op.open(req, nodeid, &fi);
    else
        fuse_reply_open(req, &fi);
}
```

它首先将最后一个参数转换成一个 struct fuse_open_in 类型的实例，它只有一个描述打开所使用的标识的 flags 字段；然后它创建了一个 struct fuse_file_info 类型的临时变量，将 flags 标识的相关信息传入；最后，如果 FUSE 会话存储的 struct fuse_lowlevel_ops 类型中包含 open 对应的底层实现，则会调用这个回调函数，而在这里的 do_open 函数就是在前面的解析中提到的底层操作的回调函数的调用者，否则会直接调用 fuse_reply_open 函数进行回复。

在主函数的最后，使用底层应用程序接口的用户态 FUSE 应用程序需要调用一系列函数进行清理：

```
    fuse_session_unmount(se);
err_out3:
    fuse_remove_signal_handlers(se);
err_out2:
    fuse_session_destroy(se);
err_out1:
    free(opts.mountpoint);
    fuse_opt_free_args(&args);
```

其中 fuse_session_unmount 函数负责将前面挂载并与 FUSE 会话关联的文件系统卸载，fuse_remove_signal_handlers 函数移除会话中的信号量处理程序，然后释放当前 FUSE 会话，释放记录挂载点的字符串，并对参数进行清理。

总的来说，在使用底层应用程序接口时，需要操作的对象大多是和 inode 标识符相关联的，因此可以由开发者控制的参数更多、自由度更大，但代码的编写量也相应地上升了。接下来看 libfuse 中的高层应用程序接口相关的类型和对应的例子。

在 libfuse 高层应用程序接口中，最基础的结构是如下的 struct fuse 类型：

```
struct fuse {
    struct fuse_session * se;
    struct node_table name_table;
    struct node_table id_table;
    struct list_head lru_table;
    fuse_ino_t ctr;
    unsigned int generation;
    unsigned int hidectr;
    pthread_mutex_t lock;
    struct fuse_config conf;
    int intr_installed;
    struct fuse_fs * fs;
    struct lock_queue_element * lockq;
    int pagesize;
    struct list_head partial_slabs;
    struct list_head full_slabs;
    pthread_t prune_thread;
};
```

它包含了一个底层应用程序接口使用的 struct fuse_session 类型，作为关联的 FUSE 会话实例；struct node_table 类型的 name_table 和 id_table 字段分别是名称和 inode 标识符的列表，这个类型也是一个简单的可变数组的封装；lru_table 字段为其提供 LRU 缓存；ctr 字段存储这个文件系统中 inode 的最大数量，用来生成一个在本文件系统内可用的 inode 标识符；当

ctr 再次归 0 时，generation 字段会跟着增加 1；hidectr 字段负责记录隐藏的 inode 的最大数量；lock 字段是一个多线程锁，负责在修改期间保护 struct fuse 类型中的字段；intr_installed 字段用来记录是否安装了信号的处理程序；lockq 字段是一个队列锁，负责在向队列进行添加或者移除操作时提供保护；最后的 prune_thread 字段则是对使用 POSIX 多线程库的一个线程的描述，这个线程负责清理在 FUSE 应用程序中的 inode 缓存。

其中还存在 pagesize、partial_slabs 和 full_slabs 等字段，它们是在使用匿名 mmap 系统调用分配内存的时候需要的字段，如果不支持，则会回退到使用 malloc、calloc 等 C 语言标准库函数进行分配。在本章中我们不考虑如何进行内存分配，因此不对这些内容进行详解。

我们重点关注 conf 和 fs 两个字段。其中 conf 字段是一个 struct fuse_config 类型的结构体，它被定义在 include/fuse.h 文件中，用来描述在高层接口中可用的配置，其字段如下：

```
struct fuse_config {
    int set_gid;
    unsigned int gid;
    int set_uid;
    unsigned int uid;
    int set_mode;
    unsigned int umask;
    double entry_timeout;
    double negative_timeout;
    double attr_timeout;
    int intr;
    int intr_signal;
    int remember;
    int hard_remove;
    int use_ino;
    int readdir_ino;
    int direct_io;
    int kernel_cache;
    int auto_cache;
    int ac_attr_timeout_set;
    double ac_attr_timeout;
    int nullpath_ok;
    /* 剩余选项是在 libfuse 内部使用的,不应该被 FUSE 文件系统修改或使用 */
    int show_help;
    char *modules;
    int debug;
};
```

下面对其分类进行解析：

1）如果 set_gid 字段为真（非 0），则在这个 FUSE 文件系统中，每个文件表示组标识符的 st_gid 属性都会被 gid 字段的值覆盖。

2）如果 set_uid 字段为真（非 0），则在这个 FUSE 文件系统中，每个文件表示用户标识符的 st_uid 属性都会被 uid 字段的值覆盖。

3）如果 set_mode 字段为真（非 0），则在这个 FUSE 文件系统中，每个文件表示权限的 st_mode 属性都会被 umask 字段的值重置。

4）entry_timeout 字段表示以秒为单位的，在查找时存在的路径名缓存的超时时间。

5）negative_timeout 字段则表示以秒为单位的，在查找时不存在的路径名缓存的超时时间，也就是说如果文件不存在（即查找返回 ENOENT），则只会在超时后重做查找，并且在此之前将一直假定文件或目录不存在。

6）attr_timeout 字段是文件或目录属性的缓存的超时秒数。

7）intr 字段指示是否允许请求被中断，而 intr_signal 字段指定请求中断时操作系统内核需要发送到文件系统的信号的编号，一般默认硬编码为 USR1 信号。

8）remember 字段用来记录一个 inode 会被记住的秒数，虽然通常只有内核会记录 inode，但使用 libfuse 的 FUSE 应用程序会将 inode 与一个路径相关联。如果使用此选项的话，一个 inode 会被记住至少指定的秒数，这将需要更多内存，但对于在使用 inode 标识符的应用程序中来说可能是必需的。如果设置成数字-1，表示 inode 将在文件系统进程的整个生命周期内都被记住，而这将需要大量的内存。

9）hard_remove 字段用来指示是否立刻删除，在 FUSE 文件系统中的默认行为是如果一个打开的文件被删除，该文件被重命名为一个隐藏文件（名为.fuse_hiddenXXX，即由前面的 struct fuse 类型中 hidectr 字段计数的 inode），并且只有在文件最终被释放时才被删除。该字段为真的时候，文件系统实现不必这样操作，而会禁用该隐藏行为，并在取消链接操作（或覆盖现有文件的重命名操作）时立即删除文件，建议不要使用立即删除模式。

10）use_ino 字段指示是否让 FUSE 文件系统来设置 getattr 和 fill_dir 函数中的 st_ino 字段，这个值会用于填写 stat、lstat、fstat 函数中的 st_ino 字段和 readdir 函数中的 d_ino 字段。FUSE 文件系统不必保证它的唯一性，但是有一些应用程序依赖于这个值对于整个文件系统唯一，会影响 libfuse 和操作系统内核内部使用的 inode 标识符。

11）readdir_ino 字段是在没有给出 use_ino 选项的情况下，仍然尝试填写 readdir 中的 d_ino 字段的指示标识。如果该名称之前已查找过，并且仍在缓存中，则将使用在缓存中找到的 inode 标识符，否则将设置为-1，而如果已经给出了 use_ino 选项，则这个字段中的值会被忽略。

12）direct_io 字段是一个可以禁用此文件系统在操作系统内核中使用页面缓存的选项。这样的操作有几个影响：首先，每个读取（read）或写入（write）系统调用都会启动一个或多个读或写操作，并且数据不会缓存在操作系统内核中；其次，这两个系统调用的返回值将对应于读写操作的返回值，在事先不知道文件大小（在读取文件之前）的情况下，这样的操作很有用，同时在 libfuse 内部，启用此选项会导致覆盖文件系统放置在 struct fuse_file_info 类型中的 direct_io 字段的任何值。

13）kernel_cache 字段是一个可以禁用在每次打开时刷新文件内容的缓存的选项，它应当只在文件数据不会从外部更改的文件系统上启用（也就是说修改不是通过挂载的 FUSE 文件系统进行的），因此它不适用于网络文件系统和其他中间文件系统。在 lifuse 内部，启用此选项会导致覆盖文件系统放置在 struct fuse_file_info 类型的 keep_cache 字段中的任何值。

14）auto_cache 字段则是 kernel_cache 字段的替代选项，如果自上次打开后文件的修改时间或大小发生了变化，缓存数据会自动无效，而不是无条件地保留缓存数据；而 ac_attr_timeout_set 字段是为了检查 auto_cache 字段是否应该在打开时刷新文件数据而缓存文件属性的超时时间，以秒为单位。

15）nullpath_ok 字段则是一个特殊的选项，如果给定此选项，则包括负责读取、写入等操作的文件系统处理程序将不会接收路径信息。

最后，剩余的 show_help、modules 和 debug 字段都是在 libfuse 内部使用的，FUSE 应用程序不应对其修改或使用。其中 show_help 和 debug 分别指示是否要显示帮助和调试信息，而 modules 是 libfuse 内部需要加载的模块。

接下来看表示一个 FUSE 文件系统的 struct fuse_fs 类型：

```
struct fuse_fs {
    struct fuse_operations op;
    struct fuse_module *m;
    void *user_data;
    int debug;
};
```

它包含了一个高层应用程序接口中使用的 struct fuse_operations 类型的字段，作为提供高层操作的回调函数。还有一个 m 字段是 struct fuse_module 类型，它用来表示在 libfuse 中的一个模块，而后面的 user_data 和 debug 字段分别是 FUSE 文件系统的私有数据和调试标识。

现在进入到 struct fuse_operations 类型中，它存储着一个 FUSE 文件系统支持的操作。其中大部分操作都与众所周知的 UNIX 文件系统操作非常相似，但一个主要的例外是操作应该直接返回否定的错误值。它所有方法都是可选的，但有些方法对于一个真的能拿来用的文件系统是必不可少的，如能获取属性的回调函数 getattr，而 open、flush、release、fsync 等特殊用途的回调函数，没有它们仍然可以实现全功能的文件系统。

通常，在其中的所有方法都应执行任何必要的权限检查。但是 FUSE 文件系统可以通过将特定的挂载选项（默认权限 default_permissions 选项）来将此任务委托给操作系统内核。在这种情况下，只有在操作系统内核的权限检查成功时，才会调用 FUSE 文件系统的对应函数。

与底层应用程序接口中对应的回调函数不同，这里的回调函数不再需要接收 inode 标识符作为参数，而是使用字符串描述的路径，几乎所有操作都采用任意长度的路径。

在 struct fuse_operations 类型中的回调函数对应的字段名称和相应的解释说明见表 7-3。

表 7-3　在 struct fuse_operations 类型的回调函数对应的字段名称和相应的解释说明

字　　段	回调函数的解释说明
getattr	这个字段指向的实现函数负责获取文件属性。 它接收要获取的文件对应的路径、用来存放文件属性的 struct stat 类型结构体和文件信息作为参数。 其中文件属性中的 st_dev 和 st_blksize 字段会被忽略，并且在前面提到的 use_ino 配置没有启用的时候，其中的 st_ino 字段也将被忽略。在这种情况下，它也会被传递给用户空间，但 libfuse 和操作系统内核仍会分配一个不同的 inode 标识符供内部使用
readlink	这个字段指向的实现函数负责读取符号链接。 它接收链接路径、用来存放读取结果的缓冲区和缓冲区大小作为参数。 其中目标缓冲区应被以空字符结尾的字符串填充，缓冲区大小参数包括终止空字符的空间，如果链接名太长而无法放入缓冲区，则应将其截断，在成功时返回值应为 0
mknod	这个字段指向的实现函数负责创建一个文件节点。 它接收要创建的文件对应的路径、节点的模式和设备号作为参数。 这个实现被用于创建所有非目录、非符号链接的节点，如果文件系统也定义了一个 create 方法，那么对于常规文件将调用它而不是调用 mknod

（续）

字　　段	回调函数的解释说明
mkdir	这个字段指向的实现函数负责创建一个目录。 它接收要创建的目录对应的路径和目录模式作为参数。需要注意的是 mode 参数可能没有设置类型规范位，即 S_ISDIR（mode）可能为假
unlink	这个字段指向的实现函数负责删除一个文件。 它接收要删除的文件对应的路径作为参数
rmdir	这个字段指向的实现函数负责删除一个目录。 它接收要删除的目录对应的路径作为参数
symlink	这个字段指向的实现函数负责创建符号链接。 它接收要创建的符号对应的链接路径和符号链接指向的路径作为参数
rename	这个字段指向的实现函数负责重命名文件。 它接收要重命名文件对应的路径、重命名到的文件路径和重命名相关的标识作为参数。 其中这个标识可以是 RENAME_EXCHANGE 或 RENAME_NOREPLACE： 如果是 RENAME_NOREPLACE，则文件系统不应该覆盖重命名到的文件路径上的文件（如果存在）并返回错误。 如果是 RENAME_EXCHANGE，文件系统必须自动交换这两个文件，即两者都必须仍然存在，并且都不能被删除
link	这个字段指向的实现函数负责创建文件的硬链接。 它接收要创建的硬链接对应的路径和硬链接指向的路径作为参数
chmod	这个字段指向的实现函数负责更改文件的权限位。 它接收要更改的文件对应的路径、权限位的模式和文件信息作为参数
chown	这个字段指向的实现函数负责更改文件的所有者和组。 它接收要更改的文件对应的路径、要修改为的用户标识符、组标识符和文件信息作为参数
truncate	这个字段指向的实现函数负责更改文件的大小。 它接收要更改的文件对应的路径、要设置的文件大小和文件信息作为参数
open	这个字段指向的实现函数负责打开文件。 它接收要打开的文件对应的路径和文件信息作为参数，其中打开标识在文件信息的 flags 字段中可用。 有以下规则： 创建（O_CREAT、O_EXCL、O_NOCTTY）标识将被内核过滤掉/处理。 文件系统应使用访问模式（O_RDONLY、O_WRONLY、O_RDWR、O_EXEC、O_SEARCH）来检查操作是否被允许。如果给出了 default_permissions 挂载选项，则内核在调用 open 之前就应当已经完成了此检查，因此文件系统可以忽略此检查。 当启用写回缓存时，操作系统内核可能会发送读取请求，即使是使用 O_WRONLY 打开的只读文件，文件系统也应该准备好处理这个问题。 当写回缓存被禁用时，文件系统应正确处理 O_APPEND 附加标识并确保每次写入都附加到文件末尾。 当启用写回缓存时，操作系统内核将负责处理 O_APPEND，但是除非对文件的所有更改都通过操作系统内核，否则无法可靠地工作。因此，文件系统应该要么忽略 O_APPEND 标识，并让操作系统内核处理它，要么直接返回错误。 文件系统可以在文件信息的 fh 字段中存储任意文件信息（包括指针、索引等），并在其他所有文件操作（如 read、write、fsync 等）中使用它。文件系统也可以实现无状态的文件输入输出，即不在 fh 字段中存储任何内容。与此同时，文件系统还可以在 fi 字段中设置一些标识（如 direct_io、keep_cache），以更改文件打开的方式

（续）

字　　段	回调函数的解释说明
read	这个字段指向的实现函数负责从打开的文件读取数据。 它接收文件对应的路径、读取出的数据存储的缓冲区、要读取的数据大小、开始读取的偏移值和文件信息作为参数。 读取操作应该准确返回请求的字节数，除非遇到了 EOF 或错误，否则其余数据将被 0 替换，但一个例外是如果指定了 direct_io 挂载选项，在这种情况下，读取系统调用的返回值将含有此操作的返回值
write	这个字段指向的实现函数负责将数据写入打开的文件。 它接收文件对应的路径、要写入的数据的缓冲区、要写入的数据大小、开始写入的偏移值和文件信息作为参数。 写入操作应该准确返回请求的字节数，除非出现错误，但一个例外是如果指定了 direct_io 挂载选项（和读取操作所描述的相同）
statfs	这个字段指向的实现函数负责获取文件系统的统计信息。 它接收文件对应的路径和描述文件系统信息的 struct statvfs 类型的结构体作为参数
flush	这个字段指向的实现函数负责刷新缓存数据。 它接收要刷新的文件对应的路径和文件信息作为参数。需要注意的是，这个操作不等同于文件同步 fsync 操作
release	这个字段指向的实现函数负责释放打开的文件。 它接收要释放的文件对应的路径和文件信息作为参数。 当没有更多对打开文件的引用时调用 release：所有文件描述符都关闭并且所有需要映射的内存都未映射。对于每个 open()调用，都会有一个具有相同标志和文件句柄的 release()调用。可能会多次打开一个文件，在这种情况下，只有最后一个版本意味着该文件不会再发生读/写操作。release 的返回值被忽略
fsync	这个字段指向的实现函数负责同步文件内容。 它接收要同步的文件对应的路径、数据同步标识和文件信息作为参数，如果数据同步标识参数不为 0，那么应当只有用户数据被刷新，而不包括元数据
setxattr	这个字段指向的实现函数负责设置扩展属性。 它接收要操作的文件对应的路径、要设置的扩展属性名称、要设置的扩展属性值、值的大小和属性标识作为参数
getxattr	这个字段指向的实现函数负责获取扩展属性。 它接收要操作的文件对应的路径、要获取的扩展属性名称、需要将值写入的缓冲区和缓冲区的大小作为参数
listxattr	这个字段指向的实现函数负责列出扩展属性。 它接收要操作的文件对应的路径、需要将列出的值写入的缓冲区和缓冲区大小作为参数
removexattr	这个字段指向的实现函数负责移除扩展属性。 它接收要操作的文件对应的路径和要移除的扩展属性作为参数
opendir	这个字段指向的实现函数负责打开目录。 它接收要打开的目录对应的路径和文件信息作为参数。 除非有 default_permissions 挂载选项，否则此方法应检查该目录是否允许被打开，还可以在 struct fuse_file_info 类型的结构体中存储任意文件信息，该文件信息将传递给 readdir、releaseir 和 fsyncdir 等目录操作
readdir	这个字段指向的实现函数负责读取目录。 它接收要读取的目录对应的路径、存储结果的缓冲区、填充可以使用的回调函数、开始的偏移、文件信息和读取目录的标识作为参数。 文件系统可以在两种操作模式之间进行选择： 忽略偏移参数，并将 0 传递给填充函数的偏移量，除非发生错误，填充函数不会返回 1，因此整个目录在单个 readdir 操作中被读取。 跟踪目录条目的偏移量，它使用偏移参数，并始终将非 0 偏移量传递给填充函数，当缓冲区已满或者发生错误时，填充函数将返回 1

（续）

字　　段	回调函数的解释说明
releasedir	这个字段指向的实现函数负责释放目录。 它接收要释放的目录对应的路径和文件信息作为参数
fsyncdir	这个字段指向的实现函数负责同步目录内容。 它接收要同步的目录对应的路径和文件信息作为参数，如果数据同步标识参数不为 0，那么应当只有用户数据被刷新，而不包括元数据
init	这个字段指向的实现函数负责初始化文件系统。 它接收一个 FUSE 连接和一个 struct fuse_config 类型的配置作为参数，它的返回值会在 struct fuse_context 类型中的 private_data 字段中传递给所有文件操作，并作为参数传递给 destroy 操作，而在配置中的选项会覆盖提供给 fuse_main 或者 fuse_new 的初始值
destroy	这个字段指向的实现函数负责清理文件系统，在文件系统退出时调用。 它仅接收文件系统的私有数据作为参数
access	这个字段指向的实现函数负责检查文件访问权限。 它接收要检查的文件对应的路径和要检查的权限作为参数。 对于 access 系统调用，如果在挂载时给出了 default_permissions 挂载选项，则不会调用此方法
create	这个字段指向的实现函数负责创建并打开文件。 它接收要创建文件对应的路径、文件模式和文件信息作为参数。 如果文件不存在，先用指定的模式创建，然后直接打开。如果此方法未实现或在低于 2.6.15 的 Linux 内核版本下，将先后调用 mknod 和 open 操作作为替代
lock	这个字段指向的实现函数负责执行 POSIX 文件锁定操作。 它接收要执行操作的文件对应的路径、文件信息、要执行的命令和一个 struct flock 类型的结构体作为参数。其中命令参数可以是获取锁 F_GETLK、设置锁 F_SETLK 或设置锁并等待的 F_SETLKW，而在 struct flock 类型中字段的含义可以查看 fcntl 的说明。 如果没有实现这个方法，操作系统内核仍然允许文件锁定在本地工作。因此它只对网络文件系统和类似的文件系统有用
utimesns	这个字段指向的实现函数负责以纳秒级分辨率更改文件的访问和修改时间。它取代了旧的 utime 操作，新应用程序应该使用它，而不是使用旧接口。 它接收要修改的文件对应的路径、访问时间、修改时间和文件信息作为参数
bmap	这个字段指向的实现函数负责将文件内的块索引映射到设备内的块索引。 它接收要映射的文件对应的路径、要映射的块大小和下标作为参数。 注意：这个操作仅对使用 blkdev 选项挂载的块设备支持的文件系统有意义
ioctl	这个字段指向的实现函数负责输入输出控制。 它接收要控制的文件对应的路径、输入输出控制命令、输入输出控制命令的参数、文件信息、标识和与标识有关的额外的值作为参数。 其中在 64 位环境中会为 32 位设置 FUSE_IOCTL_COMPAT 标识，而数据的大小和方向都是由命令解码决定的。如果参数还具有 FUSE_IOCTL_DIR 标识，则文件信息指向的是目录文件的信息。注意：应用程序提交的 64 位请求也会被截断为 32 位
poll	这个字段指向的实现函数负责输入输出就绪事件的轮询。 它接收要轮询的文件对应的路径、文件信息、FUSE 中的轮询结构体和事件指针作为参数
write_buf	这个字段指向的实现函数负责将缓冲区的内容写入打开的文件。 它接收要写入的文件对应的路径、缓冲区数组、开始写入的偏移值和文件信息作为参数。 这个操作类似于 write，但数据是在通用缓冲区中提供的，可以直接使用 fuse_buf_copy 函数将数据传输到目标文件

（续）

字　　段	回调函数的解释说明
read_buf	这个字段指向的实现函数负责将打开文件中的数据存储在缓冲区中。 它接收要读取的文件对应的路径、缓冲区数组、要读取的数据大小、开始读取的偏移值和文件信息作为参数。 这个操作类似于 read，但是数据在通用缓冲区中存储和返回，而不必进行实际的数据复制，源文件描述符可以简单地存储在缓冲区中以供以后数据传输。缓冲区必须动态分配并存储在缓冲区指向的位置，如果缓冲区包含内存区域，它们也必须使用 malloc 分配，并由调用者释放
flock	这个字段指向的实现函数负责执行 BSD 文件锁定操作。 它接收要执行操作的文件对应的路径、文件信息和要执行的操作作为参数，其中要执行的操作参数可以是 LOCK_SH、LOCK_EX 或 LOCK_UN。需要注意的是，如果没有实现这个方法，操作系统内核仍然允许文件锁定在本地工作，它只对网络文件系统和类似的文件系统有用
fallocate	这个字段指向的实现函数负责为打开的文件分配空间。 它接收要预分配的文件对应的路径、分配的模式、分配的开始位置、要分配的空间大小和文件信息作为参数。 这个实现可以确保为指定文件分配所需的空间，如果此函数成功执行，则保证任何后续对指定范围的写入请求不会因为文件系统介质上的空间不足而失败
copy_file_range	这个字段指向的实现函数负责将一系列数据从一个文件复制到另一个文件。 它接收要被复制的文件对应的路径、要被复制的文件信息、要被复制的文件开始的偏移值、复制到的文件路径、复制到的文件信息、复制到的文件开始位置的偏移值、要复制的内容大小和数据同步标识作为参数。 允许在两个文件描述符之间执行优化复制，而不需要通过 FUSE 内核模块将数据传输到用户空间，然后再次回到 FUSE 文件系统中，如果没有实现此方法，则应用程序应退回到常规文件复制的实现中
lseek	这个字段指向的实现函数负责查找指定偏移后的下一个数据。 它接收要操作的文件对应的路径、开始查找的偏移值、查找的模式（同底层版本，详见前文的说明）和文件信息作为参数

struct fuse_operations 类型去除注释后的完整声明如下：

```
struct fuse_operations {
    int (*getattr) (const char *, struct stat *, struct fuse_file_info * fi);
    int (*readlink) (const char *, char *, size_t);
    int (*mknod) (const char *, mode_t, dev_t);
    int (*mkdir) (const char *, mode_t);
    int (*unlink) (const char *);
    int (*rmdir) (const char *);
    int (*symlink) (const char *, const char *);
    int (*rename) (const char *, const char *, unsigned int flags);
    int (*link) (const char *, const char *);
    int (*chmod) (const char *, mode_t, struct fuse_file_info * fi);
    int (*chown) (const char *, uid_t, gid_t, struct fuse_file_info * fi);
    int (*truncate) (const char *, off_t, struct fuse_file_info * fi);
    int (*open) (const char *, struct fuse_file_info *);
    int (*read) (const char *, char *, size_t, off_t, struct fuse_file_info *);
    int (*write) (const char *, const char *, size_t, off_t, struct fuse_file_info *);
    int (*statfs) (const char *, struct statvfs *);
    int (*flush) (const char *, struct fuse_file_info *);
```

```
    int (*release) (const char *, struct fuse_file_info *);
    int (*fsync) (const char *, int, struct fuse_file_info *);
    int (*setxattr) (const char *, const char *, const char *, size_t, int);
    int (*getxattr) (const char *, const char *, char *, size_t);
    int (*listxattr) (const char *, char *, size_t);
    int (*removexattr) (const char *, const char *);
    int (*opendir) (const char *, struct fuse_file_info *);
    int (*readdir) (const char *, void *, fuse_fill_dir_t, off_t,
            struct fuse_file_info *, enum fuse_readdir_flags);
    int (*releasedir) (const char *, struct fuse_file_info *);
    int (*fsyncdir) (const char *, int, struct fuse_file_info *);
    void *(*init) (struct fuse_conn_info *conn, struct fuse_config *cfg);
    void (*destroy) (void *private_data);
    int (*access) (const char *, int);
    int (*create) (const char *, mode_t, struct fuse_file_info *);
    int (*lock) (const char *, struct fuse_file_info *, int cmd, struct flock *);
    int (*utimens) (const char *, const struct timespec tv[2],
            struct fuse_file_info *fi);
    int (*bmap) (const char *, size_t blocksize, uint64_t *idx);
#if FUSE_USE_VERSION < 35
    int (*ioctl) (const char *, int cmd, void *arg,
            struct fuse_file_info *, unsigned int flags, void *data);
#else
    int (*ioctl) (const char *, unsigned int cmd, void *arg,
            struct fuse_file_info *, unsigned int flags, void *data);
#endif
    int (*poll) (const char *, struct fuse_file_info *,
            struct fuse_pollhandle *ph, unsigned *reventsp);
    int (*write_buf) (const char *, struct fuse_bufvec *buf, off_t off,
            struct fuse_file_info *);
    int (*read_buf) (const char *, struct fuse_bufvec **bufp,
            size_t size, off_t off, struct fuse_file_info *);
    int (*flock) (const char *, struct fuse_file_info *, int op);
    int (*fallocate) (const char *, int, off_t, off_t, struct fuse_file_info *);
    ssize_t (*copy_file_range) (const char *path_in,
                struct fuse_file_info *fi_in,
                off_t offset_in, const char *path_out,
                struct fuse_file_info *fi_out,
                off_t offset_out, size_t size, int flags);
    off_t (*lseek) (const char *, off_t off, int whence, struct fuse_file_info *);
};
```

在 example/hello.c 文件中是一个使用 libfuse 库的高层应用程序接口的例子，它负责提供并挂载一个文件系统，其中只有一个给定了文件名、文件内容的文件。这个文件系统由一个 hello_oper 全局变量操作，实现如下：

```
static const struct fuse_operations hello_oper = {
    .init           = hello_init,
    .getattr        = hello_getattr,
    .readdir        = hello_readdir,
    .open           = hello_open,
```

```
   .read                = hello_read,
};
```

其中打开文件的实现 hello_open 函数的代码如下：

```
static int hello_open(const char *path, struct fuse_file_info *fi)
{
    if (strcmp(path+1, options.filename) != 0)
        return -ENOENT;
    if ((fi->flags & O_ACCMODE) != O_RDONLY)
        return -EACCES;
    return 0;
}
```

可以看到它将路径与选项中记录的文件名进行对比，如果不同则返回不存在该目录入口点的 ENOENT 错误码，并且它对访问模式进行了检查，必须是 O_RDONLY 对应的只读模式，最终返回 0 表示成功打开。

现在进入这个示例的主程序，对其中的流程进行解析：

```
int main(int argc, char *argv[])
{
    int ret;
    struct fuse_args args = FUSE_ARGS_INIT(argc, argv);
    /* 设置默认值——
       我们必须使用 strdup 以便 fuse_opt_parse 可以在指定其他值时释放默认值 */
    options.filename = strdup("hello");
    options.contents = strdup("Hello World!\n");
    /* 解析选项 */
    if (fuse_opt_parse(&args, &options, option_spec, NULL) == -1)
        return 1;
    /* 当指定--help 选项时,首先打印我们自己的文件系统特定帮助文本,
       然后向 fuse_main 发出信号以显示其他帮助(通过再次将 `--help` 添加到选项中),
       通过将 argv[0]设置为空字符串从而不会被解析成当前程序名
    */
    if (options.show_help) {
        show_help(argv[0]);
        assert(fuse_opt_add_arg(&args, "--help") == 0);
        args.argv[0][0] = '\0';
    }
    ret = fuse_main(args.argc, args.argv, &hello_oper, NULL);
    fuse_opt_free_args(&args);
    return ret;
}
```

可以看到，对于想要使用 FUSE 编写文件系统的开发者来说，使用高层应用程序接口要编写的代码会简单得多，只需要调用 fuse_opt_parse 函数解析参数，并使用命令行参数和相应的文件系统操作传入 fuse_main 函数中即可。这个主函数实际上是一个宏，它会展开到 fuse_main_real 函数中：

```
#define fuse_main(argc, argv, op, private_data)                    \
    fuse_main_real(argc, argv, op, sizeof(*(op)), private_data)
```

使用这个函数来完成了大量底层操作和设置，从而简化了开发者的工作，下面开始对其进行分步解析。它首先对传入的命令行参数进行解析，并且检查是否有挂载点、是否需要打印帮助等，从而保证程序可以正常地继续运行：

```
if (fuse_parse_cmdline(&args, &opts) != 0)
    return 1;
if (opts.show_version) {
    printf("FUSE library version %s\n", PACKAGE_VERSION);
    fuse_lowlevel_version();
    res = 0;
    goto out1;
}
if (opts.show_help) {
    if(args.argv[0][0] != '\0')
        printf("usage: %s [options] <mountpoint>\n\n",
                args.argv[0]);
    printf("FUSE options:\n");
    fuse_cmdline_help();
    fuse_lib_help(&args);
    res = 0;
    goto out1;
}
if (!opts.show_help &&
    !opts.mountpoint) {
    fuse_log(FUSE_LOG_ERR, "error: no mountpoint specified\n");
    res = 2;
    goto out1;
}
```

检查完毕后，它调用 fuse_new_31 函数，来创建一个新的 struct fuse 类型的 FUSE 文件系统描述（这里的 31 指的是 libfuse 的主、副版本，通过这样的命名方式可以让多个版本的类似函数并存）：

```
fuse = fuse_new_31(&args, op, op_size, user_data);
if (fuse == NULL) {
    res = 3;
    goto out1;
}
```

除去解析参数、填充 FUSE 配置的代码外，在 fuse_new_31 函数中需要关注的代码只有以下几行：

```
struct fuse_fs *fs;
struct fuse_lowlevel_ops llop = fuse_path_ops;
fs = fuse_fs_new(op, op_size, user_data);
f->se = fuse_session_new(args, &llop, sizeof(llop), f);
```

其中 fs 变量是需要创建的，并在之后使用的 struct fuse_fs 类型的 FUSE 文件系统描述，而 llop 字段是由 libfuse 库提供的底层接口使用的文件系统操作函数集合。首先来看负责创建 struct fuse_fs 类型的实例的 fuse_fs_new 函数，它被定义在 lib/fuse.c 文件中：

```
struct fuse_fs * fuse_fs_new(const struct fuse_operations * op, size_t op_size,
        void * user_data)
```

```
{
    struct fuse_fs * fs;
    if (sizeof(struct fuse_operations) < op_size) {
        fuse_log(FUSE_LOG_ERR, "fuse: warning: library too old, some operations may not not work \n");
        op_size = sizeof(struct fuse_operations);
    }
    fs = (struct fuse_fs *) calloc(1, sizeof(struct fuse_fs));
    if (!fs) {
        fuse_log(FUSE_LOG_ERR, "fuse: failed to allocate fuse_fs object \n");
        return NULL;
    }
    fs->user_data = user_data;
    if (op)
        memcpy(&fs->op, op, op_size);
    return fs;
}
```

它所完成的工作就是分配内存，然后将 FUSE 文件系统需要的私有数据存入 user_data 字段中，并将其高层接口中的文件系统操作复制为传入的回调函数，然后将分配出来的实例返回。

而在创建底层接口的 FUSE 会话时，使用的是 llop 指向的 fuse_path_ops 函数集合。它是由 libfuse 直接提供的一系列函数，用来填充全部的底层文件系统操作。而用来填充的函数会处理 inode 标识符，然后用剩余的参数去调用对应的高层文件系统操作，再将结果处理并返回。fuse_path_ops 定义的部分字段如下：

```
static struct fuse_lowlevel_ops fuse_path_ops = {
    .init = fuse_lib_init,
    .destroy = fuse_lib_destroy,
    .lookup = fuse_lib_lookup,
    /* 中略 */
    .create = fuse_lib_create,
    .open = fuse_lib_open,
    .read = fuse_lib_read,
    /* 中略 */
    .fallocate = fuse_lib_fallocate,
    .copy_file_range = fuse_lib_copy_file_range,
    .lseek = fuse_lib_lseek,
};
```

同样，以 fuse_lib_open 函数作为一个例子：

```
static void fuse_lib_open(fuse_req_t req, fuse_ino_t ino,
                struct fuse_file_info * fi)
{
    struct fuse * f = req_fuse_prepare(req);
    struct fuse_intr_data d;
    char *path;
    int err;
    err = get_path(f, ino, &path);
    if (!err) {
        fuse_prepare_interrupt(f, req, &d);
```

```
    err = fuse_fs_open(f->fs, path, fi);
    if (!err) {
        if (f->conf.direct_io)
    fi->direct_io = 1;
        if (f->conf.kernel_cache)
    fi->keep_cache = 1;
        if (f->conf.auto_cache)
            open_auto_cache(f, ino, path, fi);
    }
    fuse_finish_interrupt(f, req, &d);
    }
    if (!err) {
        pthread_mutex_lock(&f->lock);
        get_node(f, ino)->open_count++;
        pthread_mutex_unlock(&f->lock);
        if (fuse_reply_open(req, fi) == -ENOENT) {
            /* 当前 open 系统调用中断过,因此需要取消 */
            fuse_do_release(f, ino, path, fi);
        }
    } else
        reply_err(req, err);
    free_path(f, ino, path);
}
```

简单来说,它首先调用 get_path 函数,从操作系统内核传来的 inode 标识符获取到路径名,然后将 struct fuse_fs 类型的 FUSE 文件系统描述、要打开的 inode 标识符对应的路径名传入 fuse_fs_open 函数中,在返回后它会调用 fuse_reply_open 函数来发送给操作系统内核的回复。而在 fuse_fs_open 函数中,FUSE 文件系统描述存储的高层接口中文件系统对应的操作会被调用并返回:

```
int fuse_fs_open(struct fuse_fs * fs, const char * path,
        struct fuse_file_info * fi)
{
    fuse_get_context()->private_data = fs->user_data;
    if (fs->op.open) {
        int err;
        if (fs->debug)
            fuse_log(FUSE_LOG_DEBUG, "open flags: 0x%x %s \n", fi->flags,
                path);
        err = fs->op.open(path, fi);
        if (fs->debug && !err)
            fuse_log(FUSE_LOG_DEBUG, "  open[%llu] flags: 0x%x %s \n",
                (unsigned long long) fi->fh, fi->flags, path);
        return err;
    } else {
        return 0;
    }
}
```

总结来说,在使用高层接口时,一个 open 请求被处理的路径是:

1) 调用 fuse_ll_ops 的第 FUSE_OPEN 个数组元素对应的 do_open 函数。

2）在 do_open 函数中，调用请求对应 FUSE 会话关联的 open 操作。

3）在这个例子中，FUSE 会话的 open 操作是 fuse_lib_open 函数，它最终会调用与 FUSE 文件系统关联的 open 操作。

4）这里的 open 操作就是由 FUSE 应用程序提供的 hello_open 函数。

在创建 FUSE 文件系统的高层（和底层）描述之后，fuse_main_real 函数会去调用 fuse_mount 函数来向指定的挂载点挂载当前的文件系统：

```
if (fuse_mount(fuse,opts.mountpoint) != 0) {
    res = 4;
    goto out2;
}
```

这个函数实质上就是使用 FUSE 描述中的 FUSE 会话，去调用和在底层实现中一致的 fuse_session_mount 函数来完成当前文件系统在给定挂载点上的挂载。首先来看 fuse_session_mount 函数：

```
int fuse_session_mount(struct fuse_session * se, const char * mountpoint)
{
    int fd;
    /* 确保 0、1 和 2 号文件描述符是打开的,不然可能会因此发生混乱 */
    do {
        fd = open("/dev/null", O_RDWR);
        if (fd > 2)
            close(fd);
    } while (fd >= 0 && fd <= 2);
    /*
     * 为了允许 FUSE 守护进程在没有特权的情况下运行
     * 调用者可以在启动文件系统之前打开/dev/fuse
     * 并通过指定/dev/fd/N 作为挂载点来传递文件描述符
     * 请注意,在这种情况下,父进程负责执行挂载
     */
    fd = fuse_mnt_parse_fuse_fd(mountpoint);
    if (fd != -1) {
        if (fcntl(fd, F_GETFD) == -1) {
            fuse_log(FUSE_LOG_ERR,
                "fuse: Invalid file descriptor /dev/fd/%u\n",
                fd);
            return -1;
        }
        se->fd = fd;
        return 0;
    }
    /* 建立通信连接 */
    fd = fuse_kern_mount(mountpoint, se->mo);
    if (fd == -1)
        return -1;
    se->fd = fd;
    /* 保存挂载点 */
    se->mountpoint = strdup(mountpoint);
    if (se->mountpoint == NULL)
```

```
      goto error_out;
   return 0;
error_out:
   fuse_kern_unmount(mountpoint, fd);
   return -1;
}
```

它处理了两种情况：

1）由于要使用 FUSE 就需要打开/dev/fuse 辅助设备，而这个辅助设备又是需要一定用户权限才能打开的，因此对于普通用户来说很可能由于缺乏权限无法打开。为了避免这种情况发生，libfuse 还支持先由有权限的用户打开这个辅助设备进行挂载，获取到一个文件描述符，然后将这个文件描述符通过在/dev/fd/目录下的挂载点，传给当前的 FUSE 文件系统进程。在这种情况下 fuse_mnt_parse_fuse_fd 函数可以从中解析出来，并将文件描述符存储在 FUSE 会话的 fd 字段中。

2）另一种情况是由 FUSE 文件系统的进程直接调用挂载系统调用，或者挂载命令来完成。这种情况需要较高的权限，由 fuse_kern_mount 函数来完成。

笔者推荐后者作为一种更通用的情况，为 Linux 内核准备的 fuse_kern_mount 函数位于 lib/mount.c 文件中，它的实现如下：

```
int fuse_kern_mount(const char *mountpoint, struct mount_opts *mo)
{
    int res = -1;
    char *mnt_opts = NULL;
    res = -1;
    if (get_mnt_flag_opts(&mnt_opts, mo->flags) == -1)
        goto out;
    if (mo->kernel_opts && fuse_opt_add_opt(&mnt_opts, mo->kernel_opts) == -1)
        goto out;
    if (mo->mtab_opts &&  fuse_opt_add_opt(&mnt_opts, mo->mtab_opts) == -1)
        goto out;
    res = fuse_mount_sys(mountpoint, mo, mnt_opts);
    if (res == -2) {
        if (mo->fusermount_opts &&
            fuse_opt_add_opt(&mnt_opts, mo->fusermount_opts) == -1)
            goto out;
        if (mo->subtype) {
            char *tmp_opts = NULL;
            res = -1;
            if (fuse_opt_add_opt(&tmp_opts, mnt_opts) == -1 ||
                fuse_opt_add_opt(&tmp_opts, mo->subtype_opt) == -1) {
                free(tmp_opts);
                goto out;
            }
            res = fuse_mount_fusermount(mountpoint, mo, tmp_opts, 1);
            free(tmp_opts);
            if (res == -1)
                res = fuse_mount_fusermount(mountpoint, mo,
                            mnt_opts, 0);
```

```
        } else {
            res = fuse_mount_fusermount(mountpoint, mo, mnt_opts, 0);
        }
    }
out:
    free(mnt_opts);
    return res;
}
```

可以看到这个函数首先调用 get_mnt_flag_opts 和 fuse_opt_add_opt 函数，将挂载选项和标识转换成字符串，存入 mnt_opts 变量中。然后调用 fuse_mount_sys 函数尝试进行挂载，如果失败则会尝试调用 fuse_mount_fusermount 函数，通过调用 fusermount 命令实现挂载，它是由 libfuse 提供的实用工具。

其中，fuse_mount_sys 函数在 Linux 发行版实现的主要操作部分的代码如下：

```
static int fuse_mount_sys(const char *mnt, struct mount_opts *mo,
                const char *mnt_opts)
{
    char tmp[128];
    const char *devname = "/dev/fuse";
    char *source = NULL;
    char *type = NULL;
    struct stat stbuf;
    int fd;
    int res;
    if (!mnt) {
        fuse_log(FUSE_LOG_ERR, "fuse: missing mountpoint parameter\n");
        return -1;
    }
    res = stat(mnt, &stbuf);
    if (res == -1) {
        fuse_log(FUSE_LOG_ERR, "fuse: failed to access mountpoint %s: %s\n",
            mnt, strerror(errno));
        return -1;
    }
    if (mo->auto_unmount) {
        /* 告诉调用者要回退到使用 fusermount3,要不然会自动卸载不可用 */
        return -2;
    }
    fd = open(devname, O_RDWR | O_CLOEXEC);
    if (fd == -1) {
        if (errno == ENODEV || errno == ENOENT)
            fuse_log(FUSE_LOG_ERR, "fuse: device not found, try 'modprobe fuse' first\n");
        else
            fuse_log(FUSE_LOG_ERR, "fuse: failed to open %s: %s\n",
                devname, strerror(errno));
        return -1;
    }
    if (!O_CLOEXEC)
        fcntl(fd, F_SETFD, FD_CLOEXEC);
```

```
    snprintf(tmp, sizeof(tmp),  "fd=%i,rootmode=%o,user_id=%u,group_id=%u",
        fd, stbuf.st_mode & S_IFMT, getuid(), getgid());
    res = fuse_opt_add_opt(&mo->kernel_opts, tmp);
    if (res == -1)
        goto out_close;
    source = malloc((mo->fsname ? strlen(mo->fsname) : 0) +
            (mo->subtype ? strlen(mo->subtype) : 0) +
            strlen(devname) + 32);
    type = malloc((mo->subtype ? strlen(mo->subtype) : 0) + 32);
    if (!type || !source) {
        fuse_log(FUSE_LOG_ERR, "fuse: failed to allocate memory\n");
        goto out_close;
    }
    strcpy(type, mo->blkdev ? "fuseblk" : "fuse");
    if (mo->subtype) {
        strcat(type, ".");
        strcat(type, mo->subtype);
    }
    strcpy(source,
            mo->fsname ? mo->fsname : (mo->subtype ? mo->subtype : devname));
    res = mount(source, mnt, type, mo->flags, mo->kernel_opts);
    if (res == -1 && errno == ENODEV && mo->subtype) {
        /* 可能缺少子类型的支持 */
        strcpy(type, mo->blkdev ? "fuseblk" : "fuse");
        if (mo->fsname) {
            if (!mo->blkdev)
                sprintf(source, "%s#%s", mo->subtype,
                    mo->fsname);
        } else {
            strcpy(source, type);
        }
        res = mount(source, mnt, type, mo->flags, mo->kernel_opts);
    }
    if (res == -1) {
        /* 也许内核不支持非特权挂载,在这种情况下尝试回退到 fusermount3 */
        if (errno == EPERM) {
            res = -2;
        } else {
            int errno_save = errno;
            if (mo->blkdev && errno == ENODEV &&
                    !fuse_mnt_check_fuseblk())
                fuse_log(FUSE_LOG_ERR,
                    "fuse: 'fuseblk' support missing\n");
            else
                fuse_log(FUSE_LOG_ERR, "fuse: mount failed: %s\n",
                    strerror(errno_save));
        }
        goto out_close;
    }
/* 中略,在不忽略 mtab 配置文件时的操作 */
    free(type);
```

```
    free(source);
    return fd;
out_umount:
    umount2(mnt, 2); /* 滞后卸载文件系统 */
out_close:
    free(type);
    free(source);
    close(fd);
    return res;
}
```

它首先使用 stat 函数探测挂载点是否可用，然后调用 open 系统调用打开/dev/fuse 辅助设备，并且将文件描述符、用户标识符、组标识符等信息序列化填入到挂载选项的 mnt_opts 字段中。在调用 mount 进行挂载的时候，这个字段会被发送到 Linux 内核中，从而让 Linux 内核能够通过/dev/fuse 设备建立起用户态的 FUSE 应用程序和在 Linux 内核中的 fuse 模块的通信连接，进而允许通过这个连接完成发送请求和接收回复的操作。回到 fuse_main_real 函数中，接下来的步骤与底层应用程序接口类似，它会尝试调用 fuse_daemonize 函数，在配置了相应选项的情况下，把程序变成守护进程运行。然后它会去对 FUSE 会话设置信号处理程序，就如同在底层接口的示例程序中看到的那样：

```
if (fuse_daemonize(opts.foreground) != 0) {
    res = 5;
    goto out3;
}
struct fuse_session * se = fuse_get_session(fuse);
if (fuse_set_signal_handlers(se) != 0) {
    res = 6;
    goto out3;
}
```

紧接着，就可以根据是否为单线程，进入不同的循环：

```
if (opts.singlethread)
    res = fuse_loop(fuse);
else {
    /* 中略,多线程事件循环相关 */
}
if (res)
    res = 7;
```

这里仍然只关注单线程的情况，它会去调用定义在 lib/fuse.c 文件中的 fuse_loop 函数：

```
int fuse_loop(struct fuse * f)
{
    if (!f)
        return -1;
    if (lru_enabled(f))
        return fuse_session_loop_remember(f);
    return fuse_session_loop(f->se);
}
```

可以看到，在没有开启 LRU 缓存的情况下，实际上它也仅仅使用了 struct fuse 类型中的 se 字段，将其作为参数传入 fuse_session_loop 函数中，和使用底层接口的时候一致；而对于使用 LRU 缓存的情况，在 struct fuse 类型中的一系列列表和配置就会被使用，这里不对其进行详述，感兴趣的读者可以自行对其实现进行探索。最后，从事件循环中返回之后，它对信号处理程序进行清除，卸载文件系统并清理使用到的 struct fuse 类型和选项类型，并将结果返回：

```
    fuse_remove_signal_handlers(se);
out3:
    fuse_unmount(fuse);
out2:
    fuse_destroy(fuse);
out1:
    free(opts.mountpoint);
    fuse_opt_free_args(&args);
    return res;
```

在 libfuse 中也提供了对用户态字符设备 CUSE 的支持，但是只能使用底层应用程序接口来操作。一个用户态的 CUSE 应用程序可以通过打开/dev/cuse 文件并回复 CUSE_INIT 请求，以在内核中创建并支持一个字符设备。在 libfuse 的 FUSE 文件系统部分，已经有 struct cuse_data 类型，并且在初始化过程中处理函数是通过 struct fuse_session 类型的 cuse_data 字段是否为空，来判断当前消息是 FUSE 文件系统还是 CUSE 字符设备的初始化请求的。下面回到这个字段中：

```
struct cuse_data {
    struct cuse_lowlevel_ops    clop;
    unsigned        max_read;
    unsigned        dev_major;
    unsigned        dev_minor;
    unsigned        flags;
    unsigned        dev_info_len;
    char            dev_info[];
};
```

除去第一个 clop 字段是用来描述 CUSE 字符设备对应操作的处理函数集合外，在剩余的参数中：dev_major 和 dev_minor 字符是需要与操作系统内核协商的设备主、副设备号；flags 字段是一系列标识，也是由提供 CUSE 字符设备的用户态 FUSE 应用程序与操作系统内核协商的；dev_info 和 dev_info_len 字段则分别负责记录要创建的字符设备信息和这一信息的长度，结合在 Linux 内核中的 cuse 模块，这个设备信息会被写入由 Linux 内核提供的内存分页指定的内存中，从而传递给 Linux 内核。

struct cuse_lowlevel_ops 类型定义在 include/cuse_lowlevel.h 文件中：

```
struct cuse_lowlevel_ops {
    void (*init) (void *userdata, struct fuse_conn_info *conn);
    void (*init_done) (void *userdata);
    void (*destroy) (void *userdata);
    void (*open) (fuse_req_t req, struct fuse_file_info *fi);
    void (*read) (fuse_req_t req, size_t size, off_t off,
            struct fuse_file_info *fi);
```

```
    void (*write) (fuse_req_t req, const char *buf, size_t size, off_t off,
             struct fuse_file_info *fi);
    void (*flush) (fuse_req_t req, struct fuse_file_info *fi);
    void (*release) (fuse_req_t req, struct fuse_file_info *fi);
    void (*fsync) (fuse_req_t req, int datasync, struct fuse_file_info *fi);
    void (*ioctl) (fuse_req_t req, int cmd, void *arg,
             struct fuse_file_info *fi, unsigned int flags,
             const void *in_buf, size_t in_bufsz, size_t out_bufsz);
    void (*poll) (fuse_req_t req, struct fuse_file_info *fi,
             struct fuse_pollhandle *ph);
};
```

其中大多数操作与 struct fuse_lowlevel_ops 类型中声明的操作几乎相同，只是它们不再接收 inode 标识符，这是因为 CUSE 字符设备本身只提供一个唯一的文件读写。除此之外，它多出来的 init_done 字段指向一个在初始化完成之后会被调用的函数。

接下来看一个使用 libfuse 的 CUSE 字符设备的简单示例。这个示例展示了如何在用户空间实现一个 CUSE 设备，注册的字符设备会以指定名称出现在/dev 目录中，通过运行下面的命令，可以挂载一个名为 mydevice 的字符设备：

```
cuse -f --name=mydevie
```

这时会有一个新的/dev/mydevice 字符设备。如要卸载这个 CUSE 字符设备，可以通过终止正在运行的命令进程实现。这个示例的主函数如下：

```
int main(int argc, char **argv)
{
    struct fuse_args args = FUSE_ARGS_INIT(argc, argv);
    struct cusexmp_param param = { 0, 0, NULL, 0 };
    char dev_name[128] = "DEVNAME=";
    const char *dev_info_argv[] = { dev_name };
    struct cuse_info ci;
    int ret = 1;
    if (fuse_opt_parse(&args, &param, cusexmp_opts, cusexmp_process_arg)) {
        printf("failed to parse option \n");
        free(param.dev_name);
        goto out;
    }
    if (!param.is_help) {
        if (!param.dev_name) {
            fprintf(stderr, "Error: device name missing \n");
            goto out;
        }
        strncat(dev_name, param.dev_name, sizeof(dev_name) - sizeof("DEVNAME="));
        free(param.dev_name);
    }
    memset(&ci, 0, sizeof(ci));
    ci.dev_major = param.major;
    ci.dev_minor = param.minor;
    ci.dev_info_argc = 1;
    ci.dev_info_argv = dev_info_argv;
    ci.flags = CUSE_UNRESTRICTED_IOCTL;
```

```
    ret = cuse_lowlevel_main(args.argc, args.argv, &ci, &cusexmp_clop, NULL);
out:
    fuse_opt_free_args(&args);
    return ret;
}
```

这个函数的结构与使用底层应用程序接口的用户态 FUSE 应用程序结构类似，但相比之下步骤更少。因为在这里只需要调用 fuse_opt_parse 函数解析参数，并根据参数提供在操作系统内核中的 cuse 模块需要的信息，建立连接，然后运行主循环即可，不需要程序去进行挂载文件系统等操作。与高层应用程序接口的版本类似，它也有一个封装好的、可以直接使用的主函数 cuse_lowlevel_main，只需将 CUSE 字符设备的信息和相关操作传入就能完成上述的后半过程，并停留在接收和处理请求的主循环中。

在主函数中，用来描述解析出的参数是 struct cusexmp_param 类型，它是仅仅在当前的 CUSE 示例中出现的类型，其声明如下：

```
struct cusexmp_param {
    unsigned        major;
    unsigned        minor;
    char            *dev_name;
    int             is_help;
};
```

其中 major 和 minor 字段是要创建的 CUSE 字符设备的主、副设备号，dev_name 字段指向从命令行参数中解析出的设备名称，is_help 字段用来指示在运行程序的时候是否想要打印帮助字符串。而在主函数的后续处理中，其中的 major 和 minor 字段会被复制给 struct cuse_info 类型，这是一个在 include/cuse_lowlevel.h 文件中定义的结构，它的其余字段如下：

```
struct cuse_info {
    unsigned  dev_major;
    unsigned  dev_minor;
    unsigned  dev_info_argc;
    const char  **dev_info_argv;
    unsigned  flags;
};
```

其中 dev_info_argc 字段是设备信息相关的参数个数，被设置为 1；dev_info_argv 字段是设备信息相关参数，在这里它会被设置为 "DEVNAME" 参数对应的字符串数组，在这个字符串后面是从命令行传入的设备名称；在 flags 字段中则是一些与 CUSE 相关的标识，在主函数中它被赋值为 CUSE_UNRESTRICTED_IOCTL。

在继续解析 cuse_lowlevel_main 函数之前，先来看其中使用的 cusexmp_clop 参数，它是在这个示例程序中定义的全局变量，属于 struct cuse_lowlevel_ops 类型，它的定义如下：

```
static const struct cuse_lowlevel_ops cusexmp_clop = {
    .open       = cusexmp_open,
    .read       = cusexmp_read,
    .write      = cusexmp_write,
    .ioctl      = cusexmp_ioctl,
};
```

可以看到，它提供了打开（open）、读取（read）、写入（write）和输入输出控制（ioctl）总共四种回调函数，下面来看前三种：

```
static void * cusexmp_buf;
static size_t cusexmp_size;
static void cusexmp_open(fuse_req_t req, struct fuse_file_info * fi)
{
    fuse_reply_open(req, fi);
}
static void cusexmp_read(fuse_req_t req, size_t size, off_t off,
          struct fuse_file_info * fi)
{
    (void)fi;
    if (off >= cusexmp_size)
        off = cusexmp_size;
    if (size > cusexmp_size - off)
        size = cusexmp_size - off;
    fuse_reply_buf(req, cusexmp_buf + off, size);
}
static void cusexmp_write(fuse_req_t req, const char * buf, size_t size,
              off_t off, struct fuse_file_info * fi)
{
    (void)fi;
    if (cusexmp_expand(off + size)) {
        fuse_reply_err(req, ENOMEM);
        return;
    }
    memcpy(cusexmp_buf + off, buf, size);
    fuse_reply_write(req, size);
}
```

在打开的函数实现中，它什么都没有做，只调用了 fuse_reply_open 函数来向操作系统内核发送回复；在读取的函数实现中，它将从 cusexmp_buf 缓冲区开始，加上偏移值之后传入 fuse_reply_buf 函数，并将读入的大小也当作参数传入，这样操作系统内核接收到之后，就会将数据复制并返回到读取操作的发起程序中；在写入的函数实现中，则是向 cusexmp_buf 写入参数缓冲区中指定大小的内容。但综合来说，它所实现的功能就是在用户态应用程序的内存中提供一个可读写、可拓展的区域，并通过 libfuse 中的 CUSE 接口，让操作系统将其当作字符设备来进行操作。

接下来就可以进入到由 libfuse 库提供的 CUSE 主函数中进行分析了。这个函数在 include/cuse_lowlevel.h 文件中声明，定义在 lib/cuse_lowlevel.c 文件中，它的内容如下：

```
int cuse_lowlevel_main(int argc, char * argv[], const struct cuse_info * ci,
              const struct cuse_lowlevel_ops * clop, void * userdata)
{
    struct fuse_session * se;
    int multithreaded;
    int res;
    se = cuse_lowlevel_setup(argc, argv, ci, clop, &multithreaded,
                userdata);
```

```
    if (se == NULL)
        return 1;
    if (multithreaded) {
        /* 中略,多线程事件循环相关 */
    }
    else
        res = fuse_session_loop(se);
    cuse_lowlevel_teardown(se);
    if (res == -1)
        return 1;
    return 0;
}
```

可以看到，它接收命令行参数、struct cuse_info 类型的 CUSE 信息参数、操作的实现回调函数集合和用户数据作为参数。首先调用 cuse_lowlevel_setup 函数创建一个 struct fuse_session 类型的 FUSE 会话，然后用这个会话调用 fuse_session_loop 函数进入循环，直到结束之后会去调用 cuse_lowlevel_teardown 函数进行清理。在 cuse_lowlevel_setup 函数中，它声明了以下参数：

```
const char *devname = "/dev/cuse";
static const struct fuse_opt kill_subtype_opts[] = {
    FUSE_OPT_KEY("subtype=",  FUSE_OPT_KEY_DISCARD),
    FUSE_OPT_END
};
struct fuse_args args = FUSE_ARGS_INIT(argc, argv);
struct fuse_session *se;
struct fuse_cmdline_opts opts;
int fd;
int res;
```

其中 args、se、opts 都是在前文 libfuse 中 FUSE 函数解析过的变量，它们的用途也相同；而 devname 变量指向由操作系统内核导出的辅助设备/dev/cuse，负责之后用来打开内核中 cuse 的通道，打开后的文件描述符由 fd 变量来存储。在声明变量完成后，它调用 fuse_parse_cmdline 函数来将和 FUSE 相关的选项从命令行参数中解析出来：

```
if (fuse_parse_cmdline(&args, &opts) == -1)
        return NULL;
*multithreaded = !opts.singlethread;
```

然后通过 kill_subtype_opts 函数将 CUSE 不支持的 subtype 选项移除：

```
/* 移除 subtype=选项,因为 cuse 不支持它 */
res = fuse_opt_parse(&args, NULL, kill_subtype_opts, NULL);
if (res == -1)
    goto out1;
```

紧接着，在保持 0~2 的文件描述符是打开的情况下（一般 0 是标准输出流、1 是标准输入流、2 是标准错误流）去调用 cuse_lowlevel_new 函数来创建一个新的 FUSE 会话：

```
/*
* 确保 0~2 文件描述符是打开的,否则可能会导致混乱
*/
```

```
do {
    fd = open("/dev/null", O_RDWR);
    if (fd > 2)
        close(fd);
} while (fd >= 0 && fd <= 2);
se = cuse_lowlevel_new(&args, ci, clop, userdata);
if (se == NULL)
    goto out1;
```

其中 cuse_lowlevel_new 函数的定义如下：

```
struct fuse_session * cuse_lowlevel_new(struct fuse_args * args,
                    const struct cuse_info * ci,
                    const struct cuse_lowlevel_ops * clop,
                    void * userdata)
{
    struct fuse_lowlevel_ops lop;
    struct cuse_data * cd;
    struct fuse_session * se;
    cd = cuse_prep_data(ci, clop);
    if (!cd)
        return NULL;
    memset(&lop, 0, sizeof(lop));
    lop.init = clop->init;
    lop.destroy = clop->destroy;
    lop.open = clop->open          ? cuse_fll_open      : NULL;
    lop.read = clop->read          ? cuse_fll_read      : NULL;
    lop.write = clop->write        ? cuse_fll_write     : NULL;
    lop.flush = clop->flush        ? cuse_fll_flush     : NULL;
    lop.release = clop->release    ? cuse_fll_release   : NULL;
    lop.fsync = clop->fsync        ? cuse_fll_fsync     : NULL;
    lop.ioctl = clop->ioctl        ? cuse_fll_ioctl     : NULL;
    lop.poll = clop->poll          ? cuse_fll_poll      : NULL;
    se = fuse_session_new(args, &lop, sizeof(lop), userdata);
    if (!se) {
        free(cd);
        return NULL;
    }
    se->cuse_data = cd;
    return se;
}
```

它首先调用 cuse_prep_data 函数，用 struct cuse_info 类型和 struct cuse_lowlevel_ops 类型的参数填充 struct cuse_data 类型的局部变量 cd，然后调用 fuse_session_new 函数创建一个新的 FUSE 会话，并将其中的 cuse_data 字段用 cd 填充。除此之外，它还创建了一层包装，将由 FUSE 会话记录的 struct fuse_lowlevel_ops 类型的操作转化到 CUSE 对应的操作中，比如对于设置了在 CUSE 中的 open 操作，在 FUSE 会话中对应的 open 底层操作就会被赋值成 cuse_fll_open 函数，它的定义如下：

```
static void cuse_fll_open(fuse_req_t req, fuse_ino_t ino,
            struct fuse_file_info * fi)
```

```
{
    (void)ino;
    req_clop(req)->open(req, fi);
}
```

其中，req_clop 可以访问到请求 req 中 FUSE 会话存储的 CUSE 数据对应的操作集合，然后将接收到的 inode 标识符舍弃，使用剩下的参数访问对应的 CUSE 操作。

回到 cuse_prep_data 函数，它主要负责填充 struct cuse_data 类型的 CUSE 数据：

```
static struct cuse_data *cuse_prep_data(const struct cuse_info *ci,
                   const struct cuse_lowlevel_ops *clop)
{
    struct cuse_data *cd;
    size_t dev_info_len;
    dev_info_len = cuse_pack_info(ci->dev_info_argc, ci->dev_info_argv,
                   NULL);
    if (dev_info_len > CUSE_INIT_INFO_MAX) {
        fuse_log(FUSE_LOG_ERR, "cuse: dev_info (%zu) too large, limit=%u\n",
            dev_info_len, CUSE_INIT_INFO_MAX);
        return NULL;
    }
    cd = calloc(1, sizeof(*cd) + dev_info_len);
    if (!cd) {
        fuse_log(FUSE_LOG_ERR, "cuse: failed to allocate cuse_data\n");
        return NULL;
    }
    memcpy(&cd->clop, clop, sizeof(cd->clop));
    cd->max_read = 131072;
    cd->dev_major = ci->dev_major;
    cd->dev_minor = ci->dev_minor;
    cd->dev_info_len = dev_info_len;
    cd->flags = ci->flags;
    cuse_pack_info(ci->dev_info_argc, ci->dev_info_argv, cd->dev_info);
    return cd;
}
```

其中 clop 字段被设置成 CUSE 对应的回调函数集合，max_read 字段被设置成 131072，而设备的主副设备号、flags 字段被设置为从 struct cuse_info 类型参数传入的对应字段的值。同时设备的名称也被 cuse_pack_info 函数打包并存储到 dev_info 字段中，等待被发送到操作系统内核中。回到 cuse_lowlevel_setup 函数中后，它会调用 open 系统调用打开/dev/cuse 来获取一个记录 CUSE 通道的文件描述符，并将 FUSE 会话的 fd 字段进行设置：

```
fd = open(devname, O_RDWR);
if (fd == -1) {
    if (errno == ENODEV || errno == ENOENT)
        fuse_log(FUSE_LOG_ERR, "cuse: device not found, try 'modprobe cuse' first\n");
    else
        fuse_log(FUSE_LOG_ERR, "cuse: failed to open %s: %s\n",
            devname, strerror(errno));
    goto err_se;
```

```
}
se->fd = fd;
```

然后如同在 FUSE 中的例子一样，它调用 fuse_set_signal_handlers 和 fuse_daemonize 函数为 FUSE 会话设置信号的处理程序，并根据选项选择是否为后台化运行：

```
res = fuse_set_signal_handlers(se);
if (res == -1)
    goto err_se;
res = fuse_daemonize(opts.foreground);
if (res == -1)
    goto err_sig;
```

最后的部分会通过选项将 FUSE 会话返回，或者在出错时对 FUSE 会话进行清理，然后返回 NULL：

```
    fuse_opt_free_args(&args);
    return se;
err_sig:
    fuse_remove_signal_handlers(se);
err_se:
    fuse_session_destroy(se);
out1:
    free(opts.mountpoint);
    fuse_opt_free_args(&args);
    return NULL;
```

至此，负责初始化 CUSE 相关信息并创建 FUSE 会话的 cuse_lowlevel_setup 函数就结束了。它返回的 FUSE 会话也会被传入 fuse_session_loop 函数（或者多线程的实现）中，对由操作系统内核发送的请求进行接收和解析。而对于不同类型消息的区分，则是使用 FUSE 会话中的 cuse_data 字段是否为 NULL 来进行区分的。在 FUSE 用户态的分析中见到过这样的操作，实际上只有初始化消息有所区别，因为对于 FUSE 来说是 FUSE_INIT 操作码，而对于 CUSE 来说是 CUSE_INIT 操作码。

而在最后的 cuse_lowlevel_teardown 函数中，它也和 FUSE 一样，对 FUSE 会话中的信号处理程序进行移除，并对当前 FUSE 会话进行销毁：

```
void cuse_lowlevel_teardown(struct fuse_session * se)
{
    fuse_remove_signal_handlers(se);
    fuse_session_destroy(se);
}
```

在本小节中，我们详解了 libfuse 这个 FUSE 技术的参考实现库，并解析了其中的三个简单示例，分别是在 libfuse 库中的底层和高层应用程序接口的 FUSE 示例，以及只有低层应用程序接口的 CUSE 示例。

第8章

用户态线程——协程

在 Linux 内核中，每一个程序都是由一个进程（Process）来描述的，每个进程中可以存在多个线程（Thread），它们共享共同的内存空间。进程与线程的调度也是操作系统内核的重要组成部分，它是负责将处理器的占用时间分配给不同进程或线程的机制。在 Linux 内核中，进程或者线程之间的切换被称为上下文切换（Context Switch），在上下文切换的过程中，需要将相关寄存器中的值和相应的状态存储，以便等待之后进行上下文的恢复。这一过程需要程序在内核态中或者由中断进行触发，往往需要耗费大量的处理器时间，并占用大量的内存空间来存储进程或者线程的状态。针对这种情况，现代的编程语言如 Golang、Kotlin 等都提供了更加轻量级的用户态线程实现，被称为协程（Coroutine）。

在本章，将深入探讨 Linux 内核中进程调度的实现方式，并基于在微信后台以及 PHP 的 Swoole 中使用轻量级协程实现 libco 来介绍在 Linux 中的用户态线程的原理与实现。

8.1 Linux 内核中线程与进程切换的实现

在介绍进程调度的实现之前，需要先了解一些基本概念。首先，进程调度是指将处理器时间划分成时间片，分配给不同的进程或线程的过程。进程的调度方式通常分为抢占式调度和非抢占式调度两种：

1）抢占式（Preemptive）调度允许内核在进程正在执行时中断，并分配处理器时间给其他进程；

2）而非抢占式（Non-Preemptive）调度则不允许这种中断操作，进程只能在自己的时间片结束后才会被调度出去。

在 Linux 内核中，每个进程或者线程都是由一个 struct task_struct 类型的结构体定义的。线程和进程没有单独做区分，唯一的区别就在于它们是否共享内存空间，在下文中直接使用进程来代指 Linux 内核中的进程和线程。

这个结构体包含了大量的字段，用于表示一个进程的各种信息，如进程状态、标识符、调度信息、地址空间、文件描述符、信号处理等。在 Linux 内核中，通过访问 struct task_struct 类型结构体的各个字段，就可以对进程进行操作和管理。它被定义在 include/linux/sched.h 头文件中，这里选取其中部分字段来进行介绍，如下：

```
struct task_struct {
    /* 中略:进程状态详细描述 */
```

```
    volatile long state;                        /* 进程状态 */
    void * stack;                               /* 进程内核栈 */
    /* 中略:进程标识符 */
    pid_t pid;                                  /* 进程 ID */
    pid_t tgid;                                 /* 线程组 ID */
    /* 中略进程调度信息 */
    struct sched_entity se;                     /* 进程调度实体 */
    /* 中略进程地址空间 */
    struct mm_struct * mm;                      /* 进程地址空间 */
    /* 中略:进程文件描述符 */
    struct files_struct * files;                /* 进程文件描述符 */
    /* 中略:进程信号处理 */
    struct signal_struct * signal;              /* 进程信号处理 */
    /* 中略:线程组相关信息 */
    struct task_struct * group_leader;          /* 线程组中的领头进程 */
    /* 中略:父子进程关系 */
    struct task_struct __rcu * real_parent;     /* 实际的父进程 */
    struct task_struct __rcu * parent;          /* 父进程 */
    /* 中略:进程调度信息 */
    int prio;                                   /* 进程优先级 */
    int static_prio;                            /* 进程静态优先级 */
    /* 中略:进程运行时间 */
    cputime_t utime, stime, cutime, cstime;     /* 进程运行时间相关 */
    /* 中略 */
    struct thread_struct      thread;           /* 架构相关的线程描述 */
};
```

它拥有很多字段,在注释中进行了简单的解释。在这里将其中的 state 字段进行展开,它是用来存储进程的状态。在 Linux 内核中,进程的状态通常分为以下五种:

1)运行态(Running):进程正在执行。

2)就绪态(Ready):进程已准备好运行,但还没有被调度执行。

3)阻塞态(Blocked):进程在等待某个事件的发生,如等待输入输出操作完成。

4)僵尸态(Zombie):进程已经终止,但其父进程还没有对其进行善后处理。

5)停止态(Stopped):进程被暂停了,但它的资源(如内存、文件描述符等)仍然被保留。

在 Linux 内核中,通过对线程或者进程状态(也包括更多其他信息,如运行时间等)的检测和调整,根据不同的算法就可以实现进程调度的功能。

而对于其中 thread 字段的 struct thread_struct 类型,则根据不同平台有不同的字段和实现,如 x86 和 x64 声明在 arch/x86/include/asm/processor.h 文件中,其部分字段如下:

```
struct thread_struct {
    /* 中略 */
#ifdef CONFIG_X86_32
    unsigned long       sp0;
#endif
    unsigned long       sp;
#ifdef CONFIG_X86_32
    unsigned long       sysenter_cs;
```

```
#else
    unsigned short        es;
    unsigned short        ds;
    unsigned short        fsindex;
    unsigned short        gsindex;
#endif
#ifdef CONFIG_X86_64
    unsigned long         fsbase;
    unsigned long         gsbase;
#else
    unsigned long fs;
    unsigned long gs;
#endif
    /* 中略 */
    /* 浮点数和拓展的处理器状态 */
    struct fpu            fpu;
};
```

可以看到，这个结构体主要被用来存储当前架构处理器上下文中的参数，包括内核线程所使用的栈指针寄存器（在 x86 或者 x86-64 中一般被称为 esp 或者 rsp 寄存器）、ds 寄存器（当前程序使用的数据所段的基址）、es 寄存器（当前程序使用附加数据段的段基址）、fs（多线程环境中常用的段寄存器）。虽然 gs 寄存器没有什么特定用途，但如果用户态的应用程序或者 Linux 内核使用了它，则也需要将其保存。最后还有一个 struct fpu 类型的结构体，用来存储上下文切换之前该任务中的浮点数寄存器和其他拓展的指令集（如 Intel 的 AVX 指令集等）的寄存器信息及机器状态。因此，在 Linux 内核中，浮点数和拓展指令集的计算上下文也可以被正确地保存和恢复。

下面就基于对 struct task_struct 结构体的了解，详解在 Linux 内核中进程切换的实现。

8.1.1　线程与进程切换的算法与原理

常见的进程调度算法包括 Round Robin（RR）、完全公平调度器（Completely Fair Scheduler，CFS）和最后期限调度器（Deadline Scheduler，DS）等。在 5.15 版本的 Linux 内核中，主要有以下三种进程调度算法的实现：

1）完全公平调度器（即 CFS）：CFS 是 Linux 内核中默认的进程调度算法，它是一个基于红黑树的抢占式调度器，可以保证进程按照处理器时间片的比例分配处理器的时间。CFS 旨在提供公平性、低延迟和可扩展性，并且在多个核心的系统中表现良好，它的主要代码位于 kernel/sched/fair.c 文件中。该文件包含了 CFS 的主要数据结构、函数以及与红黑树相关的实现。

2）实时（Real-time，RT）调度器：RT 调度器是一个针对实时任务的进程调度器，可以为实时任务提供较高的优先级和精确的响应时间保证。RT 调度器通过抢占和优先级来实现任务调度，并且可以配置不同的时间限制和优先级，它的主要代码位于 kernel/sched/rt.c 文件中。它包含了 RT 调度器的主要数据结构、函数以及与实时任务相关的实现。

3）多队列跳表调度器（Multiple Queue Skiplist Scheduler，MuQSS）：MuQSS 是一个基于跳表数据结构（skiplist）的多队列调度器，它针对 CFS 在某些情况下表现不佳的问题进行了优化。它提供了更好的实时性、更低的延迟和更高的吞吐量，并且支持多队列、动态优先级、预测分级等功能，这个调度器的主要代码位于 kernel/sched/muqss.c 文件中。它包含了 MuQSS 调度器的主要数据结构、函数以及与跳表相关的实现。

除了这些文件外，还有一些与进程调度相关的（如 kernel/sched/sched.h、kernel/sched/core.c 等）代码文件，这些文件包含了进程调度的通用函数、数据结构以及系统调用等实现。

在 Linux 内核中，进程调度的过程是由内核中的一组函数实现的，这些函数负责根据进程的状态和调度算法来决定哪个进程应该被执行，以及何时执行它。其中最关键的函数之一就是一个名为 schedule 的函数，它是进程调度器的主函数。当调度器需要进行进程调度时，就会调用 schedule 函数来选择下一个要执行的进程。在 Linux 内核中，大量的代码都调用了 schedule 函数，它的声明位于头文件 include/linux/sched.h 中，实现则位于 kernel/sched/core.c 文件中，如下：

```c
asmlinkage __visible void __sched schedule(void)
{
    struct task_struct *tsk = current;
    sched_submit_work(tsk);
    do {
        preempt_disable();
        __schedule(SM_NONE);
        sched_preempt_enable_no_resched();
    } while (need_resched());
    sched_update_worker(tsk);
}
EXPORT_SYMBOL(schedule);
```

可以看到，它首先使用 current 宏获取当前正在运行进程对应的 struct task_struct 类型的结构体，这个宏被定义在 include/asm-generic/current.h 文件中。

```c
#include <linux/thread_info.h>
#define get_current() (current_thread_info()->task)
#define current get_current()
```

然后，schedule 函数调用 sched_submit_work 函数，将当前的任务信息提交到调度器中。

接下来是一个循环，其中禁用了抢占并调用 __schedule 函数进行实际的调度，然后再启用抢占。在循环条件中，它检查是否需要重新调度，如果需要，循环将继续进行。

最后，它调用 sched_update_worker 函数来更新当前任务的状态，并使用 EXPORT_SYMBOL 宏将 schedule 函数导出，以便其他模块可以使用它。

接下来，查看 sched_submit_work 函数中发生了什么，这个函数被定义在 kernel/sched/core.c 文件中，它的代码如下：

```c
static inline void sched_submit_work(struct task_struct *tsk)
{
    unsigned int task_flags;
    if (task_is_running(tsk))
        return;
    task_flags = tsk->flags;
```

```
    if (task_flags & (PF_WQ_WORKER | PF_IO_WORKER)) {
        preempt_disable();
        if (task_flags & PF_WQ_WORKER)
            wq_worker_sleeping(tsk);
        else
            io_wq_worker_sleeping(tsk);
        preempt_enable_no_resched();
    }
    if (tsk_is_pi_blocked(tsk))
        return;
    if (blk_needs_flush_plug(tsk))
        blk_schedule_flush_plug(tsk);
}
```

这段代码定义了一个名为 sched_submit_work 的静态内联函数，用于将任务提交到调度器中，它接收一个指向 struct task_struct 的指针作为参数，该指针指向要提交的任务。在这个函数中，内核会首先检查任务是否正在运行，这个过程是通过 task_is_running 实现的。它是一个宏，简单地对 struct task_struct 类型结构体的进程状态__state 字段进行检查，判断它的值是否为 TASK_RUNNING，如果是，函数将立即返回。否则，函数获取传来的 struct task_struct 类型参数中的 flags 字段，检查这个任务是否是一个内核工作队列的工作者（包含 PF_WQ_WORKER 标识）或输入输出的工作者（PF_IO_WORKER）。如果是的话，它将先禁用抢占，并调用 wq_worker_sleeping 或 io_wq_worker_sleeping 函数，通知工作队列调度程序：该工作者已经进入休眠状态。这是为了确保工作队列调度程序在需要时，能够唤醒工作者来保持并发性，然后将重新启用抢占。

接下来，在实时内核中，这个函数会调用 tsk_is_pi_blocked 函数，从而检查任务是否被阻塞。最后，如果一个任务将要进入睡眠状态，并且在其中存在块输入输出需要提交，则函数需要调用 blk_schedule_flush_plug 函数来提交输入输出请求以避免死锁。

在一个进程不再需要调度之后，就会跳出循环。最后，调用 sched_update_worker 来对工作队列和 IO 工作队列的状态进行更新的函数的代码如下：

```
static void sched_update_worker(struct task_struct * tsk)
{
    if (tsk->flags & (PF_WQ_WORKER | PF_IO_WORKER)) {
        if (tsk->flags & PF_WQ_WORKER)
            wq_worker_running(tsk);
        else
            io_wq_worker_running(tsk);
    }
}
```

这段代码，首先检查任务是否是一个工作队列的工作者或 IO 工作者，如果是，函数将调用 wq_worker_running 或 io_wq_worker_running 函数，用来通知工作队列调度程序：该工作者正在运行。

最后回到 schedule 函数的循环中，它的循环结束条件是 need_resched 不为真，代码如下：

```
static __always_inline bool need_resched(void)
{
```

```
    return unlikely(tif_need_resched());
}
```

也就是 tif_need_resched 不再为真，它是一个展开到 test_thread_flag（TIF_NEED_RESCHED）的宏，单纯地测试当前进程（线程）是否被设置了 TIF_NEED_RESCHED 标识。当这个标识不再为被设置的状态，循环就结束了，从而就可以逐步跳出 schedule 函数。

循环中最重要的是 __schedule 函数，它接收了 SM_NONE 宏声明的常量作为参数，用来作为 __schedule 函数 sched_mode 参数的三个常量之一。这些常量用于表示调度器的调度模式，被定义在 kernel/sched/core.c 文件中：

```
#define SM_NONE          0x0
#define SM_PREEMPT       0x1
#define SM_RTLOCK_WAIT       0x2
```

其中 SM_NONE 宏表示不使用任何特定的模式进行调度；SM_PREEMPT 宏则表示正在进行的调度是由于抢占而发生的，抢占是指调度程序将当前正在运行的进程挂起，并转而运行另一个优先级更高的进程；SM_RTLOCK_WAIT 宏表示正在进行的调度是由于进程在等待实时锁（如自旋锁或读写锁）而被阻塞，这个模式是为实时内核设计的。

这些常量的值被用于指定 __schedule 函数的第一个参数，从而控制调度程序的行为。接下来深入解析这个函数，它首先声明了一系列要使用的变量和变量指针：

```
struct task_struct *prev, *next;
unsigned long *switch_count;
unsigned long prev_state;
struct rq_flags rf;
struct rq *rq;
int cpu;
```

可以看到，它声明了 struct task_struct 类型的结构体指针 prev 和 next；然后声明了一个 switch_count 的指针，用来指向一个 unsigned long 类型，实际上它会用来指向进程上下文切换的计数次数；prev_state 变量则用来记录上一个状态；之后的 rf 则是一个 struct rq_flags 类型的标识变量，用于表示和管理进程调度器的标志位，rq 变量是一个 struct rq 类型的指针，稍后对这两个结构进行解析；最后的 cpu 变量被用来记录当前处理器的标识符。

先来看 struct rq_flags 类型，在 Linux 内核中，它通常用于管理进程调度器的标志位。通过检查和设置运行队列中 flags 字段中的位，调度器可以更加方便地管理进程的状态和标识位，从而更加有效地完成进程调度的工作。它被定义在 kernel/sched/sched.h 文件中，其字段如下：

```
struct rq_flags {
    unsigned long flags;
    struct pin_cookie cookie;
#ifdef CONFIG_SCHED_DEBUG
    unsigned int clock_update_flags;
#endif
};
```

flags 字段是管理进程调度器的标志位。通过检查和设置其中的位，调度器可以更加方便地管理进程的状态和标志位，从而更加有效地完成进程调度的工作。cookie 字段是一个

struct pin_cookie 类型结构体，用于存储一些针对调度器的优化信息，它的取值根据具体的优化策略而定。clock_update_flags 字段是在调度器模块的除错（debug）模式下使用的。

至于 struct rq 类型的结构体，则是用来描述每个处理器负责持有的一个运行队列（Run Queue，其中结构体的名称 rq 即为其简写），被声明在 kernel/sched/sched.h 文件中，其部分字段如下：

```
struct rq {
    /* 中略:运行队列中的各种锁 */
    unsigned int        nr_running;
    /* 中略:NUMA 中的平衡调度相关字段 */
    /* 中略:无中断定时器节能特性相关字段 */
#ifdef CONFIG_SMP
    unsigned int        ttwu_pending;
#endif
    u64                 nr_switches;
    /* 中略:进程资源限制的特性相关字段 */
    struct cfs_rq       cfs;
    struct rt_rq        rt;
    struct dl_rq        dl;
    /* 中略:CONFIG_FAIR_GROUP_SCHED 控制的公平组调度相关 */
    unsigned int        nr_uninterruptible;
    struct task_struct __rcu    * curr;
    struct task_struct * idle;
    struct task_struct * stop;
    unsigned long       next_balance;
    struct mm_struct    * prev_mm;
    unsigned int        clock_update_flags;
    u64                 clock;
    /* 确定所有的时钟都在同一个缓存行中 */
    u64                 clock_task ____cacheline_aligned;
    u64                 clock_pelt;
    unsigned long       lost_idle_time;
    atomic_t            nr_iowait;
    /* 中略:调度器除错相关字段 */
    /* 中略:内存屏障相关的功能 */
    /* 中略:非对称多处理(CONFIG_SMP)相关字段 */
    /* 中略:对于虚拟化和中断的资源管理和性能优化的相关字段 */
    /* 中略:calc_load 计算负载相关字段 */
    /* 中略:高精度计时器相关字段 */
    /* 中略:调度器统计信息相关字段 */
    /* 中略:处理器挂起功能相关字段 */
    /* 中略:调度器统计信息相关字段 */
    /* 中略:调度器的核心功能相关字段 */
};
```

其中 nr_running 字段是当前运行队列中的进程数量；nr_uninterruptible 字段用于存储当前处于不可中断等待状态的进程数量；nr_iowait 字段是当前处于输入输出等待状态的进程数量；cfs 字段用于存储 CFS 的相关信息；rt 字段存储实时调度器的相关信息；dl 字段负责存储最后期限调度器的相关信息。剩余的字段涉及时再进行相应的解释。

在了解了 struct rq 结构体类型的核心字段之后，就可以回到__schedule 函数中，它首先会为部分字段初始化：

```
cpu = smp_processor_id();
rq = cpu_rq(cpu);
prev = rq->curr;
```

它首先获取处理器的标识符存入 cpu 变量中，并通过 kernel/sched/sched.h 文件中声明的 cpu_rq 宏获取处理器对应的运行队列：

```
#define cpu_rq(cpu)        (&per_cpu(runqueues, (cpu)))
```

而 struct task_struct 类型的指针 prev 会指向当前处理器对应运行队列的当前任务。

接下来的代码部分大量使用并配置了 struct rq 运行队列结构体类型的字段，例如：

```
schedule_debug(prev, !!sched_mode);
if (sched_feat(HRTICK) || sched_feat(HRTICK_DL))
    hrtick_clear(rq);
local_irq_disable();
rcu_note_context_switch(!!sched_mode);
rq_lock(rq, &rf);
smp_mb__after_spinlock();
rq->clock_update_flags <<= 1;
update_rq_clock(rq);
switch_count = &prev->nivcsw;
```

在这段代码中，它首先调用 schedule_debug 函数，用于在调度过程中进行调试和跟踪。接下来，如果启用了高精度时钟跟踪特性（HRTICK）或者实时任务的高精度时钟跟踪特性（HRTICK_DL），则会调用 hrtick_clear 函数来清除时钟跟踪相关的状态。

在开始任务切换之前，__schedule 会调用 local_irq_disable 函数来禁用本地中断，阻止当前处理器的任务切换被中断打断。然后调用 rcu_note_context_switch 函数，通知 Linux 内核中的 RCU 机制：当前上下文发生了切换。

接下来，__schedule 函数调用 rq_lock 函数来获取运行队列的自旋锁，以避免在访问运行队列期间发生并行访问导致的竞争和数据的不一致。同时调用 smp_mb__after_spinlock 函数来在自旋锁后执行内存屏障，确保前面的操作完成后再继续执行下面的代码。

之后就开始运行队列的更新操作。首先是对传入的 rq 运行队列实例中的 clock_update_flags 字段的值左移一位，为后续的时钟更新操作做准备，这个字段是负责存储时钟更新标识的。接下来调用 update_rq_clock 函数来更新运行队列的时钟。

这段代码的最后将 switch_count 指针指向前一个任务的 nivcsw 字段，用于统计任务的非虚拟无关上下文切换的次数。

```
prev_state = READ_ONCE(prev->__state);
if (!(sched_mode & SM_MASK_PREEMPT) && prev_state) {
    if (signal_pending_state(prev_state, prev)) {
        WRITE_ONCE(prev->__state, TASK_RUNNING);
    } else {
        prev->sched_contributes_to_load =
            (prev_state & TASK_UNINTERRUPTIBLE) &&
            !(prev_state & TASK_NOLOAD) &&
            !(prev->flags & PF_FROZEN);
        if (prev->sched_contributes_to_load)
```

```
        rq->nr_uninterruptible++;
    deactivate_task(rq, prev, DEQUEUE_SLEEP | DEQUEUE_NOCLOCK);
    if (prev->in_iowait) {
        atomic_inc(&rq->nr_iowait);
        delayacct_blkio_start();
    }
    }
    switch_count = &prev->nvcsw;
}
```

继续看__schedule 函数中接下来的代码，它首先读取前一个任务的状态存储到 prev_state 中，并使用 READ_ONCE 宏确保从内存中读取的是最新的值。紧接着，如果调度模式中没有设置抢占标识（即不允许抢占）并且前一个任务的状态非 0，则会继续进行判断前一个任务是否有待处理的信号。如果有，则将其状态设置为 TASK_RUNNING，表示任务处于运行状态，否则，将进行下面的操作：

1）首先判断前一个任务是否对负载产生贡献，并存入 sched_contributes_to_load 字段中，用于记录。

2）如果前一个任务对负载有贡献，则将运行队列的 nr_uninterruptible 计数器加 1，表示当前非可中断任务数量增加。

3）接下来__schedule 函数调用 deactivate_task 函数，将前一个任务从运行队列中移除，参数 DEQUEUE_SLEEP 和 DEQUEUE_NOCLOCK 表示将任务从睡眠队列中移除，但不更新时钟。

4）如果前一个任务处于输入输出等待状态（即 in_iowait 字段为真），则将运行队列的 nr_iowait 计数器加 1，表示当前处于输入输出等待的任务数量增加，并调用 delayacct_blkio_start 函数将块输入输出部分的统计延迟。

在以上两种情况中，它都会更新并将 switch_count 指针指向前一个任务的 nvcsw 字段，用于统计任务的虚拟上下文切换次数。

接下来__schedule 就开始选任务了，这部分代码如下：

```
    next = pick_next_task(rq, prev, &rf);
    clear_tsk_need_resched(prev);
    clear_preempt_need_resched();
#ifdef CONFIG_SCHED_DEBUG
    rq->last_seen_need_resched_ns = 0;
#endif
```

它首先调用 pick_next_task 函数来获取一个要切换到进程的任务。这个任务也可能是当前任务，在这种情况下并不会进行实际的上下文切换。在选好任务之后，它就可以去调用 clear_tsk_need_resched 函数来将任务 TIF_NEED_RESCHED 对应的标识置 0。这样在回到上层的 schedule 函数时，need_resched 就会返回，进而从 schedule 的循环中跳出来。clear_preempt_need_resched 函数用来清除抢占部分需要重新调度的标识。

在 pick_next_task 函数中，存在两种情况，取决于 CONFIG_SCHED_CORE 编译选项是否开启，这个编译选项负责开启核心调度，从而支持允许用户定义一组任务可以共享一个核心。这些组可以依据安全考量（一个任务组不信另一个）或性能考量（某些工作负载可能从相同的核心上运行受益，因为它们不需要共享核心的相同硬件资源）。在没有开启这个编译选项时，pick_next_task 函数会直接调用__pick_next_task 函数，从可以使用并且匹配的调度策略类别中选取一个可以切换到的任务。

为了分析简单，下面来看 CONFIG_SCHED_CORE 未启用时__pick_next_task 函数的实现（但实际上，CONFIG_SCHED_CORE 启用的情况才是现代 Linux 内核中更加常见的，因为很多特性都依赖于进程组），它被定义在 kernel/sched/core.c 文件中：

```
static inline struct task_struct *
__pick_next_task(struct rq * rq, struct task_struct * prev, struct rq_flags * rf)
{
    const struct sched_class * class;
    struct task_struct * p;
    if (likely(prev->sched_class <= &fair_sched_class &&
            rq->nr_running == rq->cfs.h_nr_running)) {
        p = pick_next_task_fair(rq, prev, rf);
        if (unlikely(p == RETRY_TASK))
            goto restart;
        if (!p) {
            put_prev_task(rq, prev);
            p = pick_next_task_idle(rq);
        }
        return p;
    }
restart:
    put_prev_task_balance(rq, prev, rf);
    for_each_class(class) {
        p = class->pick_next_task(rq);
        if (p)
            return p;
    }
    /* 闲置类应当总有一个可运行的任务 */
    BUG();
}
```

它首先调用 pick_next_task_fair 函数尝试使用 CFS 获取一个可执行的任务。这个函数是被定义在 CFS 算法的实现代码，即 kernel/sched/fair.c 文件中的，它使用运行队列中的 struct cfs_rq 结构体类型来存储 CFS 相关的数据。

如果返回的是一个 RETRY_TASK，则会跳转到 restart 标签的位置。RETRY_TASK 是一个宏定义，在 Linux 内核中用于在任务调度器中重新放置进程的操作。当一个进程在运行时出现了某些特殊情况，比如等待某些资源时被阻塞，或者其他进程优先级变化导致它需要重新调度时，就可以通过 RETRY_TASK 宏将该进程重新插入到就绪队列中，以等待进一步的调度。在 restart 标签的部分，它会遍历所有调度类，以寻找一个有效的任务，如果最终仍没有找到，则会触发一个内核错误。实际上，这种情况一般不会发生，因为可以假定内核中总有空闲任务。

如果返回的不是 RETRY_TASK，而是一个空指针，则说明 CFS 类中没有可运行的任务。这时它会将前一个任务放回运行队列，并调用 pick_next_task_idle 函数选择一个空闲类中的任务。

接下来解析在 Linux 内核中每个线程或者协程都有的一个调度类。如果适用的话，这个类别在调用__setscheduler_prio 函数，为任务设置调度优先级的时候会被分配：

```
static void __setscheduler_prio(struct task_struct *p, int prio)
{
    if (dl_prio(prio))
        p->sched_class = &dl_sched_class;
    else if (rt_prio(prio))
        p->sched_class = &rt_sched_class;
    else
        p->sched_class = &fair_sched_class;
    p->prio = prio;
}
```

可以看到，它会测试给定的优先级是不是最后期限（Deadline）的优先级，如果是的话，将当前任务的调度类设置为最后期限类，即 dl_sched_class；如果是实时调度类，则将其设置为 rt_sched_class；否则，设置为 CFS 对应的公平调度类 fair_sched_class。

在 Linux 内核中硬编码了五种基础的调度类，它被定义在 Linux 内核代码的 include/asm-generic/vmlinux.lds.h 文件中，其定义如下：

```
#define SCHED_DATA                  \
    STRUCT_ALIGN();                 \
    __begin_sched_classes = .;      \
    *(__idle_sched_class)           \
    *(__fair_sched_class)           \
    *(__rt_sched_class)             \
    *(__dl_sched_class)             \
    *(__stop_sched_class)           \
    __end_sched_classes = .;
```

其中每种调度类都在对应的文件中给定，如 CFS 的调度类是在 kernel/sched/fair.c 文件中通过 DEFINE_SCHED_CLASS 宏定义的，这个宏被定义在 kernel/sched/sched.h 文件中，其定义如下：

```
#define DEFINE_SCHED_CLASS(name)                        \
const struct sched_class name##_sched_class             \
    __aligned(__alignof__(struct sched_class))          \
    __section("__" #name "_sched_class")
```

可以看到，它接收一个 name 参数，生成对应的以 name 为前缀、以 sched_class 为后缀的调度类，并将其放入对应命名的程序段中。而在 SCHED_DATA 中，则是将不同调度类相关的程序段索引了起来。

每种调度类都提供一组回调函数，负责在发生相应调度事件的时候由 Linux 内核调用。一个调度类是由一个 struct sched_class 类型的结构体来描述的，它的部分定义如下：

```
struct sched_class {
#ifdef CONFIG_UCLAMP_TASK
    int uclamp_enabled;
#endif
    void (*enqueue_task)(struct rq *rq, struct task_struct *p, int flags);
    void (*dequeue_task)(struct rq *rq, struct task_struct *p, int flags);
```

```
    void (*yield_task)  (struct rq *rq);
    bool (*yield_to_task)(struct rq *rq, struct task_struct *p);
    void (*check_preempt_curr)(struct rq *rq, struct task_struct *p, int flags);
    struct task_struct * (*pick_next_task)(struct rq *rq);
    void (*put_prev_task)(struct rq *rq, struct task_struct *p);
    void (*set_next_task)(struct rq *rq, struct task_struct *p, bool first);
#ifdef CONFIG_SMP
    /* 中略：对称多处理(多核心)相关的调度回调函数 */
#endif
    void (*task_tick)(struct rq *rq, struct task_struct *p, int queued);
    void (*task_fork)(struct task_struct *p);
    void (*task_dead)(struct task_struct *p);
    void (*switched_from)(struct rq *this_rq, struct task_struct *task);
    void (*switched_to)  (struct rq *this_rq, struct task_struct *task);
    void (*prio_changed) (struct rq *this_rq, struct task_struct *task,
                int oldprio);
    unsigned int (*get_rr_interval)(struct rq *rq,
                struct task_struct *task);
    void (*update_curr)(struct rq *rq);
#define TASK_SET_GROUP     0
#define TASK_MOVE_GROUP    1
#ifdef CONFIG_FAIR_GROUP_SCHED
    void (*task_change_group)(struct task_struct *p, int type);
#endif
};
```

可以看到，其中就有在之前的解析中调用最多的 pick_next_task 函数，而每个调度类各自的实现则位于对应的模块代码中。这里仍以 CFS 的调度类为例，它在 kernel/sched/fair.c 中使用 DEFINE_SCHED_CLASS（fair）定义了对应的调度类，限于篇幅这里不将其全部展开，而是仅仅关注 pick_next_task 对应的回调函数，其定义如下：

```
.pick_next_task = __pick_next_task_fair
```

__pick_next_task_fair 函数同样位于 kernel/sched/fair.c 文件中，它负责包装 pick_next_task_fair 的函数调用，将传入的运行队列原样传入，并将其余参数设置为空：

```
static struct task_struct *__pick_next_task_fair(struct rq *rq)
{
    return pick_next_task_fair(rq, NULL, NULL);
}
```

接下来调用的 pick_next_task_fair 函数的定义同样位于 kernel/sched/fair.c 中，它的函数签名如下：

```
struct task_struct *
pick_next_task_fair(struct rq *rq, struct task_struct *prev, struct rq_flags *rf);
```

基于从 __pick_next_task_fair 函数传入的参数，可以知道其中的 prev 和 rq_flags 都是 NULL 空指针。在这个函数的开始部分，它首先声明了要使用到的变量：

```
    struct cfs_rq *cfs_rq = &rq->cfs;
    struct sched_entity *se;
```

```
struct task_struct *p;
int new_tasks;
```

可以看到，它使用了运行队列中的 CFS 调度队列，这是一个 struct cfs_rq 类型的结构体，它还使用了一个 struct sched_entity 类型的结构体，前文已做介绍，这里不再对这些结构体进行展开。

紧接着，它调用 sched_fair_runnable 检查当前运行队列是否有正在运行的任务。如果没有，则跳到 idle 标签部分从闲置任务类中取出任务到运行队列中，并返回到 again 处以使 CFS 算法能够运行：

```
again:
    if (!sched_fair_runnable(rq))
        goto idle;
```

紧接着，在 CONFIG_FAIR_GROUP_SCHED 选项开启的时候，会进入下面的代码：

```
#ifdef CONFIG_FAIR_GROUP_SCHED
    if (!prev || prev->sched_class != &fair_sched_class)
        goto simple;
    /* 中略:更加复杂的 CFS 调度策略 */
simple:
#endif
```

在传入的 prev 是 NULL 的情况下，即使用简单的 CFS 调度模式，它也会直接跳到 simple 标签处。由于篇幅限制，只对简单的 CFS 调度的部分进行解析，它的核心代码如下：

```
    do {
        se = pick_next_entity(cfs_rq, NULL);
        set_next_entity(cfs_rq, se);
        cfs_rq = group_cfs_rq(se);
    } while (cfs_rq);
    p = task_of(se);
done: __maybe_unused;
#ifdef CONFIG_SMP
    list_move(&p->se.group_node, &rq->cfs_tasks);
#endif
    if (hrtick_enabled_fair(rq))
        hrtick_start_fair(rq, p);
    update_misfit_status(p, rq);
    return p;
```

这段代码在一个循环中遍历 CFS 特定的运行队列的组，同时使用 struct sched_entity 类型的结构体获取对应的内部实体表示。并调用 task_of 获取对应的任务，然后更新高精度的计时器等，以便保证运行时间的公平性。

总而言之，最终 Linux 内核总是期待会从其中一个调度类 pick_next_task 字段指向的回调函数返回一个要切换到的任务。

在通过某个调度类选择了任务之后，就可以返回到__schedule 函数中。如果上一个任务（当前任务）和下一个（要切换到的）任务不是同一个，说明确实需要进行进程或者线程（任务）的切换，这样就会进入下面的分支：

```
    if (likely(prev != next)) {
        rq->nr_switches++;
        RCU_INIT_POINTER(rq->curr, next);
        ++*switch_count;
        migrate_disable_switch(rq, prev);
        psi_sched_switch(prev, next, !task_on_rq_queued(prev));
        trace_sched_switch(sched_mode & SM_MASK_PREEMPT, prev, next);
        rq = context_switch(rq, prev, next, &rf);
}
```

它首先增加运行队列的 nr_switches 字段，将 curr 指针设置为要切换到的任务，并将 switch_count 加 1；接下来，migrate_disable_switch 函数被调用，这个函数在 CONFIG_SMP 非对称多处理编译选项开启时才会有对应的代码，用于在进程切换时禁用进程在多核心处理器之间的迁移；而 psi_sched_switch 函数调用了 Linux 内核中的进程状态统计代码，记录和监控进程状态，提供对进程状态的可见性和可观察性，同时接下来的 trace_sched_switch 函数则记录了调度器切换的事件。

在执行上述代码后，__schedule 函数会调用 context_switch 函数来进行实际的进程上下文切换，通过切换进程的内核上下文和硬件状态来实现。在上下文切换结束之后，对应的寄存器状态、栈等参数就变成了新的任务（即进程）中的了。接下来返回到 schedule 函数中的代码就是在新的任务进程的上下文中执行的，在退出 schedule 函数后，会返回到切换到的任务调用 schedule 函数之后的位置继续执行。我们将在下个小节对上下文切换这一过程进行解析。

如果 prev 和 next 是同一个任务，则表示调度器仍决定执行当前任务，那么就会进入下面的代码分支中：

```
else {
        rq->clock_update_flags &= ~(RQCF_ACT_SKIP|RQCF_REQ_SKIP);
        /* 中略,Linux 内核中锁依赖分析 */
        __balance_callbacks(rq);
        raw_spin_rq_unlock_irq(rq);
}
```

在这个分支中，它会更新运行队列的状态。首先，它将 RQCF_ACT_SKIP 和 RQCF_REQ_SKIP 两个标识位清 0，这些标识位是用于控制处理器时间戳更新的，防止某些情况下的时间戳更新过程被跳过；__balance_callbacks 函数用于在 CONFIG_SMP 对称多处理编译选项开启后，运行负载平衡回调函数以便更新调度器的状态；负载平衡回调函数会检查队列的长度，并根据需要在不同的 CPU 上重新分配进程；最后，raw_spin_rq_unlock_irq 函数用于解锁操作队列中的自旋锁并启用中断，从而允许其他进程并发地访问调度器和内核。在这种情况下，退出 schedule 函数后，由于并未进行上下文切换，仍会回到当前进程调用 schedule 函数的位置之后继续执行。

总体来说，Linux 内核中的进程调度器是非常复杂的，因为它需要考虑不同的因素，如进程的优先级、运行时间、输入输出等待时间等。这就要求内核在调度时要非常高效和精确，以确保系统的响应性和稳定性。本书仅对其进行简要介绍，以便让读者对线程、进程的调度有一定了解，和方便介绍下面的上下文切换部分，从而进一步对其在用户态的实现进行讲解。

8.1.2　线程与进程上下文切换实现

在本小节，我们重点来关注 Linux 内核中的进程上下文切换部分。在 Linux 内核中，调度模块获取要切换到的一个与当前任务（进程）不同的任务（进程）后，在 __schedule 函数中会调用 context_switch 上下文切换函数，它同样被定义在 kernel/sched/core.c 文件中。它首先对任务切换进行一系列的准备工作，然后调用 switch_to 函数来完成寄存器和任务相关联的栈的切换，最后调用 finish_task_switch 函数来结束任务切换。

下面来看上下文切换的准备部分，它首先完成的核心工作如下：

```
static __always_inline struct rq *
context_switch(struct rq *rq, struct task_struct *prev,
        struct task_struct *next, struct rq_flags *rf)
{
    prepare_task_switch(rq, prev, next);
    arch_start_context_switch(prev);
    rq->clock_update_flags &= ~(RQCF_ACT_SKIP|RQCF_REQ_SKIP);
    prepare_lock_switch(rq, next, rf);
    /* 中略 */
    return finish_task_switch(prev);
}
```

这个函数调用了 prepare_task_switch 函数，用于准备任务切换，并进行一些必要的处理，如更新进程的时间片信息、统计进程运行时间等，它的实现如下：

```
static inline void
prepare_task_switch(struct rq *rq, struct task_struct *prev,struct task_struct *next)
{
    kcov_prepare_switch(prev);
    sched_info_switch(rq, prev, next);
    perf_event_task_sched_out(prev, next);
    rseq_preempt(prev);
    fire_sched_out_preempt_notifiers(prev, next);
    kmap_local_sched_out();
    prepare_task(next);
    prepare_arch_switch(next);
}
```

其中 kcov_prepare_switch 是内核覆盖（Kernel Coverage）模块中的一个函数，用于在进程切换之前对内核中执行到的代码行数进行记录，以便进行代码覆盖率统计和分析。sched_info_switch 函数用于更新调度器信息，包括前一个进程的状态（如运行、睡眠等）以及其占用处理器的时间等，只有在 CONFIG_SCHED_INFO 编译选项开启时才会在 kernel/sched/stats.h 文件中定义对应的函数。perf_event_task_sched_out 函数与之类似，但用于更新性能事件信息，如前一个进程占用处理器的时间、缓存命中率等，也是只有在 CONFIG_PERF_EVENTS 编译选项开启时，在 include/linux/perf_event.h 文件中才有实际的代码。rseq_preempt 函数用于更新 RSEQ（Restartable Sequences）机制的状态，以便在进程重新运行时能够正确地恢复之前的状态。它提供一种机制，使得程序可以在运行过程中暂停、恢复、重新执行之前暂停的代码，这里也只有在启用了 CONFIG_RSEQ 编译选项后才会在 include/

linux/sched.h 文件中产生对应的代码。尽管前文中没有介绍，但这个 RSEQ 模块会产生使用 struct task_struct 类型中以 rseq 为前缀的字段来记录相应的信息和进行相应的处理。

接下来的 fire_sched_out_preempt_notifiers 函数用于通知其他模块，包括 cgroup、安全模块等。当前进程被抢占导致切换的情况，以便它们做出相应的处理，它同样被定义在 kernel/sched/core.c 文件中，但也仅仅在 CONFIG_PREEMPT_NOTIFIERS 抢占通知器的编译选项开启的时候有对应的定义；kmap_local_sched_out 函数被定义在同一个文件中，用于清除 Linux 内核映射本地处理器的数据，以便在进程重新运行时能够正确地恢复之前的状态，同样也需要开启 CONFIG_KMAP_LOCAL 编译选项才有效果。

最后的 prepare_task 函数和 prepare_arch_switch 函数分别用于设置进程的运行状态（在配置了 CONFIG_SMP 对称多处理的多核编译选项时，将要执行的任务的 struct task_struct 中的 on_cpu 字段设置为 1）和调用架构特定的、用于准备进程切换的硬件环境函数，如在较不常见的 SPARC32 架构中将 prepare_arch_switch 宏展开为下面的代码：

```
#define prepare_arch_switch(next) do {                                      \
    __asm__ __volatile__(                                                   \
    ".globl\tflush_patch_switch\nflush_patch_switch:\n\t"                   \
    "save %sp, -0x40, %sp; save %sp, -0x40, %sp; save %sp, -0x40, %sp\n\t"  \
    "save %sp, -0x40, %sp; save %sp, -0x40, %sp; save %sp, -0x40, %sp\n\t"  \
    "save %sp, -0x40, %sp\n\t"                                              \
    "restore; restore; restore; restore; restore; restore; restore");      \
} while(0)
```

到这里 prepare_task_switch 函数的工作就完成了，接下来回到 context_switch 函数中。上下文切换函数接下来调用了 arch_start_context_switch 函数，该函数是用于虚拟化环境下的任务切换，并在物理机和虚拟机之间进行一些必要的处理。在非虚拟化环境下，该函数通常是一个空函数，本书不对虚拟机的操作进行考虑。然后，函数对系统调度器的时钟更新标识进行了更新，将其中的 RQCF_ACT_SKIP 和 RQCF_REQ_SKIP 标识位清 0，这些标识位用于控制系统调度器在更新时钟时是否跳过某些操作，从而提高系统的整体性能。最后，函数调用了 prepare_lock_switch 函数，该函数用于准备进行进程的锁切换。在多处理器环境下，系统可能存在多个进程同时竞争同一个锁的情况，因此需要进行进程的锁切换，以确保每个进程都能够正确地获取所需的锁并进行操作。

```
static inline void
prepare_lock_switch(struct rq *rq, struct task_struct *next, struct rq_flags *rf)
{
    rq_unpin_lock(rq, rf);
    spin_release(&__rq_lockp(rq)->dep_map, _THIS_IP_);
#ifdef CONFIG_DEBUG_SPINLOCK
    /* this is a valid case when another task releases the spinlock */
    rq_lockp(rq)->owner = next;
#endif
}
```

接下来，在 context_switch 函数中则是对进程地址空间的准备操作，这段代码如下：

```
    if (!next->mm) {                           // 到内核态
        enter_lazy_tlb(prev->active_mm, next);
```

```
        next->active_mm = prev->active_mm;
        if (prev->mm)                        // 从用户态
            mmgrab(prev->active_mm);
        else
            prev->active_mm = NULL;
    } else {                                 // 到用户态
        membarrier_switch_mm(rq, prev->active_mm, next->mm);
        switch_mm_irqs_off(prev->active_mm, next->mm, next);
        if (!prev->mm) {                     // 从内核态
            rq->prev_mm = prev->active_mm;
            prev->active_mm = NULL;
        }
    }
```

这段代码首先通过检查 next 进程 mm 字段中的指针，根据其是否为空来确定进程切换的方向。

1）如果为空，则表示进程从用户空间切换到内核空间，这时就需要进行页表的延迟刷新和地址空间的切换了。具体地，通过 enter_lazy_tlb（）函数来实现页表的延迟刷新，避免在进程切换的过程中频繁更新页表。然后，将 next 进程的 active_mm 指向 prev 进程的 active_mm，并在需要的情况下调用 mmgrab（）函数来获取 prev 进程的地址空间，以保证其在切换回用户空间时能够被正确恢复。

2）如果 next 进程的 mm 指针不为空，则表示进程从内核空间切换到用户空间，这时就需要切换地址空间了。具体地，通过 membarrier_switch_mm 函数来切换地址空间，并通过 switch_mm_irqs_off 函数关闭中断并切换页表。然后，根据 prev 进程是否在用户空间来确定是否需要将 prev 进程的地址空间放入运行队列的 prev_mm 字段中。最后，返回到用户空间前，需要通过 smp_mb（）函数来保证进程切换相关数据的同步。

在 struct task_struct 类型的结构体中，struct mm_struct 结构体类型的 mm 字段中存储了准备操作。

在内存空间操作结束后，它首先调用 switch_to 函数，然后调用 barrier 函数来避免编译器优化导致的内存相关的异常行为，这两行代码如下：

```
switch_to(prev, next, prev);
barrier();
```

其中的 switch_to 是一个宏，具体由平台特定实现来完成真正的上下文切换，其中在 x86 和 x64 平台上，这个宏被展开在 arch/x86/include/asm/switch_to.h 文件中：

```
#define switch_to(prev, next, last)                      \
do {                                                     \
    ((last) = __switch_to_asm((prev), (next)));          \
} while (0)
```

它调用了平台特定实现__switch_to_asm 函数来完成切换。针对 x86 的 32 位应用程序和 x64 的 64 位应用程序来说，__switch_to_asm 也有各自的实现，用来保存不同的寄存器状态。需要注意的是，调用__switch_to_asm 函数时，第一个参数是上一个（当前）进程的任务结构体的指针，而第二个参数是要切换到的进程的任务结构体的指针。

对于 x86 的 32 位程序来说，这个函数的实现位于 arch/x86/entry/entry_32.S 汇编代码文件中：

```
SYM_CODE_START(__switch_to_asm)
    /* 保存标识相关和需要被调用者保存的寄存器 */
    pushl    %ebp
    pushl    %ebx
    pushl    %edi
    pushl    %esi
    pushfl
    /* 切换栈 */
    movl %esp, TASK_threadsp(%eax)
    movl TASK_threadsp(%edx), %esp
    /* 中略:栈保护相关 */
    /* 恢复标识相关和需要被调用者保存的寄存器 */
    popfl
    popl %esi
    popl %edi
    popl %ebx
    popl %ebp
    jmp    __switch_to
SYM_CODE_END(__switch_to_asm)
```

它首先保存被调用函数的 ebp、ebx、edi 和 esi 寄存器，然后调用 pushfl 函数，将 x86 标识相关的寄存器也压入栈内。然后将当前 esp 寄存器（即栈指针寄存器）的值存入 eax 参数（一个指针），再加上指定的偏移位置。这个偏移 TASK_threadsp 是一个导出的全局符号，是由 OFFSET 宏来确定的。在 x86 或者 x86-64 中，由 arch/x86/kernel/asm-offsets.c 文件中的 OFFSET 宏来获取其中的偏移，它的声明如下：

```
OFFSET(TASK_threadsp, task_struct, thread.sp);
```

这个 OFFSET 宏被定义在 include/linux/kbuild.h 文件中，它将传入的第一个参数 sym 作为要生成的偏移的别名，第二个参数 str 作为结构体的名称，而第三个参数 mem 是结构体中具体字段的名称，它的定义如下：

```
#define OFFSET(sym, str, mem)  \
    DEFINE(sym, offsetof(struct str, mem))
```

可以看到，它使用一个 offsetof 宏获取给定结构体中给定字段的偏移，并存储在给定的名称中。因此，这里就是负责获取 struct task_struct 类型中 thread 字段的 sp 字段的值，即将 esp 的值存入当前线程或进程对应的 struct task_struct 结构体中 thread 字段的 sp 字段，并将要切换到的线程或进程对应的 struct task_struct 结构体中的 sp 字段恢复到 esp 中。紧接着，它依次将标识寄存器、esi、edi、ebx 和 ebp 寄存器用栈上的值覆盖（实际上，它们就是在线程或进程切换出去的时候，最后入栈的那几个值）。

最后，__switch_to_asm 中的汇编代码调用了平台特定的__switch_to 函数，来完成剩余的上下文切换工作。我们稍后对这个函数的 x86 和 x86-64 的实现分别进行解析。

对于 64 位的程序来说，这一过程与 32 位中的处理十分类似，但它的实现位于 arch/x86/entry/entry_64.S 代码文件中，其核心代码如下：

```
SYM_CODE_START(__switch_to_asm)
    /* 保存标识相关和需要被调用者保存的寄存器 */
```

```
    pushq   %rbp
    pushq   %rbx
    pushq   %r12
    pushq   %r13
    pushq   %r14
    pushq   %r15
    /* 切换栈 */
    movq %rsp, TASK_threadsp(%rdi)
    movqTASK_threadsp(%rsi), %rsp
    /* 中略:栈保护相关 */
    /* 恢复与标识相关和需要被调用者保存的寄存器 */
    popq %r15
    popq %r14
    popq %r13
    popq %r12
    popq %rbx
    popq %rbp
    jmp__switch_to
SYM_CODE_END(__switch_to_asm)
```

可以看到，它们核心代码部分唯一的区别就在于要保存和恢复寄存器的数量和名称，其余部分则可以共享大部分代码，另一个不一样的地方就是存储参数的寄存器为 rdi 和 rsi。

而在跳转到负责处理剩余上下文切换工作的__switch_to 函数中，它负责保存剩余部分的状态，包括在 x86 平台中线程相关的 GS、FS 寄存器，浮点数处理器（FPU）中的寄存器等。其中它在 x86 平台的实现被定义在 arch/x86/kernel/process_32.c 文件，负责完成的工作如下：

```
__visible __notrace_funcgraph struct task_struct *
__switch_to(struct task_struct *prev_p, struct task_struct *next_p)
{
    struct thread_struct *prev = &prev_p->thread,
              *next = &next_p->thread;
    struct fpu *prev_fpu = &prev->fpu;
    struct fpu *next_fpu = &next->fpu;
    int cpu = smp_processor_id();
    if (!test_thread_flag(TIF_NEED_FPU_LOAD))
        switch_fpu_prepare(prev_fpu, cpu);
    /* 存储 GS 寄存器 */
    lazy_save_gs(prev->gs);
    /* 加载每个线程的本地存储(Thread-Local Storage)标识符 */
    load_TLS(next, cpu);
    switch_to_extra(prev_p, next_p);
    arch_end_context_switch(next_p); /* 架构特定的结束上下文切换回调函数 */
    /* 从要切换到的线程描述中,开始恢复处理器状态 */
    update_task_stack(next_p);
    refresh_sysenter_cs(next);
    this_cpu_write(cpu_current_top_of_stack,
            (unsigned long)task_stack_page(next_p) +
            THREAD_SIZE);
    /* 如果需要的话,恢复 GS 寄存器 */
```

```
    if (prev->gs |next->gs)
        lazy_load_gs(next->gs);
    this_cpu_write(current_task, next_p);
    switch_fpu_finish(next_fpu);
    resctrl_sched_in();
    return prev_p;
}
```

这里不再对每个部分进行展开解释，但可以看到，最后它返回的是切换前上下文所属的线程或进程的描述。而在 x86-64 中的剩余工作则被定义在 arch/x86/kernel/process_64.c 代码文件中，其实现如下：

```
__visible __notrace_funcgraph struct task_struct *
__switch_to(struct task_struct *prev_p, struct task_struct *next_p)
{
    struct thread_struct *prev = &prev_p->thread;
    struct thread_struct *next = &next_p->thread;
    struct fpu *prev_fpu = &prev->fpu;
    struct fpu *next_fpu = &next->fpu;
    int cpu = smp_processor_id();
    WARN_ON_ONCE(IS_ENABLED(CONFIG_DEBUG_ENTRY) &&
            this_cpu_read(hardirq_stack_inuse));
    if (!test_thread_flag(TIF_NEED_FPU_LOAD))
        switch_fpu_prepare(prev_fpu, cpu);
    /* 需要在调用 load_TLS 函数前保存 FS 和 GS 寄存器,因为它们可能会被清理 */
    save_fsgs(prev_p);
    load_TLS(next, cpu);
    /* 架构特定的结束上下文切换回调函数 */
    arch_end_context_switch(next_p);
    /* 切换 DS 和 ES 寄存器 */
    savesegment(es, prev->es);
    if (unlikely(next->es |prev->es))
        loadsegment(es, next->es);
    savesegment(ds, prev->ds);
    if (unlikely(next->ds |prev->ds))
        loadsegment(ds, next->ds);
    x86_fsgsbase_load(prev, next);
    x86_pkru_load(prev, next);
    /* 切换栈顶和浮点数上下文 */
    this_cpu_write(current_task, next_p);
    this_cpu_write(cpu_current_top_of_stack, task_top_of_stack(next_p));
    switch_fpu_finish(next_fpu);
    /* 重新加载栈顶指针 */
    update_task_stack(next_p);
    switch_to_extra(prev_p, next_p);
    if (static_cpu_has_bug(X86_BUG_SYSRET_SS_ATTRS)) {
        /* 中略:AMD 处理器一个实现错误的处理 */
    }
    resctrl_sched_in();
    return prev_p;
}
```

它同样将切换前上下文所属的线程或进程描述返回。

最后，回到 context_switch 函数上下文切换的结束部分。这个部分是调用 finish_task_switch 函数完成的，它被定义在 kernel/sched/core.c 文件中，主要负责更新一些调度和抢占相关的字段，其声明如下：

```
static struct rq * finish_task_switch(struct task_struct *prev)
    __releases(rq->lock);
```

可以看到，它定义了一个名为 finish_task_switch 的函数，用于接收一个名为 prev 的指向前一个线程或进程描述的指针，并使用__releases（rq->lock）注释表示该函数会释放运行队列 rq 中的锁。下面对它的代码分段进行解释。

```
    struct rq * rq = this_rq();
    struct mm_struct *mm = rq->prev_mm;
    long prev_state;
    /* 中略,后面的抢占部分 */
rq->prev_mm = NULL;
```

它首先获取当前处理器上的运行队列 rq，并将该队列之前任务的内存映射取出到 mm 临时变量中，然后声明一个名为 prev_state 的长整型变量作为之前任务的状态临时存储。接着，它会调用 preempt_count 函数来获取当前线程或者进程的抢占计数，在不为两倍的 PREEMPT_DISABLE_OFFSET 时将其设置为 FORK_PREEMPT_COUNT，注意这里的代码已经处于切换到新线程或者进程中了：

```
    if (WARN_ONCE(preempt_count() != 2 * PREEMPT_DISABLE_OFFSET,
        "corrupted preempt_count: %s/%d/0x%x\n",
        current->comm, current->pid, preempt_count()))
        preempt_count_set(FORK_PREEMPT_COUNT);
```

对于之前的任务，它接下来会读取它的状态，并使用 READ_ONCE 来确保在并行状态下只读取一次，存储在 prev_state 中。然后为之前的任务更新虚拟时钟、更新性能事件计数器，并将之前的任务结束。在对称多处理器的情况下，这个线程或进程就会被标记为离开了当前处理器，可以被另一个处理器调度：

```
    prev_state = READ_ONCE(prev->__state);
    vtime_task_switch(prev);
    perf_event_task_sched_in(prev, current);
    finish_task(prev);
```

到这里，finish_task_switch 函数就完成了前一个任务的销毁和清理工作。接下来是对运行队列的一系列操作，它首先将当前处理器标记为处于休眠状态，以便其他任务不会被切换到该处理器上，从而能够完成运行队列中锁的转移：

```
    tick_nohz_task_switch();
    finish_lock_switch(rq);
```

在完成运行队列的锁的转移后，它还调用了下面的函数完成了一些体系结构特定工作、代码覆盖率相关测试工具的统计切换等：

```
    finish_arch_post_lock_switch();
    kcov_finish_switch(current);
```

```
kmap_local_sched_in();
fire_sched_in_preempt_notifiers(current);
```

如果前一个任务有内存映射，则需要在返回到用户空间之前设置内存屏障，从而进行同步：

```
if (mm) {
    membarrier_mm_sync_core_before_usermode(mm);
    mmdrop(mm);
}
```

如果前一个任务已经死亡，则可以直接执行一些清理工作：

```
if (unlikely(prev_state == TASK_DEAD)) {
    if (prev->sched_class->task_dead)
        prev->sched_class->task_dead(prev);
    kprobe_flush_task(prev);
    put_task_stack(prev);
    put_task_struct_rcu_user(prev);
}
```

可以看到，如果调度类中有死亡时，则会调用需要调度的回调函数，而与已死亡的任务相关的资源也会被释放。

最后，finish_task_switch 函数会将当前的运行队列 rq 返回，这个队列也会被一路返回到 __schedule 函数中。

到这里，我们就完成了 Linux 内核中线程或者进程上下文切换实现的解析。在下一节中，我们会类比 Linux 内核中的实现，讲解用户态线程——协程的实现原理，并对案例进行相应的分析。

8.2　Linux 环境用户态中含栈协程的实现

随着多核系统和编程语言的发展，在用户态完成的轻量级线程的实现也出现在了更多的编程语言和系统中。例如：Go 语言中使用 go 关键字运行的协程，开始提供协程或者使用协程替换原本的内核线程的实现；Java 在 Java 19 中引入的虚拟线程（Virtual Thread）。

本节以 libco 0.5 版本作为示例。libco 是一款被广泛应用于微信后台的 C/C++协程库，自 2013 年以来一直稳定运行在数万台微信后台机器上。它不仅提供了类似于 pthread 中提供的线程通信机制的协程通信机制，还可以无须修改现有代码，将第三方库的阻塞 IO 调用直接转化为协程形式。它通过很少的几个函数接口（包括创建协程 co_create、恢复协程 co_resume 和暂停协程 co_yield 等）就可以支持同步或者异步的写法。其中还提供了与 Socket 套接字函数的协程替代版本，使得一部分业务逻辑服务几乎不用修改逻辑代码，就可以完成异步化和协程化的改造。

在 libco 库中调用的接口函数可以被声明并导出到 co_routine.h 文件中，其中与协程实现相关的最核心的几个函数如下：

```
int co_create( stCoRoutine_t **co
const stCoRoutineAttr_t *attr,void *(*routine)(void*),void *arg );
void co_resume( stCoRoutine_t *co );
```

```
void co_yield( stCoRoutine_t *co );
void co_yield_ct();
stCoRoutine_t *co_self();
void co_release( stCoRoutine_t *co );
```

其中 co_create 函数负责创建一个协程，创建的协程描述由第一个参数一个 stCoRoutine_t 类型的结构体的指针来接收；第二个参数负责接收一个协程的属性，由 stCoRoutineAttr_t 类型的结构体来描述；第三个参数是协程要执行的代码；第四个参数是要传给协程的参数列表；最后的返回结果是一个整数，负责描述协程创建成功与否的状态。这个函数与 pthread 中的 pthread _create 功能类似，但是这里创建的是 lico 中的协程。

而 co_resume 函数负责恢复一个由传入的 stCoRoutine_t 类型的参数描述的协程的执行，即从当前的协程上下文切换到传入的协程中。

而后的 co_yield 函数负责让出传入的 stCoRoutine_t 类型的参数描述的协程所在环境中正在执行的协程，co_yield_ct 函数则负责将当前协程所在环境中正在执行的协程让出。co_self 函数则负责获取当前协程的描述，它返回一个 stCoRoutine_t 类型。这个函数与 pthread 中的 pthread_self 函数类似，但是在 libco 中负责获得当前的协程。

最后的 co_release 函数负责释放创建的协程描述。我们将在本节中介绍 stCoRoutine_t 类型、与之相关联的类型以及对应的函数实现。需要注意的是，libco 库的部分代码是使用C++编写，并且大部分代码文件都是以 ".cpp" 为后缀的，但主体部分都是基于 C 的实现。

8.2.1　协程的上下文切换实现

在 libco 库中，协程上下文切换的函数被导出到 coctx.h 头文件中，其中用来记录协程的数据结构是 struct coctx_t 结构体类型，它的定义如下：

```
struct coctx_t
{
#if defined(__i386__)
    void *regs[ 8 ];
#else
    void *regs[ 14 ];
#endif
    size_t ss_size;
    char *ss_sp;
};
```

可以看到，在 x86 的系统中（即__i386__宏被定义时），它使用 8 个 void 指针的数组 regs 字段来存储寄存器，而在 x64 的系统中则需要 14 个 void 指针来存储寄存器；接下来的 ss_size 字段记录了协程的栈的大小，而 ss_sp 字段是一个指针，指向当前的栈顶位置。

这个结构体在用来实现上下文切换的 coctx_swap 函数中，作为全部描述协程上下文的两个参数，分别是当前的协程上下文和要切换到的协程上下文。它的函数声明在 coctx.cpp 文件中，这部分代码如下：

```
extern "C"
{
    extern void coctx_swap( coctx_t *, coctx_t * ) asm("coctx_swap");
};
```

可以看到，它声明了一个外部函数，说明这是一个使用 C 语言编写的、应用二进制接口的函数。实际上，它的实现位于 coctx_swap.S 汇编文件中。这个汇编文件同样根据__i386__宏判断是 x86 还是 x64 平台，针对不同的平台有不同的汇编代码实现，用来提供保存当前协程上下文中的寄存器，并恢复要切换到的协程上下文中的寄存器的功能。

在进入汇编代码之前，首先解释一下 x86 和 x64 平台上的函数调用约定和寄存器的作用。其中最重要的两个寄存器是用来存储处理器要读取指令的地址的 eip 寄存器和指向当前线程栈的栈顶位置的 esp 寄存器。程序本身对于每个线程都会有一个函数调用栈（注意这里和协程的栈无关），其中返回值地址、传入的参数都会被存入栈中，入栈的顺序就是由函数调用约定决定的。这里的入栈顺序从前到后为：最后一个参数、倒数第二个参数、……、直到第一个参数，然后紧跟着函数调用结束后要返回到的地址。因此，在进入任何函数后，程序栈顶的值就是函数调用结束后要返回到的地址，第二个值则是函数的第一个参数（所占的内存取决于参数的类型），之后的第三个值是函数的第二个参数，依此类推。基于对函数调用约定的了解，接下来就可以开始解析 coctx_swap 函数的代码了，其中 x86 平台的实现如下：

```
leal 4(%esp), %eax //sp
movl 4(%esp), %esp
leal 32(%esp), %esp //parm a : &regs[7] + sizeof(void*)
pushl %eax //esp ->parm a
pushl %ebp
pushl %esi
pushl %edi
pushl %edx
pushl %ecx
pushl %ebx
pushl -4(%eax)
movl 4(%eax), %esp //parm b -> &regs[0]
popl %eax  //ret func addr
popl %ebx
popl %ecx
popl %edx
popl %edi
popl %esi
popl %ebp
popl %esp
pushl %eax //set ret func addr
xorl %eax, %eax
ret
```

首先，第一条指令"leal 4（%esp），%eax"用来记录程序的栈指针的 esp 寄存器加上 4 的偏移量，并将结果保存在寄存器 eax 中。在 x86 的程序中，栈顶存储的值是一个 32 位的函数返回地址，对应的就是 4 个字节，因此加上 4 的偏移量就可以跳过这个地址值。接下来的值是函数的第一个参数，这个参数在 coctx_swap 函数中是一个 struct coctx_t 类型的指针，因此这个指针参数就会被存储在 eax 寄存器中。

第二条指令"movl 4（%esp），%esp"负责将 esp 寄存器的值更改为函数的第一个参数，即 struct coctx_t 类型的指针的值。在执行这一步操作之后，程序的栈指针就指向第一个参数的 struct coctx_t 类型结构体的实例上了，并且位于它内存空间的起始位置。

第三条指令"leal 32（%esp），%esp"将栈指针 esp 寄存器加上 32 字节的偏移量。因为在 x86 的程序中，每个寄存器都是 32 位的（对应 4 个字节），因此这 32 个字节对应了 8 个寄存器，即 struct coctx_t 类型中 regs 字段中的 8 个元素。这时，栈指针 esp 寄存器就指向了最后一个元素对应的内存地址，接下来就开始对需要的寄存器进行压栈操作。在每次压栈操作后，esp 的值都会自动增加 32 位，即 4 个字节。

接下来的一组 pushl 语句，将 eax、ebp、esi、edi、edx、ecx、ebx 等寄存器的值依次压入栈中，从而保存寄存器的上下文。注意，在这里 eax 的值是第一个参数的地址，此后，它还将地址为 eax 寄存器的值减去 4 的内存位置处的值压入栈中，这个值就是在程序的函数调用栈中的栈顶值，即函数的返回地址。

在保存完当前协程的上下文后，接下来的"movl 4（%eax），%esp"语句负责将地址为 eax 寄存器的值加上 4 的偏移量，得到新的栈指针地址赋给程序的栈指针 esp 寄存器。由于在 eax 寄存器中保存的是第一个参数的地址，因此这一操作可以将 esp 寄存器指向第二个 struct coctx_t 类型的指针参数指向的值，即要切换到的协程上下文描述的实例所对应的内存地址。这里的地址就是 struct coctx_t 类型的 regs 字段中的第一个元素，在出栈时，与入栈相反，esp 的值也会自动减少 32 位，即 4 个字节。

接下来程序依次将 regs 字段中的 8 个值弹出并存入 eax、ebx、ecx、edx、edi、esi、ebp 和 esp 寄存器中。在这组操作后，eax 的值就是之前压入的、要切换到协程中的、调用栈顶的返回地址。而 esp 的值则会变为要切换到的协程的栈顶指针，它指向的是要切换到的协程中对 coctx_swap 调用时的第一个参数所在的地址。紧接着的"pushl %eax"语句将 eax 寄存器中保存的返回地址压入栈中，用于正确返回到要切换到的协程中下面的代码。

末尾的"xorl %eax，%eax"语句将 eax 寄存器的值与自身进行异或操作，并将结果存回 eax 寄存器中，这一步的作用是将%eax 寄存器清 0。最后的 ret 语句则负责从栈顶中弹出一个地址，并跳转到该地址，实现函数的返回。到这里，程序的执行就从前一个协程调用 coctx_swap 函数的代码，跳转到了切换到的协程调用 coctx_swap 函数之后的代码中。

而对于 x86-64 来说，这一过程也是类似的，区别仅仅在于要保存的上下文中的寄存器和寄存器的数量不同。它的代码同样位于 coctx_swap.S 文件中，如下：

```
leaq 8(%rsp),%rax
leaq 112(%rdi),%rsp
pushq %rax
pushq %rbx
pushq %rcx
pushq %rdx
pushq -8(%rax) //ret func addr
pushq %rsi
pushq %rdi
pushq %rbp
pushq %r8
pushq %r9
pushq %r12
pushq %r13
pushq %r14
```

```
    pushq %r15

    movq %rsi, %rsp
    popq %r15
    popq %r14
    popq %r13
    popq %r12
    popq %r9
    popq %r8
    popq %rbp
    popq %rdi
    popq %rsi
    popq %rax //ret func addr
    popq %rdx
    popq %rcx
    popq %rbx
    popq %rsp
    pushq %rax

    xorl %eax, %eax
    ret
```

可以看到，它首先计算了 8 个字节的偏移，这是因为在 x86-64 程序中使用的地址是 8 个字节（64 位）的；紧接着它跳转了 112 个字节，对应的就是 struct coctx_t 结构体中 regs 字段的 14 个元素，每个元素都负责一个 8 个字节的寄存器数值。剩余的操作流程与 x86 程序中的一致，都是将当前的协程中的寄存器压入第一个参数的 regs 字段中，并将要切换到协程中的寄存器从第二个参数的 regs 字段中弹出。在这一过程结束后，就会返回到切换的协程中调用 coctx_swap 函数之后的代码中，继续这一协程的代码执行。

需要注意的是，在 libco 库中并未对浮点数上下文进行修改，因此对于需要浮点运算的程序来说，libco 库并不能完成正确的切换。事实上，libco 库是被设计用来编写服务器程序、处理海量网络请求的，这部分程序一般都不包含浮点数运算，而需要进行计算的业务逻辑部分，可以先将数据存入数据库，由其他程序再适时读取数据库来进行处理。

其中调用 coctx_swap 函数实现上下文切换的函数仅有 co_swap，它被定义在 co_routine.cpp 代码文件中，调用 coctx_swap 函数部分的代码如下：

```
void co_swap(stCoRoutine_t * curr, stCoRoutine_t * pending_co)
{
    /* 中略 */
    // 交换上下文
    coctx_swap(&(curr->ctx),&(pending_co->ctx) );
    /* 中略 */
}
```

可以看到，co_swap 函数接收的是描述当前所在协程的 stCoRoutine_t 类型的结构体指针作为第一个参数 curr，而描述要切换到的协程的 stCoRoutine_t 类型结构体指针作为第二个参数 pending_co。在其他步骤中进行准备后，它将其中对应的 ctx 字段取出，传入 coctx_swap 函数中，完成寄存器的恢复和保存，从而进行上下文的切换。针对 stCoRoutine_t 结构体类型，将在下一个小节进行介绍。

而在 libco 库中调用 co_swap 函数的就是 co_resume 函数和 co_yield 系列函数，它们都被定义在 co_routine.cpp 文件中，其中 co_resume 函数的定义如下：

```
void co_resume( stCoRoutine_t *co )
{
    stCoRoutineEnv_t *env = co->env;
    stCoRoutine_t *lpCurrRoutine = env->pCallStack[ env->iCallStackSize - 1 ];
    if( !co->cStart )
    {
        coctx_make( &co->ctx,(coctx_pfn_t)CoRoutineFunc,co,0 );
        co->cStart = 1;
    }
    env->pCallStack[ env->iCallStackSize++ ] = co;
    co_swap( lpCurrRoutine, co );
}
```

可以看到，它首先获取给定协程描述中的 env 字段，这是一个 stCoRoutineEnv_t 结构体类型的字段。这个类型被用来描述当前协程所在的线程（即负责执行已经编写好的线程）的环境。接着从环境中的 pCallStack 字段获取协程环境调用栈（稍后会在对 stCoRoutineEnv_t 结构体的描述中对其介绍）中的栈顶协程，即当前环境中正在执行的协程。然后在协程没有开始执行的情况下（对应协程描述 stCoRoutine_t 类型的结构体中 cStart 字段为 0），调用 libco 库中的一个内部 coctx_make 函数来创建一个新的协程上下文。它使用 CoRoutineFunc 函数作为要调用的代码，这个函数会检测当前协程是否有要执行的代码，如果有则在执行结束后让出。最后 co_resume 函数将要执行的协程入栈，并执行 co_swap 函数进行切换。

同样地，对于 co_yield 这一系列函数，有 co_yield_ct 和 co_yield 两个版本，它们都会使用一个 stCoRoutineEnv_t 类型的结构体描述的协程环境去调用 co_yield_env 函数：

```
void co_yield_ct()
{
    co_yield_env( co_get_curr_thread_env() );
}
void co_yield( stCoRoutine_t *co )
{
    co_yield_env( co->env );
}
```

这 3 个函数都被定义在 co_routine.cpp 中，最终调用的 co_yield_env 函数如下：

```
void co_yield_env( stCoRoutineEnv_t *env )
{
    stCoRoutine_t *last = env->pCallStack[ env->iCallStackSize - 2 ];
    stCoRoutine_t *curr = env->pCallStack[ env->iCallStackSize - 1 ];
    env->iCallStackSize--;
    co_swap( curr, last );
}
```

它获取给定协程环境调用栈的栈顶协程和接下来的一个协程，将当前协程出栈，并调用 co_swap 函数切换编写的上下文。在这之后，之前正在执行的协程就不在协程调用栈中了。

我们将在下一小节中对 libco 库的更高层和更多的结构体进行解释。

基于用户态的栈实现协程状态

在 libco 库中是有栈的协程。本小节就来解析一下在 libco 库的协程中，栈的部分是如何实现的。

首先，回到前文大量出现的 struct stCoRoutine_t 结构体类型，它负责一个 libco 库中的协程描述，是其中最基础也是最重要的类型。它被定义在 libco 库的内部头文件 co_routine_inner.h 中，但通过 co_routine.h 头文件对这个类型的名称进行了导出。因此，对于使用 libco 库的程序来说，它们并不需要了解 struct stCoRoutine_t 类型中的字段这种细节，而是直接使用一个指针从 co_create 函数接收创建出来的类型实例，并在调用 libco 库中需要的函数时将接收到的值当作参数传入即可。

struct stCoRoutine_t 类型的参数字段如下：

```
struct stCoRoutine_t
{
    stCoRoutineEnv_t * env;
    pfn_co_routine_t pfn;
    void * arg;
    coctx_t ctx;
    char cStart;
    char cEnd;
    char cIsMain;
    char cEnableSysHook;
    char cIsShareStack;
    void * pvEnv;
    //char sRunStack[ 1024 * 128 ];
    stStackMem_t * stack_mem;
    //当同一个栈缓冲区出现冲突时,储存栈缓冲区
    char * stack_sp;
    unsigned int save_size;
    char * save_buffer;
    stCoSpec_t aSpec[1024];
};
```

其中，第一个 env 字段是一个 stCoRoutineEnv_t 结构体类型的指针，它指向当前协程所在的线程环境，稍后会对线程环境进行介绍；第二个字段 pfn 是一个 pfn_co_routine_t 类型，它是一个使用 typedef 定义的回调函数类型，如下：

```
typedef void * (*pfn_co_routine_t)( void * );
```

pfn 是可以存储一个接收任意类型指针作为参数的函数指针，其存储的就是要执行的函数，而接下来的 arg 字段存储的则是执行时要传入的参数。

其后的 ctx 字段是一个前文中介绍过的 coctx_t 类型的结构体，用来存储协程的上下文信息，包括寄存器、栈顶指针、栈的大小等。cStart、cEnd、cIsMain、cEnableSysHook 和 cIsShareStack 字段各自代表一个标识，分别用来表示协程是否已经开始执行、是否已经执行结束、是否为主协程、是否将系统调用协程化和是否使用共享栈，本小节会在使用到的时候对它们进行介绍。而 pvEnv 字段可以存储一组任意类型的指针，用来存储协程的环境。

在 stack_mem 字段中存储着一个 stStackMem_t 类型指针，它可以指向一个协程的栈的实

例。它既可以是一个独享的协程栈，也可以是一个共享的协程栈，稍后也会对这一部分进行介绍。而接下来的 stack_sp、save_size 和 save_buffer 字段都是在栈出现冲突时使用的，用来暂存并解决缓冲区可能出现的冲突。

最后的 aSpec 字段则是一个 1024 个元素的数组，用来存储与特性相关的信息，限于篇幅以及重要程度，这里不再对这个部分进行详述。

接下来看 struct stCoRoutineEnv_t 类型的结构体，它是用来描述协程所处的线程环境的，在 co_routine_inner.h 这个内部的头文件中被定义，其全部字段如下：

```
struct stCoRoutineEnv_t
{
    stCoRoutine_t *pCallStack[ 128 ];
    int iCallStackSize;
    stCoEpoll_t *pEpoll;
    stCoRoutine_t *pending_co;
    stCoRoutine_t *occupy_co;
};
```

首先的 pCallStack 字段是一个 128 个元素的数组，用来记录当前线程中的协程调用栈，因此在 libco 库中协程的调用最多可以有 128 层，而 iCallStackSize 字段负责记录当前已经有多少个元素在栈中了。

其后的 pEpoll 字段负责存储一个 stCoEpoll_t 类型的结构体指针。这个结构体是在 libco 库中用来处理系统事件和调度协程的部分，它使用 epoll 接口来处理输入输出等事件。由于我们的重点是协程的栈切换，这里不会对其和其相关的部分进行详解，有兴趣的读者可以自行研究。

最后的 pending_co 字段和 occupy_co 字段则是在复制协程栈的时候临时存储的指针。

接下来再看 struct stStackMem_t 类型，它同样在 co_routine_inner.h 文件中被定义，其全部字段如下：

```
struct stStackMem_t
{
    stCoRoutine_t *occupy_co;
    int stack_size;
    char *stack_bp; //stack_buffer + stack_size
    char *stack_buffer;
};
```

其中 occupy_co 字段指向当前正在占用这个栈的协程；stack_size 字段则是栈的大小；stack_bp 字段是栈底的指针，但它的内存地址是更大的，因为在元素入栈的时候，esp 寄存器的值会向更小的方向增长；最后的 stack_buffer 字段指向在协程栈满了之后的栈顶，但在内存地址的层面，它指向的是分配的协程栈的初始地址。

协程的栈是在创建协程的时候一并创建的，负责创建的函数就是前面初步介绍过的 co_create 函数。它接收四个参数：第一个参数是一个 stCoRoutine_t 类型的指针，负责取回创建出来的协程描述；第二个参数 attr 是一个 stCoRoutineAttr_t 类型的结构体，负责描述 libco 库中要创建的协程属性；第三个参数 pfn 是协程要执行的函数指针；而最后一个参数 arg 则是需要传入要执行函数的一组参数的指针。它的代码被定义在 co_routine.cpp 文件中：

```
int co_create( stCoRoutine_t **ppco,const stCoRoutineAttr_t *attr,
pfn_co_routine_t pfn,void *arg ){
    if( !co_get_curr_thread_env() )
        co_init_curr_thread_env();
    stCoRoutine_t *co = co_create_env( co_get_curr_thread_env(), attr, pfn,arg );
    *ppco = co;
    return 0;
}
```

可以看到，它首先调用 co_get_curr_thread_env 函数尝试获取当前线程在 libco 库中的环境，如果为空的话则会调用 co_init_curr_thread_env 函数来为当前线程创建一个新的 libco 库的环境。之后使用获取的环境和传入的属性、要执行的代码、对应的参数来调用 co_create_env 函数，创建一个新的协程描述，并将上层传入的指针赋值。最后，它返回 0 来表示没有出现错误。

在深入协程所在的线程环境和负责实际创建协程描述的 co_create_env 函数的代码前，先来看看 struct stCoRoutineAttr_t 结构体类型的字段，它的定义位于 co_routine.h 文件中，其全部字段如下：

```
struct stCoRoutineAttr_t
{
    int stack_size;
    stShareStack_t*   share_stack;
    stCoRoutineAttr_t()
    {
        stack_size = 128 * 1024;
        share_stack = NULL;
    }
}__attribute__ ((packed));
```

其中 stack_size 字段描述了需要的协程栈的大小，如果是共享栈，则需要将已经创建的共享栈传入。需要注意的是，这里它使用了一个类似于 C++ 类的语法的构造函数，即在创建之初会调用这里的代码，将其中的字段初始化。在这里，它将需要的协程栈空间的大小设置成 128 乘以 1024B，总共 128KB，并且将 share_stack 字段设置为空，也就是说，默认会创建一个 128KB 的非共享栈。

下面来看在 co_init_curr_thread_env 函数和 co_get_curr_thread_env 函数中获取线程的环境部分发生了什么，它们的实现都位于 co_routine.cpp 文件中，其代码如下：

```
static stCoRoutineEnv_t * g_arrCoEnvPerThread[ 204800 ] = { 0 };
void co_init_curr_thread_env()
{
    pid_t pid = GetPid();
    g_arrCoEnvPerThread[ pid ] = (stCoRoutineEnv_t *)calloc( 1,sizeof(stCoRoutineEnv_t) );
    stCoRoutineEnv_t * env = g_arrCoEnvPerThread[ pid ];
    env->iCallStackSize = 0;
    struct stCoRoutine_t * self = co_create_env( env, NULL, NULL,NULL );
    self->cIsMain = 1;
    env->pending_co = NULL;
    env->occupy_co = NULL;
    coctx_init( &self->ctx );
```

```
    env->pCallStack[ env->iCallStackSize++ ] = self;
    stCoEpoll_t *ev = AllocEpoll();
    SetEpoll( env,ev );
}
stCoRoutineEnv_t *co_get_curr_thread_env()
{
    return g_arrCoEnvPerThread[ GetPid() ];
}
```

其中 co_get_curr_thread_env 函数单纯地访问在 co_routine.cpp 中的一个全局变量。这个全局变量叫作 g_arrCoEnvPerThread，负责存储所有线程环境描述的指针，它有 204800 个元素，最开始都被初始化为 0（即 NULL 空指针）。它与线程的对应关系是由当前线程对应的进程标识符（PID）维护的，即每个进程标识符都是线程对应环境的指针所在的下标。

在获取到线程环境的指针为空时，可以调用 co_init_curr_thread_env 函数来为当前线程初始化一个新环境。它首先获取线程的 PID，紧接着调用 calloc 函数来为 stCoRoutineEnv_t 类型分配内存空间，并赋值传入 g_arrCoEnvPerThread 全局变量中。接下来它为创建的这个线程环境初始化各个字段，包括将 iCallStackSize 设置为 0、pending_co 和 occupy_co 设置为 NULL。此外，它还使用全空的参数调用 co_create_env 函数，创建当前线程环境中的第一个协程：主协程。这个协程描述的 cIsMain 字段被设置为 1，表示这是一个主协程，然后这个协程会被加入当前线程的协程调用栈。同时，在创建的这个主协程中的协程上下文描述字段 ctx 会被 coctx_init 函数初始化，实际上这个函数的作用就是单纯地将 coctx_t 类型中的所有字段置 0，它的定义在 coctx.cpp 文件中，其代码如下：

```
int coctx_init( coctx_t *ctx )
{
    memset( ctx,0,sizeof(*ctx));
    return 0;
}
```

最后，co_init_curr_thread_env 函数为当前线程环境初始化 epoll 相关的变量，并对其进行设置。

在线程环境创建协程时调用的是 co_create_env 函数，它接收要创建的协程所属的线程环境、要创建的协程属性、协程需要执行的函数和函数的参数这四个参数，它被定义在 co_routine.cpp 文件中，函数签名如下：

```
struct stCoRoutine_t *co_create_env( stCoRoutineEnv_t * env,  const stCoRoutineAttr_t * attr,
pfn_co_routine_t pfn, void * arg );
```

下面对这个函数的实现进行分段解析。它首先创建了一个 stCoRoutineAttr_t 类型的临时变量 at，如果传入的属性非空的话，会把其中的字段全部复制到临时变量 at 中，以方便之后的修改：

```
    stCoRoutineAttr_t at;
    if( attr )
    {
        memcpy( &at,attr,sizeof(at) );
    }
```

接下来，co_create_env 函数就开始对临时变量 at 中的字段进行修改了，以便适应 libco 中的要求，这段代码如下：

```
if( at.stack_size <= 0 )
    {
        at.stack_size = 128 * 1024;
    }
    else if( at.stack_size > 1024 * 1024 * 8 )
    {
        at.stack_size = 1024 * 1024 * 8;
    }
    if( at.stack_size & 0xFFF )
    {
        at.stack_size &= ~0xFFF;
        at.stack_size += 0x1000;
    }
```

可以看到，针对非法值，它会给出一个 128KB 的栈空间，而栈的空间大小最大限制为 1024KB，如果给定栈的大小没有对齐到 4KB（即 4096 字节）也会将其对齐。

然后 co_create_env 函数会使用 malloc 为一个 stCoRoutine_t 类型的协程描述分配内存空间，并存储到 lp 变量中。接下来将其中的字段置 0 初始化，并将 env 字段赋值为传入的线程环境，pfn 字段设置为传入的要由协程来执行的函数，arg 字段则设置为传入的协程要执行函数的参数：

```
stCoRoutine_t *lp = (stCoRoutine_t *)malloc( sizeof(stCoRoutine_t) );

    memset( lp,0,(long)(sizeof(stCoRoutine_t)));
    lp->env = env;
    lp->pfn = pfn;
    lp->arg = arg;
```

这时就需要给协程创建栈了，它首先检测传入的协程属性中是否设置了 share_stack 字段，用来判断是需要共享栈还是独立栈。

对于共享栈的情况，它会调用 co_get_stackmem 函数获取共享栈 stStackMem_t 类型的栈内存描述，并忽略属性中已经设置的栈大小，而将其设置为获取的共享栈的大小；否则调用 co_alloc_stackmem 函数来分配一个新的协程栈内存描述，以及这个协程栈对应的空间。在获取完成后，协程栈内存描述的实例会被 stStackMem_t 的指针类型的 stack_mem 来持有，这部分代码如下：

```
stStackMem_t * stack_mem = NULL;
    if( at.share_stack )
    {
        stack_mem = co_get_stackmem( at.share_stack);
        at.stack_size = at.share_stack->stack_size;
    }
    else
    {
        stack_mem = co_alloc_stackmem(at.stack_size);
    }
```

```
lp->stack_mem = stack_mem;
lp->ctx.ss_sp = stack_mem->stack_buffer;
lp->ctx.ss_size = at.stack_size;
```

然后就可以为协程描述中的 stack_mem 字段，以及协程上下文中表示栈顶指针的 ss_sp 字段和表示栈大小的 ss_size 字段设置对应的值。

其中，负责分配新的栈内存的 co_alloc_stackmem 函数同样被定义在 co_routine.cpp 文件中，它的代码如下：

```
stStackMem_t * co_alloc_stackmem(unsigned int stack_size)
{
    stStackMem_t * stack_mem = (stStackMem_t *)malloc(sizeof(stStackMem_t));
    stack_mem->occupy_co = NULL;
    stack_mem->stack_size = stack_size;
    stack_mem->stack_buffer = (char *)malloc(stack_size);
    stack_mem->stack_bp = stack_mem->stack_buffer + stack_size;
    return stack_mem;
}
```

可以看到，它首先会分配一个 stStackMem_t 类型对应大小的内存空间，用来存储协程栈的内存描述。其中 occupy_co 字段为空；stack_size 字段会被设置为传入的协程栈的大小的值；stack_buffer 字段则会根据栈的大小分配一个内存空间，存储在这个字段中；最后用来表示栈的基址的 stack_bp 字段则是由 stack_buffer 字段和 stack_size 求和得到的（注意：在这里栈指针是从高内存往低内存方向减小的，因此基址是高内存，当遇到低内存的栈顶时判断为栈溢出）。最后，这个新分配的协程栈内存描述会被返回。

而在共享栈中使用到的就是 co_get_stackmem 函数，它可以直接从传入的共享协程栈获取一个 static stStackMem_t 类型的协程栈实例的指针，其完整代码如下：

```
static stStackMem_t * co_get_stackmem(stShareStack_t * share_stack)
{
    if (!share_stack)
    {
        return NULL;
    }
    int idx = share_stack->alloc_idx % share_stack->count;
    share_stack->alloc_idx++;
    return share_stack->stack_array[idx];
}
```

可以看到，它先获取传入的 stShareStack_t 类型中的 alloc_idx 字段，然后将其加 1，并将对应的协程栈数组 stack_array 字段中的元素返回。这个 struct stShareStack_t 数据类型，它被定义在 co_routine_inner.h 文件中，其全部字段如下：

```
struct stShareStack_t
{
    unsigned int alloc_idx;
    int stack_size;
    int count;
    stStackMem_t ** stack_array;
};
```

其中的 alloc_idx 字段是分配了的栈空间的下标，stack_size 字段是每个栈的大小，count 字段是共享协程栈的个数，最后的 stack_array 字段就是用来存储 stStackMem_t 类型指针的数组了。在分配共享栈的时候，调用 co_alloc_sharestack 函数就会将这些字段填充，这个函数同样位于 co_routine.cpp 文件中：

```cpp
stShareStack_t * co_alloc_sharestack(int count, int stack_size)
{
    stShareStack_t * share_stack = (stShareStack_t *)malloc(sizeof(stShareStack_t));
    share_stack->alloc_idx = 0;
    share_stack->stack_size = stack_size;
    //分配栈内存
    share_stack->count = count;
    stStackMem_t ** stack_array = (stStackMem_t **)calloc(count, sizeof(stStackMem_t *));
    for (int i = 0; i < count; i++)
    {
        stack_array[i] = co_alloc_stackmem(stack_size);
    }
    share_stack->stack_array = stack_array;
    return share_stack;
}
```

可以看到，首先一个 stShareStack_t 类型的实例被创建，其中 alloc_idx 字段被设置为 0，而 stack_size 字段被设置为传入的 stack_size 参数，count 字段被设置为传入的 count 参数。然后开始为协程栈的数据分配内存空间，并调用 co_alloc_stackmem 函数创建对应的协程栈描述和分配对应的内存空间，最后将创建的共享栈返回。在使用的时候，如果 alloc_idx 字段循环了一圈，就会出现多个协程共享同一个栈的状况，但这是预期内的。

回到 co_create_env 函数中，在创建或者获得一个协程栈之后，它设置了一系列标识，包括协程开始 cStart、结束 cEnd、是否为主协程 cIsMain、cEnableSysHook 和是否使用了共享栈 cIsShareStack 等字段：

```cpp
lp->cStart = 0;
lp->cEnd = 0;
lp->cIsMain = 0;
lp->cEnableSysHook = 0;
lp->cIsShareStack = at.share_stack != NULL;
```

此外，它还将 save_size 字段和 save_buffer 字段设置为 0 和 NULL 来完成初始化：

```cpp
lp->save_size = 0;
lp->save_buffer = NULL;
```

之后 co_create_env 函数就可以将创建出来的协程描述 lp 变量返回到上一层，调用 co_create 函数的程序就可以获取一个可用的协程描述，通过 co_resume 和 co_yield 等函数控制协程的执行。

最后，在已经有了对 libco 库中各结构体和概念的认知后，回到 co_resume 和 co_swap 等函数中没有解释的部分。首先来看在 co_resume 函数中负责创建协程上下文的 coctx_make 函数，它被定义在 coctx.cpp 文件中。由于涉及 x86 和 x86-64 平台的差异，它针对这两个平台也有两个实现。首先来看 x86 上（也就是 32 位应用程序的实现）的：

```
int coctx_make( coctx_t * ctx,coctx_pfn_t pfn,const void * s,const void * s1 )
{
    /为 coctx_param 创建空间
    char * sp = ctx->ss_sp + ctx->ss_size - sizeof(coctx_param_t);
    sp = (char * )((unsigned long)sp & -16L);

    coctx_param_t * param = (coctx_param_t * )sp ;
    param->s1 = s;
    param->s2 = s1;
    memset(ctx->regs, 0, sizeof(ctx->regs));
    ctx->regs[ kESP ] = (char * )(sp) - sizeof(void * );
    ctx->regs[ kEIP ] = (char * )pfn;
    return 0;
}
```

它首先在栈顶部为一个 coctx_param_t 类型的结构体创建空间，它被声明在 coctx.h 文件中，只有如下两个字段：

```
struct coctx_param_t
{
    const void * s1;
    const void * s2;
};
```

其中的 s1 存储的是传入的协程描述，s2 存储的是传入的参数。接下来，它将给定协程上下文 coctx_t 类型中的寄存器数组清 0，并将 x86 中 kESP 和 kEIP 宏对应位置的寄存器，分别设置为栈指针和要执行的程序指针。

而在 x86-64 版本中的实现与之类似：

```
int coctx_make( coctx_t * ctx,coctx_pfn_t pfn,const void * s,const void * s1 )
{
    char * sp = ctx->ss_sp + ctx->ss_size;
    sp = (char * ) ((unsigned long)sp & -16LL );
    memset(ctx->regs, 0, sizeof(ctx->regs));
    ctx->regs[ kRSP ] = sp - 8;
    ctx->regs[ kRETAddr] = (char * )pfn;
    ctx->regs[ kRDI ] = (char * )s;
    ctx->regs[ kRSI ] = (char * )s1;
    return 0;
}
```

可以看到，它预先设置了 kRSP、kRETAddr、kRDI 和 kRSI 4 个寄存器。

在调用 co_release 函数对一个协程描述进行释放时，它会先去调用 co_free 函数：

```
void co_free( stCoRoutine_t * co )
{
    if (!co->cIsShareStack)
    {
        free(co->stack_mem->stack_buffer);
        free(co->stack_mem);
    }
    free( co );
```

```
}
void co_release( stCoRoutine_t * co )
{
    co_free( co );
}
```

针对非共享栈的情况，co_free 函数会将协程栈的缓冲区和协程栈描述本身一起释放掉，然后再将协程描述的实例释放掉。

而在完整的 co_swap 函数中，也进行了一系列协程栈的操作，接下来就对其进行解析。它的完整版代码如下：

```
void co_swap(stCoRoutine_t * curr, stCoRoutine_t * pending_co)
{
    stCoRoutineEnv_t * env = co_get_curr_thread_env();
    //获取当前的栈指针
    char c;
    curr->stack_sp= &c;
    if (!pending_co->cIsShareStack)
    {
        env->pending_co = NULL;
        env->occupy_co = NULL;
    }
    else
    {
        env->pending_co = pending_co;
        //在同个栈内存上获取上一个占用的协程
        stCoRoutine_t * occupy_co = pending_co->stack_mem->occupy_co;
        //设置要切换到的协程占用的栈内存
        pending_co->stack_mem->occupy_co = pending_co;
        env->occupy_co = occupy_co;
        if (occupy_co && occupy_co != pending_co)
        {
            save_stack_buffer(occupy_co);
        }
    }
    //上下文切换
    coctx_swap(&(curr->ctx),&(pending_co->ctx) );
    //栈缓冲区可能被改写了,需要重新获取它
    stCoRoutineEnv_t * curr_env = co_get_curr_thread_env();
    stCoRoutine_t * update_occupy_co =  curr_env->occupy_co;
    stCoRoutine_t * update_pending_co = curr_env->pending_co;

    if (update_occupy_co && update_pending_co && update_occupy_co != update_pending_co)
    {
        //恢复栈的缓冲区
        if (update_pending_co->save_buffer && update_pending_co->save_size > 0)
        {
            memcpy(update_pending_co->stack_sp,          update_pending_co->save_buffer, update_
pending_co->save_size);
        }
    }
}
```

可以看到，它首先调用 co_get_curr_thread_env 函数获取当前线程的环境。紧接着，它创建一个 char 类型的变量，并以其地址作为当前栈指针的栈顶。

对于要切换到的协程使用非共享栈的情况下，并没有太多事情要处理，它可以直接调用 coctx_swap 函数来进行上下文切换，之后当前的协程就让出了它的执行，后面的代码是由切换到的协程来执行的了。

因此它会重新获取当前线程的环境，查看是否为共享栈的情况，如果是，则需要恢复栈的缓冲区。对于当前协程是共享栈的情况，如果占用栈的协程和要切换到的协程不是同一个，则需要调用 save_stack_buffer 函数来将正在占用栈的协程进行保存，这段代码如下：

```
void save_stack_buffer(stCoRoutine_t * occupy_co)
{
    ///copy out
    stStackMem_t * stack_mem = occupy_co->stack_mem;
    int len = stack_mem->stack_bp - occupy_co->stack_sp;
    if (occupy_co->save_buffer)
    {
        free(occupy_co->save_buffer), occupy_co->save_buffer = NULL;
    }
    occupy_co->save_buffer = (char *)malloc(len); //malloc buf;
    occupy_co->save_size = len;
    memcpy(occupy_co->save_buffer, occupy_co->stack_sp, len);
}
```

到此为止，针对 libco 库这个用户态轻量级线程的实现的解析就结束了。实际上除此之外，它还有很多其他的功能，如它可以和其他网络库一起编译，将其中的网络通信的输入输出部分（如 socket、connect 等系统调用）使用 libco 库的函数进行替换，从而使这些函数协程化。这种操作被称为系统钩子（System Hook），它也由协程描述中的 cEnableSysHook 字段控制，感兴趣的读者可以在 libco 的 co_hook_sys_call.cpp 文件中找到对应的代码，鉴于本章的关注点不在这个部分，这里不对其进行展开和描述。

第9章

基于Android HAL硬件抽象层的用户态驱动

Android 操作系统（简称为安卓）是一个基于 Linux 内核与其他一系列开源软件的、开放源代码的移动操作系统，目前由 Google 成立的开放手持设备联盟持续领导与开发。它最早起源于 2003 年 10 月，由 Andy Rubin、Rich Miner、Nick Sears 和 Chris White 在加州创建的 Android 公司开发，2005 年 7 月 11 日这家公司被美国科技企业 Google 收购。

随着智能手机的发展，在 2007 年，Google 宣布与全球多家硬件制造商、软件开发商及电信运营商成立开放手持设备（Open Handset Alliance）联盟来共同研发 Android。随后 Google 使用 Apache 免费开放源代码许可证的授权发布了 Android 的源代码，在后来，它成为 AOSP（即 Android Open-Source Project）项目。开放源代码这一举动加速了 Android 操作系统的普及，让生产商推出各种搭载 Android 操作系统的智能手机，后来它也逐渐拓展到平板计算机及其他领域上。

截至 2022 年 5 月，根据 StatCounter 统计，除了美国、英国、加拿大、挪威、瑞典、丹麦、瑞士、科索沃、日本和澳大利亚外，在其他国家和地区 Android 都是最被广泛使用的智能手机操作系统。

除去 Android 操作系统的 Linux 内核之外，大部分应用程序都运行在用户态，并且通过 Android 使用的 Linux 内核独有的 Binder 机制进行进程之间的通信。此外，目前 Android 也采用了与普通 Linux 发行版不同的 C 语言标准库，正是我们在 C 语言标准库中提及的 Bionic。它是基于 BSD 系统的 C 语言标准库进行开发的，也通过 BSD 协议进行分发，它没有 GPL 协议家族中常见的传染性。尽管大部分 POSIX 功能都是相同的，但是在 Android 调试、获取 Android 系统属性、加载动态库、内存分配、电源管理优化等功能上，经过优化的 Bionic 更胜一筹。

这种差异在 Android 的早期很重要，当时静态链接很常见，并且仍然有助于将 Android 介绍给习惯于专有操作系统的软件公司，他们可能对 LGPL 保持警惕，并且不清楚它与完整的 GNU 是否通用公共许可证（GPL）。这保护了硬件厂商的利益和知识产权，因此也就更加容易获得老牌硬件厂商的青睐，而 Android 系统中的硬件抽象层（Hardware Abstraction Layer）也有类似的原因，它主要负责统一同一类型的硬件调用接口。在本章中，我们就来看一下 Android 中硬件抽象层的实现。

图 9-1 所示是 Android 操作系统的架构图。

从图可以看到，Android 硬件抽象层（HAL）处于 Linux 内核之上的第一层，负责和 Linux 内核中的硬件驱动交互，并为上层服务提供硬件接口。

图 9-1　Android 操作系统架构图

9.1　Android HAL 简介

在正式开始之前,可以先获取 AOSP 源代码,用来更好地分析和讲解 HAL。Android 的源代码树位于由 Google 托管的 git 代码库中,可以访问 android.googlesource.com 查看。

在这个 git 代码库中包含了很多项目,其中 platform/manifest 项目包含了 Android 源代码的元数据清单,它的核心文件是 default.xml,负责描述了 AOSP 源代码中目录和在 git 代码库中项目的对应关系,这个描述可以由 Google 开发的 repo 工具读取并使用。因此,获取代码前,在本地的系统上需要安装 git 和 repo 两个工具。

这两个工具都可以通过运行以下命令从而使用 Linux 发行版中的官方软件包进行安装:

```
sudo apt-get install git repo
```

如果上述这些命令不适用于读者正在使用的 Linux 发行版,或者 repo 软件包版本已过时，则可以使用以下命令手动安装 repo：

```
export REPO= $(mktemp /tmp/repo.XXXXXXXXX)
curl -o ${REPO} https://storage.googleapis.com/git-repo-downloads/repo
gpg --recv-key 8BB9AD793E8E6153AF0F9A4416530D5E920F5C65
curl -s https://storage.googleapis.com/git-repo-downloads/repo.asc | gpg --verify - ${REPO} &&
install -m 755 ${REPO} ~/bin/repo
```

这些命令会设置一个临时文件，将 repo 下载到该文件中，并验证提供的密钥是否与所需的密钥匹配，以检查下载文件的完整性和正确性。如果这些步骤成功完成就会继续进行安装，将 repo 安装到当前用户的 HOME（家）目录的 bin/repo 路径。在安装完成后，需要验证 repo 的版本，可以运行以下命令：

```
repo version
```

如果报告的 repo 版本号为 2.15 或更高，则表明版本号正确，说明安装无误，可以开始初始化 repo 客户端来访问 Android 的源代码库了。

为了进行干净的初始化，可以创建一个空目录来存放所有的工作文件，并为其指定一个喜欢的任意名称，替换掉下面命令中的 WORKING_DIRECTORY：

```
mkdir WORKING_DIRECTORY
cd WORKING_DIRECTORY
```

使用读者自己的真实姓名和电子邮件地址配置 git。如需使用 Gerrit 代码审核工具，读者需要一个与已注册的 Google 账号相关联的电子邮件地址，确保可以接收到邮件。此处提供的姓名将显示在读者提交的代码的提供方信息中。

```
git config --global user.name 读者的名字
git config --global user.email 读者的邮箱
```

紧接着在 WORKING_DIRECTORY 中，可以运行 repo init 获取最新版本的 repo 及其最新的修复。在拉取 Android 源代码时，必须为该清单指定一个网址，对于前文中提到的文件，可以调用以下命令进行初始化：

```
repo init -u https://android.googlesource.com/platform/manifest
```

如果想要取出 master 分支的代码，需要带有 -b 选项，即运行以下命令：

```
repo init -u https://android.googlesource.com/platform/manifest -b master
```

如果想要取出 master 之外的其他分支，则使用 -b 指定此分支。在本书中，我们使用最近 Android 10 发布版本对应的标签 android-10.0.0_r47 作为解释与分析的版本，可以用以下命令进行初始化：

```
repo init -u https://android.googlesource.com/platform/manifest -b android-10.0.0_r47
```

在初始化过程中，会下载一部分元数据，根据网络情况可能需要几分钟。在初始化成功后，系统将显示一条消息，提示 repo 已在工作目录中完成初始化。这时在客户端目录中会包含一个 .repo 的隐藏目录（对于 Linux 或者其他 UNIX 发行版来说），这是下载的清单等文件的存放位置。

紧接着，就可以开始下载对应版本的完整 Android 源代码树了。repo 可以自动从默认清单中将指定的代码库下载到工作目录中，并创建对应的符号链接和代码组织。由于在此过程需要从 AOSP 的服务器下载大量文件，读者在尝试前一定要保证网络的安全与稳定，然后运行以下命令：

```
repo sync
```

同步的时间取决于网络状况，如果需要加快同步速度，也可以传递-c（仅仅拉取当前分支）和-j 加上用来同步拉取的线程数量参数：

```
repo sync -c -j8
```

这样，在命令运行结束后，如果没有报错，AOSP 的源代码文件就会下载到工作目录中，存放在对应的项目名称下。这样的对应关系是由清单文件来描述的，比如在 android-10.0.0_r47 中，下面的描述会让 repo 将 AOSP 中 platform/art 项目的对应分支拉取下来，并存放到 art 目录下，而 bionic 目录则是拉取的 platform/bionic 项目的对应分支：

```
<project path="art" name="platform/art" groups="pdk" />
<project path="bionic" name="platform/bionic" groups="pdk" />
```

至于符号链接，则可以通过在项目中添加 linkfile 标签来实现：

```
<project path="sdk" name="platform/sdk" groups="pdk-cw-fs,pdk-fs">
  <linkfile src="current/androidx-README.md" dest="frameworks/support/README.md" />
</project>
```

上面的描述会将 platform/sdk 项目的对应分支拉取并存储到 sdk 目录下，而在 sdk 目录中的 current/androidx-README.md 则是一个指向 frameworks/support/README.md 的符号链接。更多的目录和项目的对应信息，可以在初始化目录结束后.repo 的 XML 文件中找到。

在全部拉取完毕和同步结束之后，工作目录中会存在表 9-1 所示的目录，在表中对它们进行了大概的描述。

表 9-1　AOSP 源代码目录列表与大概的描述

目　　录	描　　述
art	Android Runtime（ART）的代码。它是 Android 上的应用和部分系统服务使用的托管式运行时，它及其前身 Dalvik 虚拟机最初是专为 Android 项目打造的，作为运行时的 ART 可以执行 Dalvik 虚拟机可执行文件并遵循 Dex 字节码（在 Android 中使用的一种 Java 字节码）规范
bionic	Android 的 C 语言标准库 Bionic 的源代码
bootable	可启动镜像配置，一般至少会包含一个 Android 的 Recovery 恢复镜像
cts	兼容性测试套件（Compatibility Test Suite，CTS）的源代码。它是一个免费的商业级测试套件，CTS 在开发测试设备上运行，并直接在连接的设备或模拟器上执行测试用例，其目的是尽早发现要运行 Android 的设备的不兼容性，并确保软件在整个开发过程中保持兼容性
dalvik	Dalvik 虚拟机的代码文件
developers	面向开发者的示例和库的代码
development	面向开发的代码，包括软件开发套件等
device	设备特定的代码，包括一种设备特定的配置文件，如分区表等。其中往往可以包含大量子文件夹，命名习惯为"设备制造商/设备型号"，有时也被称为 Android 设备树
external	外部代码，包括在 Android 系统中的可执行程序、开源库和资源等
frameworks	Android 系统框架的代码

（续）

目　　录	描　　述
hardware	硬件相关代码，包括 HAL、开源的硬件驱动实现等
kernel	Android 系统使用的 Linux 内核代码
libcore	Android 系统的核心库，包括对 Dalvik 或者 ART 访问所使用的库
libnativehelper	在 Android 中使用的 Java 原生接口（Java Native Interface，JNI）相关程序的集合
packages	Android 中系统应用程序代码，包括日历、相机、联系人等
pdk	平台开发工具包（Platform Development Kit，PDK）的代码。它是在新的安卓平台发布之前提供给芯片组供应商和原始设备制造商的一组精简的安卓版本，目的是帮助他们移到 Android 的新版本
platform_testing	进行平台测试的代码
prebuilts	预先构建的工具链，包括 Android 模拟器、交叉编译器、Java 的开发组件、预先构建的软件开发套件等可执行程序和库，一般为 Linux 或者 macOS（也称为 Darwin）可用的 x86_64 平台的可执行程序
sdk	软件开发套件的开发工具
system	Android 系统特定的可执行程序、开源库、资源等的代码
test	各种测试代码，包括供应商测试套件（Vendor Test Suite，VTS）和测试框架的代码等
tools	工具代码，包括为 Android 应用程序签名，进行压缩、分析 Android 日志文件等功能的一系列工具

在接下来的章节中，我们就基于这样的代码组织接口，来讲解分析在 HAL 中涉及的部分。

9.1.1　Android HAL 的作用

在 HAL 中，主要定义了硬件供应商要实现的标准接口，使 Android 系统能够在不了解底层驱动细节的情况下驱动硬件，与此同时，它还允许在不影响或修改更高层级系统的情况下实现新的功能。为了实现跨 Android 系统大版本更新的便利性，Project Treble 被提出，而 Android 系统也对 HAL 进行了优化和更新，从而允许提供对 Project Treble 的支持。这一新版 HAL 的架构是从 Android 8 开始出现的，在本书中，我们将在此版本前使用的 HAL 架构称为旧版 HAL，而 HAL 架构则默认指新版 HAL。为了区分与对比，有时也会使用"新版 HAL"这样的说法。

而在旧版的 HAL 架构中，又分为传统 HAL（Legacy HAL）和旧版 HAL 两种，它们都在 Android 8 版本开始被标记为弃用，尽管升级到 Android 8 的设备并不一定会将这些 HAL 抛弃，但在预装 Android 8 的设备中，它们已不再被使用。其中传统 HAL 是指与具有特定名称及版本号的应用程序二进制接口（ABI）标准相符的接口，大部分 Android 系统的接口，如相机、音频和传感器等，都采用了传统 HAL 形式。它们被定义在 AOSP 项目中 hardware 目录下，由其中的 libhardware 项目提供，其详细定义是由 include/hardware 中的头文件给出的。而旧版 HAL 是指早于传统 HAL 的接口，有一些重要的子系统，如 WLAN、无线接口层和蓝牙等，采用的就是旧版 HAL。虽然没有统一或标准化的方式来指示一个 HAL 是否为旧版 HAL，但如果 HAL 早于 Android 8 版本出现，那么这种 HAL 如果不是传统 HAL，就是旧版

HAL。其中有一些旧版 HAL 的一部分会被包含在 harware 目录下的 libhardware_legacy 中，而其他部分则分散在旧版本的整个代码库中。在本小节中，使用旧版 HAL 架构描述 HAL 的作用。

在旧版 HAL 架构中，可以把 HAL 分成两部分：

1）其中一部分是由 Google 提供的，包含硬件接口声明和通用的辅助函数定义，在这部分中，它对应的源代码会被存储在 AOSP 中 hardware 的 libhardware 或者 libhardware-legacy 目录中，是使用 Apache 协议分发的开源代码，可以被称为 HAL 定义；

2）另一部分是由各硬件厂商提供的二进制库文件、可执行文件或者文本格式的配置文件，通常是由供应商内置到硬件设备中，或者单独存放在 AOSP 中的 vendor 目录下。在构建 AOSP 的时候，复制并打包到系统镜像中，在系统运行期间被加载或者运行，它们被称为 HAL 实现。

图 9-2 所示为 Android 硬件抽象层（HAL）的分类。

图 9-2　Android 硬件抽象层（HAL）的分类

在 libhardware/include/hardware 中，每个头文件负责描述一类设备的一套通用接口，对于拥有多套通用接口的设备，也有对应的不同版本。表 9-2 描述了在 Android HAL 中各接口声明头文件的作用，也就是对应旧版 HAL 架构中不同的设备类型。

表 9-2　在 Android HAL 中各接口声明头文件的作用

头　文　件	作　用
activity_recognition.h	这个头文件描述的是活动识别 HAL，它的目标是提供在硬件中实现的低功耗、低延迟、始终在线的活动识别，其中的低功率是指可以每天 24 小时、每周 7 天全天候激活，而不会过度影响电池消耗速度，它的目标是用 1mW 的功率来实现包括传感器在内的活动检测 这个 HAL 并没有指定用于检测这些活动的输入源，它有一个监视器接口，可用于为持续在线的 activity_recognition 批处理活动，如果延迟为 0，则同样的接口也可用于低延迟检测
audio.h	这个头文件负责描述音频 HAL，它包含了 HAL 可能需要处理的音频参数、音频流描述、音频流参数和音频设备等
audio_alsaops.h	这个头文件包含用于处理 Android 内部音频的 tinyalsa 实现的共享实用程序函数，其中某些例程可能会在运行失败时记录致命错误的事件，以供分析
audio_effect.h	这个头文件描述了在 HAL 中用来控制音频效果的接口
audio_policy.h	这个头文件是 HAL 中音频策略的接口，它定义了平台特定音频策略管理器和 Android 通用音频策略管理器之间的通信接口，从而用来控制音频输入和输出流的活动和配置

（续）

头 文 件	作 用
bluetooth.h	这个头文件对蓝牙设备接口进行了抽象，用来描述蓝牙设备中的概念并提供统一的接口，如设备适配器、设备状态、设备名称，设备服务等
boot_control.h	这个头文件引导控制 HAL 的目标在于允许管理可独立引导的冗余分区集，称为插槽。每个插槽是一组分区，其名称仅在给定的后缀上有所不同。这个设置的主要用途是允许在设备运行时进行后台更新，并在更新失败时提供回退
camera.h	这个头文件是初始版本的相机设备 HAL，由于提供的功能较少，已经被新设备弃用，它们应使用相机 HAL 的 3.2 或更高版本。 仅在传统 HAL 模式下支持使用 android.hardware.Camera 版本的应用程序接口。支持此版本相机 HAL 的设备必须在探测过程中返回一个由 HARDWARE_DEVICE_API_VERSION 宏创建、范围在（0，0）到（1，FF）的值，CAMERA_DEVICE_API_VERSION_1_0 是推荐的值
camera2.h	这个头文件是第二版本的相机设备 HAL，其版本号是 2.1，已经被新设备弃用，它们应使用相机 HAL 的 3.2 或更高版本。 仅在传统 HAL 模式下支持使用 android.hardware.Camera2 这个版本的应用程序接口。支持此版本相机 HAL 的设备必须在探测过程中返回一个 CAMERA_DEVICE_API_VERSION_2_1 的值
camera3.h	这个头文件是第三版本的相机设备 HAL，其版本号是 3.6，是当前推荐的相机设备 HAL 版本
camera_common.h	这个头文件包含了相机设备 HAL 的通用信息，包括相机设备 HAL 接口的版本规范和用来描述相机设备的通用结构体等。前面不同版本的相机设备 HAL 中使用的宏就是在这里定义的
consumerir.h	这个头文件包含了消费级红外线设备的 HAL，包括模块、设备和频率范围的定义
context_hub.h	这个头文件定义了 Context Hub 的实现与 Android 服务的接口，从而将 Context Hub 功能公开给应用程序。这个 Context Hub 是一个具有以下定义特征的低功耗计算集合：可以使用加速度计、陀螺仪、磁力计等传感器；可以访问无线电，如 GPS、WIFI 无线网络、蓝牙等；接入低功耗音频传感器。 同样，这个 HAL 的实现也可以添加 Android API 未定义的其他传感器，但这一类信息源应为实现子级私有的。 这个 HAL 也暴露了支持代码下载的结构，一段二进制代码可以通过支持的接口推送到 Context Hub 中。 同时，当前版本的 HAL 也设计了对多个上下文中心提供支持的可能性
fb.h	这个头文件定义了帧缓冲（Frame Buffer，FB）显示的 HAL
fingerprint.h	这个头文件定义了指纹设备的 HAL，其中包括指纹认证状态、指纹获取状态、指纹标识符、指纹设备等的定义和描述
fused_location.h	这个头文件定义了融合信息位置提供者的 HAL 接口。它可以融合来自 GPS、WIFI、蜂窝数据、传感器、蓝牙等各种来源的数据，以为上层提供融合的位置信息。在硬件中进行融合的好处是节省电力，不总依赖于 GPS 信息。它的软件实现将决定何时使用硬件融合位置，在 Android 中提供地理围栏划定一片区域等其他定位功能也将使用硬件融合来实现
gatekeeper.h	这个头文件定义了密码管理器 HAL，称为看门人（Gatekeeper）
gnss-base.h	这个头文件是基础的全球定位系统 HAL 相关的定义，包括卫星类型、信息类型等数十种枚举类型

（续）

头　文　件	作　用
gps.h	这个头文件定义了全球定位系统 HAL。注意：这里的 GPS 并不仅限于 GPS 这套卫星定位系统，而是对不同卫星系统都提供了通用的支持，具体的实现由硬件厂商确定
gps_internal.h	这个头文件定义了从全球定位系统 HAL 的描述文件 gps.h 中弃用或者移除的传统结构体类型，包括回调函数、接口等
gralloc.h	这个头文件定义了图形内存分配 HAL，包括版本信息、颜色格式等，它支持的是 GRALLOC_MODULE_API_VERSION_0_1~3 的版本
gralloc1.h	这个头文件定义了 1.0 版本的图形内存分配 HAL
hdmi_cec.h	这个头文件定义了 HDMI 视频接口中消费者电子控制（Consumer Electronics Control，CEC）的 HAL。它是一个 HDMI 的特性，设计允许用户只用一个遥控器，就能通过 HDMI 视频接口控制所有连接的设备，其中包括 CEC 的设备类型、地址、消息编码等内容
hwcomposer.h	这个头文件定义了初始版本的硬件加速的界面合成器的 HAL，用来在不同的显卡上实现 Android 图形界面的合成绘制
hwcomposer2.h	这个头文件定义了第二版硬件加速的界面合成器的 HAL
hwcomposer_defs.h	这个头文件定义了在两个版本的硬件加速的界面合成器的 HAL 中共享的通用信息，包括版本信息、显示颜色信息、显示区域、变换等属性
hw_auth_token.h	这个头文件定义了硬件认证令牌的结构体，用来通过指纹设备 HAL 提供对指纹认证的支持
input.h	这个头文件定义了输入设备 HAL，其中包含了输入设备总线、输入设备类型、输入设备按键码等信息
keymaster0.h	这个头文件定义了初始版本 Keymaster 的 HAL 使用的类型。这个 HAL 提供了一套基本的但足以满足需求的加密接口，以便能够使用访问受控且由硬件支持的密钥实现相关协议
keymaster1.h	这个头文件定义了版本为 1 的 Keymaster 的 HAL 使用的类型
keymaster2.h	这个头文件定义了版本为 2 的 Keymaster 的 HAL 使用的类型
keymaster_common.h	这个头文件定义了 3 个版本的 Keymaster 的 HAL 中共享的内容，包括版本信息、模块、加密参数等
keymaster_defs.h	这个头文件存储了在 Keymaster 的 HAL 中使用到的定义
lights.h	这个头文件定义了灯光 HAL，包括 1 和 2 两个版本，允许控制背光、键盘光、按钮、电池、通知等软硬件使用的灯光
local_time_hal.h	这个头文件定义了获取本地时间的 HAL，它包括了这个 HAL 的模块、设备、接口等
memtrack.h	这个头文件定义了内存跟踪器 HAL。它的目的在于返回有关设备特定内存使用情况的信息。第一个目标是能够跟踪无法以其他任何方式跟踪的内存，如由进程分配但未映射到该进程的地址空间的纹理内存；第二个目标是能够将进程使用的内存分类为 GL、图形等，所有内存大小都应该是实际内存使用量，考虑到大小、位深度、四舍五入到页面大小等
nfc-base.h	这个头文件定义了近场通信（Near-Field Communication，NFC）的 HAL 有关的枚举值，包括状态和事件等

（续）

头 文 件	作 用
nfc.h	这个头文件定义了用于基于 NFC 控制器接口（NFC Controller Interface）的 NFC 设备 HAL。这个 HAL 允许 NCI 芯片供应商将 Android 中的核心 NCI 协议栈用于他们自己的芯片。它实现的功能包括：实现到 NFC 控制器的传输；实施适用于芯片的每种 HAL 方法；将收到的 NCI 消息从控制器传递到 NCI 协议栈，交由协议栈进行处理
nfc_tag.h	这个头文件定义了用于可编程 NFC 标签的 HAL
nvram.h	这个头文件定义了非易失性随机访问存储器（Non-Volatile Random Access Memory, NVRAM）HAL，它在断电后仍能保持数据，因此经常被用来存储配置信息
nvram_defs.h	这个头文件定义了与 NVRAM HAL 交互和实现 NVRAM HAL 时需要的数据类型定义和常量，但它不使用实际的 NVRAM HAL 模块接口
power.h	这个头文件定义了电源管理 HAL，可以进行平台层面上的睡眠状态统计；它可以通过收集并聚合来自多个客户端应用程序或者系统条件的投票来确定平台级睡眠状态，这有助于确定阻止设备进入睡眠状态的原因
radio.h	这个头文件定义了射频 HAL，包括调幅 AM、调频 FM、卫星通信等射频通信类型的 HAL 接口及相关定义
sensors-base.h	这个头文件定义了传感器 HAL 中需要使用的基础枚举类型，包括传感器类型、传感器状态、精确度等枚举量
sensors.h	这个头文件定义了传感器 HAL，可提供来自以下各种物理传感器的数据：加速度计、陀螺仪、磁力计、气压计、湿度传感器、压力传感器、光传感器、近程传感器和心率传感器等。 其中有传感器数据、传感器事件等的定义
sound_trigger.h	这个头文件定义了声音触发器 HAL 的接口和模块
thermal.h	这个头文件定义了温度控制的 HAL。它可以被用来获取并描述来自处理器、显卡、电池和表面的温度，还可以进行自动温度控制和调节
tv_input.h	这个头文件定义了各种接口的电视输入的 HAL，可以接收电视插入等时间的信号，并进行对应的处理，如对于 Android 系统的投影仪来说，这是一个很有用的 HAL
vibrator.h	这个头文件定义了震动马达的 HAL，可以用来描述相应的设备，以及打开或关闭震动对应的回调函数
vr.h	这个头文件定义了虚拟现实（Virtual Reality, VR）的 HAL，通过实现此 HAL 可以在使用虚拟现实应用程序时接收回调函数。通常情况下，VR 应用具有许多特殊的显示和性能要求，如高刷新率的视频等。实现此 HAL 的硬件供应商应接收相应的事件作为提示，以启用上述任何要求所需的特定于 VR 的性能调整，并打开任何适合 VR 显示模式的设备功能

上述没有提及的还有 hardware.h 头文件，它负责定义每个特定于硬件的 HAL 接口所具有的共同属性。其中的接口会保证 HAL 的预期结构，从而允许 Android 系统以一致的方式加载正确版本和相应硬件的 HAL 模块。HAL 接口由两个组件组成，模块（module）和设备（device）。

其中模块代表硬件供应商编写并打包的 HAL 实现，它通常被存储为一组共享库，即.so 文件。这个文件中是硬件供应商为自己的产品提供的特定硬件实现相应的 HAL，也可能包含私有的驱动程序。但由于 Android 系统并不强制要求 HAL 实现如何与设备驱动程序之间进行交互，因此根据硬件供应商的不同情况，可以有不同的实现。但是，为了使 Android 系统能够正确地与硬件交互，每个特定于硬件的 HAL 接口中定义的协定是必须遵守的，相应的接口也是必须进行实现的。HAL 模块是由一个 hw_module_t 类型的结构体描述的，它被定义在 libhardware 项目的 include/hardware/hardware.h 头文件中，其字段如下：

```
typedef struct hw_module_t {
    uint32_t tag;
    uint16_t module_api_version;
#define version_major module_api_version
    uint16_t hal_api_version;
#define version_minor hal_api_version
    const char * id;
    const char * name;
    const char * author;
    struct hw_module_methods_t * methods;
    /** 模块的 dso */
    void * dso;
#ifdef __LP64__
    uint64_t reserved[32-7];
#else
    /** 填充到 128 字节,剩余的为未来的使用保留 */
    uint32_t reserved[32-7];
#endif
} hw_module_t;
```

其中 tag 字段必须被初始化为 HARDWARE_MODULE_TAG，从而保证获取到的确实是一个 HAL 的模块。

而后的 module_api_version 字段是已实现的模块的应用程序接口版本。当模块接口发生变化时，由模块的所有者负责更新版本，模块的使用必须解析这个版本字段，从而决定是否能够与设备制造商提供的模块实现互操作。这个版本应包括主要和次要版本，如，版本 1.0 可以被表示为 0x0100，这种格式意味着版本 0x0100-0x01ff 都是接口兼容的；在 Android 系统内的 SurfaceFlinger 界面管理组件，负责确保它知道如何管理不同版本的 gralloc 模块的接口来分配图像内存，而 AudioFlinger 音频管理组件则必须知道如何为 audio 音频模块的接口做同样的事情。在之后的 Android 版本中，libhardware 会导出一个 hw_get_module_version 函数或等效的函数，该函数使用支持的最小或者最大版本作为参数，并且能够拒绝超出版本提供范围的模块。

在 hal_api_version 字段中，存有 HAL 模块的接口版本，目前在 Android 10 中，0 是唯一有效的值。这是为了在之后对 hw_module_t、hw_module_methods_t 和 hw_device_t 结构和定义进行版本化，仅仅 HAL 接口可以拥有该字段，而模块的使用者或者实现中不得依赖此值获取版本信息。同时，在这个结构体中提供了 version_major 和 version_minor 宏定义，以实现临时的源代码兼容性。它们将在下一个 Android 版本中删除，所有程序都必须转换为新版本格式，即当前结构体中的 module_api_version 字段和 hal_api_version 字段。

之后的 id、name 和 author 字段都是字符串，分别用来记录当前 HAL 模块的标识符、名称和作者等元数据，Android 操作系统使用这些元数据来正确查找和加载 HAL 模块。

然后，在 hw_module_t 结构的 methods 字段包含指向另一个 hw_module_methods_t 类型结

构的指针，该结构包含指向模块的打开函数 open 的指针，它的定义如下：

```
typedef struct hw_module_methods_t {
    /** 打开一个特定设备 */
    int (*open)(const struct hw_module_t * module, const char * id,
        struct hw_device_t ** device);
} hw_module_methods_t;
```

这个打开函数 open 用于启动与使用 HAL 作为抽象的硬件的通信，每个特定于硬件的 HAL 通常使用该特定硬件的附加信息扩展通用的 hw_module_t 结构，从而提供更多的信息。例如，在温度控制 HAL 中，它所定义的 thermal_module_t 类型的结构体包含一个 hw_module_t 类型的结构体以及其他温度控制特定的函数指针。这个类型就被定义在之前提及的温度控制 HAL 中，即 libhardware 项目的 include/hardware/hardware.h 头文件中：

```
typedef struct thermal_module {
    struct hw_module_t common;
    ssize_t (*getTemperatures)(struct thermal_module *module, temperature_t *list, size_t
size);
    ssize_t (*getCpuUsages)(struct thermal_module *module, cpu_usage_t *list);
    ssize_t (*getCoolingDevices)(struct thermal_module *module, cooling_device_t *list,
                                 size_t size);
} thermal_module_t;
```

其中 getTemperatures 指向的回调函数可以被调用来获取以摄氏度为单位的所有温度；getCpuUsages 指向的回调函数应当返回处理器每个核心的使用率，包括活跃时间和从第一次启动之后的总时间；getCoolingDevices 指向的函数用来获取所有可用的冷却设备列表。这三个函数都是由硬件设备供应商提供的，被编译并打包进入.so 动态库中，在动态加载后可以被正确引用并调用，从而完成对应的操作和取出对应的信息。

在模块的 open 函数中，最后一个参数是 struct hw_device_t 类型的指针，也就是说它可以指向一组 struct hw_device_t 类型。而这个类型是用来描述 HAL 设备的，因此通过最后一个参数，可以取出 HAL 模块提供的多个 HAL 设备。每个 HAL 设备都可以抽象为一个产品的硬件，例如，音频模块可以包含主音频设备、USB 音频设备或蓝牙 A2DP 音频设备，它们都可以被 HAL 模块通过 open 函数的最后一个参数返回。

一个 HAL 设备由 hw_device_t 类型的结构表示，它是由 struct hw_device_t 类型重命名来的，同样也被定义在 libhardware 项目的 include/hardware/hardware.h 头文件中，其字段如下：

```
typedef struct hw_device_t {
    uint32_t tag;
    uint32_t version;
    struct hw_module_t * module;
    /** 为了未来的用途保留的字段 */
#ifdef __LP64__
    uint64_t reserved[12];
#else
    uint32_t reserved[12];
#endif
    /** 关闭这个设备 */
    int (*close)(struct hw_device_t * device);
} hw_device_t;
```

其中 tag 字段必须被初始化为 HARDWARE_DEVICE_TAG，从而保证获取到的确实是一个 HAL 的设备。在 version 字段中是 HAL 模块特定 HAL 设备接口的版本，衍生模块的使用者使用该值来管理不同的 HAL 设备实现，HAL 模块的使用者负责检查 module_api_version 和 HAL 设备的 version 字段，以确保使用者本身能够与特定模块实现进行通信。一个 HAL 模块可以支持多个不同版本的 HAL 设备，当设备接口以不兼容的方式进行了更改，但仍需要同时支持较旧的实现时，这个特性很有用，如相机的 2.0 和 3.0 接口。

这个字段由 HAL 模块的使用者来解释，并被 HAL 接口本身忽略。

module 字段则是一个 struct hw_module_t 类型的指针，负责指向它所属的 HAL 模块。最后的 close 字段是一个回调函数的指针，在关闭这个 HAL 设备的时候调用。

除了这些标准属性之外，每个特定于硬件的 HAL 接口都可以定义更多的特性和要求。与 HAL 模块类似，每种类型的设备都定义了通用 hw_device_t 的详细版本，其中包含硬件特定功能的函数指针。例如，在 libhardware 项目 include/hardware/hardware.h 中的灯光设备 HAL 定义了 struct light_device_t 类型，其中包含了指向灯光设备操作的函数指针：

```
struct light_device_t {
    struct hw_device_t common;
    int (*set_light)(struct light_device_t *dev,
            struct light_state_t const *state);
};
```

其中 common 字段是一个 struct hw_device_t 类型的实例，包含了 HAL 设备的所有字段；除此之外的 set_light 字段指向一个函数，它可以将对应的灯光设备设置成对应的灯光状态值。更多有关的详细信息，读者可以查阅 HAL 参考文档以及每种类型的硬件 HAL 的单独说明。

在构建 HAL 模块的时候，导出的.so 动态库通常会按照特定格式命名，以便让 Android 系统正确找到和加载它们。这里的命名方案会因模块而各不相同，但一般会遵循这个模式：<模块名称>.<设备名称>.so。

每个代表硬件模块的动态库都必须有一个名为 HAL_MODULE_INFO_SYM 的数据结构，它是一个宏，被展开成 HMI，并且该数据结构的字段必须以一个 hw_module_t 类型开头，之后跟模块特定信息。在作为动态库加载的时候，这个 HMI 符号对应的模块描述和入口点可以被加载程序找到，从而可以调用函数来获得模块和设备，然后调用相应的函数来控制设备，我们将在稍后的章节中来分析这一过程。

9.1.2 Android HAL 的分类

在新版本的 HAL 架构中，出现了多种 HAL 的分类。在本书中，HAL 的分类指的是 HAL 的实现模式，而不是指根据硬件类型分类的 HAL 接口。因此，在本小节中，将介绍新版 HAL 架构及其不同的分类。

在 Android 8.0 中，系统的开发人员重新设计了 Android 操作系统框架（主要是在 HAL 部分），尤其是在一个名为 Project Treble 的项目中。这个项目的目的是让设备制造商能够以更低的成本，更轻松、更快速地将设备更新到新版 Android 系统。在这种新架构中，系统开发人员推出了 HAL 接口定义语言（HAL Interface Definition Language，hide-l）。这个语言可以用来指定 HAL 和其使用者之间的接口，让使用者不需要重新构建 HAL 就能替换 Android 系统框架。而在 Android 10 中，HIDL 功能已整合到 AIDL（Android Interface Definition Language）中，同时 HIDL 被标记为弃用，仅仅供给尚未过渡到 AIDL 的子系统使用。

利用新的硬件供应商接口，Treble 可以将硬件供应商提供的实现与 Android 系统框架分离开来。在设备出厂前，由硬件供应商或硬件系统制造商构建一次 HAL 实现，并将其放置在设备的/vendor 分区中。同时，Android 系统的框架可以在单独的分区中通过无线下载进行更新，而不需要重新编译/vendor 分区中的 HAL 实现。

因此，在 Android 系统中，旧版 HAL 架构与当前基于 HIDL 或者 AIDL 的架构之间的区别，主要在于硬件供应商接口的使用方式不同：

1）在 Android 7 及更低版本中，没有正式的硬件供应商接口，因此设备制造商必须更新大量 Android 系统代码，包括修改硬件相关的代码（有时还需要经过硬件供应商的同意和配合），才能将设备更新到新版 Android 系统。

2）Android 8.0 及更高版本提供了一个稳定的硬件供应商接口，因此设备制造商可以直接使用这样的接口访问 Android 代码中特定于硬件的部分。这样一来，设备制造商只需更新 Android 操作系统本身框架，即可跳过芯片制造商直接提供新的 Android 版本。

所有搭载 Android 8 及更高版本的新设备都可以利用这种新架构，为了确保供应商实现的向前兼容性，硬件供应商接口会由供应商测试套件（即前文中提到过的 VTS）进行验证。这个套件类似于用于测试 Android 系统兼容性的测试套件（CTS），使用 VTS 可以在旧版 Android 架构和当前 Android 架构中自动执行 HAL 和操作系统内核的测试。

如前面所见，在之前版本的 Android 系统中，已经以 HAL 模块和 HAL 设备的形式定义了一系列的硬件操作接口，它们在 hardware/libhardware 中定义为 C 语言的头文件。而 HIDL 将这些 HAL 接口替换为带版本编号的稳定接口，它们可以是采用 C++ 或 Java 的客户端和服务端 HIDL 接口。

使用标准的 HIDL 和 Binder 通信创建的 HAL 称为绑定式 HAL（Binderized HAL），这是因为它们可以使用 Android 系统使用的 Linux 内核中特定的 Binder 进程间通信调用与其他架构层的组件进行进程间通信（Inter-Processing Communication，IPC）。因此，绑定式 HAL 可以作为服务器运行，而使用绑定式 HAL 的客户端可以在独立于使用它们的服务器进程中运行。

而对于必须与进程相关联的代码库，还可以使用直通模式，这在 Java 中是不受支持的，因为旧版 HAL 不存在适用于 Java 的接口。因此，要将运行早期版本的 Android 设备更新为使用 Android 8 的设备，开发人员可以将传统 HAL 和旧版 HAL 实现封装在一个新版的 HIDL 接口中。并将该接口在绑定式 HAL 模式和同进程的直通模式之间提供 HAL，这种封装对于 HAL 和 Android 系统框架来说都是透明的，不需要修改任何代码就能完成相同的操作。

稍后再来详解这几种实现模式的分类，现在先从 HIDL 开始，它是用于指定 HAL 和其使用者之间接口的一种接口描述语言，允许指定类型和方法调用。从更广泛的意义上来说，HIDL 实际上是用于不同代码库生成的程序之间进行进程间通信的一套系统。

HIDL 可指定数据结构类型和方法签名，这些内容会整理归类到接口（与 Java 或者 C++ 的类相似）中，而接口会被包含到软件包中。尽管 HIDL 会具有一系列不同的关键字，但 C++ 和 Java 程序员对 HIDL 的语法应当很熟悉。HIDL 的代码结构是按照用户定义的类型、接口和软件包进行整理的：

1）用户定义的类型（User-Defined Type，UDT）是由结构体、联合体和枚举类型组成的更复杂的类型集合，HIDL 能够提供对一组基本数据类型的访问权限，UDT 也可以被传递到接口的方法中使用。开发人员可以在软件包层级定义 UDT，在这种情况下它会成为针对所有接口的通用 UDT，也可以在本地针对某个接口定义局部的 UDT。

2）接口（interface）作为 HIDL 的基本构造块，由 UDT 和相关的方法声明组成，一个接口也可以继承自其他接口。

3）软件包（package）是包装相关 HIDL 接口及其操作的数据类型的概念，可以通过名称和版本进行标识。它包括以下内容：名为 types.hal 的数据类型定义文件，其中仅包含 UDT，并且所有软件包层级的 UDT 都保存在一个文件中；0 个或多个接口，每个接口都位于各自的.hal 文件中。

软件包的命名可以拥有子级，使用"."分隔，如 package.subpackage。在 AOSP 中，已发布的 HIDL 软件包的根目录为 hardware/interfaces 和 vendor/<供应商名称>，如对于 Google 的 Pixel 设备来说，它们所使用的 HIDL 软件包的根目录为 vendor/google。每个软件包名称在根目录下有一个或多个子目录，而定义同一个软件包的所有文件都位于同一目录下，对于 Java 或者 Go 语言的开发者来说，应当相当熟悉这一实践。

例如，在 hardware/interfaces/HIDL/light/2.0/下可以找到 android.hardware.light@2.0 包。表 9-3 所示为与 AOSP 一同发布的 HIDL 软件包的前缀和所在位置。

表 9-3　与 AOSP 一同发布的 HIDL 软件包的前缀和所在位置

软件包前缀	位　　置	接口类型
android.hardware. *	hardware/interfaces/ *	HAL
android.frameworks. *	frameworks/hardware/interfaces/ *	框架相关
android.system. *	system/hardware/interfaces/ *	系统相关
android.hidl. *	system/libhidl/transport/ *	HIDL 核心组件

在每个软件包目录中都包含扩展名为.hal 的文件，每个文件均必须包含一个指定文件所属的软件包和版本的 package 语句，其中可以存在一个 types.hal 文件，它并不定义任何接口，而是用来定义软件包中每个接口可以访问的 UDT 数据类型。

除此之外，其他每个.hal 文件都需要定义一个接口。接口通常定义如下：

```
interface IBar extends IFoo { // IFoo 是另一个接口,IBar 继承了它
    // 嵌入的类型
    struct MyStruct {/* ... */};
    // 接口中定义的方法
    create(int32_t id) generates (MyStruct s);
    close();
};
```

一个接口可以是之前定义过的接口的扩展，扩展可以是以下三种类型中的任意一种：

1）接口可以向其他接口添加功能，并按原样纳入它的所有方法。

2）软件包也可以向其他软件包添加功能，并按原样纳入它的所有方法。

3）接口可以从软件包或特定接口导入类型。

但接口只能扩展一个其他接口，也就是说它不支持多重继承，这能有效避免方法在不同父级接口中重复定义的问题。但扩展也需要遵循一定的版本规则，具有非 0 的次版本号的软件包中的每个接口必须扩展一个以前版本的软件包中的接口。也就是说，如果 4.0 版本的软件包中的接口 IBar 是基于或者扩展了一个 1.2 版本的软件包中的接口 IFoo，而后来开发人员又创建了 1.3 版本的软件包，则 4.1 版本的 IBar 不允许扩展 1.3 版本的 IFoo，而是需要让 4.1 版本的 IBar 扩展 4.0 版本的 IBar，因为后者与 1.2 版本的 IFoo 相关联，这是为了延续版本的关联性、减少冲突。如果需要，可以在全新的 5.0 版本中让 IBar 扩展 1.3 版本中的 IFoo。

一个接口可以通过 extends 语句继承其他接口，获得父级接口中的类型和方法，从而完成对父级接口的拓展。但是，如果没有显式的 extends 声明继承自哪个接口，那么这个接口会自动从 android.hidl.base@1.0::IBase 这个最基础的接口开始隐式继承。因此，也会从 IBase 接口继承一些预留方法的声明，它们多种不应也不能在用户定义的接口中重新声明或以其他方式使用。这些方法包括 ping、interfaceChain、interfaceDescriptor、notifySyspropsChanged、link-ToDeath、unlinkToDeath、setHALInstrumentation、getDebugInfo、debug 和 getHashChain 等。

接触过面向对象程序设计的读者需要注意，在 HIDL 中的接口扩展并不意味着生成的代码存在代码库依赖关系或跨 HAL 的包含关系，而只是在 HIDL 层级导入数据结构和方法定义，并从 HIDL 生成代码的时候，引入的类型和继承的接口会被展平，最终形成一个没有任何对父级的依赖关系，且包含了所有继承的父级方法的接口。这个过程和 Java 等面向对象的语言不同，但与在 C 语言中的宏展开类似，宏展开的过程可以与 HIDL 生成过程类比。

在继承其他软件包的接口或使用其中的类型时，需要先使用 import 语句引入其他软件包中的接口和类型。import 语句本身涉及两个实体：发起导入的实体——可以是软件包或接口；被导入的实体——也可以是软件包或接口。其中发起导入的实体是由 import 语句的位置决定的，根据位置不同，被导入的内容会有不同的可见性。当该语句位于软件包的 types.hal 文件中时，导入的内容对整个软件包是可见的，这被称为软件包层级的导入。而当该语句位于接口文件中时，发起导入的实体是接口本身，这被称为接口层级的导入。

被导入实体由 import 关键字后面的值决定，该值不必是完整定义的名称，可以省略某个组成部分。在这种情况下，系统会自动使用当前软件包中的信息进行填充。

对于完整定义的值，支持的导入情形有以下几种：

1）完整软件包导入：如果该值是一个软件包名称和给定的版本，则系统会将整个软件包导入到发起导入的实体中。

2）部分导入：如果该值为一个接口，那么系统会将软件包的 types.hal 文件和该接口一起导入到发起导入的实体中；而如果是在 types.hal 中定义的一个 UDT，系统仅会将该 UDT 导入到发起导入的实体中，而不会导入 types.hal 中的其他类型。

3）类型导入：如果该值将上文所述的部分导入的语法与关键字 types 而不是接口名称配合使用，系统仅会导入指定软件包的 types.hal 中的 UDT。

4）通过上面的导入，发起导入的实体就可以访问以下各项的组合。

5）在 types.hal 中定义的被导入软件包的常见 UDT。

6）针对完整软件包导入，可以访问被导入软件包的接口，而对于部分导入则仅可以访问指定的接口，从而可以调用和使用它作为参数或者继承的接口。

导入语句使用完整定义的类型名称语法来提供被导入的软件包或接口的名称和版本：

导入一个完整的包（完整软件包导入）：

```
import android.hardware.nfc@1.0;
```

导入一个接口和对应的 types.hal（部分导入）：

```
import android.hardware.example@2.0::ILight;
```

仅导入 types.hal（类型导入）：

```
import android.hardware.example@1.0::types;
```

前面在解释 HIDL 的扩展的时候，提到版本编号的思路和用途，实际上对于一个指定的 HIDL 版本（如 android.hardware.nfc 软件包），在发布后，HIDL 软件包的版本（如使用了 1.0）便不可再改变，开发人员不可以对其进行更改。如果要对已发布软件包中的接口进行修改，或要对其中的 UDT 进行任何更改，都只能在另一个软件包中进行。在 HIDL 中，版本编号都是在软件包层级而非接口层级使用的，并且软件包中的所有接口和 UDT 都共用同一个版本。软件包版本遵循语义化版本编号规则，包含 major 主版本和 minor 副版本，不含 patch 补丁级别和构建元数据组成部分。在指定的软件包中，每个副版本更新意味着新版本的软件包向后兼容旧软件包，而主版本更新意味着新版本的软件包不向后兼容旧软件包。

从概念上来讲，软件包可通过以下形式的其中之一与另一个软件包相关联：

1）二者可以完全不相关。

2）二者拥有软件包层级向后兼容的可扩展性：在其中一个软件包是另一个的副版本升级，即下一个递增的修订版本时会出现这种情况。这时，新软件包拥有与旧软件包一样的名称和主版本，但其副版本会更高。从功能上来讲，新软件包是旧软件包的超集，也就是说旧软件包的接口会作为父级接口包含在新的软件包中，不过这些接口可以在 types.hal 文件中有新的方法、新的接口 UDT 和新的 UDT。新接口也可以添加到新软件包中，而旧软件包的所有数据类型均会包含在新软件包中，并且可由来自旧软件包中的方法（尽管可能经过了重新实现）来处理。新的数据类型也可以添加到新软件包中，以供升级的现有接口的新方法使用，或供新接口使用。

3）接口层级向后兼容的可扩展性：新软件包还可以扩展原始的软件包，实现方法是包含逻辑上独立的接口。这些接口仅提供附加功能，并不提供核心功能。若要实现这一目的，可能需要满足新软件包中接口需要依赖于旧软件包的数据类型的条件。另外，新软件包中的接口可以扩展一个或多个旧软件包中的接口。

4）扩展原始软件包的向后不兼容性：这是软件包的一种主版本升级，并且新旧两个版本之间不需要存在任何关联。如果存在关联，这种关联可以通过以下方式来表示：组合旧版本软件包中的类型，以及继承旧软件包中的部分接口。

接下来分析一个 HIDL 软件包的实例。它是存储在 platform/hardware/interfaces 项目（在 AOSP 中为 hardware/interfaces 目录）中 light/2.0 目录中灯光 2.0 版本的 HAL，其中 types.hal 的 UDT 内容如下：

```
package android.hardware.light@2.0;
enum Status : int32_t {
    SUCCESS, LIGHT_NOT_SUPPORTED,
BRIGHTNESS_NOT_SUPPORTED, UNKNOWN,
```

```
};
enum Flash : int32_t {
    /* 保持灯光打开或者关闭 */
    NONE,
    /* 以一个特定频率闪烁灯光 */
    TIMED,
    /* 使用硬件辅助来闪烁灯光 */
    HARDWARE,
};
enum Brightness : int32_t {
    /* 灯光亮度由用户设置管理 */
    USER,
    /* 灯光亮度由光传感器管理 */
    SENSOR,
    /* 对显示屏背光使用低亮度模式 */
    LOW_PERSISTENCE,
};
/**
 * 这些灯 ID 对应于逻辑灯,而不是物理灯
 * 例如,如果 INDICATOR 灯与 BUTTONS 一致,则在 BUTTONS 点亮时将 INDICATOR 灯也点亮为合理的颜色可能是有
意义的
 */
enum Type : int32_t {
    BACKLIGHT, KEYBOARD, BUTTONS, BATTERY, NOTIFICATIONS,
    ATTENTION, BLUETOOTH, WIFI, COUNT,
};
/**
 * 可以为给定灯光设置参数,但并非所有灯光都必须支持所有参数
 * 可以做一些向后兼容的事情
 */
struct LightState {
    /**
     * LED 灯的颜色为 ARGB 格式
     * 针对这个颜色能做到的模式:
     * - 如果某个灯只能显示红或绿,但要求显示蓝色,应当显示的是绿色
     * - 如果只能对灯光亮度进行映射,请使用以下公式:
     *      unsigned char brightness = ((77 * ((color>>16)&0x00ff))
     *          + (150 * ((color>>8)&0x00ff)) + (29 * (color&0x00ff))) >> 8;
     * - 如果只能开或者关,0 代表关,其他值代表开
     * 最高的 8 位高位应当被忽略,调用者会将其设置成 0xff,对应的透明度为 255
     */
    uint32_t color;
    /**
     * 要以给定的速率闪烁灯,请将 flashMode 设置为 LIGHT_FLASH_TIMED
     * flashOnMS 应设置为打开灯的毫秒数,然后是关闭灯的毫秒数
     */
    Flash flashMode;
    int32_t flashOnMs;
    int32_t flashOffMs;
    Brightness brightnessMode;
};
```

其中包含了灯光状态 Status、灯光亮度 Brightness、灯光闪烁模式 Flash 和灯光类型 Type 四个基础类型。还有 LightState 这个复合的结构体，其中包含了灯光颜色 color、闪烁模式 flashMode、闪烁打开的毫秒数 flashOnMs、闪烁关闭的毫秒数 flashOffMs 和亮度模式 brightnessMode 等字段。

在 ILight.hal 文件中，定义了一个名为 ILight 的接口：

```
package android.hardware.light@2.0;
interface ILight {
    setLight(Type type, LightState state) generates (Status status);
    getSupportedTypes() generates (vec<Type> types);
};
```

setLight 函数可以将提供的灯光设置为给定的值，其中 type 参数是设置的逻辑灯，state 参数描述了灯光的状态，包括闪烁等，而在 status 返回值中返回的是应用状态转换的结果；getSupportedTypes 函数则可以被调用来获取支持的全部灯光的类型，它返回一个 Type 类型的数组。

以上软件包叫作 android.hardware.light@2.0，是 Android HIDL 中对灯光设备 HAL 的方法和类型声明。而在 platform/hardware/google/interfaces 项目的 light/1.0 目录（AOSP 的 hardware/google/interfaces 目录）下，存在另一个名为 hardware.google.light@1.0 的软件包，其中的 ILight 接口扩展了 android.hardware.light@2.0::ILight 接口，实现如下：

```
package hardware.google.light@1.0;
import android.hardware.light@2.0::ILight;
import android.hardware.light@2.0::Status;
interface ILight extends android.hardware.light@2.0::ILight {
    setHbm(bool state) generates (Status status);
};
```

可以看到它引入了 android.hardware.light@2.0 软件包中的 ILight 接口和 Status 类型，声明了 ILight 接口，继承了引入的 ILight 接口，并为其添加了一个 setHbm 方法。这个方法可以为灯光设置高亮度模式，它接收一个布尔变量作为高亮度模式开或关的状态。在执行结束之后，返回一个应用状态变换之后是否成功的状态作为结果。

总的来说，HIDL 的设计在以下几个方面之间保持了平衡：

1）互操作性：在可以使用各种架构、工具链和构建配置来编译的进程之间，可以创建可互操作的可靠接口。并且 HIDL 接口是分版本的，发布后不得再进行更改，这保证了它在单一版本之中的稳定性。

2）效率：HIDL 会尝试尽可能减少复制操作的次数，它定义的数据会以 C++ 标准布局数据结构传递至 C++ 代码，不需要解析或者解压即可直接使用。除此之外，HIDL 还提供了共享内存的接口，这是由于对 IPC 进行远程过程调用（Remote Procedure Call，RPC）时本身有些缓慢，因此 HIDL 支持两种不需要使用 RPC 调用的数据传输方法。除了前面提到的共享内存之外，还有一个快速消息队列（Fast Message Queue）的实现。

3）直观：通过仅针对 RPC 使用输入参数，HIDL 避开了内存的访问权限这一棘手问题，而无法通过相应方法高效返回的值将可以通过回调函数返回。因此，无论是将数据传递到 HIDL 中以进行传输，还是从 HIDL 接收数据，都不会改变数据的所有权。也就是说，数据所有权始终属于调用函数，这些数据仅需要在函数被调用期间保留，而在被调用的函数返回数据后可以立即清除。

由于 HIDL 最终会生成 C++和 Java 语言的代码，而本书仅限定于 C 语言的程序设计，因此就不对生成后的代码进行展开了，在本小节之后的代码也都以旧版 HAL 架构中的 C 语言部分为主。在本小节的后半部分，主要来看新版 HAL 架构中不同实现模式的分类。

图 9-3 所示为在 Project Treble 之前和之后实现 HAL 的四种方法。

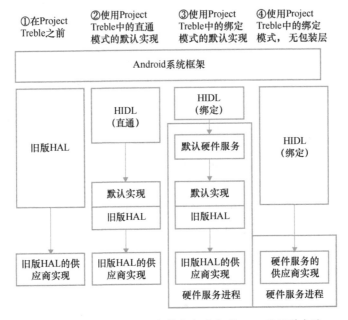

图 9-3　在 Project Treble 之前和之后实现 HAL 的四种方法

①类是旧版 HAL 架构使用的分类，也就是在 Project Treble 项目引入之前，Android 系统框架通过 Java 的本地接口载入含有 HAL 模块的动态库，然后通过 HAL 接口获取 HAL 设备并进行更改与设置。而②③④类是依赖于 HIDL 的，属于 Android 8 之后引入新版 HAL 架构中的分类，它们的区别在于 HIDL 接管的程度不同。

②类是一种直通模式，Android 系统框架通过 HIDL 调用 HAL 接口，但实际上接口的实现并没有经过 Binder 进行 IPC 通信，而是直接通过调用 android_load_sphal_library 函数加载到系统框架中调用者的同一进程中，这被称为同进程 HAL（Same-Process HAL，SP-HAL）。这种 HAL 包括所有未在 HIDL 中表达的 HAL 以及一些由于数据量大、延时要求高绑定的 HAL，如图像处理等。使用 SP-HAL 的名单仅由 Google 来控制，从 Android 8 之后，开发者应当避免使用这种模式。必须使用 SP-HAL 的，除了 OpenGL 和 Vulkan 这种图形应用程序接口的 HAL 之外，还有：

a. android.hidl.memory@1.0，内存 HAL，由 Android 系统提供，始终为直通模式。

b. android.hardware.graphics.mapper@1.0，图像映射 HAL。

c. android.hardware.renderscript@1.0，渲染脚本 HAL。

③类是一种绑定模式，Android 系统框架可以通过 Binder 进行 IPC 通信的与提供 HAL 的服务交互，但服务仍需要打开提供 HAL 实现的动态库。这种方式的服务，可以直接使用在

新版 HAL 架构中由 libhidl 提供的 defaultPassthroughServiceImplementation 进行注册，同时需要提供对应的动态库以便在服务中实现直通。它使用了直通式的设计，但对于 Android 系统框架来说，的确是一个绑定式的 HAL。从 Android 8 之前版本升级的设备一般会使用这种实现，因为它原本就有一套传统 HAL 实现，只需要为其添加一个服务，让服务自动加载对应的 HAL 实现即可。

④类也是绑定模式，Android 系统框架也需要通过 HIDL 接口，经过 Binder 进行 IPC 通信，从而使用由一个服务提供的函数。但在这个服务中并不需要另外加载 HAL 模块的动态库，而是直接在服务中完成相应的操作。所有搭载 Android 8 或更高版本的设备都必须仅支持绑定 HAL，这种模式也是在 Project Treble 中将 Android 系统框架与设备制造商、硬件供应商提供的固件分离的基础。因为通过 Binder 的 IPC 通信可以隐藏实现的细节，并且固件都被放在了 vendor 或者 odm 分区，而不存在于系统（system）分区，因此在升级系统时并不会导致固件版本不匹配，或者缺失固件等情况的出现。

Android 要求在所有 Android 设备上针对以下 HAL 使用绑定模式，无论它们是新设备还是旧设备升级得来的：

1）android.hardware.biometrics.fingerprint@2.1，替换 Android 8.0 中不再存在的指纹识别。

2）android.hardware.configstore@1.0，Android 8.0 中的新功能。

3）android.hardware.dumpstate@1.0，此 HAL 提供的原始接口无法填充并已更改。因此必须在给定设备上重新实现，这是一个可选的 HAL。

4）android.hardware.graphics.allocator@2.0，在 Android 8 中需要绑定模式，因此文件描述符不必在受信任和不受信任的进程之间共享。

5）android.hardware.radio@1.0，替换 rild（射频接口的守护程序）提供的接口，该接口存在于它自己的进程中。

6）android.hardware.usb@1.0，Android 8 中的新功能，USB 设备的 HAL。

7）android.hardware.wifi@1.0，Android 8 中的新增功能，替换了加载到系统中的旧版 WiFi HAL 库。

8）android.hardware.wifi.supplicant@1.0，基于现有的无线网络信息提供进程 wpa_supplicant 新增的 HIDL 接口。

现在，来看一个迁移的过程。在 Google 的网站上提供了 Nexus 5X 设备使用的 Android 7.1.1 版本和 8.1.0 版本各自使用的硬件供应商私有库和可执行程序。它们都可以在 https://developers.google.com/android/drivers 中找到，在解压后通过它们的构建文件可以看到一些与 HAL 相关的信息。

其中，在 7.1.1 版本的 vendor/qcom/bullhead/proprietary 中，会被复制粘贴到系统分区中的硬件 HAL 有以下 4 个：

```
system/lib64/hw/fingerprint.bullhead.so
system/lib64/hw/gps.msm8992.so
system/lib/hw/fingerprint.bullhead.so
system/lib/hw/gps.msm8992.so
```

可以看到，分别是 64 位和 32 位的指纹设备 HAL 库和全球定位系统 HAL 库。而在 8.1.0

的版本中仅剩后者：

```
system/lib64/hw/gps.msm8992.so
system/lib/hw/gps.msm8992.so
```

如同前文所说，前者的指纹设备 HAL 被替换成了新版 HAL 架构中的绑定模式，包含实现的动态库如下：

```
system/lib64/android.hardware.biometrics.fingerprint@2.1.so
```

此外，它还加入了前文提到过的 ConfigStore、USB 和 WiFi 3 个 HAL 的绑定模式实现：

```
system/lib64/android.hardware.configstore@1.0.so
system/lib64/android.hardware.usb@1.0.so
system/lib64/android.hardware.wifi@1.0.so
```

另外，在 Android 11 中，Google 引入了在 Android 中直接使用 Android 接口定义语言（Android Interface Definition Language，AIDL）实现 HAL 的功能，这样就能在不使用 HIDL 的情况下实现 Android 的部分代码。在可能的情况下，Android 开发人员会逐渐将 HAL 转换为仅使用 AIDL 的版本。当然，如果上游的 HAL 使用 HIDL 时，对于 HAL 的实现也必须使用 HIDL。

实际上，AIDL 出现在 HIDL 之前，它同样使用了 Binder 接口进行 IPC，而且在 Android 框架的组件之间或应用内等其他很多地方都有使用。现在，由于 AIDL 具备了稳定性支持，所以能够仅使用同一个 IPC 运行时环境来实现整个协议栈。由于可以仅使用一种 IPC 语言，所以意味着只需了解、调试、优化和保护一个运行环境即可。此外，AIDL 的版本控制系统也优于 HIDL。

同时 Google 也提供了 hidl2aidl 工具，能够将现有的 HAL 接口从 HIDL 转换为 AIDL，以减少迁移负担。从 AOSP 的 Android 11 项目开始，适用于 HAL 的稳定 AIDL 接口所在的基础目录与 HIDL 接口所在的基础目录相同，但位于 aidl 子文件夹中。

9.2　HAL 中的内核态隔离

在本章前半部分介绍了：旧版 HAL 架构中的旧版 HAL 和传统 HAL，及其对应的设备类型；也对新版的使用 HIDL 的 HAL 架构进行了介绍和分类，其中包括新版 HAL 中多种可能的实现架构，还有 C++和 Java 在 HIDL 中作为服务器和客户端的实现方法；最后，还介绍了从 Android 11 开始在 Android 系统未来版本中对 HAL 的改进，即使用原本在 Android 系统其他组件中就使用了的 AIDL 来替换 HIDL，用来直接描述 HAL。

目前来看，这些技术都是处于用户态中的，只是在 HIDL 和 AIDL 中，它们依赖了 Android 特定的 Linux 内核中的 Binder 这一 IPC 技术。在本节中，我们基于旧版 HAL 架构，对一些 HAL 实现进行分析，以研究它们是如何在用户态中实现硬件设备驱动的，也就是说它们是如何实现将驱动与 Linux 内核隔离的。

9.2.1　HAL 中灯光 Light 的实现分析

下面从灯光设备 HAL 的一个实现开始，它是由 android_device_lge_bullhead 项目提供的，即为 Nexus 5X 准备的 Android 设备树的实现，它的代码在 liblight 目录中的 light.c 文件中。

在这个文件中，首先引入了 hardware/lights.h 头文件：

```
#include <hardware/lights.h>
```

这个头文件就是在旧版 HAL 架构中的灯光 HAL 相关的声明。在前面的示例中，已经见过它所包含的核心 struct light_device_t 类型了。它用来描述一个灯光硬件设备，除了标准的 struct hw_device_t 类型的父级 HAL 类型外，它还提供了 set_light 字段，用作设置灯光的回调函数。这个函数接收一个 struct light_device_t 类型的指针和一个 struct light_state_t 类型的指针作为参数，其中前者是要设置的灯光设备，而后者是希望将这个灯光设备设置成的状态。为了方便参考，这里将其再次展示出来：

```
struct light_device_t {
    struct hw_device_t common;
    int (*set_light)(struct light_device_t* dev,
            struct light_state_t const* state);
};
```

鉴于之前没有解释 struct light_state_t 类型，而在这个实现中，它即将被使用，所以在这里也先对这个类型进行介绍，它的定义如下：

```
struct light_state_t {
    /**
     * LED 灯的颜色，为 ARGB 格式
     * 针对这个颜色能做到的模式:
     *   - 如果某个灯只能显示红或绿,但要求显示蓝色,应当显示的是绿色
     *   - 如果只能对灯光亮度进行映射,请使用以下公式:
     *       unsigned char brightness = ((77*((color>>16)&0x00ff))
     *             + (150*((color>>8)&0x00ff)) + (29*(color&0x00ff))) >> 8;
     *   - 如果只能开或者关,0 代表关,其他值代表开
     * 最高的 8 位高位应当被忽略,调用者会将其设置成 0xff,对应的透明度为 255
     */
    unsigned int color;
    int flashMode;
    int flashOnMS;
    int flashOffMS;
    int brightnessMode;
};
```

要以给定的速率闪烁灯，需将 flashMode 设置为 LIGHT_FLASH_TIMED，flashOnMS 应设置为打开灯的毫秒数，然后是关闭灯的毫秒数。

brightnessMode 字段是 Android 系统中更高层框架用于管理灯光亮度的策略，目前支持的值有 BRIGHTNESS_MODE_USER 和 BRIGHTNESS_MODE_SENSOR 两个宏，我们会在下面常量的定义中见到它们的值和含义。

接下来看一下在 hardware/lights.h 中声明的常量：

```
/* 这个模块的标识符 */
#define LIGHTS_HARDWARE_MODULE_ID "lights"
/* 头文件版本 */
#define LIGHTS_HEADER_VERSION  1
```

```
/**
 * 从 0.0 到 1.0 版本的设备接口,是灯光设备 HAL 接口中的基础版本
 * 所有低于 2.0 的版本都由这个版本来处理
 */
#define    LIGHTS_DEVICE_API_VERSION_1_0        HARDWARE_DEVICE_API_VERSION_2(1,    0, LIGHTS_
HEADER_VERSION)
/**
 * 由 2.0 版本使用的设备接口,支持这个版本或者更高版本设备的可能性会支持以下模式:
 * - BRIGHTNESS_MODE_LOW_PERSISTENCE
 */
#define    LIGHTS_DEVICE_API_VERSION_2_0        HARDWARE_DEVICE_API_VERSION_2(2,    0, LIGHTS
_HEADER_VERSION)
/*
 * 这些灯 ID 对应于逻辑灯,而不是物理灯
 * 如果 INDICATOR 灯与 BUTTONS 一致,则在 BUTTONS 点亮时将 INDICATOR 灯也点亮为合理的颜色可能是有意义的
 */
#define LIGHT_ID_BACKLIGHT             "backlight"
#define LIGHT_ID_KEYBOARD             "keyboard"
#define LIGHT_ID_BUTTONS             "buttons"
#define LIGHT_ID_BATTERY             "battery"
#define LIGHT_ID_NOTIFICATIONS         "notifications"
#define LIGHT_ID_ATTENTION           "attention"
/*
 * 这些灯光类型还没有被更高层级支持,但有这种可能性
 * 因此在这里保留这些值
 */
#define LIGHT_ID_BLUETOOTH             "bluetooth"
#define LIGHT_ID_WIFI               "wifi"
/* ***************************************************************
 * 在 light_state_t 类型中 flashMode 字段描述的闪烁模式
 */
#define LIGHT_FLASH_NONE             0
#define LIGHT_FLASH_TIMED             1
/* 为了使用硬件辅助来闪烁灯光,需将 flashMode 字段设置为硬件模式 */
#define LIGHT_FLASH_HARDWARE           2
/* 灯光亮度由用户设置管理 */
#define BRIGHTNESS_MODE_USER           0
/* 灯光亮度由光传感器管理 */
#define BRIGHTNESS_MODE_SENSOR           1
```

其中 LIGHTS_HARDWARE_MODULE_ID 是模块的标识符,它的值为"lights",会被赋值给描述 HAL 模块信息的结构体;以 LIGHTS_DEVICE_API_VERSION_为前缀的宏定义了灯光 HAL 设备的接口版本;以 LIGHT_ID_、LIGHT_FLASH_和 BRIGHTNESS_MODE_为前缀的宏则分别用来定义灯光的类型、灯光的闪烁模式和灯光亮度控制策略。

如果读者对 HIDL 中的灯光设备 HAL 接口定义还有印象的话,会发现这些值与在 HIDL 中声明的大同小异。实际上,在新版 HAL 架构的 HIDL 中,这些声明就是从旧版 HAL 架构衍生出来的,这保证了实现的延续性。但 HIDL 为这些常量赋予了枚举类型,从而使程序编写可以更加结构化,能避免开发人员由于误操作导致的问题。

在了解了 struct light_stat_t 类型之后，可以回到 Nexus 5X 的灯光设备 HAL 实现的代码中了。它在代码之前定义了一系列全局的常值字符串，用来描述灯光对应的文件：

```
char const * const LCD_FILE                = "/sys/class/leds/lcd-backlight/brightness";
char const * const RED_LED_FILE            = "/sys/class/leds/red/brightness";
char const * const GREEN_LED_FILE          = "/sys/class/leds/green/brightness";
char const * const BLUE_LED_FILE           = "/sys/class/leds/blue/brightness";
char const * const RED_TIMEOUT_FILE        = "/sys/class/leds/red/on_off_ms";
char const * const GREEN_TIMEOUT_FILE      = "/sys/class/leds/green/on_off_ms";
char const * const BLUE_TIMEOUT_FILE       = "/sys/class/leds/blue/on_off_ms";
char const * const RGB_LOCKED_FILE         = "/sys/class/leds/red/rgb_start";
```

可以看到，它们都处于/sys/class/leds 目录下，其中包含了液晶显示屏的文件（LCD_FILE）、红绿蓝三种颜色的 LED 灯的亮度文件（以 LED_FILE 为后缀的）和超时文件（以 TIMEOUT_FILE 为后缀的），还有一个红绿蓝三色灯的锁文件。根据之前对 Linux 内核和文件系统的了解，这些文件都是由 sysfs 伪文件系统提供的，并挂载在/sys 目录下的内核对象，而其中的 class 路径说明是将设备按照类别分类。这里的代码要使用的是 LED 类别下的设备，因此都位于 leds 路径中，而下一级的 lcd-backlight、red、green 和 blue 则是人类可读的灯光设备名称。如同在前面的章节尝试过的，其中的文件可以直接用来控制灯光的状态，包括亮度（brightness 文件）和延时（on_off_ms 文件）等。因此，对于这些设备进行控制的思路就清晰了。下面就可以来看作为 HAL 模块进行操作的核心了。

在这个文件中，HAL_MODULE_INFO_SYM 符号是一个 struct hw_module_t 类型的结构体，它没有经过任何扩展，只包含了原始 HAL 模块的字段，其内容如下：

```
/* 灯光设备的模块 */
struct hw_module_t HAL_MODULE_INFO_SYM = {
    .tag = HARDWARE_MODULE_TAG,
    .version_major = 1,
    .version_minor = 0,
    .id = LIGHTS_HARDWARE_MODULE_ID,
    .name = "lights Module",
    .author = "Google, Inc.",
    .methods = &lights_module_methods,
};
static struct hw_module_methods_t lights_module_methods = {
    .open =  open_lights,
};
```

其中的 tag 字段设置为 HARDWARE_MODULE_TAG；主版本和副版本分别为 1 和 0；id 字段则指向 LIGHTS_HARDWARE_MODULE_ID，它是一个宏，这个宏展开成为"lights"，表明这是一个灯光设备的 HAL 实现；表示名称的 name 字段设置为"lights Module"；记录作者的 author 字段是"Google, Inc."；最后的 methods 字段设置为 lights_module_methods 全局变量，其中记录了 open 函数的实现为 open_lights，它的实现如下：

```
/* 使用名称打开一个灯光设备的新实例 */
static int open_lights(const struct hw_module_t * module, char const * name,
        struct hw_device_t ** device)
{
```

```
int (*set_light)(struct light_device_t* dev,
        struct light_state_t const* state);
if (!strcmp(LIGHT_ID_BACKLIGHT, name)) set_light = set_light_backlight;
else if (!strcmp(LIGHT_ID_NOTIFICATIONS, name)) set_light = set_light_notifications;
else if (!strcmp(LIGHT_ID_ATTENTION, name)) set_light = set_light_attention;
else return -EINVAL;
pthread_once(&g_init, init_globals);
struct light_device_t * dev = malloc(sizeof(struct light_device_t));
if (!dev)
    return -ENOMEM;
memset(dev, 0, sizeof(*dev));
dev->common.tag = HARDWARE_DEVICE_TAG;
dev->common.version = 0;
dev->common.module = (struct hw_module_t*)module;
dev->common.close = (int (*)(struct hw_device_t*))close_lights;
dev->set_light = set_light;
*device = (struct hw_device_t*)dev;
return 0;
}
```

这个函数接收一个模块指针 module 和一个设备名称 name 作为参数，其中 name 参数是用来区分要取出的一组特定设备。还有最后一个参数是 struct hw_device_t 类型的指针数组，用来取出一组设备。

在函数的开始，它先创建了一个名为 set_light 的函数指针变量，用作灯光设备使用的回调函数的指针，这个指针的值由 name 参数确定。在接下来的代码中，name 参数被与当前 HAL 实现支持的背光灯光（LIGHT_ID_BACKLIGHT）、通知灯光（LIGHT_ID_NOTIFICA-TIONS）和注意灯光（LIGHT_ID_ATTENTION）三个值比较。三种情况下 set_light 变量分别被设置成 set_light_backlight、set_light_notifications 或 set_light_attention 函数，对于其他值则会直接退出，返回无效的状态码。否则，会在一个新线程中仅运行一次 init_globals：

```
static pthread_once_t g_init = PTHREAD_ONCE_INIT;
static pthread_mutex_t g_lock = PTHREAD_MUTEX_INITIALIZER;
void init_globals(void)
{
    // 初始化互斥量
    pthread_mutex_init(&g_lock, NULL);
}
```

在这个函数里，它负责初始化全局的名为 g_lock 的锁，防止多个进程同时调用这个 HAL 实现，导致状态不一致的问题。

同时在 open_lights 函数中，接下来的代码会分配一段 struct light_device_t 类型的内存，存入 dev 变量中，用来描述灯光设备：其中 common 字段是一个 struct hw_device_t 类型的对 HAL 设备的描述，tag 字段被初始化为 HARDWARE_DEVICE_TAG，而 version 字段被设置为 0，并且 module 字段被指向传入的 module 参数，close 字段指向的回调函数被赋值为 close_lights；最后，针对灯光设备特定的 set_light 操作被设置成 set_light 变量，它在之前的代码中已经根据描述类别的名称，被设置成对应的操作。

最后，dev 变量被存入 device 设备指针中，返回上一层。

在 struct hw_module_t 类型中的 close 回调函数是用来关闭一个打开过的设备，在当前的 Nexus 5X 的实现中为 close_lights 函数，它将设备占用的内存释放并返回 0，其代码如下：

```
static int close_lights(struct light_device_t *dev)
{
    if (dev)
        free(dev);
    return 0;
}
```

而对于设置灯光状态的回调函数，首先来看一个实现最简单的，即背光 LIGHT_ID_BACKLIGHT 对应的 set_light_backlight 函数：

```
static int set_light_backlight(struct light_device_t * dev __unused,
        struct light_state_t const * state)
{
    int err = 0;
    int brightness = rgb_to_brightness(state);
    pthread_mutex_lock(&g_lock);
    err = write_int(LCD_FILE, brightness);
    pthread_mutex_unlock(&g_lock);
    return err;
}
```

它首先调用 rgb_to_brightness 辅助函数，将红绿蓝三色的值转换成亮度：

```
static int rgb_to_brightness(struct light_state_t const * state)
{
    int color = state->color & 0x00ffffff;
    return ((77 * ((color >> 16) & 0x00ff))
        + (150 * ((color >> 8) & 0x00ff)) + (29 * (color & 0x00ff))) >> 8;
}
```

再调用 pthread_mutex_lock 函数对互斥量上锁，然后调用 write_int 函数向 LCD_FILE 变量对应的路径写入指定的亮度值。在写入完成后，调用 pthread_mutex_unlock 函数解锁。

其中 write_int 函数也是一个辅助函数，它接收一个路径和一个整数值作为参数，从而将指定的整数值写入对应的路径。这个整数值可以是一个亮度，也可以是一个状态，其代码如下：

```
static int write_int(char const * path, int value)
{
    int fd;
    static int already_warned = 0;
    fd = open(path, O_RDWR);
    if (fd >= 0) {
        char buffer[32] = {0,};
        int bytes = snprintf(buffer, sizeof(buffer), "%d\n", value);
        int amt = write(fd, buffer, bytes);
        close(fd);
        return amt == -1 ? -errno : 0;
    } else {
        if (already_warned == 0) {
```

```
            ALOGE("write_int failed to open %s \n", path);
            already_warned = 1;
        }
        return -errno;
    }
}
```

它首先尝试通过 C 语言标准库发起 open 系统调用，以读写的方式打开指定的路径，用 fd 接收返回的文件描述符或错误。如果是合法的文件描述符，则将数值转换成对应的字符串，写入打开的对应文件中，然后关闭这个文件，最后返回写入的状态。如果出现错误，则会记录本次的失败，并将错误代码返回。对于背光的灯光，写入的文件路径就是位于 sysfs 中的 /sys/class/leds/lcd-backlight/brightness 文件。

而对于通知灯光（LIGHT_ID_NOTIFICATIONS）和注意灯光（LIGHT_ID_ATTENTION）来说，实现则更加复杂，它们的代码如下：

```
static int set_light_notifications(struct light_device_t * dev __unused,
        struct light_state_t const * state)
{
    pthread_mutex_lock(&g_lock);
    set_light_locked(state, 0);
    pthread_mutex_unlock(&g_lock);
    return 0;
}
static int set_light_attention(struct light_device_t * dev __unused,
        struct light_state_t const * state)
{
    pthread_mutex_lock(&g_lock);
    set_light_locked(state, 1);
    pthread_mutex_unlock(&g_lock);
    return 0;
}
```

可以看到它们有类似的结构，都是先将多线程互斥锁上锁，然后调用 set_light_locked 函数进行设置，最后将多线程互斥锁解锁。

在 set_light_locked 函数中，除了调用 write_int 函数直接写入一个整数值外，还调用了 write_on_off 函数来写入一组灯光打开和关闭的保持时间的辅助函数，它的定义如下：

```
static int write_on_off(char const * path, int on, int off)
{
    int fd;
    static int already_warned = 0;
    fd = open(path, O_RDWR);
    if (fd >= 0) {
        char buffer[32] = {0,};
        int bytes = snprintf(buffer, sizeof(buffer), "%d %d \n", on, off);
        int amt = write(fd, buffer, bytes);
        close(fd);
        return amt == -1 ? -errno : 0;
    } else {
        if (already_warned == 0) {
```

```
            ALOGE("write_int failed to open %s \n", path);
            already_warned = 1;
        }
        return -errno;
    }
}
```

可以看到，这个函数和 write_int 函数类似，只是写入的内容有所不同，它写入的是以空格分隔的保持打开和保持关闭的时间。因此，我们可以总结这个灯光设备 HAL 中的实现，它完全依赖于 Linux 内核中 LED 相关的设备驱动，以及在 sysfs 中对这些设备的导出。通过对这些导出设备中属性值对应的文件的读写，从而满足 Android 系统中高层组件驱动底层硬件的需要。

最后，来看一下 set_light_locked 函数的完整实现：

```
static int set_light_locked(struct light_state_t const * state, int type __unused)
{
    int len;
    int red, green, blue;
    int onMS, offMS;
    unsigned int colorRGB;
    switch (state->flashMode) {
    case LIGHT_FLASH_TIMED:
    case LIGHT_FLASH_HARDWARE:
        onMS = state->flashOnMS;
        offMS = state->flashOffMS;
        break;
    case LIGHT_FLASH_NONE:
    default:
        onMS = 0;
        offMS = 0;
        break;
    }
    colorRGB = state->color;
    red = (colorRGB >> 16) & 0xFF;
    green = (colorRGB >> 8) & 0xFF;
    blue = colorRGB & 0xFF;
    // 由于驱动的限制,在不需要打开的时候将红绿蓝的值改成 0
    if (onMS == 0) {
        red = 0;
        green = 0;
        blue = 0;
    }
    write_int(RGB_LOCKED_FILE, 0);
    write_int(RED_LED_FILE, red);
    write_int(GREEN_LED_FILE, green);
    write_int(BLUE_LED_FILE, blue);
    write_on_off(RED_TIMEOUT_FILE, onMS, offMS);
    write_on_off(GREEN_TIMEOUT_FILE, onMS, offMS);
    write_on_off(BLUE_TIMEOUT_FILE, onMS, offMS);
    write_int(RGB_LOCKED_FILE, 1);
```

```
    return 0;
}
```

它首先检查灯光状态中的 flashMode 字段，并将灯光打开和关闭的保持时间分别从 flashOnMS 和 flashOffMS 字段中取出，然后取出颜色的红绿蓝值。在设置的时候，会先调用 write_int 函数将 RGB_LOCKED_FILE 写入 0 来锁定红绿蓝的颜色，然后分别写入红色、绿色、蓝色的亮度，再调用 write_on_off 函数将红色、绿色、蓝色的开和关的延时写入，最后再写入 1 对红绿蓝颜色解锁。

在 Android 的构建文件中，对于这个灯光 HAL 模块的声明如下：

```
LOCAL_PATH := $(call my-dir)
include $(CLEAR_VARS)
LOCAL_SRC_FILES := lights.c
LOCAL_MODULE_RELATIVE_PATH := hw
LOCAL_SHARED_LIBRARIES := liblog
LOCAL_MODULE := lights.bullhead
LOCAL_MODULE_TAGS := optional
include $(BUILD_SHARED_LIBRARY)
```

在这段构建配置中，只有 lights.c 一个源代码，它编译成的模块名是 lights.bullhead，最后引入了构建共享库的声明。因此，这个灯光 HAL 的实现文件会被编译成 lights.bullhead.so 动态链接库，放入 Android 系统的/system/libs/hw/目录中。Android 架构中的其他组件会在这个目录里面寻找对应的动态链接库，载入并提供对应硬件驱动的操作接口。

9.2.2　HAL 中内核态部分的实现

承接前面对灯光 HAL 在用户态的实现，我们仍旧使用 Nexus 5X 的灯光 HAL 作为例子，简要讲解它在 Linux 内核中驱动的实现。由于这部分是和硬件平台强相关的，因此需要先为读者介绍这款机型使用的硬件设备。

在 Nexus 5X（代号 bullhead）中使用的是高通公司的 Snapdragon 808 平台，平台编号是 MSM8992。这个硬件平台是面向顶级移动计算终端的芯片组，由 2 颗 ARM Cortex A57 和 4 颗 ARM Cortex A53 核心构成。它搭载了 Adreno 418 图形处理芯片，并配备 LTE 功能，最早于 2014 年下半年推出，于 2015 年上半年在商用终端中正式使用。

在 ARM 平台中，实际上大量的硬件平台都是可以共享特定硬件的驱动的，但由于各平台对硬件的配置不同，对于同一种设备的访问会需要不同的起始地址和软件层级的配置参数等。在早期 Linux 对 ARM 的支持中，由于承袭了最早对 x86 支持的习惯与标准的缺乏，这样的数据会被硬编码在驱动中。随着 Linux 内核需要支持越来越多的 ARM 平台（尤其是 Android 的成功），每次这样的添加都会导致大量的重复代码出现。2011 年 3 月，在 Linux 创始人 Linus Torvalds 发送的一封邮件中，他提倡了 ARM 平台应该参考其他平台（如 PowerPC）的设备树（Open Firmware Device Tree，Devicetree，DT）机制来描述硬件的不同配置和起始地址，于是后来 Linux 就拥有了对 ARM 平台的设备树支持。

设备树是一种用于描述硬件的数据结构和语言，它是对操作系统可读的硬件的描述，因此操作系统不需要对机器的详细信息进行硬编码。它最初是由 Open Firmware 创建的，作为将数据从 Open Firmware 传递到客户端程序（在这里可以指操作系统）的通信方法的一部分。操作系统使用设备树在运行时发现硬件的拓扑结构，从而支持大多数可用硬件而不需要硬编码信息。在高通的一系列平台中就是这种情况：有许多硬件设备在不同平台之间共用，但是它们可能基础地址不同、版本不同，这时就会使用 DT 来对平台进行描述。

我们直接使用 Nexus 5X 的 DT 作为例子。一般来说，由于 GPL 开源协议的传染性，无论设备制造商进行了什么样的修改，一个 ARM 架构的 Android 硬件设备的 Linux 内核都必须被提供给购买了硬件的消费者。其中 Nexus 5X 的定制 Linux 内核就被 Google 释出，允许所有人下载访问，也允许进行修改，只要修改后的 Linux 内核同样被开源并发布即可。做出的修改同样也可以被提交到原始的 Linux 内核项目中，经过代码审阅并合并，这一过程叫作修改后的 Linux 内核的特性主流化（mainlinize），而原始的 Linux 内核项目被称为主流 Linux。实际上，Nexus 5X 使用的定制 Linux 内核中的大部分特性，已经被合并到主流 Linux 内核中了，但是在本书使用的 Linux 内核的 5.15 版本中并没有对于它的 LED 灯光硬件的支持。因此本章使用 LineageOS（一个修改的 Android 系统）的 android_kernel_lge_bullhead 项目作为参考。

在 Linux 内核中，ARM 平台的 DT 会被存储在 arch/arm64/boot/dts 或 arch/arm/boot/dts 中。其中在这个为 Nexus 5X 定制的 Linux 内核中，由于它的设备制造商是 LG，设备代号是 bullhead，因此相关的 DT 被存储在 arm64/boot/dts/lge 中以 msm8992-bullhead-rev 为前缀的.dts文件中。其中.dts 拓展名说明这是一个 DT 的源文件，而 rev 代表的是硬件版本号（revision）。下面对最近的 1.01 版本来进行分析，它的内容如下：

```
#include "../qcom/msm8992.dtsi"
#include "msm8992-bullhead.dtsi"
/ {
    model = "LGE MSM8992 BULLHEAD rev-1.01";
    compatible = "qcom,msm8992";
    qcom,board-id = <0xb64 0>;
};
```

每个 DT 都是一个树状的描述，与在 Linux 中使用的路径树结构类似，它以"/"为根节点，其中拥有：一个 model 属性，用来描述设备的型号；一个 compatible 属性，用来描述设备兼容的平台；一个"qcom,board-id"字段，用来描述主板的标识符，一般是一个版本号，让设备中的启动加载器选择对应的 DT 来使用。此外，在文件的开头，有两个.dtsi 文件被引入，它们是可复用的 DT 信息。其中与要寻找的灯光 LED 的硬件描述有关的是 msm8992.dtsi，它位于定制的 Linux 源码的 arm/boot/dts/qcom 目录中，关注的内容如下：

```
/ {
    model = "Qualcomm Technologies, Inc. MSM 8992";
    compatible = "qcom,msm8992";
/* 中略 */
}
/* 中略 */
#include "msm-pmi8994.dtsi"
/* 后略 */
```

首先，它同样也有一个"/"根节点，其中的 model 和 compatible 属性也是存在的。但由于是在前面文件中的描述后出现的，因此在当前文件中的对应属性会被覆盖，最终生成的

DT 仍然会拥有"LGE MSM8992 BULLHEAD rev-1.01"这样的设备描述。然后重点来看后面引入的 msm-pmi8994.dtsi 内容，这个文件位于 arm/boot/dts/qcom 目录中。读者也许注意到了，它引入的文件平台编号发生了变化，这是因为高通公司发布的 MSM8992 平台和 MSM8994 平台共享了大量硬件设备，它们的差别仅仅在于处理器的核心数。因此，对于其他硬件来说，对硬件的描述都可以共享。因此这里实际引入的是 MSM8994 中可以与 MSM8992 共享的硬件描述。下面只看与灯光 LED 相关的描述，其内容如下：

```
qcom,leds@ d000 {
    compatible = "qcom,leds-qpnp";
    reg = <0xd000 0x100>;
    label = "rgb";
    status = "okay";
    qcom,rgb_0 {
        label = "rgb";
        qcom,id = <3>;
        qcom,mode = "pwm";
        pwms = <&pmi8994_pwm_3 0 0>;
        qcom,pwm-us = <1000>;
        qcom,max-current = <12>;
        qcom,default-state = "off";
        linux,name = "red";
        linux,default-trigger = "battery-charging";
    };
    qcom,rgb_1 {
        label = "rgb";
        qcom,id = <4>;
        qcom,mode = "pwm";
        pwms = <&pmi8994_pwm_2 0 0>;
        qcom,pwm-us = <1000>;
        qcom,max-current = <12>;
        qcom,default-state = "off";
        linux,name = "green";
        linux,default-trigger = "battery-full";
    };
    qcom,rgb_2 {
        label = "rgb";
        qcom,id = <5>;
        qcom,mode = "pwm";
        pwms = <&pmi8994_pwm_1 0 0>;
        qcom,pwm-us = <1000>;
        qcom,max-current = <12>;
        qcom,default-state = "off";
        linux,name = "blue";
        linux,default-trigger = "boot-indication";
    };
};
```

可以看到"qcom,leds@d000"是当前子树中的最高级节点，它拥有一个 compatible 属性，值为"qcom,leds-qpnp"；一个 reg 属性，值为由 0xd000 和 0x100 组成的数值对；label 属性的值是 rgb；status 属性的值是 okay。这些属性会在 Linux 内核中被解析，然后传递给驱动程序来解释，在稍后的驱动程序分析中会看到它们中的一些值。除此之外，它还有三个子节点，分别是"qcom,rgb_0""qcom,rgb_1"和"qcom,rgb_2"，这三个子节点也有各自的属性集合。其中需要关心的是"linux,name"属性，分别是 red、green 和 blue，也就是对应在前面的灯光 HAL 中使用的红绿蓝三个 LED 灯光设备的名称。

另外，它们也都有"linux,default-trigger"属性，这个属性可以在 Linux 内核中指定 LED 灯光设备的触发状态，它们三个的值分别是电池充电 battery-charging、电池充满 battery-full 和启动指示 boot-indication。如果有恰当的驱动支持，设备使用者就会在电池充电时看到红色 LED 亮起，在电池充满后看到绿色 LED 亮起，而在启动时则是蓝色 LED 亮起。这是一个额外的特性，在本节中不会对这些功能的代码进行解析，感兴趣的读者可以自行查阅相关代码。

有了 DT 中对灯光 LED 的描述，就可以开始进入相关的驱动代码中。在 Linux 内核，在驱动程序中使用 DT 进行设备发现时，使用的是其中的 compatible 属性。在 LineageOS 提供的 Nexus 5X 定制的 Linux 内核中进行搜索，可以看到唯一使用这个字符串进行设备探测的驱动代码在 drivers/leds/leds-qpnp.c 文件中，其内容如下：

```
#ifdef CONFIG_OF
static struct of_device_id spmi_match_table[] = {
    { .compatible = "qcom,leds-qpnp",},
    { },
};
#else
#define spmi_match_table NULL
#endif
```

在 CONFIG_OF 选项开启的情况下（说明 Linux 内核使用 DT 来发现设备），要被探测的设备使用一个名为 spmi_match_table 的 struct of_device_id 类型的数组来描述。这个类型中有 4 个字段，分别是对 DT 中节点名称（name 字段）、类型（type 字段）和兼容值（compatible 字段），以及一个额外数据（data 字段），由各驱动自行定义。

这个描述数组被传递到下面的 qpnp_leds_driver 中 driver 字段的 of_match_table 字段中：

```
static struct spmi_driver qpnp_leds_driver = {
    .driver        = {
        .name          = "qcom,leds-qpnp",
        .of_match_table = spmi_match_table,
    },
    .probe         = qpnp_leds_probe,
    .remove        = qpnp_leds_remove,
};
```

当 DT 的值匹配的时候，会去调用其中 probe 字段指向的 qpnp_leds_probe 探测函数，而在设备移除的时候会去调用 remove 字段指向的 qpnp_leds_remove 函数。这个驱动程序是在当前模块初始化的时候注册的，这个模块是一个使用 GPL v2 开源协议发布的 QPNP LED 驱动，模块初始化和退出的定义如下：

```
static int __init qpnp_led_init(void)
{
    return spmi_driver_register(&qpnp_leds_driver);
```

```
}
module_init(qpnp_led_init);
static void __exit qpnp_led_exit(void)
{
    spmi_driver_unregister(&qpnp_leds_driver);
}
module_exit(qpnp_led_exit);
MODULE_DESCRIPTION("QPNP LEDs driver");
MODULE_LICENSE("GPL v2");
MODULE_ALIAS("leds:leds-qpnp");
```

限于篇幅，本书无法展示其中探测函数 qpnp_leds_probe 的全部代码，在这里将其重点的与 DT 处理、设备注册和通过内核对象将 LED 设备在 sysfs 中导出相关的代码进行解析。

在 QPNP LED 的驱动中，使用了一个私有的 struct qpnp_led_data 类型，其中有一个 cdev 字段是 struct led_classdev 类型的。它是在 Linux 内核中对 LED 类型设备的描述，包括 LED 设备的名称、亮度等。这里会涉及的还有一个 num_leds 字段，它负责描述整个模块的 LED 数量。

在 qpnp_leds_probe 函数中，首先会持续调用 of_get_next_child 函数来获取 DT 描述中的子节点数目，用来统计 LED 的总数量。紧接着为 led_array 变量分配与全部 LED 数量匹配的 struct qpnp_led_data 类型的内存空间：

```
while ((temp = of_get_next_child(node, temp)))
    num_leds++;
led_array = devm_kzalloc(&spmi->dev,
    (sizeof(struct qpnp_led_data) * num_leds), GFP_KERNEL);
```

接着在一个循环中，对于每一个设备节点，都会尝试解析其中的属性。并对 led_array 中每个 struct qpnp_led_data 类型用一个 led 变量接收，从而进行初始化和注册，并将注册完成的设备导出。

第一个属性的初始化是由下面的代码完成的：

```
rc = of_property_read_string(temp, "linux,name", &led->cdev.name);
```

它从 DT 中解析出子节点的 "linux,name" 属性的值，作为 LED 类型设备的名称。对于红绿蓝三个 LED 来说，这个值就是在 DT 中声明的 red、green 和 blue。其余的属性解析也与这一过程类似，包括 "linux,default-trigger" 和 label 属性等。

紧接着，它将 LED 类别设备中存储设置亮度的回调函数的 brightness_set 字段设置成 qpnp_led_set 函数，而负责获取亮度的回调函数的 brightness_set 字段设置为 qpnp_led_get 字段，其代码如下：

```
led->cdev.brightness_set    = qpnp_led_set;
led->cdev.brightness_get    = qpnp_led_get;
```

下面重点来看 qpnp_led_set 函数，它接收要被设置的 struct led_classdev 类型的 LED 设备描述和一个亮度值作为参数：

```
static void qpnp_led_set(struct led_classdev * led_cdev,
            enum led_brightness value)
{
```

```
struct qpnp_led_data *led;
led = container_of(led_cdev, struct qpnp_led_data, cdev);
if (value < LED_OFF) {
    dev_err(&led->spmi_dev->dev, "Invalid brightness value\n");
    return;
}
if (value > led->cdev.max_brightness)
    value = led->cdev.max_brightness;
led->cdev.brightness = value;
if (led->in_order_command_processing)
    queue_work(led->workqueue, &led->work);
else
    schedule_work(&led->work);
}
```

如果要设置的值大于最大亮度，则将传入的参数更改为最大亮度，然后将要设置的值存入 LED 类别的设备描述的 brightness 字段中，最后将值从设备描述设置到硬件设备的工作放入工作队列中，等待 Linux 内核去完成。需要注意的是，qpnp_led_set 函数不会在硬件探测的时候被调用，而是在设备被注册在 Linux 内核中后、由 Linux 内核设置亮度的时候调用。这个事件可以由在 sysfs 中对一个 LED 设备亮度文件的写入触发。

然后，对于前面获取属性过程中获取到的 label 属性，由 qpnp_leds_probe 函数对其进行检测，以便获取更多与特定标签设备类型相关的配置。如正在分析的 Nexus 5X 中定义的 rgb 标签，会去调用 qpnp_get_config_rgb 函数：

```
if (strncmp(led_label, "rgb", sizeof("rgb")) == 0) {
    rc = qpnp_get_config_rgb(led, temp);
    /* 中略,错误处理 */
}
```

在设置完相应的字段后，qpnp_leds_probe 函数首先为 qpnp_led_work 函数的执行创建一个 Linux 内核中的工作。然后调用 qpnp_led_initialize 和 qpnp_led_set_max_brightness 函数为 LED 设备进行初始化并设置最大亮度：

```
INIT_WORK(&led->work, qpnp_led_work);
rc = qpnp_led_initialize(led);
if (rc < 0)
    goto fail_id_check;
rc = qpnp_led_set_max_brightness(led);
if (rc < 0)
    goto fail_id_check;
rc = led_classdev_register(&spmi->dev, &led->cdev);
if (rc) {
    dev_err(&spmi->dev, "unable to register led %d,rc=%d\n",
            led->id, rc);
    goto fail_id_check;
}
```

最后，调用 led_classdev_register 函数，将创建的 LED 类别设备在 Linux 内核中进行注册。这时 LED 设备已经被注册成 Linux 内核中的设备，导出到对应的总线（sysfs 的 bus 子目录）和类别（sysfs 的 class 子目录）中，并将 LED 设备拥有的特殊 LED 种类添加到 sysfs 对应的分组。

到这里，对由 Nexus 5X 的灯光 HAL 使用的、在 Linux 内核中的设备驱动的简要分析就结束了。可以看到，这个驱动是内置在 Linux 内核中的，基于 GPL 开源协议发布的基础设备驱动。Android 系统的高层组件可以包含更复杂的功能，通过 Android 的 HAL 层来使用硬件，而 HAL 层本身也可以被认为是运行在 Linux 用户态的设备驱动的一部分。

9.2.3　HAL 实现内核态 GPL 隔离的原理

对于 LED 灯光的部分，已经有了 Linux 内核中的模块实现和对设备在 sysfs 中的导出。而另一边，HAL 的实现部分也被编译成包含一个 HAL 模块的 lights.bullhead.so 动态链接库。在本节的最后，来解析 HAL 和 Android 系统中组件之间的桥梁。

我们已经知道这一过程是通过打开 HAL 模块的动态链接库，并寻找 HAL_MODULE_INFO_SYM 符号来实现的，找到的 HAL_MODULE_INFO_SYM 符号是一个 hw_module_t 类型的结构体，可以被转换成各种硬件设备 HAL 的模块描述，并从中打开对应的 HAL 设备。现在的问题在于 Android 操作系统组件是如何找到要加载的动态库的。

首先需要明确的是，除了前面提到的"<模块名称>.<设备名称>.so"模式外，Android 的 HAL 模块对应的动态库还有一组可能的变体文件名，其通用形式是"<模块标识符>.<变体>.so"。对于变体的取值可以从 Android 系统的属性中读取，如"ro.hardware""ro.product. board""ro.board.platform""ro.arch"等表示的值。因此对于灯光 lights 模块，除最基本的使用设备代号的 lights.bullhead.so 之外，还有以下几种可能的变体（包括但不限于）：

1）lights.msm8992.so：平台。

2）lights.ARMV7.so：架构。

3）lights.default.so：默认。

而对于这些动态库所存储的位置，则是由在 AOSP 的 hardware 目录中、与 HAL 定义相同的 libhardware 项目来定义的。实际上，在这个项目的 hardware.c 文件中也定义了一系列的辅助函数，负责查找并载入 HAL 对应的动态库。Android 系统需要使用的 HAL 组件会链接到对应的库，并调用其中的辅助函数来完成载入。

在 hardware.c 文件中，它定义了 HAL 动态库可能存在的路径，如下所示：

```
#if defined(__LP64__)
#define HAL_LIBRARY_PATH1 "/system/lib64/hw"
#define HAL_LIBRARY_PATH2 "/vendor/lib64/hw"
#define HAL_LIBRARY_PATH3 "/odm/lib64/hw"
#else
#define HAL_LIBRARY_PATH1 "/system/lib/hw"
#define HAL_LIBRARY_PATH2 "/vendor/lib/hw"
#define HAL_LIBRARY_PATH3 "/odm/lib/hw"
#endif
```

对于 64 位系统，载入的是/system、/vendor 或者/odm 中 lib64/hw 的 HAL 动态库；而对于 32 位系统，载入的则是相同一级路径中 lib/hw 的动态库。

在 hardware.c 代码中，负责加载模块的是 load 函数，它是一个内部实现，接收一个标识符字符串和一个路径字符串作为参数。而最后一个 struct hw_module_t 的指针类型负责作为返回值，取出载入的 HAL 模块，它的函数签名如下：

```
static int load(const char * id,
        const char * path,
        const struct hw_module_t ** pHmi);
```

在函数的开始，它创建了下列临时变量：

```
    int status = -EINVAL;
    void * handle = NULL;
    struct hw_module_t * hmi = NULL;
#ifdef __ANDROID_VNDK__
    const bool try_system = false;
#else
    const bool try_system = true;
#endif
```

其中 hmi 变量是一个 struct hw_module_t 的指针，作为临时的 HAL 模块值，接着会被最后一个参数取出。根据__ANDROID_VNDK__宏的定义与否（实际上是 Project Treble 的开启与否），其中的 try_system 变量被初始化成真或者假。根据这个值的真假和寻找的不同路径，它会调用不同的函数：

```
    if (try_system &&
        strncmp(path, HAL_LIBRARY_PATH1, strlen(HAL_LIBRARY_PATH1)) == 0) {
        /* 如果动态库在系统分区中,不需要检查 SP-HAL 的命名空间
         * 使用 dlopen 函数打开即可
         */
        handle = dlopen(path, RTLD_NOW);
    } else {
#if defined(__ANDROID_RECOVERY__)
        handle = dlopen(path, RTLD_NOW);
#else
        handle = android_load_sphal_library(path, RTLD_NOW);
#endif
    }
}
```

如果 try_system 为真，且要寻找的路径是 HAL_LIBRARY_PATH1，即意图在/system 下的 HAL 实现路径寻找对应的动态库，则说明程序运行在旧版 HAL 架构下，可以直接使用 Bionic 这个 C 语言库附带的 dlopen 函数打开动态库。否则说明在新版 HAL 架构下，但是正在使用的是新版 HAL 架构中同进程的直通 HAL 模式。因此，需要调用 android_load_sphal_library 函数，在 SP-HAL 对应的 C++命名空间中打开。另一种情况是在 Android 的 Recovery 中（即__ANDROID_RECOVERY__被定义），也可以直接调用 dlopen 函数打开动态库。其中，对于打开的动态库的引用被存入 handle 变量中。

接下来，它会去寻找在打开的动态库中 HAL_MODULE_INFO_SYM_AS_STR 宏对应的字符串 "HMI" 符号。这个过程是调用 Binoic 中附带的另一个 dlsym 函数来查找 struct hw_module_t 类型，并检查其中的 id 字段：

```
    /* 获取 struct hal_module_info 类型的地址 */
    const char * sym = HAL_MODULE_INFO_SYM_AS_STR;
    hmi = (struct hw_module_t *)dlsym(handle, sym);
```

```
    /* 中略,错误检查 */
    /* 检查标识符是否匹配 */
    if (strcmp(id, hmi->id) != 0) {
        ALOGE("load: id=%s != hmi->id=%s", id, hmi->id);
        status = -EINVAL;
        goto done;
    }
    hmi->dso = handle;
    status = 0;
done:
    /* 中略,错误处理 */
    *pHmi = hmi;
return status;
```

如果没有错误,说明已经正确载入了 HAL 模块。接下来 load 函数只需要将 struct hw_module_t 的参数指向临时的 hmi 变量即可。

但是 load 函数并不能被直接调用,在 libhardware 项目的 include/hardware 目录中,通过 hardware.h 导出的函数只有两个,它们的签名如下:

```
int hw_get_module(const char *id, const struct hw_module_t **module);
int hw_get_module_by_class(const char *class_id, const char *inst,
                           const struct hw_module_t **module);
```

其中前者可以通过标识符名称获取与模块关联的模块信息,这里表示标识符名称的 id 参数就是 hw_get_module_by_class 函数中的 class_id 参数。而后者的 inst 参数则是一个实例信息,这个参数的存在是因为某些模块类型需要多个实例,如音频可以支持多个接口。因此,对它来说 audio 是模块类,而 primary 或 a2dp 是模块接口,这意味着提供这些模块的文件将被命名为 audio.primary.<变种>.so 和 audio.a2dp.<变种>.so 两个实例。十分自然地,hw_get_module 函数可以由 hw_get_module_by_class 函数来实现:

```
int hw_get_module(const char *id, const struct hw_module_t **module)
{
    return hw_get_module_by_class(id, NULL, module);
}
```

下面着重来看 hw_get_module_by_class 函数,它使用的局部变量如下:

```
int i = 0;
char prop[PATH_MAX] = {0};
char path[PATH_MAX] = {0};
char name[PATH_MAX] = {0};
char prop_name[PATH_MAX] = {0};
if (inst)
    snprintf(name, PATH_MAX, "%s.%s", class_id, inst);
else
    strlcpy(name, class_id, PATH_MAX);
```

其中 prop 变量用来存储要取出的属性值,prop_name 变量用来存储需要取出的属性名称,而 name 变量是动态库的基础名称,path 变量则是路径名。在名称中会先存储传入的类别标识符和实例字符串(如果不是 NULL),使用一个 "." 进行分割。

在寻找动态库时,首先会尝试获取特定于类和可能的实例的 Android 系统属性的值:

```
snprintf(prop_name, sizeof(prop_name), "ro.hardware.%s", name);
if (property_get(prop_name, prop, NULL) > 0) {
    if (hw_module_exists(path, sizeof(path), name, prop) == 0) {
        goto found;
    }
}
```

在这段程序中，它首先会将 name 变量中的字符串存入 prop_name 变量中，这会形成一个特定的 Android 系统属性名。例如，对于主音频接口，会生成"ro.hardware.audio.primary"属性名。然后调用 property_get 函数来将对应的 Android 系统属性存入 prop 变量中，并调用 hw_module_exists 函数检测这样的模块是否存在。这个函数的实现如下：

```
static int hw_module_exists(char *path, size_t path_len, const char *name, const char *sub-
name)
{
    snprintf(path, path_len, "%s/%s.%s.so",HAL_LIBRARY_PATH3, name, subname);
    if (path_in_path(path, HAL_LIBRARY_PATH3) && access(path, R_OK) == 0)
        return 0;
    snprintf(path, path_len, "%s/%s.%s.so",HAL_LIBRARY_PATH2, name, subname);
    if (path_in_path(path, HAL_LIBRARY_PATH2) && access(path, R_OK) == 0)
        return 0;
#ifndef __ANDROID_VNDK__
    snprintf(path, path_len, "%s/%s.%s.so",HAL_LIBRARY_PATH1, name, subname);
    if (path_in_path(path, HAL_LIBRARY_PATH1) && access(path, R_OK) == 0)
        return 0;
#endif
    return -ENOENT;
}
```

可以看到，这个函数会修改传来的 path 参数，将其格式化成可能的完整 HAL 模块库的路径。然后检测动态库文件是否存在，并调用 path_in_path 函数确定该文件的真实路径是否确实存在对应的父路径中，防止有人将其替换成外部的符号链接、进行恶意攻击等操作。它依次会检查 HAL_LIBRARY_PATH3 到 HAL_LIBRARY_PATH1 中对应的父路径，即依次检查 odm、vendor 和 system（如果不是 Project Treble 设备）中的 HAL 模块路径。如果都没有找到，则会返回-ENOENT。如果最终确定了 HAL 模块存在，则会跳转到 found 标签处，稍后会看到这个标签对应的代码。

如果没有找到，则在前文中提到的几个变体中循环尝试查找模块，并调用 hw_module_exists 函数进行检查和确认：

```
for (i=0 ; i<HAL_VARIANT_KEYS_COUNT; i++) {
    if (property_get(variant_keys[i], prop, NULL) == 0) {
        continue;
    }
    if (hw_module_exists(path, sizeof(path), name, prop) == 0) {
        goto found;
    }
}
```

如果这时仍未找到任何内容，就会尝试默认设置。例如，对于主音频来说，动态库的名称就会变成"audio.primary.default.so"，如果找到了就会跳转到 found 标签处的程序：

```
if (hw_module_exists(path, sizeof(path), name, "default") == 0) {
    goto found;
}
return -ENOENT;
```

在函数的最后，如果没有找到（即一直没有跳转到 found 标签），则说明没有任何一个可能的位置存在 HAL 模块的动态库，会将-ENOENT 作为状态码返回。

```
found:
return load(class_id, path, module);
```

最后，在 found 标签处的程序就是调用 load 函数加载模块，如果失败，就不再尝试加载不同的变体，直接返回退出。